새로 본 과학사

대표저자 천 병 수
유종수 · 신현웅 · 민제호 공저

머리말

현대인은 주변의 모든 것들이 과학기술에 좌지우지되는 과학기술 만능의 시대에 살고 있다. 오늘날 인간사회가 과학의 힘에 지배되면서 우리는 꼭두각시 노릇을 하는 하나의 개체처럼 생활하고 있다. 현대과학의 흐름을 단지 우리들만의 전유물로 생각하는 오만의 테두리를 타파하지 못하는 행위의식을 지금도 치르고 있는 것이 아닌가? 의심하지 않을 수 없다.

시대는 자격을 갖춘 사회인을 육성하고자 과학교양의 지성적 체계를 쌓아갈 수 있는 강의를 구상하고 있는 것은 의심할 여지가 없다. 그러나 인문·사회과학전공 학생들이 꺼려하는 과학이 과학도들에게 마저 쉬운 교과목을 이수하기 위해 기피되는 현실을 보노라면 가슴 한구석이 답답함을 느끼곤 한다. 몇몇 유명대학에서 교양 선택으로 개설된 현대과학의 이해 등의 교양과학 강좌가 줄줄이 폐강되는 시대적 악순환을 거듭하고 있는 것도 사실이다.

생활과학의 이해에서 사용하는 과학교육의 지향성 교육은 오늘날 인간의 내면을 이해하지 못한 채 암울한 길목의 귀로로 유도하는 역주행시대가 되었다. 대학은 지식보다는 대학사회 자체를 유지하기 위해 돈 버는데 경영에 급급하고, 정부는 여론과 동떨어진 방향으로 정책을 쏟아내고 있어 대학 본연의 임무인 상아탑을 쌓고 시대를 이끌어갈 인재 양성의 책무를 다하지 못하고 있다.

이제까지 인류가 이루어 놓은 찬란한 문명사회는 과학기술이 원동력이 되었고, 그 근간에는 인문학적 철학이 있었다. 기초과학과 인문학의 중요성에도 불구하고, 대학은 취업을 위한 전문가 양성학원으로 전락하고 있음이 최근 사회적 현실이며, 대학생들은 이런 시대적 요구에 순응할 수밖에 없는 것 또한 가슴 아픈 일이라 하겠다. 이런 사회적 현상은 대학의 교양과학 등 기초학문 교과목의 폐강으로 이어지고 있으며, 순수학문을 공부한 학자들이 설자리를 잃게 하는 결과를 낳고 있다. 예를 들어 수학에서 숫자가 철학이고 여기에 덧셈, 뺄셈 등의 연산이 만들어졌으며, 그 위에 현대인이 한시도 없어서는 못사는 컴퓨터에서 최첨단 항공우주공학에 이르는 과학기술적 업적이 이러한 기초 산술에 의해 만들어진 것이다.

기초와 응용으로 설명하자면 응용은 기초가 없으면 서지도 발전하지도 못한다. 기초는 주어진 기반 위에 상상의 날개를 펼칠 수 있는 원동력이 되어 한쪽이 무너지더라도 원인분석을 통해 다시 세울 수 있는 힘의 원천이 되는 것이다. 우리의 교육은 잡은 생선을 먹기만 하는 요리법만을 가르쳐서는 안 되고, 학생이 싫어하고 어렵더라도 낚시하는 법을 교육하여 어떤 상황에도 자신이 원할 때 물고기를 잡을 수 있도록 해야 할 것이다. 이것은 우리가 선진국으로 발돋움하기 위한 길로 모방의 단계에서 원천기술(과학) 즉 창조적 가치를 만들어 인류사회 발전에 기여하는 길이다.

우리는 오래 전부터 과학사적 관점에서 과학의 의미를 깨닫고, 현대과학의 위치와 역할을 올바로 이해할 수 있는 교양과학서를 준비하여 왔는데, 『과학사 이야기』란 제목으로 부끄럽지만 작은 결실을 맺게 되었다. 영광스럽게도 이 결실은 문화체육관광부의 우수학술도서로 선정되는 기쁨을 안았다. 과학의 발전사와 시대적 의의에 대한 과학사적 기초를 쌓을 수 있도록 집필하였지만, 강의를 하면서 새롭게 추가하고 보완해야 할 부분이 많다는 생각과 학생들에게 보다 마음으로 다가갈 수 있는 교재를 만들겠다는 부담감으로 이번에 새롭게 『새로 본 과학사』를 정리하게 되었다. 이 교재가 인문사회학 전공 학생들도 과학을 쉽게 이해하고 현대과학만을 이해하려는 이공계 학생들에게도 다시 한 번 과학 발전사와 그 가치를 재인식할 수 있는 역사와의 만남이 되기를 바란다. 과학이란 무엇인가에 대해 이 책을 통해서 충분히 이해가 될 줄로 생각한다.

오늘날 세계를 지배하는 과학은 역사적으로 17세기 이후 서양의 과학혁명 시대로부터 발달되었다고 할 수 있다. 서양 과학의 테두리를 벗어나지 못한 이유도 여기에 있다. 우리는 한국적 과학을 토대로 성장해 왔으며, 국제사회의 주인공이 될 수 있는 충분한 자격이 있다. 동양의 철학적 사고를 토대로 우리에 맞는 과학적 사실로 인식하며 발전시킬 수 있었기 때문이다. 우리는 서양과학사를 토대로 발전한 현대과학의 현실을 한국의 과학사란 지면에 역으로 깔아갈 필요성이 있는 것이다.

이 책을 펴낼 수 있었던 것은 오랜 대학 강의를 통해 쌓아온 경험과 다양한 자료의 축적 그리고 함께 저술에 참여한 분들의 노력이 합쳐서 일궈낸 결실로 생각한다. 우리는 이 책을 통하여 현대과학의 발전과 역사적 의미를 토대로 과거의 과학을 들쳐볼 수 있는 좋은 계기가 되어 새로운 과학사의 장을 열 수 있기를 희망한다. 끝으로 이 책을 펴내는 데 힘을 주신 유한문화사 천승배 사장님과 편집부 여러분 그리고 원고정리에 많은 도움을 준 신소재 공학도인 공태윤 군에게 깊은 감사를 드린다.

2012년 7월

대표저자 천병수

차 례

제 1 장 과학의 시작과 태동 / 15

제 2 장 그리스과학의 발전 / 31

제 3 장 로마의 발달과 과학 / 63

제 4 장 인도과학의 발달 / 75

제 5 장 아랍의 과학(역사의 교두보) / 81

제 6 장 중국의 과학 / 93

제7장 중세 과학의 발달 / 111

제8장 과학혁명(17세기)의 태동 / 121

제9장 과학혁명 이후 발달사 / 137

제 10 장 과학과 이성(18세기) / 151

제 11 장 근대 과학의 성립 / 159

제 12 장 현대과학의 발달과 과학사적 의의 / 173

제 13 장 한국의 과학 발전사와 오늘 / 261

제 14 장 정책과 연구조직 / 271

제 1 장

과학의 시작과 태동

아슈타르 성문의 사자

1. 과학의 태동과 특징

초기 문명의 발달과 인류의 성립은 인간에게 유용한 도구의 발달에서부터 생활하기 편리한 구조적 변천과정을 통해 발전되어 왔다. 인간이 자연의 섭리를 유용하게 이용하면서 힘을 들이지 않고 일을 수행할 수 있는 첫 발자국이 도구의 발달에서부터 시작되었다 말할 수 있다. 이러한 생활의 변형과정에서 과학의 발달은 성장해왔고 고차원적 과학의 발전을 이루게 된다.

인간은 오늘날 과학의 발달이 이러한 기초적이고 단계적인 사고의 발달에서 시작되었다고 한다면 우리는 옛것을 익히고 다듬어가는 온고지신이란 선조의 어휘를 상기시킬 수 있을 것이다.

오늘날 과학사적 의미는 기초과학의 성립에서부터 시작되었다는 것을 기억하고 지나온 학설의 중요성과 실험적 가치성을 추구하는 데 있어 과학적 발달사, 즉 과학적 역사의 흐름을 이해하면서 미래의 과학이 성립될 수 있다는 점을 전제로 과학사의 역할은 중요한 획으로 발전하고 주축이 될 수 있다는 것을 인지한다. 과학이란 과학사의 토대 위에 성립되고 발전 될 수 있다는 견해를 말하면서 이 저서를 집필하기로 한다. 즉, 인류의 역사는 과학사적 이름 없는 시대에서부터 시작한다.

인류 역사상 가장 위대한 사건 중의 하나가 불의 발견이다. 불의 사용은 인간을 동물과 차별화된 사회적 단계로 이끌어준 역사적 발걸음이 되었지만 누가 처음 불을 이용하기 시작했는지는 알 수 없다. 주신(主神) 제우스가 감추어둔 불을 훔쳐 인간에게 주었다는 것처럼 '먼저 생각하는 사람'이란 뜻의 프로메테우스(Prometheus)의 전설처럼 신화는 전설 속에 어렴풋이 표현되어 있을 뿐이다.

그러기에 프로메테우스는 신도 인간도 아닌 중간적 존재다. 이와 비슷한 경우는 중국의 고대 문화 속에서도 찾아볼 수 있다. 즉 전설적이고 이름 없는 시대적 발명, 발견은 신의 움직임에서만이 가능했던 것이다. 처음 점치는 법을 전했다는 복의팔괘(伏羲八卦)와 농업과 의학을 통해 시작했다는 신농(神農)도 모두 반인반수의 모습으로 전설적인 우화로 알려지고 있다. 인간이 자연에 대해 체계적인 과학지식(자연과학)을 갖게 된 것도 이러한 전설과 신화에서 시작되었다. 따라서 과학의 발달은 문명의 시작과 때를 같이하여 시작되었다고 생각할 수 있다. 즉 옛 문명의 발상지에서 우리는 오늘날 상당한 과학 발달의 정도를 찾아볼 수 있다는 것도 이러한 전설과 신화에서 시작되었다 말할 수 있는 것이다.

그렇다면 과학기술의 발달이 원시 문명의 발생지에서처럼 자연적 또는 사회경제적 조건이 좋은 시기에 부흥기를 맞게 되었을 것으로 추측한다. 자연적 조건으로는 너무 춥거나 덥지 않은 따뜻한 지방을 중심으로 발달되었으며, 그 중에서도 강을 끼고 바다에 가까우며 농사에 적합한 비옥한 땅이 있어야 가능했을 것이다. 즉 자연적 조건에 맞는 부족사회를 이룬 집단이 존재한 지역에서 정치적, 사회적, 경제적으로 집단을 이루며 살 수 있는 일정 수준의 문명에 도달하지 않고서는 과학은 발달하기가 어려웠을 것이다.

경제적인 측면에서는 어느 정도의 농경사회를 구축할 수 있는 수준에 도달하고, 정치적으로는 적어도 원시국가를 형성할 수 있을 정도의 사회가 구성되고 조직화되어 있어야만 가능했을 것이다. 그리고 이처럼 조직화된 사회가 성립되어야만 권력과 기능에 따라 사회의 지배층이 분화될 수 있었을 것이고, 이들에 의해 과학 지식이 독점적으로 전수되었을 것이다. 이외에도 과학이 발전되기 위해서는 수의 개념이 발전하여 크고 작고 많고 적음을 비교할 수 있어야 가능했으며, 기본적인 계산을 할 수 있는 기초 능력이 발달되어야 가능했을 것이다. 무엇보다도 과학적 지식이 후대에 전달되기 위한 조건으로 글씨의 발명이 절실했을 것이다.

이와 같은 여러 조건을 충족하여 시작된 과학 지식은 이집트, 바빌로니아를 거쳐 과학적 지식의 기반을 토대로 발전되고 축적되었을 것이다. 즉 인류의 역사는 원시적 생활 속에서 과학이 발생하게 되고 단편적인 기록으로 남게 되었다는 뜻이다. 그러나 이런 짤막짤막한 기록이 남아 있다 해도 역사의식 같은 것은 없었을 것이고, 이렇게 기록된 이름 없는 주인공들은 누구였을까, 과학자라고 확실하게 말할 수 있는 근거는 희박하다고 볼 수 있다.

즉, 그리스 문명 발생의 모체가 된 나일강의 문명이나 티그리스강, 유프라테스강의 문명은 수학이나 천문학의 발달에서 자연현상을 체계적으로 이해하고 발전시켰다는 흔적이 있다. 그밖에도 인간의 질병을 이해하는 데에도 과학적 발달의 기초가 있어야 가능하였을 것이다. 기타 모든 분야에서도 아직 이들 고대문명의 성립과정에서 체계적 지식을 통해 발전은 못하였을 것이다. 이집트의 역사는 고대왕국, 중대왕국, 신왕국의 세 시대로 나눌 수 있고, 메소포타미아는 지배민족에 따라 역시 세 시대로 나눠지는데 모두 기원전 3,000년경으로 이미 과학의 태동이 시작되었다고 말할 수가 있다.

1.1 고대 오리엔트의 과학

신화는 우주, 자연, 인간에서 태어난다. 고대 오리엔트 과학에서는 태양의 신인 라

표 1-1. 고대 문명의 발달과 특징

지 역	시 기	특 징
이집트와 메소포타미아	BC 5000～3000년	• 가장 빠른 문명지이다.
청동기 문화	BC 4000～3000년	• 동・광석은 목탄으로 가열할 때 주석이 녹아들어 우연의 일치에 의해 만들어졌다.
소아시아와 동부지중해 연안	BC 2000년	• 에게해가 오리엔트 세계에 참여하였다.
철기시대 발전	BC 1000년	• 그리스, 로마문화에 큰 영향을 끼쳤을 것이다
에게문명		• 그리스 문화 형성의 토대를 이룬다. • 티그리스강, 유프라테스강, 나일강, 인더스강 유역의 밭을 가는 쟁기의 발명에서 시작되었다. • 가축을 이용한 축력(마차, 배 발명)의 발달 토대를 만들었다.
가장 오래된 문명		• 페르시아만 근처 수메르인으로 청동기 문명의 발달을 이루었다. • 기원전 3000년경 티그리스강, 유프라테스강 유역의 사람들은 점토판으로 찍은 삼각형의 쐐기 모양의 설형문자를 사용하기도 하였다.

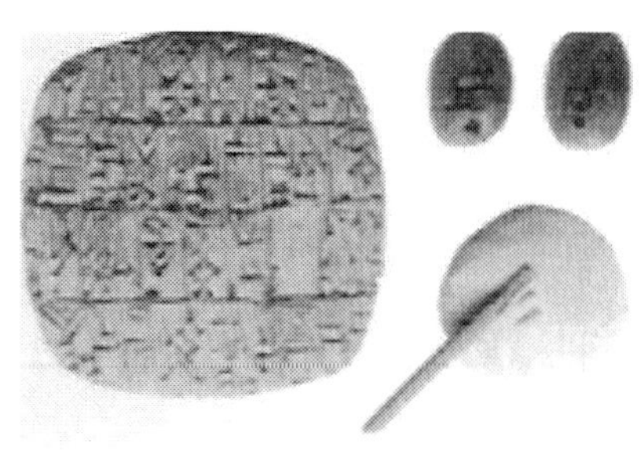

〖그림 1〗 메소포타미아 설형문자 제작도구

(Ra), 대기와 빛의 신인 슈(Shu), 습기와 이슬의 여신인 테프누트(Tefnut)라는 신들을 신화적 존재로 탄생시켰다. 이러한 것을 토대로 이집트 수학책 린드 파피루스(Rhind Papyrus)는 실용수학의 교재(산수, 기하학)로 오늘날까지 전해지고 있다. 특히 메소포타미아 수학에서는 사무관계의 계산, 토목건축 관계, 천문관측용 계산표 등을 수학적으로 계산이 가능했다. 토목건축의 계산을 위한 제곱 및 세제곱표, 제곱근 계산표, 이차 방정식, 삼차 방정식을 다룰 수 있는 수준까지 발달하였던 것이다. 천문학의 발달에서 두드러진 발전을 한 이집트는 날씨의 변화에 의해 적도를 따라 별들을 36등분, 황도를 따라 별들을 12등분(태양이 뜨기 전 시리우스별이 나타나면 나일강이 범람한다)이 가능하였다.

메소포타미아 지방은 사방으로 다른 민족과 접촉할 수 있는 지형적인 여건을 갖추고 있었던 반면, 고대 이집트는 비교적 고립되어 폐쇄적인 경향이 짙은 사회였다. 그렇기 때문에 문명의 규모에 비해 고대 이집트가 남긴 과학적 유산은 그리 많지 못하였을 것으로 추측된다. 예를 들어 고대 이집트의 기록에서 천문관측의 흔적을 찾기가 어려웠던 것도 이러한 문제가 있었기 때문이었을 것이다. 고대 이집트인들에게 가장 중요한 천체는 달과 시리우스(Sirius)였다.

초승달은 달과 시간의 시작이었는데 시리우스[천랑성(天狼星) : 하늘에 가장 밝은 별]가 일출 직전에 뜰 때를 년의 시점으로 생각하였다. 시리우스별의 위치를 기준으로 새해를 시작한 것은 이때가 나일강의 범람시기와 일치하여 농업에 매우 중요한 시기였기 때문이다.

다른 농경사회와는 달리 이집트에서는 별의 위치를 기준으로 태양력(solar calendar)을 사용한 이유가 이 때문으로 보인다. 한편 나일강 유역의 홍수가 잦은 이유는 토지 측량에 필요한 기하학을 발전시킬 수 있었던 계기가 되었다. 이와 같이 수학과 기하학은 필요성에 의해 발전된 학문으로 인간의 지적 호기심에 의해 시작된 천문학과는 대조적인 기원을 가지고 있다고 말할 수 있다.

1.2 수 학

이집트인은 상업이나 측량에 10진법을 사용하였으나 오늘날 우리가 쓰는 10진법과는 조금 다른 방식이었다. 손가락이 10개이기 때문에 10진법을 쓴 것 같지만 아직 0(zero)을 위치에 따라 사용할 줄 몰랐다. 따라서 이집트인들은 오늘날 로마 수에서처럼 10, 100, 1,000 등에 대해서는 별개의 기호를 만들어 쓸 수밖에 없었다.

이집트에서는 또한 분수도 사용되었는데 이것 역시 오늘날과는 좀 달라 분자가 1인 분수만을 쓸 줄 알았다. 따라서 3/4이란 분수는 1/2과 1/4을 보태서 표기해야 했다. 이처럼 단위 분수만을 써서 표시해야 되는 불편 때문에 이집트인들의 수학자들은 이 방법을 숙달시키기 위해 많은 공부를 했으리라 추측된다. BC 1660년에 쓰여진 린드 파피루스(Rhind papyrus)의 기록에는 이런 분수가 많은데, 예를 들면 2/97같은 분수는

$$\frac{1}{56}+\frac{1}{679}+\frac{1}{776}$$

이라고 표시되어 있다. 이런 계산 방식은 숱한 시행착오를 거듭해야만 답을 얻을 수 있었기 때문에 크게 발전할 수 없었다. 곱셈의 방식도 역시 오늘날과는 달라 7 × 5의 계산은 다음과 같은 생각의 전개과정을 거쳐 답을 얻었다.

$$\begin{array}{rr} {}^{\circ}1 & 7^{\circ} \\ 2 & 14 \\ +)\ {}^{\circ}4 & 28^{\circ} \\ \hline 5 & 35 \end{array}$$

우선 7을 한 번 취하여 놓고, 그 다음에 이를 두 배 하여 놓는다. 그 다음(셋째 줄)에는 두 배 한 값들을 또 두 배 하면 4 × 7의 값이 얻어진다. 최후로 ^{0}로 표시된 첫 줄과 셋째 줄을 각기 더하면 (1 + 4), (7 + 28)이 된다. 이것은 (1 + 4) × 7 = (7 + 28)이란 뜻이다. 이처럼 곱셈은 두 배를 반복하고, 또 곱하는 수가 클 때는 10배를 하여 그것을 더하는 방식을 썼던 것으로 이집트의 계산 방식은 결국 가법중심의 것이었고 크게 발달할 수는 없는 것이었다.

그 반면 기하학의 발달에 있어서는 이집트인들은 보다 훌륭한 솜씨를 발휘했다. 피라미드 같은 뛰어난 건축과 해마다 있는 나일강의 홍수 때마다 토지 측량을 반복해 가는 동안 그들의 기하학은 발달해 갔다. 파피루스의 기록에는 여러 가지 계산문제

가운데 곡식창고의 용적, 경지의 면적, 피라미드의 기울기 등 여러 가지 기하학 문제가 포함되어 있다. 또 이집트인들은 원의 면적은 지름의 (8/9)2이라고 계산하고 있는데, 이는 원주율(π)의 값을 256/81 또는 3.1605라는 오늘날과 같은 숫자를 사용하였다는 계산식과 일치했던 것이다.

그들은 또한 피타고라스(Pythagoras)의 정리는 몰랐으나 12단위 길이를 가진 줄을 3 : 4 : 5 단위씩 나눠 3각형을 만들면 직각을 얻을 수 있음을 알았고, 이 방법을 측량이나 건축에 실제 사용하기도 했다. 지금부터 5천 년 전에 건축된 피라미드는 이집트 기하학의 놀라운 성과와 수학의 발달에 의한 진가를 표현한 것이라고 말할 수 있다. 그러나 불행히도 그것이 어떤 학문적 바탕 위에서 가능했는지를 우리는 아직도 알기가 어렵다. 피라미드의 외벽은 정확히 똑같은 51도 50분의 경사를 갖고 있고, 그밖의 구조상의 특징으로 보아도 이집트인들은 상당한 건축 기하학의 수준에 도달하였음을 알 수 있다. 그것이 어떤 신비적 지식은 아니었을 것이 분명하지만 그 수학적 지식은 일반적 정리로 표현되어 남겨지지 못했기 때문에 우리는 수수께끼 같은 그들의 피라미드 건축양식 앞에 그저 놀라움을 느끼게 되는 것이다.

한편, 메소포타미아 지방에서 바빌로니아인들은 이집트와는 거의 정반대의 특징을 가진 수학을 발달시켜 갔다. 그들은 기하보다는 대수 쪽에 더 앞서 있었던 것이다. 바빌로니아인들의 수학적 수준은 물론 오늘날까지 남아 있는 쐐기모양의 문자로 쓰여진 점토판 덕분이다. 그들은 60진법을 수의 기본으로 썼다. 이것은 10진법과 12진법의 이점을 함께 가진 것으로 오늘날 우리가 60초를 1분, 60분을 1시간으로 한다거나, 원주는 360도라고 하는 따위는 모두 바빌로니아의 60진법이 우리에게 남겨준 유물이라 하겠다.

오늘날 우리가 1978이라고 쓰면 이때 1이란 숫자는 그 위치 때문에 그냥 1이 아니라 $1 \times 1,000 = 1,000$을 뜻한다. 같은 방식으로 $1978 = (1 \times 1,000) + (9 \times 100) + (7 \times 10) + (8 \times 1)$을 의미한다. 이집트인은 숫자의 위치에 따라 같은 숫자가 10단위, 100단위 또는 1,000단위로 바뀔 수 있도록 쓰는 법은 알지 못했다. 그러나 바빌로니아인들은 60진법과 10진법을 결합하여 이런 방식으로 숫자를 표시할 줄 알았던 것이다. 예를 들어 보면 앞의 것과 뒤의 것은 위치가 다르기 때문에 서로 값이 다르다는 원리를 깨달았던 것이다. 즉 차례로 그 뜻을 살펴보면

$$\text{상형문자 표기} = 3 \times 602 = 3 \times 3,600 = 10,800$$

10,822라는 우리의 숫자에 해당하는 것이다.

바빌로니아 수학은 이집트의 그것보다 진보적인 법칙을 추상적으로 표현하려 한

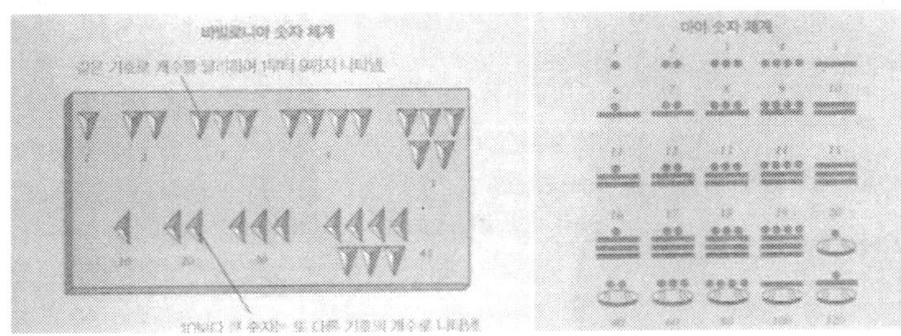

〖그림 2〗 바빌로니아의 숫자체계

수메르인		우가리트인		페니키아인		수메르인		우가리트인		페니키아인	
[illegible]	a	[illegible]	'a	[illegible]	'	[illegible]	su	[illegible]	ḏ		
[illegible]	ba	[illegible]	b	[illegible]	b	[illegible]	na	[illegible]	n	[illegible]	n
[illegible]	gi	[illegible]	g	[illegible]	g	[illegible]	ṣu	[illegible]	ẓ		
[illegible]	ha	[illegible]	b			[illegible]	sa	[illegible]	s	[illegible]	s
[illegible]	da	[illegible]	d	[illegible]	d	[illegible]	ha	[illegible]	'	[illegible]	'
[illegible]	he	[illegible]	h	[illegible]	h	[illegible]	pa	[illegible]	p	[illegible]	p
[illegible]	wa	[illegible]	w	[illegible]	w	[illegible]	ṣa	[illegible]	ṣ	[illegible]	ṣ
[illegible]	za	[illegible]	z	[illegible]	z	[illegible]	qa	[illegible]	q	[illegible]	q
[illegible]	ḫa	[illegible]	ḥ	[illegible]	ḥ	[illegible]	ra	[illegible]	r	[illegible]	r
[illegible]	ti	[illegible]	ṭ	[illegible]	ṭ	[illegible]	ša	[illegible]	š	[illegible]	š
[illegible]	ya	[illegible]	y	[illegible]	y	[illegible]	ga	[illegible]	ǵ		
[illegible]	ka	[illegible]	k	[illegible]	k	[illegible]	tu	[illegible]	t	[illegible]	t
[illegible]	ši	[illegible]	ṡ			[illegible]	e	[illegible]	'i,'e		
[illegible]	la	[illegible]	l	[illegible]	l	[illegible]	u	[illegible]	'u,'o		
[illegible]	ma	[illegible]	m	[illegible]	m	[illegible]	se	[illegible]	ś		

〖그림 3〗 수메르인, 페니키아인의 자음대조표

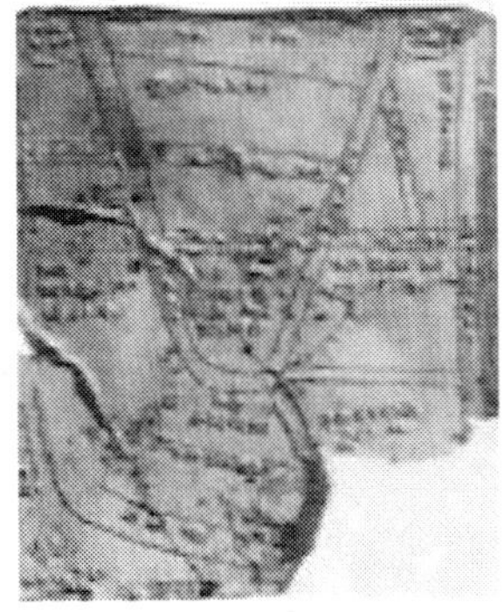

〖그림 4〗 수메르인의 세계 최초 지도

데에 그 장점이 있다. 예를 들면 이집트인들은 3 : 4 : 5의 구체적 예만을 들어 이해하고 있던 피타고라스의 정리를 바빌로니아인들은 일반적 법칙으로 알고 있었던 것 같다.

1.3 천문학

현대는 모든 것이 인공에 의하여 조작되어 밤조차 낮과 큰 차이 없이 밝음 속에서 살고 있는 우리들은 하늘의 별에 대해 전공적으로 흥미롭게 연구하는 자 이외는 거의 아무것도 모른다 할 수 있다. 그러나 옛사람들에게는 달이나 별의 운동 그리고 변함없이 반복되는 4계절 등은 그들의 농경생활에도 반드시 필요한 지식이었고 또 그 법칙성은 놀라움을 일으키기에 충분한 것이었다. 그 반면 뜻밖에 일어나는 태풍이나 혜성, 일식 같은 것은 옛사람들의 공포 본능을 자극하기에 충분한 두려움의 공간 개념을 세워가게 되었고, 불규칙한 천상의 이변으로부터는 미래를 짐작해 보려는 점성술이 발달하게 되었다.

우주신화에 있어서 이집트인들은 우주란 하늘의 여신(Nut)과 땅의 신(Geb)이 상하에서 서로 마주잡고 있는 세계를 상상하고 있었다. 하늘의 별들은 여신의 가슴이 배에 달려 있고, 해와 달은 그 사이를 흐르는 강을 따라 찬란한 배를 타고 하루에 한 번씩 지나간다고 믿었다. 밤이면 태양은 죽어 땅속을 지나 다시 동쪽 하늘에서 재생한다. 태양신을 자처한 이집트의 파라오(왕)가 거창한 피라미드를 지어 평생에 쓰던 것들을 넣고 부리던 종까지를 순상하던 풍습은 태양이 아침마다 재생하듯 태양신도 재생한다는 믿음에서 이루어졌을 것이다.

메소포타미아 지방에서는 이와는 좀 다른 세계를 상상하고 있었다. 바빌로니아인들에 의하면 세상은 물속에 있는 종 모양 또는 사발을 엎어놓은 모습이라고 믿었다. 하늘에는 별이 달려 있고, 그것이 빙글빙글 돌면 거기 창문 같은 것이 달려 있어 그것이 열리면 큰 비가 내린다고 생각했다. 또 은하수는 끊임없이 하늘 밖의 물을 구름에 전해주고 있다고도 믿어왔다.

시간과 역(歷)으로는 시간에 대한 하루, 한 달, 한 해에 대한 생각으로부터 시작되었을 것이다. 그리고 이것들은 물론 매일 아침에 떠오르는 해를 보고 1일을 알고, 달의 모양이 월망을 반복하는 주기를 1개월로 잡았으며, 4계절이 바뀌어 다시 농사를 시작할 때가 돌아오는 것을 기준으로 1년을 알게 된 것이다. 그러면 이집트나 바빌로니아인들은 어떻게 이런 것들을 알아내고 있었을까?

하루 동안에 시간을 재는 방식으로는 어느 사회에서나 해시계와 물시계가 널리 쓰여졌다. 그러나 메소포타미아 지방에서 어떤 시계가 쓰여졌는지는 정확히 알려져 있지 않다. 다만 이집트의 시계는 그 모양이 잘 알려져 있다. 그런데 한 가지 우리들이 보기에 이상한 사실은 이집트의 시계는 단위가 똑같은 구조를 갖지 못하고 있다는 것이다. 적도지방에서 사용된 것으로 보이는 수평형 해시계는 그림자의 길이를 보아 시간을 알 수가 있었다.

수직형 해시계는 우리나라에서도 조선왕조 시대까지 흔히 쓰였던 것으로 반원의 중심에 바늘을 수직으로 세워 그림자의 방향에 따라 시각을 재는 방식이다. 그런데 이 해시계의 눈금은 등고선 간격에 의해 그려져 있다. 하지만 그림자의 방향이 바뀌는 것은 계절에 따라서 또 하루 중에서도 아침, 저녁과 정오경에는 일정하지 않다. 말하자면 시간 단위가 틀리는 시계를 사용한 셈이다. 그리고 그들은 해시계를 표준으로 하여 물시계도 사용한 것으로 보인다. 이러한 부정시법은 우리 눈에는 이상해 보이지만 그 당시로서는 아무런 불편도 없었으리라 생각된다.

매년 한 번씩 범람하는 나일강은 이집트인들의 가장 정확한 달력인 셈이었다. 따라서 이집트의 역(歷)은 그 홍수를 더 정확히 예보하려는 노력과 함께 발달했을 것이다. 그들은 1개월을 30일이라고 정하고 12개월이 모여 1년이 된다고 했다. 여기에 성일이라는 5일을 더하여 365일을 1년으로 삼았다. 그러나 잘 알려진 바와 같이 지구의 공전주기는 365일하고도 약 1/4이 더 있다. 때문에 시간이 지날수록 나일강의 홍수도 또는 모든 자연현상의 변화도 차츰 빨라져 가을에 일어나던 것이 여름으로, 그 다음엔 봄으로 자꾸 옮겨 갔다.

물론 이집트인들은 자기들의 역(歷)이 이런 불합리한 점이 있음을 잘 알고 있었다. 그들은 약 1,460년을 주기로 이렇게 어긋난 계절은 다시 제자리를 찾게 되는 것도 알고 있었다. 그러면서도 이집트인들은 하루의 윤일을 넣어 더 정확한 역을 만들 생각은 하지 않은 채 4천년 이상을 이 역법을 지켜갔던 모양이다. 전통의 힘이란 때로는 엄청난 것으로 이렇게 계산해 낸 1년은 3계절로 나뉘었다. 인감과 번종과 수확의 계절로 나누었다.

이집트의 역이 달을 별로 중시하지 않은 채 태양 중심적인 경향을 보인데 반해 메소포타미아의 역은 철저한 태음력이었다. 달이 차고 기우는 주기는 약 29일 반이다. 이를 29일과 30일짜리를 적당히 한 달씩 섞어 12개월을 계속하면 354일쯤 된다. 정확한 1년보다는 약 11일이 짧은 것이다. 그대로 이 역법을 계속 사용한다면 몇 년 안 가서 계절의 어긋남이 심해질 것은 당연한 일이다. 이 문제를 해결하기 위해 메소포타미아에서는 윤월을 두는 법이 고안됐다. 8년을 주기로 하여 그 중 3년을 13개월로 만들면 된다는 것을 알아낸 것이다.

오늘날 우리가 사용하고 있는 7일을 1주 방식으로 사용하게 된 사실 또한 바빌로니아 역법에서 시작된 것이다. 그들은 매달 시작하는 날을 1주일의 첫날로 잡아 달마다 매주마다 새로 시작되게 하는 방식을 썼다고 알려져 있고, 그들의 7일은 물론 뒤에 설명할 점성술과 밀접한 관계 속에서 발달한 것이다. 그것이 오늘날처럼 월의 진행과는 상관없이 요일이 다음 달에도 계속되는 방식은 지금부터 약 2천 년 전쯤 나타난 것으로 보인다.

이집트에서는 일종의 태양력이 사용되었고, 메소포타미아에서는 태음력이 쓰여진 것을 알 수 있다. 그러나 이집트인이 반드시 매년 1/4일씩 모자라는 역법에 절대적 신용을 주고 있었던 것만은 아닌 것 같다. 공식적으로는 이 역(歷)이 쓰여졌으나 실제로는 태음력 방식도 함께 실용되었고, 1년이 약 365일 1/4일이란 것쯤은 잘 알고 있었다. 씨앗을 뿌리고 곡식을 거두는 등의 농민의 일상생활을 위해서는 해마다 조금씩 빨라지는 태양력보다는 오히려 비공식 역이 더 쓰여졌을 것으로 보인다. 다만 이집트 정부에서 행하는 세금을 거두어들이는 날짜, 제사 지내는 날, 그 중에도 특히 제사 같은 중요한 행사에 아마 공식 역(歷)이 사용되지 않았을까 생각한다.

점성술은 불규칙하게 일어나는 천상의 이변으로 옛사람들에게는 무한한 공포감을 주었다. 천문의 관측은 규칙적인 천체운동을 관찰하여 보다 정확한 역(歷)을 만들려는 노력에서 진행되었지만 오히려 천상의 이변을 빨리 관찰하여 재앙을 피하려는 생각에 더 깊은 원인이 있었던 것 같다.

역술에 있어 바빌로니아인보다 보수적 경향을 보인 이집트인들은 적도 주변의 별(항성)을 36등분하여 각 부분이 10일마다 차례로 같은 자리에 떠오르도록 하여 하늘을 관찰했다. 이와는 별도로 황도대는 12궁으로 나눠 각각 30도씩을 차지하게 하기도 했다. 이것은 태양과 항성의 관계 위치를 알아 계절을 정확히 알기 위한 수단이었던 것으로 보인다. 물론 이들 천문의 관측으로 점성술의 발달도 이루어졌으나 그 내용은 잘 알려져 있지 않다.

이에 비해 바빌로니아 점성술은 그 후 서양사에 중요한 전통을 남길 만큼 크게 발달 되었고, 또 오늘날 발견 보관되어 있는 점토판 유물의 기록 속에서 얼마든지 점성술의 모습을 엿볼 수 있었다. 바빌로니아인들에겐 별은 신이었다. 그들이 원시시대부터 갖고 있던 토속 신앙의 신들을 하늘에 올려 보내는 작업이 천문학의 발달과 더불어 일어났다. 그들의 믿음에 따르면 하늘을 지키는 세 별, 즉 해와 달과 금성은 땅의 신 벨(Bel)의 사자들이다. 거기에 행성이 네 개가 더 알려지자 그들에게도 각각 중요한 신격이 주어졌다. 바빌론의 신은 목성이 되었고, 죽음의 신은 화성이 되었다. 또 토성은 전쟁의 신으로, 수성은 지식의 신으로 믿어졌다.

기독교의 성경에 기록된 바벨탑(The Tower of Babel, 성경 창세기 11장)은 바로 바빌로니아에서 발달된 점성술을 상징하는 실제로 있던 건축물로 보인다. 그것은 하늘에 있는 신들의 뜻을 읽으려는 천문관측소이며 동시에 성역이기도 했던 것이다. 점성술의 발달은 그 전문가들을 더욱 정치적, 사회적으로 중요한 위치로 끌어올려 주었다. 우리는 바빌로니아의 점성술사들이 거침없이 왕에게 천변을 보고한 기록들을 볼 때 그들이 얼마나 세력이 당당했었는지 짐작할 수 있다. 천문관은 그들만이 하늘에 있는 신의 계시를 읽어낼 수 있다는 능력을 갖고 있다고 믿었기 때문이다.

천상이 땅 위의 인간세계에서 일어나는 일을 지배한다는 천인상감(天人相感)의 생각은 중국 고대에서도 크게 발달했었다. 그런데 중국에서는 천변에 더욱 큰 관심이 있었던 것에 반해서 메소포타미아의 점성술은 정상적인 천체 운행에서도 깊은 뜻을 찾으려고 노력했다. 따라서 메소포타미아인들은 행성의 움직임을 매우 중요시했던 사실을 알 수가 있다. 즉 각각 다른 신이 지배하는 행성들은 그 빛이 땅을 비칠 때도 각기 다른 신비스런 신의 계시를 지상에 내린다는 것이었다.

이런 해석은 사람의 출산과 함께 그의 운명이 결정되었다는 생각으로 발전되었다. 예를 들어 달이 뜰 때 태어난 아이는 일생을 화려하고 행복하게 또 오래 살 수 있다는 것이다. 화성이 떠오를 때에 태어난 아이는 사신의 영향을 받기 때문에 곧 병들어 죽게 된다고 전해진다. 만약 두 개의 행성이 함께 보일 때 태어났다면 새로 떠오른 쪽의 영향을 더 받는다고 점성술사들은 해석했다. 목성이 떠오르고 금성이 지고 있을 때 태어난 사람은 나이가 들면서 다복하지만 아내를 버리게 된다고 해석했고, 반대로 금성이 뜨고 목성이 질 때 태어난 사람은 공처가가 된다는 식이었다.

한 가지 사가(史家)들이 흥미를 끄는 사실은 메소포타미아 점성술의 예언들과 고대 중국 점성술의 예언과는 비슷한 경우가 많다는 점이다. 게다가 때로는 별의 이름에도 공통되는 것들이 많았다. 여기에 힌트를 얻어 여러 학자들은 고대 메소포타미아와 중국 사이에는 문화의 교류가 있었으리라고 주장했다. 고대 문화 교류설은 동과 서에서 제각기 발달했을 것으로 해석하는 것이 더 타당한 듯하다. 그렇다면 어떻게 서로 독자적으로 발달한 생각들이 그렇게 비슷한 부분이 있을까 하는 의문점이 있었지만 그것은 인간의 사고와 구조가 어느 정도는 서로 비슷하기 때문이 아닐까라고도 생각된다.

1.4 의 학

인간이 늙고 병들고 죽는다는 문제는 인류사에 있어 가장 큰 문젯거리의 하나였다. 질병에 대한 관심이 역사 이전부터 계속된 한 부분의 과학을 이루어 왔던 것은 당연한 일이었다 말할 수 있다. 세계의 어느 곳에서나 옛사람들은 질병이 자연적 원인으로 일어난다기 보다는 어떤 병마나 영(靈)에 의해 생기는 것이라 믿었다. 병은 자연현상보다 초자연적 힘에 의해 좌우된다고 보는 태도가 강했기 때문이다.

이집트나 메소포타미아인들은 이런 태도에 바탕을 둔 질병관을 갖고 있었으나 그들은 여기서 한 걸음 나아가 합리적인 태도를 갖기 시작한 것도 사실이다. 주술적 의학의 단계에서 벗어나지 못하고 있으면서도 질병을 자연현상으로 보려는 과학적 태도가 시작됐다고 할 수 있다.

의학분야는 이집트에서 특히 발달했다. 기원전 1,700년 전의 것으로 알려진 에드윈 스미스 서지칼 파피루스(Edwin Smith Surgical Papyrus)에서는 주술적인 설명은 없이 외상의 관찰과 치료방법들이 질서 있게 정리되어 있었고, 48개의 외상 골격에 대한 설명은 머리에서 시작하여 온몸 각 부분의 마디마디 부분에 이르기까지 정확히 제시되어 있다. 이 중 13개에 대해서는 불분명하고 치료가 불가능하다는 판단을 내리고 있었다. 이런 진단을 내린다는 그 자체만으로도 의술은 주술적이 아님을 뜻한다고 하겠다.

아마 인류사상 최초의 의사로 이름을 남긴 사람은 기원전 3천년의 임호텝(Imhotep)일 것이다. 제3 왕조의 시조인 조서(Zoser)왕의 주치의였던 그는 물론 의술이 전문은 아니고 천문학, 건축, 정치를 겸비한 사람이었고 그 시대 막강한 영향력을 행사한 인물이었다. 그러나 이집트의 기록에는 안과, 치과, 소화, 두개골 까지도 전문으로 다루는 의사였던 것으로 기록되어 있기도 하다. 그는 뇌의 기능을 어렴풋이 알고 있었고, 맥을 짚어 보아 심장의 움직임까지도 알 수 있었다. 피의 순환을 이해한 것은 아니지만 혈액계통에 대해서도 기초적인 지식을 쌓아가고 있었기 때문에 얄팍한 지식이었다고 말할 수 있었지만 그 시대는 의사로서 역할을 충분히 수행했을 것으로 추측된다.

메소포타미아 의학에 관해서는 이집트의 경우처럼 풍부한 기록은 남아 있지 않다. 그러나 기원전 7세기경 기록들은 점토판에 단편적으로 남겨진 자료에 의하면 메소포타미아에서는 이미 훨씬 전부터 일종의 의학 전문교육이 있었던 것으로 밝혀지고 있다. 또 의사들은 일반인이 쓰지 않은 특수 전문용어도 쓰고 있었던 것으로 추측된다. 또 그 시대 널리 알려진 함무라비(Hammurabi) 법전에서도 외과 치료에 관한 부분을 제시하고 있었다. 의사가 치료 중에 범하는 실수에 대해서는 어떻게 처리할 것인가에 대해서는 이미 그 시대에서도 문제꺼리가 될 수밖에 없었다.

어느 고대사회에서나 마찬가지였겠지만 메소포타미아 지방에서는 의술의 기본은 의사의 치료보다 오히려 주술적인 것에 더욱 치중하고 있었다는 것을 엿볼 수가 있었다. 그 중 흥미 있는 치료법으로 널리 보급된 것이 간(肝)의 치료 방법이다. 일반적으로 보통 쓰던 방법은 양이나 산양을 환자 곁에서 죽여 간을 꺼내어 그 모양을 비교 검토하여 병세를 진단한다는 것이다.

한편 점토로 만든 간의 모형에는 주문을 써두어서 그에 따라 점술가가 주문을 외워 병을 치료하기도 하였다. 이런 전통은 그 후 로마시대에서도 전파되었는데, 이때 간을 특별히 병세의 진단에 사용했다는 것은 그 시대 사람들은 생명은 간에서 시작된다는 믿음이 있었기 때문이었을 것이다.

1.5 기 술

만드는 자로서의 인간(Homo faber)은 인간이 진화의 첫 단계에서 직립 보행을 하면서 두 손을 자유롭게 쓰기 시작하였기 때문에 손을 사용하여 무엇인가를 만들 수 있었을 것이다. 불을 사용하고, 사냥에 필요한 돌을 다듬고, 그리고 농사에 필요한 도구나 음식의 저장, 요리에 필요한 도구들이 점점 투박한 것에서부터 매끈한 것으로 바뀌어 갔고, 집 짓고 옷 만드는 기술도 발달할 수 있었던 것도 인간의 진화과정의 일단계 진보과정으로 말할 수 있었을 것이다.

인간이 도구를 만드는 데 사용한 재료는 인류의 역사에 커다란 전환기를 가져다준 계기가 되었다. 그래서 우리는 오늘날 플라스틱 시대란 말을 쓰듯이 역사적으로는 석기, 청동기, 철기 시대의 선사시대를 거치면서 발달되었을 것으로 추측된다. 특히 청동의 발견은 대규모의 국가형성과 때를 같이한 것으로 알려져 있다. 메소포타미아나 이집트에서도 금, 은, 구리와 함께 청동은 중요한 역할을 했고, 이 지역 문명의 발달은 후기에는 철을 발견하여 사용할 수 있었던 계기로 만들었을 것이다.

금속과 더불어 유리는 BC 1,600년경쯤부터 널리 사용되기 시작했다. 이와 같은 금속과 유리의 사용은 점차 전문 공구의 등장까지 불러왔다. 전문적인 공구는 그릇을 만드는 데에도 필요했다. 그릇 만드는 데 사용하는 물레는 BC 4,000년경쯤에 만들어졌고, 그릇을 만들어 유약을 발라 구워 윤을 내는 방법은 그 후에 발달했음을 알 수 있다.

기제(Gizeh)에 있는 피라미드 가운데 제일 큰 것은 5천 년 전에 세워진 것으로 높이가 152 m이며, 여기에 사용된 돌만 해도 평균 2.5톤짜리 230만 개가 된다. 헤로도터스(Herodotus)의 설명에 따르면 이것을 만드는 데에는 10만 명의 일꾼이 1년에 3개월씩 일하여 20년이 걸렸다고 한다. 게다가 피라미드의 도로는 정확히 동서남북을 향해 있고, 각 변의 길이나 모서리의 경사, 각도 등이 상당히 정확하게 일치한다. 불행히 우리는 오늘날 이집트인들이 어떤 기구를 사용하여 그 무거운 돌들을 높은 곳에 올려 피라미드를 쌓았는지에 대해서는 알 길이 없다. 다만 그들이 상당한 기술을 습득하고 있었고, 초보적인 기구를 쓸 줄 알았음을 짐작할 수 있을 뿐이다.

흥미 있는 사실은 메소포타미아에도 피라미드에 필적할 만한 건축물이 있었다는 것이다. 거의 같은 크기로 세워진 것으로 추측되는 지구라트(Ziggurat)는 신전과 천문 관측대를 겸한 것으로 밝혀졌다. 그런데 지구라트는 피라미드와 달리 벽돌을 쌓아서 만들었고, 오르내릴 수 있게 계단을 만들었던 것으로 보인다. 성경에 나오는 바벨탑의 전설과 지구라트와도 서로 관련된 것이 아닐까 생각된다. 피라미드와 달리 벽돌로 만든 지구라트는 오늘날 한 개도 남아 있지 않아 그 이상은 알 길이 없다.

또 피라미드 속에 남겨진 미이라(mummy)를 보면 의학기술이 꽤 잘 발달돼 있었던 것 같다. 천국에서 부활을 위해 시체를 잘 보관하려는 노력에서 출발한 이 방식은 시체로부터 내장과 뇌수를 빼낸 다음 두 달 가량 소금물에 담갔다가 여러 가지 처리를 한 것으로 보이는데, 그 과정이 극히 세련되어 있었던 것으로 보아 인체구조나 그 처리에 상당한 지식을 가지고 있음을 알 수 있다. 불행히 이것 역시 그 상세한 내용은 전해지지 않고 있다.

1.6 고대과학의 특징

엄밀한 의미에서 메소포타미아와 이집트의 고대과학은 오늘날의 과학과는 거리가 먼 것이었다. 자연의 이해에 목표를 두었다기보다는 종교적인 또는 일상생활의 필요 때문에 얻어진 지혜라는 점에서 오늘날의 과학과는 그 목적을 달리한다. 따라서 고대과학은 경험의 종합이었을 뿐 그 경험들 사이에 내재하는 어떤 법칙성 같은 것에는 관심을 갖지 않고 있었다. 그러나 바빌로니아의 수학과 천문학은 초보적인 이론화 과정에 들어가 있었던 것도 사실이다.

종교적이고 주술적인 원시상태에서 인간이 벗어나기 시작했다는 점에서 메소포타미아와 이집트의 자연관은 비로소 서양과학사에 첫발을 내디딘 것으로 인정된다. 그러나 이 시대는 과학자 없는 과학과 기록 없는 과학사 단계로 말할 수 있다. 학자의 이름이 역사에 남는 지식을 위한 지식으로서의 서양과학은 그리스 시대에서부터 시작되었다고 할 수 있다.

수십만 년에 걸친 인류의 역사에서 인간이 자연을 조직적으로 관찰하여 원시적인 방법으로나마 기록을 남기기 시작한 시기는 불과 약 1만 년 전의 일로서 구석기시대 말기에 해당한다. 이때의 인간은 자신들이 이해할 수 없는 것은 모두 초자연적인 존재의 섭리로 해석하였다. 이와 같이 자연현상에 대한 원시인의 인식은 비합리적이었고, 그들이 이해한 내용은 과학적 지식이라고 하기보다는 주술적, 종교적인 성격을 강하게 띠고 있었다.

메소포타미아의 과학은 인류의 과학지식을 신비의 대상으로 여겨진 천문현상의 관측으로부터 형성되기 시작하였다. 메소포타미아 지방에서 발견된 고대 바빌로니아의 기록에 의하면 처음에는 이러한 관측은 별자리의 발견과 같은 비교적 단순한 결과로 나타났지만 점차 천체의 이동이나 상태의 변화를 이용한 점성술로 발전하였다. 점성술(astrology)은 행성(planet)이 통치자와 국가의 운명에 영향을 미친다고 하는 BC 2,000년경에 바빌로니아인이 믿었던 미신에서 싹튼 것으로 그리스에 전해지면서 모든 인간의 운명이 별자리의 영향을 받는다는 믿음으로 발전하였다.

천문학자(astronomer)는 원래 점성술을 실행하는 사람이었다. 점성술은 아무런 과학적 근거가 없는 미신이었지만 천문관측을 통해 천문학을 발전시키는 계기를 마련하였다. 천문 관측으로부터 발견된 천체 운동의 규칙성은 시계의 역할을 하였다. 규칙적으로 되풀이되는 밤낮의 교대와 계절의 반복적인 출현은 년, 월, 일과 같이 인간에게 익숙한 시간의 단위가 되었을 것이다. 이러한 주기적 천문현상에 근거한 시간의 단위 이외에도 임의로 고안된 단위도 있었다.

예를 들면 바빌로니아인은 다섯 행성과 태양, 달의 이름을 사용하여 주일이라는 시간의 단위를 만들어 내었다. 바빌로니아인들이 사용하던 년, 월, 주, 일, 시, 분, 초와 같은 시간의 단위는 현재도 사용되고 있다. 또한 그들은 년, 월, 일의 시간을 사용하여 농경문화에 필요한 역법인 태음력(lunar calendar)을 만들었다. 천문 관측의 기준이 지구에 있었기 때문에 고대인들은 천체운동의 중심도 자연히 지구에 있다고 보았으며, 별들은 규칙적인 운동을 되풀이하고 있었기 때문에 하늘에 있는 큰 구에 고정되어 원운동을 하는 것으로 생각하였다.

제 2 장

그리스과학의 발전

아리스토텔레스

1. 그리스의 과학

고대 그리스의 자연철학자들은 자연현상에 대한 신화적인 설명으로부터 탈피하여 자연적인 설명을 시도하였다. 예를 들면 탈레스(Thales, BC 625～545년)는 지구가 물 위에 떠 있기 때문에 물이 흔들리면 지진이 발생한다고 하였다. 나아가 그는 만물의 근원이 물이라고 하였다. 생물학에서 아낙시만드로스(Anaximandros, BC 610～546년)는 최초로 화학적 생명의 기원을 주장한 사람이다. 즉 생물은 습기와 태양광에 의해 생성된다고 하여 생명의 기원을 물질의 결합에 의한 것으로 보았던 것이다. 그는 또한 인간은 일종의 물고기로부터 생겨났다고 보아 진화의 개념을 주장하기도 하였다.

엠페도클레스(Empedokles, BC 490～430년)는 우주는 물, 불, 흙, 공기의 4원소로 구성되어 있다는 4원소설(four-elements theory)을 주장하였으며, 이들 원소가 적당한 비율에 의해 모든 물질이 생성된다고 보았다. 그리고 물질에는 서로 대립되는 힘인 사랑과 투쟁(strife)이 존재하며, 이들은 혼합과 분리작용에 의해 물질의 변화가 생긴다고 하였다. 이러한 생각은 원소의 존재와 각 물질에 고유한 원소의 혼합 비율이 존재한다는 사실을 말하고 있다.

루키포스(Leukippos, BC 440년경)에 의해 시작된 고대의 원자론(atomic theory)에서는 물질을 구성하는 원초적인 구성 성분을 추구하였다. 데모크리토스(Democritos, BC 420년경)는 이러한 더 이상 나눌 수 없는 물질의 구성 요소를 원자(atomos)라고 불렀으며, 원자는 불연속적이고 영원불변하다고 하였다. 우주의 구조에 대한 이론은 대부분 동심천구설(theory of concentric spheres)에 의해 일어난다고 믿었다.

유독수스(Eudoxus, BC 408～355년)는 지구가 우주의 중심이라고 생각하여 지구를 중심으로 한 동심천구에 별들이 고정된 기하학적으로 배치되었다는 모형을 고안하였다. 모호하지만 천체의 주기적 운동을 설명하기 위한 최초의 역학적 모형이었다는 데 의의가 있다고 할 수 있다. 특히 고대 그리스 과학은 자연현상에 대해서 신화적, 주술적, 초자연적 설명을 배척하고 합리적인 설명을 제안하였으나 대부분이 과학적 근거가 결여된 사변적인 성격을 띠고 있었다고 할 수 있다. 특히 고대 그리스 과학은 아리스토텔레스(Aristoteles, BC 384～322년)에 의해 집대성되었다.

1.1 여러 학자와 학설

천문학에서는 여러 개의 동심천구를 이용한 지구중심설(geocentric theory)과 역학(mechanics)에서는 자연물의 존재의 변화는 신의 목적을 실현하기 위한다고 하는 목적론(objectivism)을 주장하였다. 특히 물체의 운동 속도는 무게에 비례하므로 무거운 물체가 더 빨리 떨어진다고 생각하였다. 이러한 생각은 17세기에 갈릴레이(Galileo Galilei, 1564～1642년)의 반증이 있기까지 1000년 이상 비판 없이 수용되었다.

우주관으로는 고귀한 물질인 에테르(ether)로 구성된 천상계와 물, 불, 흙, 공기의 물질로 구성된 천하계로 서로 다른 두 세상이 존재한다는 이른바 위계론(hierarchism)을 주장하였다. 이 위계론은 중세 교회의 계급제도를 옹호하는 이념적 근거로 사용되었다. 아리스토텔레스는 단편적인 지식을 종합하여 정리하였고, 철학적 원리로부터 통일적 과학체계를 추구하는 자세를 취하였지만, 그의 목적론과 위계론은 중세 기독교적 관념에 의해 우주관은 유물론적 요소를 상실하게 됨으로써 과학발전의 장애가 되었다고 말할 수 있다.

그 이후 알렉산더 대왕(Alexander The Great, BC 356～323년)의 정복에 의해 탄생된 헬레니즘(Helenism) 과학은 이전의 고대 그리스 과학과는 대조적으로 현실적인 문제에 많은 관심을 기울이게 된다. 예를 들어 아르키메데스(Archimedes, BC 287～212년)는 부력현상을 발표하였으며, 지렛대의 원리에 대해서 그 체계를 세우게 된다.

에라토스테네스(Eratosthenes, BC 284～192년)는 탁월한 착상으로 지구의 둘레를 측정하여 현재의 값과 10% 범위 내에서 일치할 정도의 정확한 결과를 얻었다. 히파르코스(Hipparchos, BC 190～120년)는 천체의 운동을 관측하여 춘분점과 추분점이 이동한다는 사실을 발견하였고, 지구와 달 사이의 거리는 지구 지름의 30배라고 계산해 내기도 하였다. 또한 별의 밝기에 따라 6등급으로 등분하는 분류법을 고안하였는데 이 분류법은 오늘날까지 사용되고 있다.

[그림 5] 아리스토텔레스

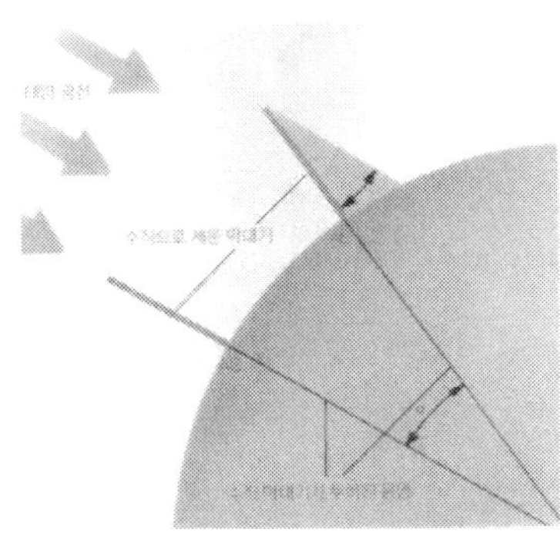

[그림 6] 에라토스테네스의 지구 재는 법

표 2-1.아리스토텔레스 과학으로부터 탈피하고자 한 고대 과학자

인 물	특징 / 업적
탈레스(BC 625～547년)	• 과학, 수학, 철학의 창시자. 만물의 근원은 물이라 하였다. • 창조적 혁명의 핵심, 태양의 일식을 예언하였다.
아낙시만드로스(BC 610～545년)	• 우주 생성은 신이 아니고 물질 자신의 운동이라 하였다.
아낙시메네스(BC 545년)	• 만물의 원질은 공기라고 하였다.
헤라크레이토스(BC 588～540년)	• 만물의 원질은 불이라 하였다. • 불꽃을 자연적인 유동과 변화의 상징으로 보았다
아낙사고라스(BC 500～428년)	• 우주의 근원은 매우 작은 모양의 종자와 같다고 하였다.
데모크리토스(BC 470～380년)	• 고대 원자론을 확립하였다. • 원자는 모양, 위치, 크기로서 기하학적으로만 구별 가능하다고 하였다.

프톨레마이오스(Ptolemaios, AD 85～165년)는 기존의 동심천구설을 토대로 별의 운동을 설명하는 한편 천구는 지구를 중심으로 한 원인 이심원(epicyle) 외에 이심원 상에 중심을 둔 작은 원 주전원(deferent)을 도입하여 행성의 역행운동(retrograde motion)까지도 설명하였다.

이와 같이 프톨레마이오스의 천문학은 당시로서는 상당히 효율적으로 모든 별의 운동을 설명하여 오랫동안 표준적인 이론으로 사용되었다. 아르키메데스는 황금 왕관 속에 포함된 구리의 비율이 얼마나 되는지를 알아내는 방법을 찾아낸 것으로 유명하며, 그것은 부력현상을 이해하였기 때문에 가능하였을 것이다. 즉 물체의 부력은 자신이 밀어낸 물의 무게와 같고, 물속의 물체는 이 부력만큼 가벼워진다는 원리로 동일한 부피를 가진다고 하더라도 물질마다 부력이 다르기 때문에 왕관 속의 황금과 구리의 양을 알아낼 수 있었던 것으로 부력의 원리를 이해할 수 있었기에 가능한 것으로 판단된다.

행성의 운동은 서에서 동으로 움직이는 것이 표준이나 일부 행성은 1년에 몇 개월 동안 반대 방향으로 운동한다는 것으로 이 현상을 역행운동이라고 하며, 지구는 행성의 공전 주기가 다르기 때문에 발생하는 겉보기 현상이 일어난다고 주장하였다.

연금술(alchemistry)은 값싼 금속을 귀금속으로 변환시키려는 활동으로 기원전 3세기의 기록에 최초로 나타났으며, 헬레니즘 시대에 가장 활발하게 발전하였다. 헬레니즘 시대의 연금술사들은 고대 그리스의 물질 상호 전환 원리에 따라 천한 금속을 귀

금속으로 변환시키고자 하였으며, 이 과정을 죽음과 부활로 보는 등 신비주의적인 경향을 띠게 되었다. 연금술은 화학실험에 필요한 여러 가지 기구들의 제작을 통해 화학의 발전으로 직접 연결시킬 수 있었으나 실제로 그렇게 되지는 못하였는데 그것은 실험이 마술적 성격을 띠었으며, 기술은 비밀로 전수되었기 때문이다.

고대 그리스의 과학이 사변적이었음에 비하면 헬레니즘 시대의 과학은 현실적 문제를 풀기 위한 응용과학의 측면이 강했다. 헬레니즘 시대의 과학자들은 고대 그리스의 자연철학자들의 주관심사였던 자연현상의 본질적인 탐구보다는 기하학, 역학, 천문학, 화학과 같은 보다 현실적인 방향을 선택하였던 것이다. 17세기 과학 혁명에서는 아리스토텔레스의 과학으로부터 탈출을 시도했다는 점에서 의의가 크다고 볼 수 있다. 그러나 플라톤, 아리스토텔레스의 과학 본질은 수학적인 자연관과 유기체적, 목적론적인 자연관에 대해서 기초를 만들어 주었다고 말할 수 있다. 즉 그리스인들은 사물의 객관성과 논리 추구에 뛰어났다 말할 수 있다. 그들의 과학정신 일부는 생기론적이고 목적론적인 요소들이 존재하였다.

1) 플라톤, 아리스토탈레스의 자연철학

플라톤은 도덕철학[형상(form)과 이데아(idea) 이론], 4원소 기하학적 정다면체 설을 주장했다. 즉 불(정사면체), 흙(정육면체), 공기(정팔면체), 물(정이십면체) 등의 4원소설을 주장하였고, 5원소 에테르는 정12면체(둥근 형태의 하늘을 구성)를 부가하였고, 자연현상을 이해(수학응용)하는 데 중요하다고 하였다.

아리스토텔레스는 특히 경험적인 연구와 실질적인 연구를 강조하였다. 에게해, 소아시아 해안 여행을 통해 생물학 분야의 자료를 수집하였고, 우주는 천상계(달 위 세계 : superlunar)와 지상계(달 밑 세계 : sublunar)로 나뉜다고 하였다. 그릇을 구울 때 점토(질료인), 질그릇 만드는 사람(형상인), 굽는 사람(동력인)으로 나타냈다. 즉 물질은 온(뜨거움), 냉(차가움), 건(건조함), 습(습함)으로 구성되었으며 원소는 흙(차겁고 건조), 물(차가움과 습함), 공기(뜨거움과 습함)로 표현했다. 불은 뜨거움과 건조함으로 나타냈다. 과학체계(자연 그대로 묘사)에서 자연은 쓸데없는 일은 하지 않는다고 했다.

2) 그리스 의학

신전 의학은 고대 오리엔트 문명을 기원으로 시작되었다. 이 시대의 대표적 학파인 피타고라스 학파의 알크마이온(Alkmion)은 동물을 해부하여 뇌가 감각중추라고 말했다. 즉 질병은 온, 냉, 건, 굽의 불균형에 의해 만들어졌다고 역설하였다. 그리고 히

[그림 7] 의학의 아버지 히포크라테스

포크라테스(의학의 아버지)는 의학의 기본 체계를 다방면으로 이해할 수 있는 이론을 체계화 시켰다. 그 이론에 대해서 알아보기로 하자.

① 기후와 풍토가 신체건강에 미치는 영향에 대해서 기록하였다.
② 유행병에서의 42가지를 예시를 남겼다.
③ 식사론에서 음식의 영향, 체조요법 등에 대해서 논했다.
④ 질병의 진단과 증상 판명 등에 대해서 논했다.
⑤ 신성병 간질과 뇌질환의 관계에 대해서 설명했다.
⑥ 의학에서의 경구와 격언 모음을 책으로 엮었다.
⑦ 의료의 기원, 음식물 조리법에 대해서 논했다.

즉 계절의 조화는 실험의학, 자연요법, 전신요법, 인도주의적 의술을 토대로 이루어 졌다고 주장하였다. 유클리드(BC 300년경)는 기하학 원론(Elements of Geometry)에서 토지측량에 대한 다음과 같은 서적을 발표하였다.

제1권 : 평면 직선 도형(삼각형 면적론)에 대한 이론
제2권 : 작도문제법
제3, 4권 : 정다각형의 작도문제법
제5권 : 실수론, 비례론의 수학적 방법
제6권 : 닮은꼴 이론을 수학적으로 확립
제7~9권 : 정수론에 대한 지식
제11~13권 : 입체 기하학의 기본 틀을 각각 저서에 발표하게 되었다.

또한 알렉산드라는 인체해부 생리기능 연구, 의생물학 등에 관한 기초발전에 기여하였다. 특히 갈렌과 헤로필로스(BC 300년경)는 뇌의 신경계통과 해부지식을 통해 내장기관, 심장계통, 동맥과 정맥 연구에 힘을 쏟았다.

에라시스트라토스(BC 300~260년)는 해부에 의해 동맥, 정맥, 신경관계를 감각신경, 운동신경으로 구분하여 발표하였다. 특히 갈렌(129~199년)은 해부학, 생리, 병리, 약학 등을 발달시켜 과학혁명의 기초를 확립하였다. 갈렌은 동물을 해부하여 원숭이, 개, 산양, 돼지에 이르기까지 다방면으로 각 동물의 내부구조 변화에 대해서 연구하였다. 뇌는 동물정기(Animal Spirit)의 중추이고, 심장은 생명정기(Vital Spirit)의 중추이며, 간장은 자연정기(Natural Spirit)의 중추로 구성되었다는 연구 결과를 제시하기도 하였다.

1.2 그리스의 과학

영국의 철학자 버트란드 러셀(Bertrand Russell)은 그의 서양 철학사 서론에서 철학은 신학과 과학의 중간에서 존재한다고 정의한 바 있지만 러셀의 이 말은 역사적 입장에서 한 말은 아니었고 대표적으로 그리스 과학과 과학사상의 위치에 대해서 특징지을 수 있는 계기가 되었다 말할 수 있다. 그리스 이전의 과학이 종교적이고 초자연적이었다면 그리스의 과학은 철학적이었다는 대표적 증거가 될 수 있는 말이었다고 할 수 있다. 그래서 우리는 그리스 철학의 중심을 이루었던 과학을 자연철학이라 부른다.

바빌로니아와 이집트의 고대과학을 충분히 받아들인 가운데 성립한 그리스의 과학은 합리적이고 세속적이었다고 말할 수 있다. 그러나 그리스의 자연철학은 오늘날의 실증적 과학과는 그 성격은 다르다는 의미이다. 그리스 시대의 기적이라고 불리웠던 눈부신 철학의 발달은 BC 600년경부터 약 200년간을 토대로 성립하게 되었다. 그 뒤 BC 4세기에서부터 플라톤(Platon)과 아리스토텔레스(Aristoteles)의 불멸의 자취가 역사에 기록된다. 그 후 BC 300년경부터 약 2세기 동안은 알렉산더 대왕의 정복과 함께 그리스 문명은 서아시아와 아프리카로 전파되어 그곳의 옛 전통과 섞여져 융화되는 문명의 시기를 이루었다. 이때까지 크게 왕성했던 그리스의 과학은 기원전 1세기쯤부터는 쇠퇴를 거듭하여 그 전통은 로마로 계승된다.

그리스인이 에게해를 비롯한 지중해의 지배자가 되기 이전 몇몇 그 지역의 부족과 씨족들은 그 지방을 중심으로 흥망성쇠를 거듭하는 가운데 문명이 성립되었다 말할 수 있다. 기원전 6세기까지 지중해 동쪽의 주인으로 등장했던 그리스인들은 야만적 생활에서 갑자기 철기시대로 전환되어 중앙아시아 지방으로부터의 이주자들로 구성되었다. 평지도 적고 농사보다는 항해에 능한 그리스 민족은 소아시아와 그리스의 남쪽지방 그리고 그 부근의 수많은 섬들을 무대로 급격히 성장할 수 있었던 획기적인 전기를 만들 수 있었다고 말할 수 있다.

농작민은 보수적 태도를 갖고 있는데 반해 항해민들은 보다 진취성을 보여준 계기를 만들어 주었다. 즉 철기의 사용이 철선을 만들 수 있었던 계기가 되었기 때문이다. 정치적으로는 그리스인들은 보다 민주적이었고 경제적으로는 상업이 크게 중시된 시대였다. 그들은 나침반이 없어 주변 항해만을 주로 왕래하는데 불과했지만 그들에 있어 바다는 그리스인들에게 모험심과 탐구심을 길러주었고 아울러 기하학적인 감각을 더욱 북돋게 해준 계기를 만들어 주었다.

그리스 민족의 바다 진출은 역사적인 의미로는 획기적인 문명의 발달에 동기 부여가 되었을 것이다. 이집트, 바빌로니아의 문명이 강의 문명인 것에 비해 그리스 문명의 무대는 바다로 바뀌었던 셈이다. 그리고 역사상 우리는 많은 예로 알 수 있듯이 신세계로의 진취성 측면에서 본다면 바다로의 진출이 용이했던 민족이 보다 큰 문명의 발전을 이룩하였다는 사실은 얼마든지 인지할 수 있었을 것이다.

그리스 자연철학을 가능하게 만든 근본적 배경은 새로운 문자의 발달을 들지 않을 수 없다. 자연철학이 고도의 조직적이고 역사적 배경에서 이루어진 결과라는 것을 생각할 때 문자의 발달이 절대적인 힘을 주었다는 것에 대해서는 부인할 수가 없다. 그리스인들은 기원전 1천 년 전쯤에 페니키아(Phoenicia) 민족으로부터 알파벳을 얻어 쓰기 시작한 것 같다. 복잡한 고대 글자 대신에 이들이 사용하기 시작한 간단한 표음문자는 의사의 정확한 진료, 진단 등의 전달을 보다 간편하게 할 수 있게 만들어 주었고 또한 보다 많은 사람이 문자를 익힐 수 있도록 해준 계기가 되었을 것이다.

그 결과 지식을 독점하던 계급 대신에 지식을 위한 지식을 추구하는 학자들이 비로소 나타났다고 볼 수 있다. 또 이들은 토론과 상업의 광장인 아고라(agora)에서 열띤 토론을 통해 스스로의 지식을 넓혀갈 수 있었다. 그리스의 과학은 이들 지식을 사랑하는 사람들(philosopher)에 의해 비롯한 것이다.

2. 물질의 문제

그리스의 과학은 탈레스(Thales, BC 600년경에 활약)에 의해 시작되었다고 할 수 있다. 소아시아의 밀레토스(Miletus)에서 상인 출신인 탈레스는 메소포타미아와 이집트지방을 널리 여행하여 많은 견문을 넓혔던 것 같다. 그는 일식을 예보한 최초의 그리스인으로 역사에 남아 있었고, 또한 기하학 지식을 이집트에서 그리스로 수입해 온 학자로도 알려져 있다. 그의 일식예보는 아마 BC 585년경으로 보이는데, 이보다 훨씬 전부터 바빌로니아 천문학은 약 19년에 한 번씩 일식이 일어난다는 것을 알았고, 일식을 예보할 수 있었다. 탈레스는 또한 바다 위에 떠 있는 배의 거리를 해변의 두

곳에서 관측하여 위치와 거리를 알아내는 방법을 알았고, 피라미드 높이의 그림자를 재어 높이와 거리를 측정하는 방법 등을 처음 발견했다고도 전해진다.

그러나 수많은 탈레스에 얽힌 전설 가운데 가장 흥미로운 것은 그가 하늘의 별을 관측하며 걷다가 웅덩이에 빠져 마을 사람의 웃음거리가 되었다는 대목이다. 이 에피소드가 오늘날 우리에게 주는 역사적 진실은 탈레스야말로 현실적인 눈앞의 유용한 지식(웅덩이)을 추구하는 것이 아니라 전혀 현실 생활에는 도움이 되지 않는 지식(하늘)에 눈을 돌렸음을 뜻하는 좋은 예로 기억할 수 있을 것이다. 즉 지식을 위한 지식을 추구하고, 학문으로서의 자연철학을 도입하게 되었음을 알 수 있다. 자연에서 일어나는 모든 생성 변화를 인간을 이성적으로 생각하여 설명할 수 있다는 태도가 탈레스가 세운 그리스 자연철학의 전통이었다.

이런 입장에서 탈레스는 자연현상의 온갖 변화에도 불구하고 그것들을 만들어 주는 근본적인 물질이 있다고 믿고 그것은 물(水)이라고 주장했다. 자연현상의 바탕이 되는 근본 물질, 즉 아르케(arche)에 대한 관심은 그 후 그 제자들에 의해 계승되었다.

같은 밀레토스 사람인 아낙시만더(Anaximander, BC 611~BC 546년)는 그의 스승의 주장에 반대한다. 근본 물질은 물이 아니라 그보다 더 근원적인 것이어야 한다는 것이 그의 주장이었다. 아낙시만더는 물이나 불이나 공기 등 어느 것이 아닌 그것이 되기 이전의 어떤 비확정적 상태의 것만이 현상세계를 만드는 근본이 될 수 있다고 생각한 것이다. 그 후 아페이론(apeiron)이라고 부른 그의 근본 요소를 통해 진화적 변화를 통해서만이 이 세상의 모든 물질이 구성된다는 이론을 주장하게 된다. 그는 이 세상 모든 물질은 진화에 의해 구성되었고, 인간 또한 물고기가 점차 진화되어 나온 것이라고 믿었다.

아낙시만더의 생각은 다시 그의 제자인 아낙시메네스(Anaximenes, BC 585~528년)에 의해 부정된다. 그는 만물의 기본 요소는 공기라고 주장하고 인간의 정신도 공기이며, 불은 공기가 더 희박해져서 생긴 것이라고 풀이했다. 물론 물은 공기가 더 응축해서 생기고, 돌 같은 것은 극도로 응축되어 태어난다고 믿었다. 이 이론이 가진 한 가지 장점은 모든 현상은 응축이란 정도의 차이에서 만들어진다는 일관된 설명을 할 수 있었다는 점이다.

아낙시메네스와 같은 시대의 사람인 헤라클리토스(Heraclitus, BC 550~475년)는 탈레스의 전통을 직접 이어받은 학자는 아니었다. 좀 특이한 생각을 많이 가졌던 그는 만물의 근원은 불이라고 주장했다. 그의 이론은 세상의 만물은 불로부터 생겨났다고 주장하였다. 선과 악, 여름과 겨울, 낮과 밤, 전쟁과 평화가 모두 불에서 나온다는 것이다. 이런 생각은 노자의 말에서도 발견되는데 헤라클리토스나 노자의 불이란 모두가 자연천 또는 자연신과 같은 생각을 바탕으로 이루어졌다고 말하고 있는 것이다.

이와 같이 불을 만물의 근원으로 보는 까닭은 이 세상은 변화하는 가운데 성립된다는 사고가 깔려 있기 때문이다. 파르메니데스(Parmenides), 제노(Zeno) 등의 엘리아(Elea) 학파가 이 세상을 변화시키는 것은 불이 아니라고 주장하여 헤라클리토스에 대한 반대적 운동을 일으킨다.

이 세상의 만물을 만들어 주는 근본은 한 가지라는 생각은 곧 수정되어 갔다. 헤라클리토스보다 조금 먼저 활약한 제노파네스(Xenophanes)는 흙과 물 두 가지가 만물을 만들어 준다고 주장했다. 이처럼 일원론의 고집에서 다원론의 입장으로 바뀌면서 나온 것이 엠페도클레스(Empedocles, BC 500～430년)의 4원소설이다. 시실리(Sicily) 남쪽 사람인 그는 이상한 전설 속에 쌓인 인물이다. 바람을 마음대로 부르고 한 달 동안이나 죽어있던 여자를 환생시켜냈는가 하면, 스스로를 신이라고 주장하다가 자기가 신임을 증명하기 위해 에트나(Etna) 화산에 몸을 던져 죽었다는 등의 전설이 그것이다.

엠페도클레스는 다른 사람들의 생각을 종합하여 만물은 네 가지 서로 다른 원소로 이루어졌다고 결론지었던 것이다. 흙, 물, 공기, 불의 네 가지 원소가 서로 비율이 다르게 섞여서 온갖 것들이 만들어진다는 생각은 보다 합리적으로 자연현상을 설명해 주면서 또 간결한 이론으로 곧 널리 인정되기 시작했고, 그리스 이후 중세에 이르기까지 서양 사람들은 이 학설을 굳게 믿을 수밖에 없었다.

그러면 이 네 가지 원소는 왜 서로 모였다 흩어졌다 하여 모든 변화를 가능하게 해 주었을까? 엠페도클레스는 사랑과 미움의 존재가 자연에 내재하는 힘을 불러일으킨다는 학설이라고 믿었다. 그래서 이 힘이 4원소로 흩어졌다 모아졌다 함을 좌우한다고 믿었던 것이다. 즉 사랑은 원소들을 결합시키고, 미움은 원소들을 흩어지게 해준다. 그러나 이 사랑과 미움은 어떤 목표를 가지고 4원소에 작용하는 것이 아니라 자연의 우연 속에서만이 작용한다고 믿었다. 이러한 사랑과 미움의 사상은 동양에서 음양사상과 비슷한 것으로 두 가지 서로 대립되는 힘이 변화를 일으킨다는 공통점을 갖고 있다.

4원소에 비추어 원자설은 만물의 근본을 원소보다 더 근본적인 단계로 끌어낼 수가 있었던 계기가 되었다. 이 원자설은 류키포스(Leucippus)와 그의 제자 데모크리토스(Democritus, BC 470～400년)였다. 그들은 이 세상의 모든 것은 더 이상 나눌 수 없는 알맹이(atom)로서 이루어진 것이라고 생각했다. 그러나 이 원자는 크기와 모양이 다른 것으로 되어 있어 일원적 또는 다원적인 원소설을 근본적으로 부정하는 것은 아니었다고 생각된다. 그러면 이런 원자는 어떻게 서로 만나고 헤어져 만물을 형성했을까 데모크리토스에 의하면 이 세상의 근원과 바탕은 원자와 원소가 움직일 수 있는 공간, 즉 진공(void) 상태로 되어 있다는 것이었다.

원자가 진공 속에서 움직인다는 것은 사랑과 미움 따위의 힘은 필요가 없다. 원자는 처음부터 어떤 움직임에 의해 생겨났고, 그것은 마치 당구공이 처음의 충격에 따라 영원히 움직이는 것처럼 미리 정해진 운명의 길을 달리게 된다는 이론이다. 이처럼 그리스의 원자설은 극도로 추물론, 기계론적이고 또 그 결정론적인 세계관을 후세에 남겼다고 할 수 있다. 이들의 생각은 인간 정신이나 사고 등 까지도 모두 원자의 움직임으로만 설명하려 하였다.

이와 같은 생각은 그 후 에피쿠로스(Epicurus)와 루크레티우스(Lucretius)에 의해 계승되었으나 큰 빛을 보지 못하다가 돌턴(John Dalton)의 재발견에 의해 근대의 원자론을 계승했던 학자로 후세에 그 이름을 남기게 된 것이다. 돌턴 이후 오늘날까지도 물질을 보는 원자론의 근원과 기본들을 토대로 기록되게 되어 현재까지도 그 학설을 바탕으로 과학사적 전기를 이루었던 대사건으로 계승되고 있다. 또한 원기설에서 이 세상은 원자와 진공으로 되어 있다는 데모크리토스의 주장은 당시 그다지 환영받을 수 있는 이론은 못되었다. 원자설은 플라톤(Platon, BC 427∼347년), 아리스토텔레스(Aristotle, BC 384∼322년) 등의 대표적 철학자들에 의해 부인되었을 뿐만 아니라 제노(Zeno, BC 332∼262년), 포세이도니우스(Poseidonius, BC 135∼50년) 등 스토아학파(the Stoics) 등도 이를 배척했기 때문이다.

진공 속에서 원자의 움직임을 설명하려는 원자설 대신 이들이 믿고 있던 물질이란 이 세상 전체가 물질적인 어떤 것으로 꽉 채워져 있다고 믿었기 때문이다. 우주에는 아무 곳에도 텅 빈 곳은 없다. 우주는 프노이마(Pneuma)라는 것으로 충만해 있고, 프노이마는 해와 지구 사이에서 텅 빈 것처럼 보이는 곳에만 존재하는 것이 아니라 인체 속이나 돌 속에도 들어 있다는 이론으로 4원소 또는 일상적인 어떤 물질보다 더 근본적이라는 뜻에서 프노이마는 물질적인 것 또는 원시적 물질이라 부를 수 있겠고, 그것은 동양사상에서의 기(氣)의 관념과 유사한 것으로 프노이마를 원기(源氣)라 표현했다. 또한 프노이마는 본래 공기, 호흡, 정신 같은 뜻을 갖고 있었다.

아리스토텔레스가 원자설을 배척하게 된 동기는 그의 운동이론에서 이미 진공에서는 무한대의 속도가 가능해진다. 즉 무한속도라는 논리적 모순을 극복하기 위해서라도 아리스토텔레스는 진공을 인정할 수 없었고 원자설을 배격한 것이다. 그런데 스토아학파의 학자들은 그보다 한걸음 더 나아가 우주 전체는 하나의 생명을 가진 유기체라고 생각했다.

예를 들면 포세이도니우스가 발견한 조수간만의 법칙은 원자설이 아니면 설명하기 어려웠었다. 여러 나라를 여행하며 포세이도니우스는 조석은 매일 두 번씩 달의 운동에 의해 일어나며, 또한 그것은 해의 방향에 따라 한 달 주기로 변화를 보인다는 사실을 발견해 냈기 때문이다. 그는 이처럼 달이 지구 위에 미치는 힘이 어떤 동조현상이라고 믿었고, 그렇다면 그 동조가 가능하기 위해서는 달과 지구 사이는 텅 비어 있을 수는 없다고 주장한 것이다,

우주를 프노이마에 담겨진 유기체로 보는 이 생각은 그리스시대 이래 지배적인 물질론적 사고이었고, 그 후 이를 바탕으로 뉴턴(Newton)은 우주에는 에테르(ether)가 가득 차 있어 그것이 광의 매질노릇을 한다고 믿었던 것이다. 근대 과학의 발달과 함께 중세까지 지배적이었던 원기설은 점차 빛을 잃어가고 그 대신 원자설이 부활해 오늘에 이르렀다 말할 수 있다. 그러나 물질과 에너지가 서로 바뀌고 있는 소립자의 세계를 볼 때 우리는 오늘날 과연 어느 쪽이 더 정확히 물질의 본질을 설명하고 있는지에 대해서는 아직 알 수가 없다. 원자설과 원기설의 대립은 과학상의 문제뿐만 아니라 소립자를 보는 눈을 크게 좌우해왔다는 점에서 우리가 주목할 가치가 있다. 원자론이 기계론적인 세계관을 뒷받침해준 데 반해 원기설은 유기체론적인 사상의 근거가 되어 왔기 때문이다.

3. 수와 기하학의 세계

사모스(Samos)섬에서 태어난 피타고라스(Pythagoras, BC 582～500년)는 만물을 구성하는 요소는 수(數)라고 주장했다. 다른 자연철학자들이 질적인 요소를 바탕으로 본 것에 반하여 피타고라스는 양적인 것을 근본으로 보았다고도 할 수 있다. 그가 왜 이런 생각을 갖게 되었는지는 분명치 않지만 당시 사용되던 현악기에서 음정은 현의 길이에 따라 일정한 비례를 이룬다는 것에서 그런 착상을 했을 것이라고 학자들은 믿고 있었다.

〖그림 8〗 피타고라스

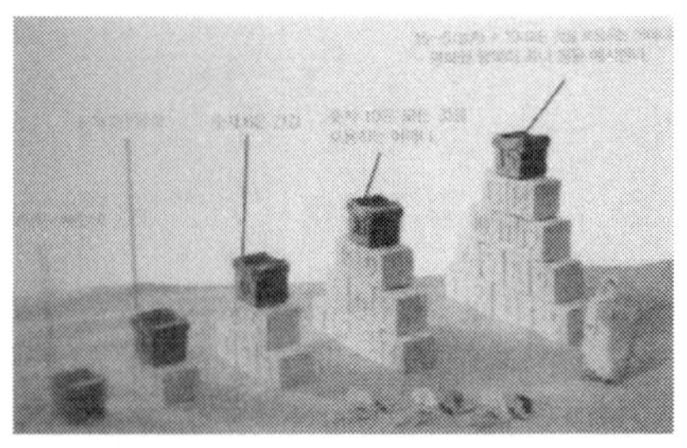

〖그림 9〗 피타고라스의 수학

피타고라스 이전에도 이집트인들은 상당한 기하학적 지식을 갖고 있었고, 탈레스 또한 원이나 삼각형의 성질에 대해 꽤 여러 가지를 알고 있었다. 그가 왜 이러한 영향을 받았는지는 확실치 않지만 그의 신비주의적 성향은 다분히 동방으로부터의 영향을 받았는지 모른다는 추측을 할 수 있다. 피타고라스는 서양에서 처음으로 학문을 위한 단체를 만들어낸 사람으로 알려져 있다. 여기서 그는 제자들과 더불어 기하학, 음악, 천문학을 가르치며 연구했다. 그러나 이 단체는 학문만을 위한다기보다는 다분히 종교적인 모임이었을 것으로 추측된다.

불교의 가르침에 의하여 사람의 영혼은 윤회한다고 믿는 학문으로 가르쳤을 것이다. 따라서 피타고라스학파에게는 지켜야 할 계율이 많이 있었고, 그것은 콩을 먹으면 안 된다거나 흰빛 수탉을 만지지 말라는 따위의 이상한 것들이 대부분이다. 정신적인 타부(taboo)사상과 기하학이 같은 학파에 의해 발전하고 있었다는 사실은 당시의 사상적 풍토를 잘 보여주고 있다. 즉, 2는 여성을, 3은 남성을 상징하며 따라서 2와 3을 합한 5는 결혼을 뜻한다는 식의 수의 사상이 있는가 하면, 3각수, 정방수 등의 급수를 연구한 것도 이 학파가 처음 해 낸 일이었다. 물론 피타고라스가 수학사에 남긴 가장 위대한 업적은 그의 이름이 붙어있는 피타고라스의 정리 때문이다. 직각삼각형의 3변 사이의 관계를 처음으로 보편적 정리($a^2 + b^2 = c^2$)로 나타낸 이 정리는 실제로는 바빌로니아 시대부터 알려져 있던 것이었다.

그런데 피타고라스의 정리의 발견은 피타고라스학파의 존재 이유를 빼앗아 버리는 이상한 결말을 가져오고 만다. 왜냐하면 피타고라스학파가 딛고 서있던 만물의 근본은 수(數)라는 사상은 유리수 세계만을 생각한 것인데, 이후 무리수가 발견되었기 때문이다. 피타고라스가 생각한 수의 세계는 원자적인 것이었다. 무리수의 발견은 수가 원자적이 아님을 들어낸 셈이 되었고 따라서 피타고라스학파에게는 결코 반가운 결과는 못 되었다. 이러한 이유에서 피타고라스학파는 무리수의 발견을 절대로 남에게 알리지 않으려고 노력했으나 어느 배반자가 밖에 누설하게 됐고, 그 때문에 피타고라스학파는 명맥이 끊기게 되었다고 한다.

피타고라스가 세워놓은 지적 전통은 그 후 서양사에 깊은 영향을 주었다. 감각을 통한 관찰보다는 직관적 사고를 더 중시하려는 사상은 바로 플라톤(Platon)에 의해 계승되었다. 인간의 오관이 느낄 수 있는 현상보다는 그 뒤에 숨어있는 영원한 이데아(idea)의 세계를 추구하였던 플라톤의 사상은 피타고라스학파의 전통을 계승한 것이었다고 말할 수 있다. 그런 생각은 칸트(Kant)를 거쳐 오늘날에 이르기까지 연면히 계승된 것이기도 하다.

또한 피타고라스의 무리수 발견은 그리스인들의 수학적 관심이 계산보다는 기하 쪽에 집중되어 자와 컴퍼스를 이용한 작도(作圖)로서만 수학을 연구하는 경향을 낳게 되었다. 그 결과 산술에 있어서는 동양의 전통수학보다 퇴보한 결과를 초래했고, 서양은 기하학에서만 월등한 발전을 이룩할 수 있었던 계기가 되어 동양은 셈적 계산의 우수성을 나타낼 수 있었고, 서양은 건축양식에 뛰어난 산술적 계산법을 도출할 수 있었다. 이것은 근대 과학발달에 있어서 하나의 주춧돌이 되었던 계산의 법칙에 대한 산술적 기초를 이루게 되는 중요한 계기가 되었을 것이다.

3.1 플라톤과 수학

수학적인 관점에서 피타고라스의 학설을 가장 잘 계승한 사람은 플라톤(Platon, BC 467～347년)이었다. 아테네의 부유한 귀족의 아들로 태어난 그는 소크라테스의 제자로서 유명하다. 그러나 소크라테스의 글이 남아 있지 않은 지금 그에 관한 모든 지식은 거의 다 플라톤의 글을 통해서 전해지고 있기 때문에 어느 의미에서 소크라테스는 플라톤의 작품을 산출하는 계기가 되었다. 플라톤이 얼마나 그의 스승 소크라테스의 영향을 받았는지는 분명하지 않으나 피타고라스의 영향은 절대적이었을 것이다.

영혼은 불멸하다는 그의 생각과 그 영혼은 다른 탈을 쓰고 남자에서 여자로 또는 동물로 윤회한다는 사상 등 종교적 경향이 모두 피타고라스를 닮았는가 하면 수학이 없이는 진정한 지식은 있을 수 없다는 믿음은 바로 피타고라스의 영향을 받았을 것이다. 그가 아테네 교외에 세운 아카데미라는 학원의 출입구에 기하학을 모르는 자는 들어오지 말라는 글이 적혀 있었다고 한다. 이 전설은 그가 수학 중에서도 특히 기하학을 중시했던가를 대변해주는 대목이었을 것이다.

플라톤 시대에 그리스 수학은 높은 추리성, 논리성 및 엄밀성을 가진 학문으로 발달하고 있었다. 감각을 통해 느낄 수 있는 세계를 부정하고 그 뒤에 숨어있는 영혼불변의 이데아 세계를 추구했던 그에게 수학은 바로 이데아의 세계로 들어가는 입장권과 같이 보였던 것이다.

플라톤의 자연관이 잘 나타나 있는 그의 대화편 티마이오스(Timaeus)에 의하면 세계란 기하학적 모형의 표현이다. 우주는 신의 유일한 창조물이며 따라서 가장 완전하고 아름답게 만들어졌다고 생각했는데, 이것은 완전한 구형일 수밖에 없으며, 구형만이 어느 방향에서 보아도 같은 모양이기 때문이었다. 또 이러한 구형체를 움직일 경우에는 원운동을 해야 하는데, 원운동만이 영원히 반복할 수 있는 완전한 운동이었을 것으로 추측했을 것이다. 플라톤의 우주는 구형과 원만으로 설명되는 기하학적 세계였다.

플라톤의 기하학적 충동은 4원소설에서도 시작된다. 그는 당시 널리 받아들여지고 있던 4원소설을 그대로 인정했지만 자기 나름대로의 새로운 해석을 설명하고 있다.

플라톤에 의하면 원래 이 세상의 원소들은 그보다 더 근본적인 3각형에서 만들어졌다고 했다. 그 원리로서 3각형은 두 가지가 있는데, 하나는 정4각형을 대각선에서 잘라낸 이등변 직각삼각형이고, 다른 하나는 정3각형을 둘로 잘라 만든 직각 3각형으로 설명했다.

그가 왜 두 가지 직각 3각형을 물질의 근본으로 보았는지는 분명치 않지만 4원소설을 이들 3각형의 입방체 모형으로 표현하였을 것이라고 말할 수 있기 때문이었을 것이다. 즉 플라톤에 의해 불은 정4면체, 흙은 정6면체, 공기는 정8면체, 물은 정20면체로 되어 있다고 주장한다. 여기서 각 원소에 해당하는 정다면체를 보면 정6면체만이 한 면은 정4각형으로 되어 있을 뿐 나머지는 모두 한 면이 정3각형임을 알 수 있다. 그리고 정4각형과 정3각형은 바로 플라톤이 물질의 근본모형으로 생각한 두 가지 직각 3각형을 두 개씩 모아 만들어진 것임은 알 수 있기 때문이다.

그런데 사실은 정다면체는 네 개가 아니라 다섯 개이며, 이런 사실은 바로 플라톤의 제자에 의해 플라톤 생존 시에 처음 알려진 지식이었다. 이 세상에 존재할 수 있는 정다면체란 다섯뿐인데 그 중 네 가지에만 4원소의 모형이라고 설명을 해주고, 나머지 정12면체를 저버린다는 것은 플라톤의 기하학적 감각으로서는 있을 수 없는 일이었다. 그러나 플라톤은 정12면체는 우주를 상징한다고만 말하고 있지 그 이상의 설명은 없었다.

다른 정다면체와는 달리 정12면체는 각 면이 정5각형으로 되어 있다. 정5각형 또는 그것을 바탕으로 한 다섯모서리를 가진 별모양은 피타고라스학파가 자기들의 벗지(badge)로 쓰던 것임을 상기해 볼 때 플라톤은 피타고라스의 신비사상에 영향을 받아 정12면체를 우주의 상징으로 보았을 것으로 생각한다. 하지만 분명히 플라톤은 우주가 구형이라고 생각했던 것만큼 정12면체를 우주의 상징이라고 말한 것은 더욱 이상한 일로 좀 이상한 사상이라는 아이러니로 해석할 수가 있었다.

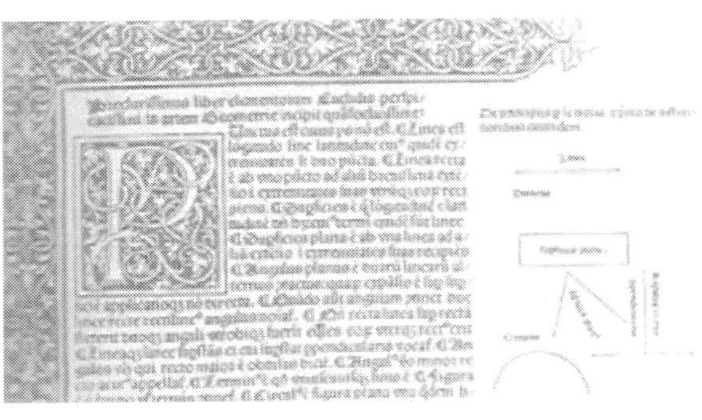

〖그림 10〗 기하학 원본의 인쇄본

3.2 기하학의 유클리드

유클리드(Euklid)를 배운다는 말은 기하학을 배운다는 것을 의미할 정도로 서양에서의 유클리드(BC 330~260년) 이름은 기하학의 대명사로 쓰여져 왔다. 그는 유명한 사람이었지만 그의 생애에 대해서는 알려진 것이 거의 없다. 짧기는 했지만 후세에 깊은 영향을 남긴 알렉산더 대왕 재위기간(BC 336~323년)의 대제국은 그리스의 문화를 지중해 일대에까지 널리 전파하였는데, 역사가들은 그 이후의 시기를 헬레니즘시대라 부른다.

유클리드는 헬레니즘 문화의 중심지였던 알렉산드리아 박물관의 수학교수였다. 대학, 도서관 및 연구소를 겸비한 기능을 갖고 있었던 이 박물관은 그 후 그리스 과학을 전통 계승 발전시켜 중세까지에도 문화의 중심지로 자리매김을 할 수 있었다. 전설에 의하면 그는 기하학을 쉽게 배울 수 있는 길이 없겠느냐는 이집트왕의 물음에 기하학에는 왕도가 없다고 잘라 말했다고 한다. 또 그는 기하학을 배우면 무슨 이득이 있느냐는 어느 청년의 질문에 그의 하인을 돌아보며 동전 몇 닢이나 주어 보내라고 말했다는 기록도 전한다.

이처럼 학문을 위한 학문을 내세운 유클리드가 후세에 남긴 것이 기하 원본이란 저서이다. 전 13장으로 구성된 이 책은 당시까지 특히 그리스 시대에 발달된 기하학 지식을 모두 정리해 놓은 것으로 정확히 어느 부분이 유클리드 자신의 공헌인지는 분명치 않았다. 유클리드 기하학은 정의(definition), 공준(postulate), 공리(axion)를 바탕으로 시작한다. 점이란 부분이 없는 것이고, 선은 폭이 없는 것이고, 선의 끝은 점이다. 전체는 부분보다 크다는 공리는 증명할 필요 없이 인정할 수 있는 타당한 것이라는 독선적 기하학 이론을 구축하게 된다. 이를 바탕으로 더 복잡한 지식을 논리적으로 이끌어 내는 연역적 사고가 바로 유클리드 기하학의 방법이라고 역설했다.

같은 방법으로 원뿔이 만드는 여러 가지 곡선, 타원, 포물선, 쌍곡선 등을 연구한 사람이 아폴로니우스(Apollonius)였다. 그의 연구는 17세기 이후 케플러, 뉴턴 등의 천체운동설의 설명에서 타원이나 포물선을 사용하기까지는 전혀 관심을 끌지 못했다. 이런 관점에서 볼 때 유클리드의 기하학은 근대 과학이 발달하기 이전까지는 거의 실용성을 나타내지 못한 것이었다.

3.3 아르키메데스의 역학

순수학문으로만 발전한 수학, 특히 기하학을 실용적인 측면으로 응용한 학자가 헬레니즘시대 최고의 과학자 아르키메데스(Archimedes, BC 287~212년)였다. 고대의 레오나르도 다빈치라고도 불리우는 그는 알렉산드리아에서 공부한 뒤 고향인 이태리 남쪽의 시라쿠스(Syracuse)란 도시국가에 돌아가 정부의 고위 관료가 되었다. 그런 점으로 미루어 볼 때 어떤 학자들은 그가 히에론왕의 4촌일 것이라는 추측도 하고 있다.

아르키메데스에 얽힌 설화는 여러 가지가 있다. 나에게 지렛대와 설 자리만 마련해 달라. 그러면 지구라도 움직여 보이겠다는 그의 말이 뜻하는 것처럼 그는 지렛대의 원리를 비롯하여 도르래, 나사 등을 과학적으로 이해하고 있었음을 보여준다. 그는 기하학적인 방법으로 원주율의 값을 구해내기도 했다. 우선 지름이 2r인 원을 그리고 그에 내접하는 정사각형과 외접하는 정사각형을 그리면 원의 넓이는 외접한 정4각형의 넓이($4r^2$)보다는 작고 내접한 정4각형의 넓이($2r^2$)보다는 클 것이라고 발표한다. 이런 관점에서 내접, 외접하는 다각형을 6각형, 8각형으로 늘려 96각형까지 만들어 아르키메데스는 원주의 값이 3.1407～3.1429의 범위 안에 있음을 알아냈다.

물리학과 특히 역학의 문제를 수학적으로 처리하여 자연의 법칙을 수학적으로 이해하려던 아르키메데스의 노력은 고대과학에서는 거의 독보적인 인물이었다. 자연현상의 수학적 이해가 근대 과학의 성립에 있어서 중요한 과제였던 만큼 아르키메데스의 이러한 업적은 높이 평가될 수 있었을 것이다. 그러나 사실인즉 그의 업적은 제대로 계승되지 못했기 때문에 중세를 통해 완전히 잊혀져 있었고, 따라서 17세기 이후 근대 과학의 성립에 있어서도 큰 영향을 미치지 못한 것으로 보인다.

그의 업적이 제대로 계승되지 못함은 그의 죽음에 얽힌 설화에서도 잘 나타나 있다. 플루타크가 전하는 바에 의하면 아르키메데스는 자기 나라가 로마군에게 함락되어 로마병사의 약탈이 진행되는 동안 모래판 위에 어떤 원형을 그리면서 한참 무슨 문제를 생각하고 있었다고 한다. 그때 나타난 로마병사는 같이 가기를 명령했으나 아

［그림 11］아르키메데스

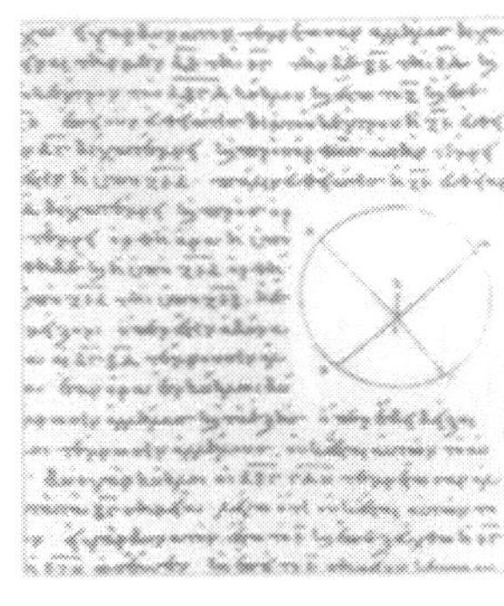

［그림 12］기하학 원본

르키메데스는 못들은 채 자기 생각을 계속하다가 목숨을 잃었다는 것이다. 헬레니즘 속에 살아남아 있던 그리스의 사변적 정신은 로마의 상무정신 아래 피를 흘리고 만 것이다. 이렇게 아르키메데스의 이론은 갑작스런 죽음으로 막을 내리게 되었던 것이다.

원과 구 천문학의 세계에서 인간은 자기를 의식하기 시작하면서부터 언제나 자기를 세계의 중심에 놓았다. 이러한 태도는 땅은 둥그스름한 평지이고 그 위에 둥그런 하늘이 덮고 있다는 호머(Homer, BC 8세기)의 시 속에도 나타난다. 땅 중심의 사상은 인간의 자기중심적 사상과 일치하며, 근대 과학의 성립 과정에서 이를 부분적으로 수정하기까지는 이러한 지배적인 태도를 변화시키기에는 역부족이었다. 또 한 가지 그리스인들이 발전시킨 우주관의 기본 요소로 원과 구형에 대한 믿음이었다. 그리스인들은 기하학적으로 가장 완전한 원이나 구야말로 완전한 조화와 질서를 상징하는 우주의 모습이라 믿었고, 이 사상은 중세를 통해서도 계속 굳게 신봉되어 왔기 때문에 훗날 우주를 이해하는 데 큰 도움이 되었다고 말할 수 있다.

3.4 피타고라스학파

대지는 평평한 것이 아니라는 생각은 이오니아학파가 먼저였는지 피타고라스학파였는지에 대해서는 분명치 않지만 우주상에 대한 이론을 꽤 높은 단계에까지 체계화해 놓은 것은 피타고라스학파에 의해서였을 것이다.

피타고라스학파에 의하면 세계는 세 부분으로 구성되어 있다고 제시한다. 제일 불완전하고 변화가 많은 부분은 지상으로부터 달까지의 공간 즉 우라노스(Uranos)였고, 그 밖으로는 별들의 세계 즉 우주(cosmos)가 있으며, 그 위에 신의 세계인 올림포스(olympos)가 있다. 인간은 신의 세계를 제외한 우라노스와 코스모스만을 관찰하고서도 알 수 있다. 변화를 생명으로 하는 우라노스와 달리 코스모스는 질서와 조화의 완

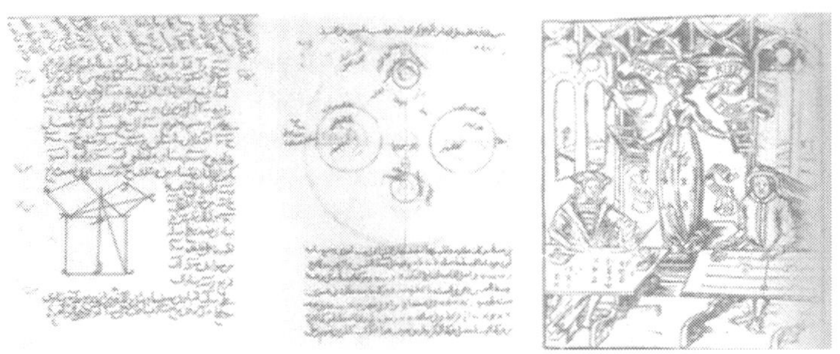

〖그림 13〗 피타고라스의 정의

전한 세계이다. 따라서 달을 포함한 모든 천체는 가장 완전한 기하학적 도형인 구에 의해 생겼고, 또 이 천구는 모두 완전한 등속원운동을 한다. 코스모스를 이루는 천구들은 서로 떨어진 거리가 음정을 결정해주듯 배치되어 있고 실제로 이 천구(heavenly spheres)들은 각기 다른 음을 내며 하늘을 돈다고 믿었다.

우주의 하모니를 천체의 음악 혹은 천구의 음악(the music of the spheres)이라 부르게 된 것은 이때부터 시작된 것이었다. 애초에 피타고라스학파는 우라노스와 코스모스의 중심은 지구가 아니라 중심화(中心火)라고 주장했다. 중심화는 태양이 아니고 지상에서 보이지도 않는 미지의 물질이다. 왜냐하면 그리스는 중심화로부터는 정반대쪽의 지구상에 위치하고 있고, 지구는 하루 한 번씩 같은 면을 중심화에 향한 채 일주한다고 믿었기 때문이다.

이러한 피타고라스학파의 지전설은 그 뒤에는 수정되어 중심화를 없애고 그냥 지구 자체가 하루 한 번씩 자전한다고 바뀌게 된다. 그러나 피타고라스학파의 지동설은 어느 쪽도 크게 환영받지는 못한 것이 분명하다. 다만 피타고라스학파가 생각한 천구의 회전이 완전한 원운동을 한다는 생각은 그 뒤 주심원적 우주관을 그리스에 확립해 준 중요한 생각의 씨앗이 되었다고 말할 수 있었다.

4. 아리스토텔레스의 우주관

소크라테스(Socrates, BC 470～399년)는 천문학이 시간낭비일 따름이라고 생각했을 만큼 자연현상에는 무관심했다고 전해지고 있다. 그러나 그의 제자인 플라톤에게는 우주의 움직임은 완전한 이상세계의 불완전한 표현쯤으로 보였던 것 같다. 그래서 그는 스승과 마찬가지로 천문의 관찰은 중요시하지 않으면서도 천체의 움직임은 이상적인 기하학적 형태를 그린다고 굳게 믿었다. 지구 중심의 동심원적 우주관은 피타고라스 이후 플라톤에 의해 계승된 셈이다.

플라톤이 아무런 우주관의 발전을 이룩하지 못한데 반해 그의 제자이며 친구인 유독서스(Eudoxus, BC 409～356년)는 플라톤이 지나치게 이상적으로 생각한 우주관에 대해서 수정하려 노력했던 것이다. 그는 지구를 중심으로 여러 개의 동심원 궤도상을 행성이 움직이고 있다고 생각했다. 특히 유독소스의 특징은 각 행성이 소속하고 있는 하늘은 서로 방향이 다른 축으로 서로 연결되어 있어 중심인 지구 위에서 볼 때 행성은 순, 유, 역행 등 불규칙한 모양을 보일 수 있다고 제시한다. 실제로 눈에 보이는 행성의 역행현상 등을 무시한 채 완전한 원운동을 고집한 플라톤에 비하면 유독소스는 한층 과학적인 태도를 보인 셈이다.

또 유독소스 학설을 계승 발전시킨 사람이 아리스토텔레스(Aristoteles, BC 384~322년)이다. 그는 에게해 북단 칼키디케 반도의 스타기라에서 출생하였고, 의사인 아버지는 마케도니아 왕가와 친교가 깊었다. 그는 17세에 아테네로 옮겨 플라톤의 아카데미에 들어가 공부하기 시작했다. 플라톤이 죽을 때까지 거의 20년이나 아카데미에 머물던 아리스토텔레스는 BC 343년에 당시 13살이던 알렉산더의 스승이 되었다. 이 두 유명한 사람 사이에 대해서는 그 이상 더 알려져 있지 않아 잘 알 수는 없다. 3년 동안 위대한 철학자 밑에서 공부한 알렉산더 대왕이 탄생하였다고는 하지만 그 또한 이렇다 할 영향을 받은 것 같지는 않다.

기원전 335년부터 323년까지 12년간 아리스토텔레스는 아테네에서 살았고, 이 기간 동안 그는 리케이온(Lyceum)이란 자기 학원을 만들어 연구도 하고, 제자도 가르쳤다. 그가 논리학, 철학, 정치학, 윤리학, 천문학, 물리학, 동물학에 걸친 방대한 저술을 완성하여 후세에 최초의 위대한 학자로서 이름을 남기게 된 것은 바로 이 기간 동안에 이룩한 업적 때문이다. 그의 스승인 플라톤이나 그에 앞선 소크라테스가 보다 적극적인 사회개혁에 뜻을 두고 있었다면 아리스토텔레스는 상아탑 속의 학자라고 할 만큼 실생활로부터 한걸음 높이 올라간 자세에서 모든 학문을 연구했던 것이다.

아리스토텔레스의 자연관을 설명하는 데는 천문학 사상만으로 얘기하기 보다는 그의 물질관 및 운동의 이론 등과 아울러 다루는 것이 이해하기 쉬울 것이다. 그만큼 그의 자연관 혹은 과학사상은 방대하면서도 서로 잘 연관되게 짜여져 있다. 우선 그는 사람이 느끼고 알 수 있는 세계를 완전한 하늘과 불완전한 땅으로 양분한다. 하늘의 세계는 변화가 없고, 모든 천체(heavenly bodies)는 완전한 원운동만을 하는데 반해 땅의 세계는 변화의 세계라 규정한다. 그리고 이 두 개의 세계를 구분 짓는 것이 달이라고 말한다.

달 표면은 완전히 투명하지 못하고 상처 같은 것을 우리 눈에 보여준다는 것은 달

[그림 14] 시공 굴곡과 은하계

은 불완전한 세계와 완전한 세계의 경계에 있기 때문이라고 설명할 수 있다. 이와 같이 하늘과 땅을 둘로 나눠 보는 생각은 앞서 말한 피타고라스나 플라톤의 전통이 그대로 계승된 것이며, 완전한 원운동의 생각도 계속되는 전통이었다.

아리스토텔레스는 동심원적인 우주관이 지구 중심이라는 생각도 그대로 물려받았고, 유독소스의 동심 천구설도 계승했다. 그러나 그는 유독소스의 설명을 위해 기하학적 모델만을 생각하고 있던 천구설을 실제로 천구로 고정시켜 갔다. 지구를 중심에 두고 55개의 천구(heavenly spheres)가 겹겹이 싸여 있으며, 그 천체에 수성, 금성, 태양, 화성과 주위의 붙박이별(항성)들도 붙어 지구 둘레를 돈다는 것이다. 그에 의하면 천체(heavenly bodies)는 우리 눈에 보이지만 그 천체들이 달려 있는 천구는 유리 또는 수정같이 투명한 물질로 되어 있어 우리 눈으로 볼 수가 없다고 주장했다. 이 천구들은 빛의 통과는 가능했지만 물체의 통과는 불가능한 그런 것이라고 믿어 왔다.

우주의 제일 밖에서는 모든 천구의 움직임을 하루 한 번씩 제자리로 돌려주는 우주 운동이 있다고 생각했다. 이처럼 유한한 우주의 운동은 누가 가능하게 해 주었는가에 대해서는 모든 별들이 회전에 의해 움직인다면 회전은 누구에 의해 움직이도록 주도할까? 이러한 의문을 아리스토텔레스는 자기 스스로는 움직이지 않고 다른 것을 움직여 줄 수 있는 어떤 신(God)의 존재를 생각하지 않을 수 없었다. 신은 즉 절대자가 되는 것이다. 그러면 이처럼 완전한 하늘을 만들고 있다는 수정과도 같은 물질이란 어떤 것일까라는 의구심에서 그는 천구사상의 이론을 물질론적 사고에 의한다는 단점을 내린다.

아리스토텔레스에 의하면 하늘을 만들고 있는 물질은 땅위에 있는 4원소와는 전혀 다른 제5의 원소(Quintessence)라야만 가능하다. 그것은 투명하고 무게가 전혀 없는 완전한 물질로 우리의 물질개념으로는 상상할 수 없는 그런 것과 그와는 정반대로 땅위의 물질은 탁하고 무게가 있는 것들이라는 개념을 세우게 된다. 그는 그리스 전래의 4원소설을 받아들였지만 위계성 또는 층급성(hierarchy)을 부여하려 했다. 4원소는 그 완전성에서 서로 다른 것을 예측하고 4원소 중 가장 완전한 원소는 불이며, 그래서 불은 가장 높은 곳, 즉 하늘을 향해 솟아오르려 한다고 말한다. 그 다음 공기, 물, 흙의 차례가 된다. 즉 가벼운 것일수록 더 고귀한 원소가 될 수 있다는 이론이다.

4원소는 각각 물질이 갖고 있는 4가지 기본적인 성질(4원성)과 관련되어 있다고 아리스토텔레스는 믿었다. 따뜻함, 차가움, 건조함과 축축함의 네 가지 성질은 각각의 원소에 각각 두 가지씩 관계된다. 불은 따뜻하고 건조하며, 물은 정반대로 차고 축축하다는 식이다. 따라서 어느 원소의 성질을 한 가지만 바꾸면 다른 원소가 될 수도 있다는 생각이 가능해지고, 이 가능성은 뒤에 연금술의 발달에서 증명된 사고와 연관성을 갖게 된다. 아리스토텔레스가 땅위의 원소들 사이에서는 계급성을 가진다는 태도는 그 당시의 노예제도를 긍정적으로 받아들인 사회사상과도 서로 연관되는 것으로 보인다.

하늘의 제5원소가 완전한 원운동만을 끊임없이 거듭하는 것과는 달리 땅위의 운동은 시작과 끝이 있는 직선운동, 특히 지구중심을 향한 직선운동만이 자연적으로 일어난다고 믿었다. 공기속이나 물속에서 돌을 놓으면 돌은 지구 중심을 향해 떨어지고, 물속의 공기방울이나 공기 중의 불꽃은 지구 중심으로부터 반대 방향을 향한다. 이런 운동만이 지상에서의 자연운동이라는 것이다.

이 원리는 자연운동이 아닌 모든 지상의 운동은 강제운동에 의한다는 진리이다. 그리고 모든 강제운동은 동물의 운동과 그 밖의 물체의 운동으로 나눠 생각할 수 있다는 것이다. 동물의 경우 정신이 육체를 계속 밀어주어 운동(강제운동)이 가능하듯 어느 물체라도 강제운동을 계속하기 위해서는 그 물체를 계속 움직여주는 힘이 필요하다고 말했다. 물체를 강제로 운동하게 해주는 기동자의 힘은 물체와 직접 접촉해서만 전달될 수 있다는 생각이다. 오늘날 우리는 달과 지구가 그 사이에 아무런 연결 없이도 인력이라는 힘을 서로 작용하고 있다고 생각한다. 그러나 아리스토텔레스에게는 서로 접촉하지 않고 힘이 전달된다는 것은 마치 마차를 말에 매지 않고도 말이 마차를 끌고 갈 수 있다는 것만큼 그 시대 상황으로서는 허황된 단순한 원리로 생각했을 것이다.

강제운동의 구체적인 예를 들어 그의 생각을 좀 더 설명해 보면 정월 대보름날 빈 깡통에 구멍을 군데군데 뚫고 땔감을 넣고 불을 지펴 끈에 매어 빙글빙글 돌리면 불이 활활 타게 되고, 다른 동네 아이들과 불 싸움을 한 일이 있다. 이 경우 통이 그리는 거의 원모양의 궤도는 지상에서의 강제운동이다. 그리고 이 강제운동은 내가 손에 의해 깡통이 돌게 되어 불이 탄다는 원리, 즉 그 힘은 끈을 매개로 하여 통에 전달되기 때문에 가능한 것이라는 자연적 순수원리로 설명될 수 있다는 것이 그 시대의 아리스토텔레스적 지견이었을 것이다. 그러나 내가 끈을 놓아 버리면 그 깡통은 포물선을 둥그렇게 그리며 저쪽에 떨어진다. 내가 끈을 놓은 순간 힘은 사라진 셈이고, 따라서 그 깡통은 강제운동을 더 이상 계속할 수 없어 지구중심을 향한 자연운동을 했을 것으로 추측한다는 아리스토텔레스의 단순한 이론으로 설명되었을 것이다.

던져진 물체나 앞을 향해 쏜 대포알이 바로 손이나 대포를 떠나자마자 자연운동인 직선낙하를 하지 않고 포물선을 그리며 멀리 나가는 이유를 아리스토텔레스는 이렇게 설명한다. 계속 앞으로 나가는 것은 강제운동이며, 거기에는 계속되는 힘이 작용하고 있기 때문이라고 설명했다. 그 계속되는 힘은 대포알이 대포를 떠난 순간부터는 앞에서 밀려난 공기가 대포 뒤로 돌아오면서 대포에서 처음에 전달된 추진력이 계속 대포알 뒤에 작용한다는 것이다. 이 생각은 얼핏 보아 너무도 터무니없어 보이는 것이 사실이다. 그러나 자석의 두 극 사이에 힘의 전달이 있다고 생각하는 19세기 이후의 과학과 비교해 보면 오히려 그럴듯한 학설이라는 느낌을 가질 수도 있다.

이처럼 물리적인 힘이 멀리까지 전달되기 위해서는 텅 빈 공간(void)이란 있을 수가 없다. 예를 들어 그 당시에 이미 달과 지구, 바닷물 사이에는 어떤 힘의 작용이 있다고 믿었는데, 만약 달과 지구 사이가 텅 비어 있다면 달의 힘은 지구에 전달될 수가 없었을 것이다. 그래서 아리스토텔레스는 진공이란 있을 수 없다고 주장하기에 이르렀다. 그가 진공의 존재를 부인한 것은 그의 운동 이론과 다른 측면에서도 관련이 있다.

그에 의한 운동속도 이론은 저항에 반비례하고 힘에 비례한다는 원리이다. 이것을 자유낙하에 적용하면 무거운 물체일수록 그 무게에 비례하여 빨리 떨어진다는 말이 된다. 아무것도 없는 진공 속에서라면 저항은 거의 없다는 말이 되므로 운동속도는 무한대가 될 것이다. 속도가 무한하다면 한 가지 물체는 같은 순간에 함께 있을 수 있다는 논리적 모순을 낳는다. 따라서 그는 진공이란 있을 수 없다고 잘라 말할 수 있었던 것이다.

진공의 존재를 믿는 원자설을 그가 거부한 것은 당연한 일이었다. 진공은 없다는 생각은 17세기에 들어오기까지 결정적으로는 부정되지 않았다. 또 낙하물체의 속도는 무거운 것일수록 무게에 비례하여 빨리 떨어진다는 그의 법칙은 17세기 갈릴레오에 의해 결정적으로 부정된다. 그러나 아리스토텔레스의 운동이론이나 천문학 이론 등은 모두가 절대적인 권위를 가지고 중세의 사상계를 평정했었다. 실제로 근대 과학의 시작은 아리스토텔레스의 권위에 도전함으로써 비롯되었다고 말할 수 있을 만큼 그의 과학사상은 오랜 기간 절대적 위치를 누려왔던 것이다.

5. 고대의 지동설

아리스토텔레스가 받아들인 지구중심의 천동설은 고대 그리스의 대표적인 우주관이었다. 그러나 반대로 지구가 움직인다고 믿었던 학자도 있었는데 그 중 후세에 잘 알려진 사람은 헤라클리데스와 아리스타쿠스였다. 헤라클리데스(Heraclides, 약 BC 370년경)는 그 전부터 있었던 생각을 체계화하여 지구는 둥글며, 우주의 중심에 있지만 정지하고 있지 않고 하루 한 번씩 자전을 하여 낮과 밤이 생기는 것이라고 주장했다. 그는 지구를 중심으로 도는 것은 달과 태양이며, 다른 혹성들은 태양 둘레를 돈다고도 주장했다.

18세기 우리나라 홍대용이 생각했던 지동설(지구자전설)과 아주 비슷한 것이었다고 하겠다. 이보다 한걸음 더 나아가 보다 대담한 주장은 아리스타쿠스(Aristarchus, 약 BC 310~230년)의 자전 공존론이다. 그에 의하면 지구는 하루에 한 번씩 자전을 하여 낮과 밤을 만들면서 동시에 태양을 중심으로 그 둘레에 원을 그리며 1년이 된다는 것이다.

지구가 아니라 태양이 우주의 중심을 차지하고 있고, 태양 둘레를 지구와 다른 혹성들은 원궤도를 따라 각각 돈다고 아리스타쿠스는 주장한 것이다. 이 생각은 1800년경 코페르니쿠스(Copernicus)가 주장하여 역사에 그 이름을 남긴 지동설이다. 이러한 역사적 사상으로 볼 때 코페르니쿠스는 이미 훨씬 이전에 아리스타쿠스가 주장한 지구자전설이 훗날 코페르니쿠스의 지동설을 낳게 한 근본이 되었을 가능성을 배제할 수 없는 것이다. 즉 역사는 돌고 도는 것이라는 사상적 굴레가 성립한 주요 사건이기도 하다.

코페르니쿠스의 지동설이 서양의 역사 나아가 세계를 뒤바꿔 놓은 과학혁명의 전주곡이었음을 생각한다면 왜 아리스타쿠스의 똑같은 지동설은 이렇다 할 반응을 일으키지 못하였는지 생각해 봄직한 일이다. 그 당시 지배적인 생각은 하늘과 땅의 세계는 전혀 다른 두 개의 세계라는 것이었다. 아리스타쿠스의 주장은 이런 선입견과는 서로 용납할 수 없는 시기였기 때문에 다시 말하자면 아리스타쿠스의 지동설은 하늘(cosmos)의 완전성을 무시하고 조물주의 신성함을 모독하는 것으로 받아들여졌을 가능성이 있는 역적의 학설이었을 것으로 추측되는 시대적 주류에 대한 가역학 학설이었을 것이다.

또 당시 사람들에게는 이렇다 할 증거도 없는 채 멀쩡한 지구가 한시도 쉼 없이 제자리에서 빙빙 돌고 또 태양 둘레를 돌아야 한다는 것은 상상하기도 어려웠을 것이다. 여하튼 아리스타쿠스의 지동설은 이렇다 할 인정을 받지 못한 채 코페르니쿠스 시대까지 미궁 속에 빠져 있어야만 했던 셈이다. 아리스타쿠스는 지구와 달과 태양을 서로 비교 연구하여 달보다 태양이 지구에서 19배 더 멀리 떨어져 있다고 계산해 냈다. 또 일식 때 달은 태양을 거의 정확히 가려주므로 태양의 지름은 달의 지름보다 약 19배일 것이라고도 산출해 보았다. 이런 방식을 좀 더 교묘하게 사용하여 지구의 크기를 상당히 정확히 알아냈던 사람이 에라토스테네스(Eratosthenes, BC 276~192년)였다.

알렉산드리아 박물관장이었던 그는 아르키메데스(Archimedes)의 친구로도 알려져 있는데, 그는 남쪽과 북쪽에 따라 해가 내리비치는 각도가 다르다는 데 착안점을 두고 이상함을 발견했을 것이다. 그의 이론은 아프리카 내륙지방 시에느(Syene)에서는 하지 때 정오의 해가 머리 위에서 비치는데, 알렉산드리아에서는 같은 시간에 해가 약 7도쯤 비스듬히 비춰줌을 보고 그 사이의 거리를 참고하여 지구 둘레를 계산한 것이었다.

6. 그리스 천문학의 대성

고대과학이 그리스 시대에서 로마시대로 이어지면서 그리스의 천문학은 절정을 이루었다. 그 대표적인 사람이 관측 천문학자인 히파르쿠스(Hipparchus, BC 190～120년), 이론 천문학자인 프톨레마이오스(Ptolemaeos) 또는 톨레미(Ptolemy, AD 83～168년)라 불리우는 학자를 들 수 있다. 히파르쿠스는 그전부터의 관심을 이어받아 지구, 태양, 달 사이의 거리나 크기 등을 보다 정확히 계산하기 위해 오랜 기간 하늘 관측을 계속했다. 그 결과 그는 그전부터 알려져 있던 지식을 종합하여 1,080개의 별을 관측하고 그 위치를 정확히 표시할 수 있었다.

중국이나 우리나라의 옛 기록을 참고해 보아도 인간이 맨눈으로 볼 수 있는 별은 대략 1,500개를 넘지 못하는 듯하지만, 이런 점에서 그의 관측이 지금부터 2천 년 전에 이미 상당히 정밀하게 관측되었다는 것을 짐작하고도 남음이 있다. 그는 또한 이 관찰을 편리하게 하기 위해 별들을 밝기에 따라 6등급으로 나누었는데, 이는 원칙적으로 오늘날까지 쓰여지고 있는 방식과 일치한다고 말할 수 있다. 그는 당대의 다른 학자들과 마찬가지로 지구중심의 천동설을 믿었으나 혹성의 운동에 대해서는 화성, 수성 같은 것들이 지구를 중심으로 돈다고 하지는 않았다. 대신 혹성 운동의 중심은 지구 밖의 허공에 있다는 식의 이심원설을 주장했었다.

이런 방식의 우주관을 교묘하게 발전시켜 그 후 1,400년간을 아무 의심 없이 서양 사람들의 마음을 사로잡은 사람이 톨레미(Ptolemy)였다. 그는 AD 127년부터 20여 년간 알렉산드리아에서 천문관측을 한 것으로 알려져 있으나 그의 관측기술은 히파르쿠스보다 못했던 것 같다. 그리고 최근 어느 물리학자는 톨레미가 자기 이론을 확립시키기 위해 일부러 정확치 않은 관측 자료를 사용하기도 했다는 주장을 들고 나온 일도 있었다. 그러나 그가 이루어 놓은 이론 천문학의 업적, 즉 그가 만든 우주 모델은 혹성들이 보여주는 복잡한 운동을 교묘하게 설명한 점에서 천년 이상 그의 학설이 유지될 수 있었다는 것은 틀림없는 사실이라고 믿어져 왔었다. 여기에 톨레미 우주관의 역사적 중요성이 있는 것이다.

흔히 알마게스트(Almagest)라고 알려진 책을 지은 톨레미는 당시로서는 가장 복잡한 우주구조를 생각해냈다. 우선 화성 등의 혹성은 지구 자체를 중심으로 도는 것이 아니라 지구 밖의 허공 어느 점을 중심으로 원운동을 한다는 이심원설을 주장했다.

그 혹성은 자기의 원궤도 위에서 다시 작은 원을 그리며 돈다(주전도)는 것이었다. 순행, 유행, 역행을 거듭하는 혹성들을 제대로 설명하기 위해서 톨레미의 우주모델은 80개 이상의 원궤도를 복잡하게 얽어놓아야 했다.

톨레미 스스로가 이런 생각을 해내면서 그 원궤도가 실제로 존재하는 것이라고 믿고 있었는지는 의문이다. 그는 오히려 복잡한 우주를 설명하려는 기하학적 가설로서만 이것을 제안했던 것 같다. 그러나 근대 천문학의 발전에 우주의 모델을 제시하고 물리적 실체를 신뢰할 수 있었던 이론이었다는 사실은 훌륭한 업적의 일환이 되었다 말할 수 있다.

7. 목적을 향한 생명(생물학)의 발달

탈레스(Thales)를 계승한 아낙시만드로스(Anaximandros)는 생명은 습기를 가진 원소가 태양열로 증발되는 과정에서 생기는 것이라고 믿었다. 생명이란 자연 속에서 일정한 조건만 맞으면 저절로 생겨나는 것이라는 생각이다. 그는 사람을 포함한 고등생물은 보다 하등한 생물이 진화한 것이라는 주장도 했다. 예를 들면 사람은 물고기에서 진화했다는 것이다. 또한 생명의 발생과 진화에 대한 비슷한 생각을 엠페도클레스(Empedokles)도 가지고 있었다.

그러나 생명의 문제에 상당히 체계적인 연구를 한 사람은 아리스토텔레스를 대표로 들어야 마땅하다. 사실 그의 이 분야 연구는 방대한 그의 학문세계 중에서도 가장 중심이 될 만큼 크고 중요한 것이었기 때문이었다. 후세에 동물학의 아버지라고 불리울 만큼 동물 분류에 큰 발자취를 남겼고, 그가 이처럼 생명현상에 관심을 갖게 되었던 것은 그의 아버지가 마케도니아 왕의 주치의였었다는 것과 무관하지 않을 것이다.

8. 생기론적 생물학자 아리스토텔레스

생명현상을 보는 관점은 크게 두 가지로 나눠 볼 수 있다. 생명체에서 일어나고 있는 모든 현상, 사고, 생식, 성장 등은 무생물에서 일어나는 현상과는 전혀 다르다는 주장과 그 반대로 이들 생명현상과 무생물의 현상 사이에는 별다른 근본적 차이가 없다는 주장이 그것이다. 앞의 입장을 생기론(Vitalism)이라 하고, 뒤의 이론을 기계론(Mechanism)이라 부른다.

아리스토텔레스는 이 중 생기론자였다. 생기론이란 생명현상의 발현이 비물질적인 생명력이라든지 자연법칙으로는 파악할 수 없는 원리에 지배된다는 이론이다. 그러면 생명의 오묘한 현상은 무생물의 세계와 어떻게 다른가. 그에 의하면 생물은 그 본질인 아니마(anima)가 있어서 무생물과는 다르다고 한다. 이 말은 그 후 영어로는 혼(psyche)으로 번역되었고, 이것을 중국에 소개하면서 17세기의 서양 선교사들은 혼이라고 번역했다. 원래 이 말은 숨 쉬는 현상에서 생긴 숨 쉼을 뜻하다가 점차 생명의 바탕을 의미하는 것으로 바뀌어 간 것 같다.

구약성서 창세기에 나오는 것처럼 인간은 그 모양이 하나님처럼 만들어진 다음 그 물질의 덩어리에 하나님이 생명의 입김을 불어 넣음으로써 생명을 얻은 것으로 되어 있다. 원시적 사고에 있어서 생명의 본질이 숨 쉼에 있다고 보는 것은 당연했고, 그로부터 아니마 또는 혼이란 생각이 발전돼 나온 것은 당연한 일이었다. 혼에 대해서 아리스토텔레스는 생명체에는 세 가지의 종류가 다른 혼이 존재한다고 주장했다.

첫째로 식물혼(vegetative psyshe, 또는 vegetative soul)으로서 이것은 식물에서 볼 수 있듯이 생식, 성장만을 가능하게 해주는 가장 낮은 단계의 혼이라는 것이다. 둘째로 동물은 운동하는 능력을 더 갖추고 있다. 그리고 그 운동은 동물이 감각을 갖고 있어 무엇을 느낄 수 있기 때문에 가능하다고 아리스토텔레스는 판단했다. 그래서 그는 이를 동물혼(animal soul) 또는 감각(sensitive soul)이라 불렀다. 세 번째로 우리 인간이 식물과 동물보다 뛰어난 점이 있다면 생각할 수 있는 능력과 창조성을 갖고 있다고 판단하고 이를 이성혼(rational soul)이라 불렀다. 뒤에 중국의 과학사상을 소개할 때 나오지만 거의 같은 때에 중국에서는 성악설로 유명한 순자가 아리스토텔레스의 삼혼설에 근사한 생각을 가지고 있었다.

9. 동물의 분류 및 진화

플라톤이 영원히 변하지 않는 것에 눈을 돌리고 있었던데 반해 아리스토텔레스는 변화에 보다 깊은 관심을 보였다. 왜 세상에는 그리도 많은 생물들이 조금씩이나마 다른 모습을 하고 존재하는 것일까. 아리스토텔레스는 세상의 모든 존재물은 무생물에서부터 인간에 이르기까지 조금씩만 다른 것들이 차례로 이어져 있다고 생각했다. 그 뒤 자연의 사다리(ladder of nature, scala naturae)라고 불리워진 이 생각은 진화론과 같은 뜻으로 서로 조금씩만 다른 두 가지 생물이 원래는 같은 조상에서 진화된 것이라는 식의 생각에 근원을 두었다. 자연의 사다리에서 바로 아래에 위치한 동물이 그 위의 동물로 변한다는 생각은 없고, 자연은 원래 그렇게 만들어져 변하지 않는다는 불변의 생각이었던 것이다.

자연의 사다리를 구성하는 무생물, 식물, 동물의 세계 중 아리스토텔레스가 가장

표 2-2. 척추동물과 무척추동물

유혈동물		무혈동물
새끼 낳는 것	알 낳는 것	• 두족류(오징어, 문어) • 갑각류 • 곤충 • 연체류(다족류 제외) • 공장류, 해면 등
• 사람 • 고래류 • 사족류	• 새 • 사족류 • 뱀 • 물고기	

관심을 가지고 연구를 한 분야가 동물학이었다. 어쩌면 그는 식물학에도 많은 관심을 가졌을 법했지만 오늘날 그의 생각은 짐작하기가 어렵다. 그는 동물을 붉은 피를 가진 것과 그렇지 않은 것의 두 가지로 나눈다. 오늘날 우리가 척추동물과 무척추동물로 나누는 것과 똑같은 방식인 셈이다.

그는 540종의 동물을 위와 같이 12가지로 분류했다. 그는 실험을 행할 만큼 근대적인 동물학자는 아니었지만 당시로서는 최고의 관찰자였다. 그는 관찰을 위해 50종의 동물을 해부하기까지 했고, 수많은 관찰기록이 전해지고 있다. 아리스토텔레스는 고래가 물고기와 다름을 처음으로 기록한 관찰자였다. 그는 또 반추동물에는 이빨이 없는 대신에 위가 여러 개 있어 소화의 목적을 달성할 수 있다고 관찰 결과를 기록하고 있다.

그에 의하면 모든 동물은 그들이 생존할 수 있는 궁극적 목적에 가장 알맞게 만들어졌다는 것이다. 그는 동물의 특징 하나를 보더라도 항상 그 목적이 무엇일까 하는 시각으로 관찰했고, 그의 목적론적 태도가 그의 동물학 체계와 함께 거의 19세기에까지 계승되었던 것이다.

그의 궁극적 목적에 대한 관심은 자연 속 변화의 관찰이었는데, 변화의 원인을 물인(material cause), 형인(formal cause), 효인(efficient cause), 결인(final cause)의 네 가지로 보았으며, 마지막을 목적인이라고 말했다. 예를 들면 동물의 생식작용에 있어 아리스토텔레스는 암놈은 질료(matter)만을 제공할 뿐이고, 그 물질에 어떤 모습을 주는 것은 숫놈이라고 생각했다. 물인을 제공하는 암놈보다 형인을 제공하는 숫놈이 더 중요하다고 여긴 것이다.

우리는 여기서 아리스토텔레스의 자연관의 한 가지 특징이 모든 것을 상하관계로 파악하고 있음을 알 수 있다. 원소설에서나 동물 분류에서 혹은 남녀 사이에서도 모든 것을 계급관계로 보려는 그의 태도는 당시 그리스의 사회구조가 계급사회였다는 점과 서로 일맥상통한다고 할 수 있다.

아리스토텔레스가 동물학에서 이룬 것과 같은 업적을 식물학 연구에 남긴 사람이 그의 친구이며 제자인 디오프라스투스(Thephrastus, BC 372~287년)였다. 떡잎이 한 개냐 두 개냐로 식물을 분류한 최초의 학자인 그는 그의 스승만큼 방대한 체계를 가진 이론가라기보다는 세밀한 관찰만을 즐길 수 있었던 사람이었다.

10. 신과 의학

고대 그리스에서의 에스클레피오스(Aesculapius)는 건강과 질병을 관할하는 신으로 처음에는 실제로는 의사였던 신분에서 점차 신의 존재에 흥미를 갖게 되었다. 고고학자들의 발굴에 의하면 고대 그리스인들은 이 신을 믿기 위해 많은 에스클레피오스 신전을 지어놓고 병든 사람은 거기서 치료받고 기도에 의존했던 것 같다.

이 신전은 주로 온천 곁에 지었고, 거기에는 신관이 있어서 음식조절, 목욕, 심리요법, 약품치료 등 오늘날에도 사용될 방법을 썼고 또한 닭, 돼지, 양, 염소 같은 동물을 재물로 바치고 기도를 하는 방식 등을 사용했다. 이 신은 뱀이 신성한 것으로 여겨졌고, 신전에는 뱀이 칭칭 감고 있는 지팡이를 든 에스클레피오스의 상이 모셔져 있었다. 지팡이와 뱀은 그 후 오늘날까지도 의사의 상징으로 쓰여지고 있다.

11. 의학의 아버지인 히포크라테스

전설속의 에스클레피오스 이후 역사적으로 의학의 아버지로 이름을 남긴 사람은 히포크라테스(Hippocrates, BC 460~377년)이다. 플라톤의 기록에 의하면 그는 직업적으로 의사를 훈련시키는 교육자였다고 말하고 있지만 어쩌면 그는 에스클레피오스 신전의 신궁으로 세속적인 의사를 길러낸 사람이었을지도 모른다. 말하자면 그는 의학을 신의 손에서 의사에게 넘겨준 첫 의사라고도 말할 수 있을 것이다.

오늘날 히포크라테스의 글이라고 알려진 의학 논문은 70여 편이나 된다. 학자들의 연구에 의하면 이들은 그 필치로 보나 내용상으로 보아 여러 사람의 글이 확실하다고 한다. 후세에도 의사들이 히포크라테스의 이름을 빌려 썼다는 얘기가 된다. 여하튼 히포크라테스 의학의 특징은 정신의학을 바탕으로 하고 있었던 데 반하여 실증적인 의학을 시작했다는 점은 찾아볼 수가 없다. 미신에 의존했던 의술을 보다 합리적인 차원으로 끌어올린 셈이다.

예를 들면 그 당시 간질병은 원인을 모른 채 성스러운 병으로 알려져 있었다. 이에 대해 히포크라테스는 이렇게 말하고 있다. 내 생각으로는 성스러운 병이란 것은 다른 병에 비해 조금도 더 신성한 것이 없다. 즉 다른 질병이나 똑같이 그것은 자연적 원인에 의해 일어난다. 다만 사람들이 그 이유를 모르기 때문에 성스럽다고 하는 것이다. 자연에서의 질병은 모두 발병 전의 어떤 원인 때문에 일어나는 것이라고 말했다. 의학의 위치를 합리적 단계로 높여 놓은 그는 또한 의사의 사회적 지위를 높여 놓은 것으로도 보인다.

신을 버린 세속적인 의사에게 새로운 사회적 위치를 찾아준 것이 히포크라테스 선언이다. 오늘날까지 의과대학에서 쓰여지고 있는 의사가 되기 위한 선서는 원래 오늘날에는 이해하기 어려운 부분이 있었다. 환자의 치료에 온갖 노력을 기울이고 환자의 비밀을 보장한다는 등의 약속은 오늘날에도 그대로 적용되고 있다. 그러나 원래의 선서에는 의사는 자기 스승과 수입을 나누고, 스승과 가족을 자기 가족처럼 생각하며, 원한다면 스승의 아들이나 자기 아들, 즉 직계인에게는 의술을 가르치지 않는다는 서약이 들어 있다.

이 내용으로 보아 그 당시의 의술이란 사제제도에 의해 거의 비밀로서 계승되던 직업이었던 것 같다. 그리스 초기의 의술은 귀족이나 혜택을 입을 수 있는 것으로서 의사들이 귀족 다음 가는 일종의 중인계급을 형성하고 있었던 것을 짐작할 수 있다. 히포크라테스 이래 엠페도클레스는 전통을 이어받아 자연철학적인 4체액설을 발전시켰다. 4원소가 물질세계를 만들어 주는(사람의 몸) 4가지 체액으로 되어 있어 이들이 서로 조화를 이룰 때만 건강할 수 있다는 생각이었다. 혈액(blood), 점액(phlegm), 황담즙(yellow bile), 흑담즙(black bile)의 네 가지 체액에 대한 생각은 그 후 더욱 발전하여 생리학의 기초학설이 된다.

12. 헤로필로스와 에라시스트라토스(해부학의 발전)

인체를 처음 해부한 것으로 전해지는 사람이 해부학의 아버지라고도 불리우는 헤로필로스(Herophilus, BC 300)이다. 그는 사람을 비롯한 동물의 몸속에 네 가지 기본 과정을 구별하여 간을 중심으로 하는 영양, 심장을 중심한 온도 유지, 신경을 이용한 지각, 머리를 사용한 사고작용 등으로 구별했다. 흥미있는 것은 아리스토텔레스가 심장을 인간의 정신작용의 중추라고 잘못 이해했던 것을 비로소 바로 잡았다는 사실이다. 그러나 간이 영양의 중심기관이라는 그릇된 생각은 그 후 갈렌을 통해 바로 잡았다.

그는 동맥과 정맥을 구분할 줄 알았으나 피의 순환은 생각지 못했다. 그러나 맥을 짚어 환자의 진단에 참고하는 방법은 그가 시작한 것으로 전해지고 있다. 그보다 1세대쯤 뒤의 유명한 의사인 에라시스트라토스(Erasistratus, BC 280 활약)는 처음으로 운동신경과 감각신경을 구별해낸 사람이다. 그는 동맥과 정맥을 구별할 줄 알았으나 동맥에는 피가 흐르는 것이 아니라 공기로 가득 차 있다는 결론을 얻었다.

13. 중세의학과 정치 참여 특권

히포크라테스와 어깨를 겨눌 수 있는 의사는 그리스 시대에는 나오지 않았다. 로마 황제이며 대표적인 스토아 철학자였고 또한 명상록의 저자로 유명한 마르쿠스 아우렐리우스(Marcus Aurelius, 121～180년)와 궁전에서 대의(大醫)로 일했던 갈렌(Galen, 130～200년)이었다. 엄밀히 말하자면 그리스 사람은 아니었다. 그러나 소아시아의 페르가몬에서 출생한 그는 당시 그리스 문화를 계승하고 있던 알렉산드리아에 가서 의학을 배웠고, 실제로 그의 의학은 그리스 의학을 계승, 발전시킨 대표적 인물이 되었다.

다른 대부분의 그리스 과학이 로마에 계승되지 못한데 비해 의학만은 그 전통을 넘겨주게 된 것으로 주목할 만한 일이다. 그러나 의학이란 다른 어느 분야보다 실용적이었다면 로마사람들의 극히 실용적인 민족성에 부합하였기 때문에 의학이 계승되기 위한 실용적 로마인에 의해 받아들일 수 있었다는데 착안될 수 있었던 것이다.

갈렌은 의학 전반에 걸쳐 많은 글을 남겼다. 그는 인체 해부는 하지 않았지만 원숭이의 해부를 통해 상세한 해부학적 체계를 세워갔다. 해부학, 생리학, 병리학, 약학 등 그의 업적은 중세를 통해 절대적 권위를 갖는 이론을 계승 발전시켰다. 틀림없이 그의 글들은 후세 의사들의 지침서가 되어 큰 도움을 준 것이 확실하다. 그러나 특히 갈렌이 유명한 것은 이런 긍정적 측면에서만이 아니라 부정적 이유 때문에 유명하기

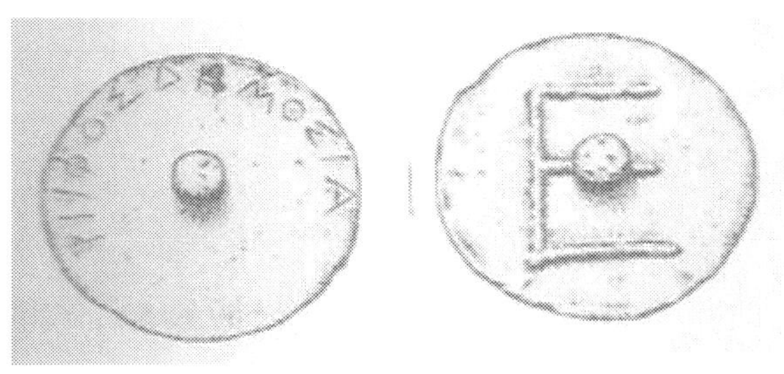

〖그림 15〗 투표용 구리조각

도 하다. 그에 따르면 인체에 생명력을 주는 피는 동맥이나 정맥 속에 바닷물이 밀물, 썰물을 일으키듯이 흘러 다닌다고 생각했다.

피가 인체를 순환한다는 생각에는 미치지 못한 것이다. 그는 피가 끊임없이 만들어져 정맥과 동맥을 통해 전신으로 퍼진다고 생각했다. 창자에서 흡수된 영양분은 간에서 피로 변하여 심장으로 보내지고, 폐에서 받아들이는 공기는 생명의 프노이마를 공급하는 원천이 되며, 심장에서 피는 생명의 입김을 받아들여 비로소 생명의 샘이 되었다라고 제시한다. 즉 동맥과 정맥의 구별은 하지 못했지만 갈렌은 심장의 좌심실과 우심실 사이에는 눈에는 보이지 않을 정도의 작은 구멍이 뚫려 있어 피가 서로 통한다는 잘못된 판단을 내리기도 하였다. 마치 아리스토텔레스의 잘못된 우주론이나 물리법칙이 그의 권위라는 무게 때문에 중세를 지배해 온 것처럼 갈렌의 무게는 그의 잘못된 이론까지도 부정할 수 없는 사실인 것처럼 절대적인 존재로 만들어 버렸다.

17세기에 윌리엄 하비(William Harvey)가 혈액순환을 주장할 때까지 갈렌의 잘못은 그대로 사실인양 믿어져 왔었다. 그리고 의사에 대한 권위는 그리스 문화에서 의사에 대한 존경의 표시로 정치에 참여 할 수 있는 참정권을 부여하는 권위를 가지게 되고, 정치 투표용 참정권의 표식인 구리조각을 부여받게 되었다. 의사의 지위는 중상위 계급층으로 대우를 받을 수 있는 존경받는 권위 층에 해당되었다.

제 3 장

로마의 발달과 과학

에페수스 셀수스 도서관

1. 로마의 과학

로마의 과학은 그리스 과학에 비해 진취적이고 웅장한 면이 특징이다.

율리우스 시저(BC 101~44년)는 율리우스력을 사용하여 계절의 변화와 1년을 365일로 정하고 4년에 한 번씩 윤년이 있어 366일을 취하였다. 비트루비우스(BC 77~26년경)는 건축(De architectura libridecem)공학에 기초 체계를 확립한 총 10권의 저서를 남겼다. 주로 로마의 건축양식은 신전의 조형적 구성, 극장, 욕탕을 주로 건축하여 실용적인 측면을 강조하였다. 즉, 건물의 내구성과 같은 공학적인 문제, 석재 및 목재의 성질 연구, 채취방법, 연와나 콘크리트 만드는 방법 등의 공법을 체계적으로 확립하였다.

비트루비우스는 건축의 3원칙으로 강도(firmitas), 편리성(utilitas), 아름다움(venustas)을 미학의 조형술을 토대로 웅장함의 표현으로 나타낼 수 있었다. 즉 건축의 미학적 요소로는 기술론적으로 웅대하고 거창한 건축양식이 필요했기 때문이다.

2. 로마의 실용과학

로마는 지중해 연안의 지배권을 장악했지만 문화적으로는 그리스 문화에 오히려 정복당할 운명에 있었다. 즉 정치적으로는 정복자였지만 문화적으로는 식민지였던 셈이다. 로마인의 특징은 사상가나 이론가가 아닌 행동가였다. 그들은 역사상 전에 없었던 거대한 도로망과 법률을 구성함으로써 최대의 제국을 건설하고 통치를 위한 체계를 세우는데 전력을 기울였다.

오늘날처럼 교통·통신이 발달하지 않았던 시절에 그처럼 큰 나라를 만들어 지배할 수 있었다는 것은 그들의 놀라운 정치와 행정능력을 보여주는 표본이 되었다. 그리고 그 제국의 바탕에는 도로, 교량, 수로, 건축 등 기술의 놀라운 발달이 큰 몫을 했다는 것에 대해서 잊어서는 안 될 것이다.

로마인들이 이룩한 기술의 발달은 오늘날까지도 많은 유물 속에 남아 있다. 대형 경기장, 다리와 길, 항구 건설, 로마인들을 대표하는 길로는 비트루비우스(Vitruvius, BC 10년)의 수도를 들 수 있다. 또한 로마 시가는 잘 발달된 하수도와 상수도를 갖고 있어 시민들에게 깨끗한 물을 마음껏 공급했다. 후론티누스(Frontinus, AD 30~104년)의 『로마의 수도에 대하여』라는 책에서는 수도관의 종류, 물 유출량 검사법, 수도관의 물(수질) 계산법, 시간에 따라 달라지는 물의 사용량을 조절하는 문제 등을 다각적으로 취급할 수 있는 지침서를 사용할 정도로 체계적이었다는 것이다.

로마인들의 천문학 발달로 큰 공은 세우지 못했지만 천문지식의 이용에는 큰 공헌을 남겼다. 그것이 즉 율리우스 시저(Julius Caesar)에 의해 단행된 율리우스력(Julian calendar)이다. 그때까지 각 지방에서는 서로 다른 갖가지 달력을 사용하고 있었고, 대제국의 건설에 이처럼 역법이 통일되지 않고 있다는 사실은 그 시대 통치적 측면에서도 불편하기 짝이 없는 일이었다. 또한 낡은 역법은 계절의 변화에 지역적으로 서

〖그림 16〗알렉산더 대제

〖그림 17〗사상 탄생지 밀레투스

[그림 18] 이즈택력(고대 멕시코)

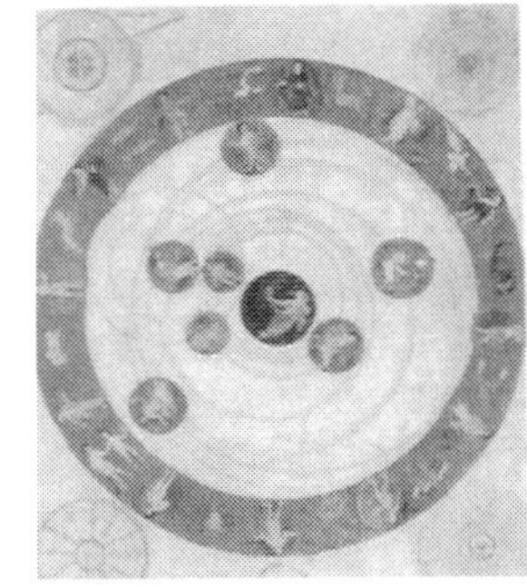
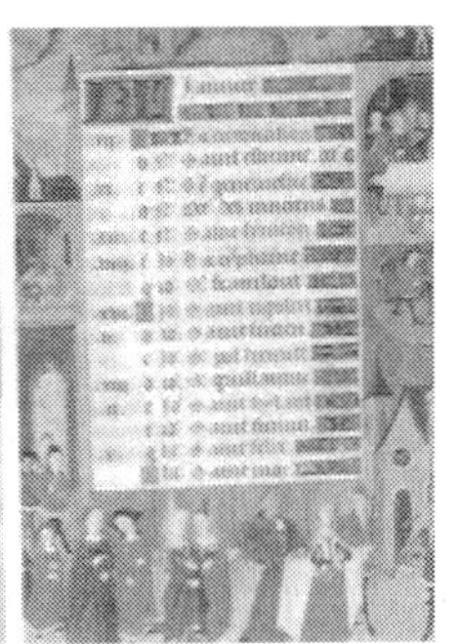

[그림 19] 로마의 우주체계

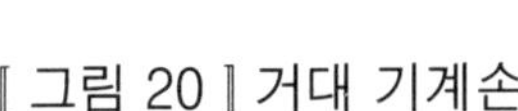

[그림 20] 거대 기계손

[그림 21] 포물경의 직광

로 어긋나 계절감각을 무디게 해주어 농사에도 불편했다.

이런 불편을 제거하기 위해 단행한 개력은 4년에 한 번을 윤년으로 하여 평년은 365일, 윤년은 366일로 하는 방식이었다. 율리우스력은 간단해서 좋기는 했으나 정확한 1년보다는 조금 긴 편이어서 400년 동안에 사흘이 더 길어지게 된다. 이 부정확에도 불구하고 율리우스력은 계속 사용되었으나 1년의 길이가 10일이나 달라지자 드디어 1582년 교황 그레고리 13세는 다시 개력을 결정하여 춘분일을 3월 21일에 맞추었다. 이 역법 그레고리력(Gregorian calendar)이 오늘날까지 우리가 사용하고 있는 달력이다.

3. 로마의 백과사전들

로마인의 실제적 성격을 잘 보여주는 또 하나는 백과사전격인 책들 속에서도 간파

할 수 있다. 독창적 사고보다는 포괄적 지식이 더 바람직하게 여겨지던 사회에서는 당연한 일이었다. 또 어느 의미에서는 고도로 발달한 그리스 문화를 급히 받아들이는 과정 속에서 이와 같은 거의 맹목적인 지식의 축적은 불가피하게 일어난 부작용을 유발하였을 것이라고도 생각된다.

세네카(Seneca, BC 3～AD 65)는 수많은 작품 가운데 자연현상에 대한 백과사전적 지식을 모아놓은 책이 자연의 문제이었다. 네로황제의 폭정에 반대하다가 자살을 강요당한 그는 죽기 직전에 이 책을 완성했다. 아리스토텔레스와 데오프라스토스를 비롯한 여러 그리스 과학자들의 글을 참고하여 세네카는 천문, 기상, 물리, 지리 등에 관한 여러 가지 지식을 모아 저서를 남기게 되었다.

세네카와 같은 시대의 플리니(Pliny the Elder, AD 23～79)는 그의 저서 박물지에서 총 37권의 지침서를 발간하여 중세에 큰 영향을 미쳤다. 그는 그리이스와 로마시대의 거의 모든 책을 뒤져 주의할 가치가 있는 2만 건의 항목에 대해 상세한 해설을 하였다. 그의 학문은 아주 철저하여 모든 설명에 대해 그 설명이 누구의 글에서 응용했는지에 대해서 오히려 오늘날 밝히려 할 수 있을 정도로 정교하게 저술된 서적이기도 하다.

이 책에 포함된 자연현상의 설명은 천문, 지리, 발명, 동물, 식물, 약초, 동물에서 추출한 약품, 물속의 동물, 보석류 등의 차례로 되어 있다. 그의 철저한 학문 태도에는 한 가지 큰 결함이 있었다. 그가 사용한 책의 신빙성을 무비판적으로 받아들였다는 점이 그것이다. 게다가 그는 신기한 내용이라면 더욱 좋아해서 원전에 잘못 기록된 이상한 기록이 있으면 즐겨 이런 것들을 자기 책속에 포함시켰다. 사자와 호랑이에 코끼리를 포함시키는 것과 똑같이 실제로는 존재하지 않는 상상 속의 동물, 불사조나 일각수 같은 것도 그림까지 곁들여 설명했던 것이다.

방대한 그의 작품 속에는 이런 잘못도 많았지만 그렇다고 그가 관찰에 무관심했던 것은 아니다. 그는 베스비우스 화산이 폭발하자 그 모양을 좀 더 잘 살펴보려고 분화구에 너무 접근하다가 그 속에 빠져 희생된 사람으로 그 정도로 신빙성 추구에 열성적이었다고 말할 수 있다.

4. 원자론의 부활

로마시대 최고의 자연철학자라 할 수 있는 루크레티우스(Lucretius, BC 95～55년)는 시의 형식을 빌어 자연현상에 대해 노래했다. 사물의 본성에 대하여 라는 그의 저서는 유물적이고 원자론적인 그의 물질관과 일체의 미신적 행동에 대한 강한 반감을 잘 보여준다.

루크레티우스에 의하면 무(無)로부터는 아무것도 생기지 않는다. 따라서 원래 존재하는 것에서, 즉 물질은 영원히 존재한다고 말했다. 그리고 그 물질은 원자로 되어 있으며 더 이상 쪼갤 수 없는 알맹이로서의 원자는 움직일 빈 공간이 필요하며 따라서 진공은 존재한다. 원자는 서로 결합 또는 분리하는 과정을 통해 우리가 알 수 있는 여러 가지 물체를 만들어 낸다. 진공 속에서 모든 물체는 무게에 관계없이 똑같은 속도로 낙하한다는 말을 한 것으로 널리 알려져 있다.

그는 이 세계는 어떤 조물주의 뜻에 따라 만들어진 것이 아니라 원자들의 우연한 모임에서 생긴 것이라고 풀이했고, 우주는 항상 변화하다고 믿었다. 즉 세계는 유일한 것도 최종적인 것도 아니다. 그는 다윈의 진화론과는 좀 거리가 있지만 생물체에 관해 이 세상은 적자생존에 의해 성립한다는 아이디어를 가지고 있기도 했다. 그러나 루크레티우스의 시는 이미 그리스의 전통에 깊이 뿌리를 내린 아리스토텔레스의 사상을 뒤엎을 수는 없었다.

또한 학자들의 연구에 의하면 루크레티우스의 목표는 자연철학에 있었다기보다는 당시 크게 성행하고 있었던 주술적 신앙에 대한 비판이 그의 주목적이었다는 것이다. 그의 과학적 생각은 그 뒤 크게 공헌하지 못한 채 지하에 숨은 전통이 되었을 뿐이었다.

5. 천인상응과 점성술

그리스 자연관을 특징짓는 합리적 사고방식은 로마 이래 내리막길을 가고 있었다. 기독교의 등장 이전부터 여러 이교(異教)들은 주로 이집트와 동방으로부터 지중해 일대에 퍼져 있었다. 이 모든 사상들이 그리스의 대표적 사상보다는 모두 미신적인 측면을 강하게 갖고 있었기 때문이다. 일상적인 경험보다는 신의 계시 같은 것이 더 존중되는 시대 풍조는 그리스 시대의 오랜 합리주의에 지쳐 생겨난 것이라는 해석이 있다. 19세기까지의 근대적 합리주의가 20세기에 들어와 점점 궁지에 몰리고 있는 것과 같은 좋은 대조라 할 수 있다. 신비주의적 경향이 나타남과 함께 크게 발달하는 것이 점성술과 연금술 등이다.

메소포타미아에서 원시적 점성술이 시작할 때부터 그 바탕에는 하늘의 모든 현상은 땅에서 일어나는 일들과 관련되어 있다는 사상이 흐르고 있었다. 이런 천인상응(天人相應) 또는 천인합일(天人合一)의 사고방식은 동양에서도 발견되었고, 아리스토텔레스도 똑같은 사고를 갖고 있었던 것이다.

그러나 아리스토텔레스의 사상은 아주 미미한 정도에 지나지 않았지만 그에 비하면 포세이도니우스(Poseidonius, BC 135~50년)는 하늘의 자연현상이 인간에게 영향을 준다는 사고를 깊게 믿었고, 그가 발견한 것으로 전해지는 달과 조수와의 관계는 달이 인간에게 미치는 영향의 한 가지로 파악했다. 이와 같은 천인상응(天人相應)의 아이디어는 스토아 철학의 큰 특징을 이루게 되었다. 그리하여 인간은 소우주이며, 소우주는 대우주(자연)의 축소판으로서 그 영향을 받는다는 생각이 점성술의 발달을 자극했던 것이다. 해와 달, 혹성과 별의 움직임이 인간의 운명을 좌우한다는 점성술의 숙명론적 성격은 기독교가 그대로 받아들일 수 있는 것은 아니었다.

반면에 기독교는 하늘에 있는 모든 천체는 완전한 것이어서 지상의 것과는 다르다는 그리스 사상을 받아들여 바로 그 완전한 세계의 주인을 하나님이라 파악했다. 그리하여 하늘의 천체는 어떤 물리적인 힘을 땅 위에 작용할 수도 있다는 가능성을 부정하지 않았다. 지나친 숙명론을 주장하지 않았더라면 중세의 기독교는 점성술을 반대하지 않았을 것이다. 무슨 별이 어떻게 움직여 무슨 병이 유행한다거나 좋은 날을 골라 여행을 떠나거나 사업상의 거래를 할 때 쓰는 방법 등 모두가 널리 쓰이던 점성술의 측면에서 시작되었다는 사실에 정당성을 부여했기에 기독교는 이러한 사상을 용납할 수가 없었을 것이다.

토마스 아퀴나스(Thomas Apuinas, 1225~1274년) 같은 대표적 철학자도 프톨레미와 마찬가지로 별이 인간의 미래를 계시해 준다는 믿음을 갖고 있었다. 물론 기독교인의 경우 점성술은 숙명론적으로만 해석되지는 않았고 인간의 노력으로 극복될 수 있다는 설명을 갖고는 있었다.

아라비아 점성술의 영향을 받은 로저 베이컨(Roger Bacon, 1210~1293년)은 종교란 혹성들이 서로 접촉할 때 일어난다고 믿어 기독교는 수성과 목성이 서로 만났을 때 생겨났고, 이슬람교는 금성과 목성이 서로 만났을 때 발생했다고 주장했다. 점성술을 위해서는 별들의 움직임을 잘 관측할 필요가 있었고, 이 필요성 때문에 천문학은 중세를 통해 그 명맥을 이어갈 수 있었다. 그러나 그런 여건들은 오히려 천문학의 발달에 저해 요인이 되었다는 사실이 지배적일 수도 있었을 것이다.

6. 연금술의 시작

점성술을 가능하게 했던 지적 분위기는 연금술을 발달시키는 계기가 되었다. 실제로 연금술에는 혹성 하나하나가 땅위의 금속 한 가지 한 가지와 서로 연관된다는 그런 생각이 깊이 깔려 있었던 것이 사실이다. 그러나 연금술을 가능하게 한 사상적 배경으로는 아무래도 플라톤과 아리스토텔레스 등의 생각이 연금술의 가능성을 간접적으로 시사하고 있었다는 점을 기본적으로 알고 있어야 될 것 같다.

그리스의 자연철학에서는 물질을 그 본체와 특성의 두 가지 측면에서 파악하려는 경향이 강했다. 물질은 그 특성을 본체로부터 분리하여 다른 특성을 옮겨 결합시키면 다른 물질로 바뀐다는 아이디어였다. 즉 4원소의 경우 각각의 원소는 두 가지 특성을 갖고 있다고 아리스토텔레스는 생각했다.

그에 의하면 물은 습하고 찬 특성을 갖고 있는데, 이 중 한 가지 특성만을 바꾸면 공기나 흙으로 바뀔 수가 있다는 것이다. 습한 특성을 그 반대인 건조한 특성과 바꿔주면 흙이 되고, 찬 특성을 그 반대인 따뜻한 특성으로 바꿔주면 공기가 된다 하여 플라톤의 생각 또한 이와 다르지 않았다. 그에 의하면 4원소는 완전 다면체로 되어 있는 원소들이지만 조건에 따라 원소는 서로 다른 것으로 바뀔 수도 있다고 주장했다.

아리스토텔레스에서 스토아 철학으로 연결되는 또 하나의 생각의 흐름에는 자연은 살아있다는 믿음도 있었다. 자연은 생명체와 같으며 그 속에 있는 원소들이나 금속들은 마치 생물이 자라나듯이 성장을 거듭한다고 생각되었다. 그리고 그 성장은 좀 더 완전한 물질인 금으로 바뀌어 가는 과정이라는 것이 그 근본 태도였다. 그렇다면 이미 자연 속에서 천천히 진행되고 있는 원소의 변화를 어떻게 가속시켜 순식간에 금을 만들어 내느냐 이것이 연금술의 과제였던 셈이다.

중세의 연금술은 그 기술적 발달이 고대로부터 어느 정도 진행된 까닭에 가능한 것이었다. 특히 이집트 지방에서는 가짜 보석이나 가짜 귀금속을 만드는 방법이 제법 발달되었다. 그러나 이들 기술은 금이나 은을 정말로 만든다기보다는 금이나 은과 같은 모양의 금속을 색깔을 입혀 만든 도금 정도에 머무는 수준이었다.

이런 이집트의 전통 속에 후세에 이름을 남긴 초기의 연금술사가 알렉산드리아에서 3세기에 활약한 조시모스(Zosimus)이다. 그는 그때까지 알려진 연금술 지식을 종합해 연금술 백과전서 같은 것을 만들었으나 전부는 오늘날 전하지 않는다. 다만 중세를 통해 많은 연금술사들이 그의 글에 대해 주석을 붙이고 있음으로 보아 그의 작품의 중요성을 짐작할 뿐이다. 이러한 서구의 연금술은 후대에 아라비아로 넘어가 찬란한 발전을 보았으며, 중세 후기에 다시 유럽에 전파될 수 있었다.

7. 교부와 과학

그리스도교는 4세기까지 완전히 로마를 지배하는 종교가 되었다. 기독교가 가장 중

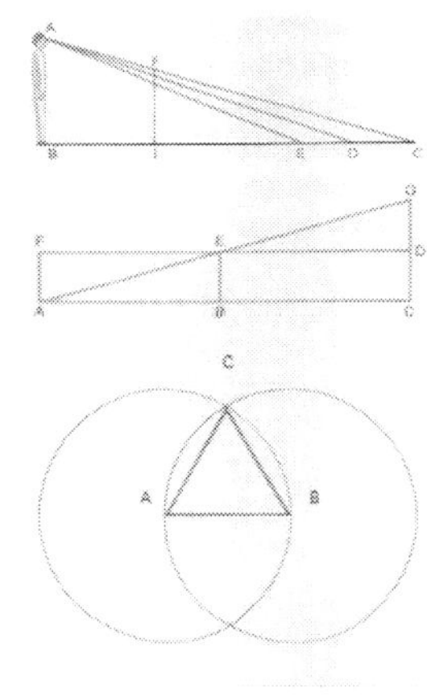

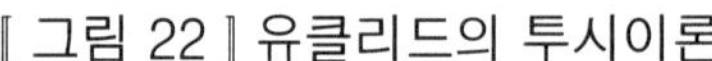

〖그림 22〗 유클리드의 투시이론

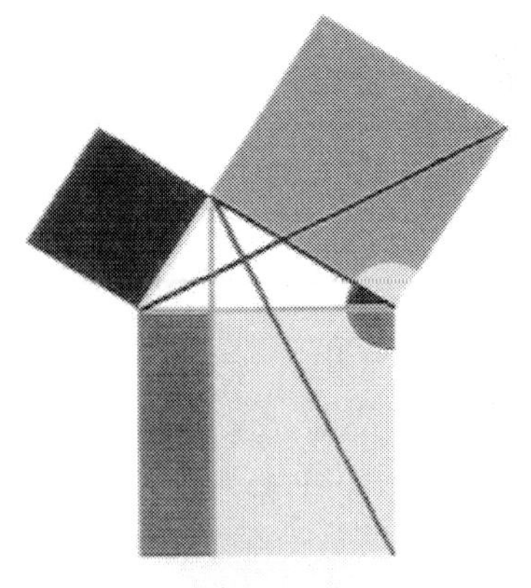

〖그림 23〗 기하학 원본의 정의

요한 사회적 요소로 등장한 것은 그리스적인 합리주의의 쇠퇴를 뜻할 뿐만 아니라 자연철학에 들어올지도 모르는 많은 인재를 종교계로 쏠리게 함으로 과학은 쇠퇴를 면할 수가 없게 되었다. 기독교 성직자들에게 자연현상이란 교리를 설명하는 데 필요한 신학의 시녀로서만 필요한 것이었다. 과학에 대한 이런 태도는 중세를 통해 기독교의 지배와 함께 계속될 수밖에 없었다.

처음에는 그리스 철학과 기독교가 크게 다르지 않음을 강조하던 기독교측은 점점 그 세력이 강해지면서 보다 투쟁적인 태도를 보이기 시작했다. 그리스 철학을 맹렬히 비판하기 시작한 것이다. 그들이 즐겨 공격한 점은 그리스 철학은 잡다한 주장 속에 진실은 적다는 것이었다. 터틀리아(Turtullia, 3세기 초)같은 교부(教父, Father of the Church)는 논쟁의 홍수 속에 있는 한두 방울의 진리라도 철학자들의 이견이 많음을 평했다.

물론 교부들의 입장에서 볼 때 철학자의 가장 큰 결점은 궁극적인 진리인 하나님의 존재를 찾지 못했다는 것이었다. 성 오가스틴(St. Augustine, AD 354~430년)은 철학자란 두 사람만 모이면 벌써 의견이 같지 않다고 비판하면서도 일식, 월식 같은 것을 몇 년 앞서 예측할 수 있었던 자연철학의 성과에 찬사를 보내면서도 보다 중요한 것이 무엇인지 모른다고 자연철학자들을 비판했다.

우리가 무엇을 믿어야 하는가라는 의문에 접할 때 그리스 자연철학자들이 한 것 같은 사물의 이치를 연구하는 따위의 일은 필요가 없다는 것이다. 기독교인은 원소의 종류나 성질, 혹은 천체의 운동과 일식, 월식 등에 대해 지식이 없다고 큰일 날 것도 없었기 때문이다. 또한 하늘의 모양이나 동물, 식물, 돌, 샘, 강, 산의 종류와 성질을 몰라도 무관한 일이었기 때문이다.

그리스 자연철학자들이 발견했거나 혹은 발견했다고 믿었던 수많은 것들은 모두 몰라도 그만이다. 왜냐하면 비록 이들 자연철학자들이 천재적 재능은 갖고 있었지만 때로는 세간의 추리력을 이용하여 때로는 경험을 통하여 사물의 이치를 캐는데 노력한 것은 사실이지만 그들이 모든 것을 알아낸 것은 아니기 때문이라고 단정 지을 수 있었기 때문이다. 그들이 발견했다고 자랑하는 것들도 따지고 보면 확실한 지식이라기보다는 그저 짐작일 뿐일 수가 많다고 주장한다.

기독교인들은 그것이 하늘에 있건 땅에 있건, 보이는 것이건 보이지 않는 것이건, 모든 피조물의 유일한 존재성은 유일하고 진실한 하나님만이 조물주를 만들 수 있기 때문이라고 믿기만 하면 충분하다고 여겼기 때문이다.

8. 창세기의 과학

합리적 사고에 의한 진리보다 하나님의 계시가 큰 진리라는 기독교의 태도는 당연히 그 계시를 담은 기독교 성서를 최고로 존중하게 만들었다. 그래서 그리스 시대와는 달리 세상은 6일 동안 하나님이 창조한 것이라는 창세기 기록이 그대로 받아들여졌다. 자연철학자의 생각과 기독교 사상의 가장 큰 쟁점이 바로 천지창조에 관한 부분이었기 때문에 초기의 교부들은 창세기 설명에 많은 노력을 기울였다.

창세기에 관한 많은 주석은 오늘날 헥사메론(Hexameron) 문서라고 알려져 있는데, 여기 헥사메론이란 6일을 뜻하며, 그것은 신이 천지를 창조하는 데 걸렸다는 6일을 의미한다. 그 대표적인 것을 예로 든다면 성 바질(St. Basil AD 329~379년)의 6일 창조에 관한 설교를 들 수 있다.

우선 이 세계는 신이 만들어 비로소 존재하기 시작한다고 믿은 그들은 물질과 시간이 모두 신의 천지창조 이후부터 존재한다고 주장한다. 그리스 철학자들이 생각하고 있던 자연법의 사상, 즉 모든 자연현상은 변화의 법칙을 따른다는 생각은 그대로 기독교에서도 계승된다. 그러나 여기에 한 가지 중대한 수정이 가해졌는데 자연은 법칙성을 갖지만 신의 뜻에 의해 얼마든지 침범당할 수도 있다는 것이다.

그리스 자연철학자들이 개념화한 자연계에 존재하는 법칙 또는 질서에 기독교의 기적이란 생각이 들어서게 되었다. 기적의 가능성은 신의 자유를 뜻하는 것이며, 보다 낮은 차원에서는 인간 개개인이 자유의지를 갖고 자기 행동을 결정할 수 있다는 해석을 낳게 했다. 별의 운동과 인간의 운명을 긴밀히 연결시켜 보려는 점성술이 기독교의 배척을 받은 것은 바로 이러한 기적의 가능성과 인간의 자유의지를 부정하기 때문이었다. 그러나 실제적으로 점성술은 기적과 자유의지의 문제와 크게 어긋나지 않는 범위에서는 기독교 사회에 널리 받아들여졌다.

9. 우주와 천사

중세를 통해 유럽 사람들이 갖고 있었던 우주관은 근본적으로 아리스토텔레스와 프톨레미의 우주관을 약간 수정한 것이었다. 그 중 제일 두드러진 수정 부분은 물론 신의 위치 문제였다. 신은 구체적으로 어느 곳에 자리잡고 있으며, 우주의 운동에 신은 어떤 역할을 하느냐는 것이었다.

교부과학은 구중천설(九重天說)을 그 대표적 우주관으로 갖고 있었다. 지구는 우주의 중심에 정지해 있으며, 그 둘레를 제일 안으로는 달에서부터 목성, 금성 등을 차례로 모든 천체가 돌고 있다는 것이다. 오늘날과는 달리 이들 천체는 각각 자기 궤도를 홀로 돌고 있으며, 투명한 껍질 같은 것이 있다고 믿었다. 그 껍질들은 하늘을 9개로 나눠주는 셈이어서 구중천(九重天)이 되는 것이다. 이들 구중천 가운데 여덟 번째의 하늘이 항성천으로 별들은 하루 한 번씩 지구둘레를 돌게 해주는 하늘이라고 설명했다.

그밖에 있는 아홉 번째의 천구는 종동천(宗動天, Primum Mobile)으로서 그 아래에 있는 모든 천구의 회전을 주재하는 것이 하늘이며, 그 주체는 하나님이라고 기독교는 가르쳤다. 그러나 신이 다른 속도로 움직이는 모든 하늘을 직접 관리하지는 않았는데, 각각의 천구를 맡고 있는 것은 9가지의 계급이 다른 천사들이라는 것이다.

신은 어디에 살고 있는가라고 묻는 소박한 기독교 신도가 있다면 구동천 밖에 살고 있다고 교부들은 대답했다. 땅에서 제일 높은 하늘에 하나님이 있고, 그 아래에 9개의 계급으로 나뉘어 천사가 있으며, 그 아래에 인간이 있고, 다시 그 밑에는 동물과 식물과 광물이 차례를 지어 배열되어 있다는 것이다. 여기서 우리는 아리스토텔레스가 보여준 계급적 자연관의 유신론적 변용을 볼 수 있다.

아리스토텔레스의 자연의 사다리는 이제 신과 인간과 생물, 무생물을 모두 포함하는 존재의 큰 사슬(great chain of beings)로 바뀌었다. 자연의 세계는 물론 신의 세계에까지 계급성을 인정하려는 이 사상은 계급사회라는 당시의 실정과 관계있는 것임이 틀림없다.

비록 위와 같은 우주관이 지배적이기는 했지만 모든 중세인이 이런 우주관을 가졌다고는 말할 수 없다. 예를 들면 존 필로포노스(John Philoponos, 6세기)와 같은 사람은 기독교의 우주관을 부인하여 기독교도로부터 이단자로 몰렸다. 그는 아리스토텔레스 이래 중세에서 받아들여졌던 제5원소를 인정하지 않았다. 그에 따르면 하늘과 땅은 두 개의 다른 세계가 아니며, 천체나 혹성을 운반하는 천구는 천사가 움직여 주는 것이 아니다. 애초에 하나님은 천체가 움직이도록 기동력(impetus)을 주었고, 그 힘이 마치 무거운 물체가 계속 지구로 떨어지게 해주듯이 계속 천체를 회전하게 해준다는 것이다. 이런 기동력의 개념을 가지고 운동을 설명하면 공기가 계속 밀어주어야 운동이 계속 될 수 있다는 아리스토텔레스의 운동이론은 불필요하게 된다.

필로포노스는 아리스토텔레스가 배격한 진공도 있을 수 있다고 생각했는데 중세 후기 그의 논리가 부활될 때까지 주목받지는 못했다.

10. 도교적 교훈(박물학)

기독교의 교부들이 관심을 가졌던 또 한 가지 분야는 박물학이었다. 동물과 식물의 특성에 대한 깊은 관심은 때로는 새로운 사실을 발견하는 경우도 있었다. 그러나 교부들이 갖고 있던 동물, 식물에 대한 관심은 그 궁극적 목적이 기독교의 교리 설명이나 도덕적 교훈을 가르치는 도구로서 이용되었다. 그 결과 교부들이 관심을 갖고 기록에 남긴 것들은 거의 모두 동물, 식물의 특징을 지나칠 정도로 강조하고 있다. 이 때문에 사실보다는 그 의미가 더 중시되어 불사조는 기독교의 상징으로 여겨져 그 존재 자체를 의심조차 하지 않았다.

중세 초기를 통해 기독교 사회 지식층, 특히 종교 지도자들이 갖고 있던 자연에 대한 관심은 자연 그 자체에 대한 관심이 아니라 도덕적, 종교적 진리를 설명하기 위한 증거와 실례를 자연 속에서 찾았던 것이다.

제 4 장

인도과학의 발달

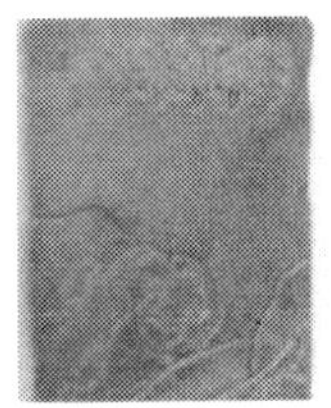   

인도의 숫자 세기

1. 인도의 과학

인더스강 유역에는 기원전 3천 년 경부터 문명이 발달했고, 거의 같은 시대의 바빌로니아 문명과 비슷한 역사적 성과를 이루었다. 기원전 1500년 전쯤 아리안족이 서쪽에서 침입하면서 인더스강 문명은 주인이 바뀌게 되었다. 그 후 아리안족은 인도 내륙으로 이주하여 농경과 목축에 종사하며 사찰계급(Brahman)을 비롯한 4계급을 가진 계급사회를 건설했다.

기원전 5세기 전까지 인도에서는 수백 년간 사용된 여러 종교적 글을 찬양하고, 복을 빌며, 재앙을 물리치기 위한 노래나 시 등 베다문학으로 정착했다. 앎을 뜻하는 베다(veda)란 말이 붙는 작품으로는 릭 베다(Rig Veda)를 비롯한 4가지가 알려져 있고, 그것을 주석한 작품도 그 후 많이 쓰였다. 자연현상을 모두 신이라고 보는 다신교적 경향을 가진 이들 작품 속에서 우리는 달, 별, 태양 등의 숭배를 볼 수 있다.

기원전 6세기 석가모니에 의해 시작된 불교는 브라만교에 대한 여러 반대 운동중의 한 종교집단이었다. 그러나 불교의 자연관이 인도 고대 자연관을 계승할 수 있었던 것은 당연한 일이었다. 우리나라와 중국에 불교가 막대한 영향을 미친 것은 누구나 잘 알고 있는 사실이지만 불행히도 우리나라의 전통적인 자연관에 인도의 사상이 어떤 영향을 끼쳤는지는 거의 모르는 상태다. 그것은 불교의 자연관에 바탕을 두고 있었던 고대 인도의 자연관에 대해 이렇다 할 전통적 이해가 없기 때문이다.

2. 인도의 원자설

그리스와 마찬가지로 인도에서도 물질은 더 이상 나눌 수 없는 원자로 이루어졌다는 생각이 발달되었다. 중국의 춘추전국 시대와 같은 시대에 인도에서는 여러 종파들이 나뉘어 서로 다른 자연관과 신학사상을 발전시켰다. 석가모니가 불교를 시작할 때쯤에는 인도에서 4원소가 널리 인정되었던 시기였다. 힌두교도들은 지, 수, 화, 풍의 4원소에다가 아카사라는 다섯 번째의 원소를 추가했다. 아카사는 그리스에서 아리스토텔레스가 갖고 있던 제 5원소와 서로 통하는 아이디어였으나 그들이 서로 영향을 받은 것인지는 분명치 않다. 그러나 불교는 아카사를 인정하지 않고 4원소를 사대라는 이름아래 인정했다.

각각의 원소는 아누(anu) 혹은 파라마누(paramanu)라는 더 이상 나눌 수 없는 알맹이로 되어 있다고 믿었다. 이것을 중국 불교에서는 극철이라고 번역되었는데, 그리스의 원자(atom)와 맞먹는 생각이라 하겠다. 원자는 영원히 변하지 않는 존재라는 것이 일반적인 의견이었으나, 불교도들은 여기에 시간적인 공감대를 보태어 원자는 최소의 공간을 차지하는 물질의 최소 단위일 뿐만 아니라 시간의 최소 단위로만 존재한다고 믿었다. 따라서 하나의 원자는 최소시간 동안 존재했다가 사라지고 그때의 여건에 따라 다른 원자가 나타난다는 것이었다. 끊임없이 변화하는 현 세상의 덧없음에서 착안되고 고안된 불교다운 원자론이라 하겠다.

3. 우주관

인도인의 우주관은 바빌로니아로부터 그 위에는 그리스 천문학으로부터 영향을 받은 것이 분명하다. 그리스인들이 폐쇄된 영원한 우주를 생각한 것과는 달리 인도인들은 우주는 변하여 끊임없이 흥망을 반복하는 무한한 세계라고 믿었고, 세계 밖에는 더 많은 우주가 있다는 생각을 갖고 있었다.

우주는 21개 부분으로 나뉘어져 있는데 지상에는 일곱 개의 하늘이 있고, 지하에는 14단계의 세상이 존재한다. 고대 인도사람들은 위로 올라갈수록 더 아름다운 세계이며, 밑으로 갈수록 고통의 세계라고 생각했다.

땅이 둥글다는 것은 일찍부터 알려져 있었으나 보다 널리 받아들여진 생각은 땅은 무한히 넓은 평면이라는 것이었다. 그 중심에 메루산이 있고, 그 산 둘레에 4개의 대륙이 있다고 믿어졌다. 메루산은 또한 수메루산으로도 알려져 있는데, 실제로는 히말라야 산맥을 뜻한 것으로 보인다. 불교에 의해 이런 생각은 약간 수정되어 중국을 통해 우리나라에도 전파되었다.

고대로부터 인도사람들은 다른 고대인이나 마찬가지로 주로 정확한 제사 날짜를 알기 위해 달력을 발달시켜 왔다. 베다(Veda : 고대 인도의 종교 지식과 제례규정을 담고 있는 문헌) 속에는 고대 인도인이 1년에 12개월 또는 13개월을 섞어서 태음력을 쓰고 있었음을 보여주고 근본적으로 바빌로니아의 역법인 것을 알 수 있다. 고대 인도인의 한 해는 우리를 기준으로 치면 봄에 시작했고, 두 달을 한 계절로 나누어 1년을 6계절로 보았다. 기원전 4세기부터는 태양력도 수입해 사용되었던 흔적이 보인다.

초기의 천문학자로 이름을 남긴 바라하미히라는 천문대를 만들고 하늘을 관측했으며, 5세기까지 나와 있던 5개의 천문관계 싯단타에 주석을 붙였다. 그 중 한 가지만이 베다의 전통에 의한 인도 전래의 천문학 논문이고, 나머지 4개는 모두 그리스 등 서방 천문학 논문이었다. 이것만으로도 서방 천문학의 영향이 컸었다는 것을 족히 짐작할 수 있다.

인도인들은 별들의 위치를 달이 적도상에서 하루에 움직이는 거리를 기준으로 하여 28월궁으로 나누었는데, 이것은 중국인들이 28숙이라 부르던 것과 같은 발상에서 나온 것이다. 또한 이들은 지중해나 중국에서와 마찬가지로 7개의 행성을 인정했는데, 태양과 달도 그 중에 포함되었음은 물론이다. 그런데 인도인들은 이들 7개 이외에 라후와 케투라는 두 개의 행성이 더 있다고 생각했다. 다른 행성들과는 달리 라후와 케투는 우리 눈에는 보이지 않는 별이어서 그것이 달을 가리면 월식이 된다고 설명했다. 불교가 중국에 전파되면서 이 상상의 행성은 라후, 계도라는 이름으로 중국에 전파되고 우리나라에도 수입되었다. 그러나 이것이 우리나라의 옛 우주관에 크게 영향을 끼친 것으로는 보이지 않는다.

또 한 가지 흥미 있는 사실은 인도의 우주관은 그리스의 그것처럼 주전원(epicycle)을 가상하여 행성의 불규칙 운동을 설명했으나 그리스인들처럼 완전 원운동만으로 모든 하늘의 운동을 설명하지는 않았다. 인도인들은 타원운동의 가능성도 인정했던 것이다. 마치 기원전 이미 아리스탈코스(Aristarchos)가 그리스에서 지구의 자전과 공전을 생각했듯이 5세기에 인도의 아리야바타는 지구는 자전하고 공전한다는 주장을 했지만 아리스탈코스와 마찬가지로 그의 주장은 주의를 끌지는 못했다.

4. 수학 0의 발견

그리스의 수학이 기하학 중심으로 발달했던데 반해 인도에서는 단연 대수학이 발달하였다. 천문학상 필요에 의해 삼각법을 발전시킨 것은 사실이지만 특히 인도인들은 복잡한 계산에 능했기 때문에 수학에서 더 없이 중요한 0(zero)을 발견하였으며, 무한대 수학의 개념을 알아낼 수 있었다.

6세기 인도인들은 로마, 그리스 등에서와 같이 10이나 100 또는 1,000 등의 수에 각각 다른 부호를 써서 숫자를 표시하였다. 그러다 595년부터는 0을 써서 큰 숫자를 간단히 표시할 수 있는 오늘날 우리가 흔히 쓰고 있는 방식의 수학개념을 인도에서는 이미 사용되었던 것을 알 수 있다. 물론 0의 사용법은 고대 마야문명에서 이미 발견되고 있었지만 그것은 외부에 전해지지 않았고, 오늘날 우리가 쓰는 0의 사용법은 인도에서부터 비롯된 것으로 보인다. 9세기까지도 인도의 수학자들은 어떤 수를 0으로 나누면 0이 된다는 생각을 갖고 있었다.

여기에 더 날카로운 눈초리를 던진 사람이 12세기의 바스카라 2세이다. 그는 어떤 수를 0으로 나누면 무한대라는 값이 나온다는 사실을 수학적으로 증명했을 뿐만 아니라 무한대는 아무리 나눠보아도 무한대라는 사실을 밝혀주어 수학의 범위를 크게 넓혔다고 말할 수 있다.

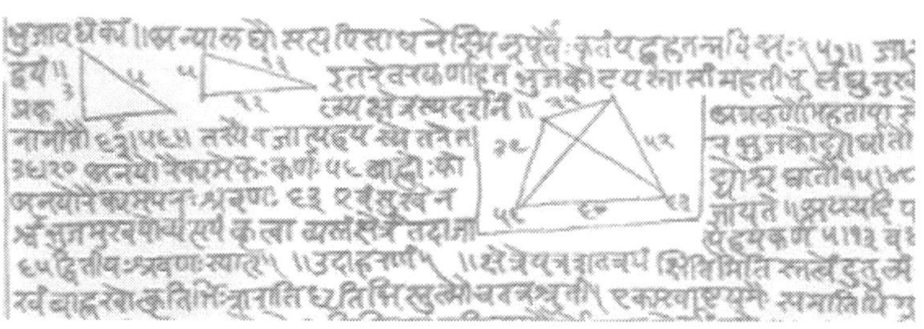

『그림 24』 인도의 수학원고

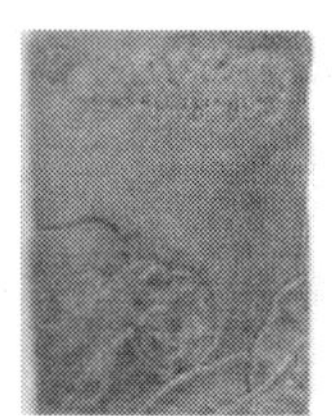

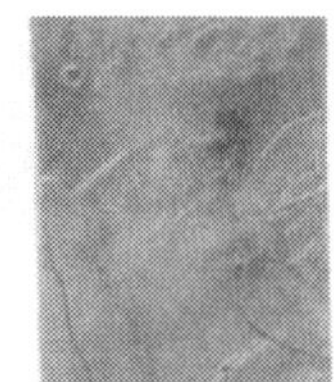

『그림 25』 숫자 세기

5. 의 학

고대 인도의학은 베다에 단편적으로 표현되어 있으며, 기원 후 부터는 히포크라테스나 갈렌의 의학과 비슷한 의학체계가 인도에도 세워지고 있었다. 요가와 같은 육체의 단련 방법은 물론 인체의 생리적 구조에 대한 관심이 높았고, 인도의학은 서방과의 교류 속에 성장했던 것으로 보인다.

인도인들은 그리스인들과 마찬가지로 체액설을 주장하였다. 체액이 몸 안에서 균형을 이루면 건강하고, 그렇지 못할 때 병이 난다는 이론이다. 그리스 의학과는 달리 인도의학은 4체액이 아닌 3체액을 기본으로 했던 것 같다. 체액의 종류도 달라 바람 또는 공기 중 한 가지와 담즙, 점액을 인정했고, 사람에 따라서는 여기에 혈액을 더해 4체액을 주장하는 학자도 있었다.

인체는 다섯 가지 기능을 가지고 움직인다. 즉 말하는 기능(목구멍), 숨 쉬고 음식을 받아들이는 기능(심장), 음식을 소화하여 섭취하는 기능(위장), 배설과 생식의 기능(배), 그리고 피와 신체를 움직여 주는 기능(전신)이 그것이다. 소화된 음식은 간에서 피가 되고, 그 중 일부는 살, 뼈 등이 되고 일부는 힘으로 바뀐다. 이 과정이 완료되는 데 걸리는 시간은 30일이라고 그들은 생각했다.

인도인들은 피부를 이식하는 수술을 어느 문명보다 먼저 발전시켰고, 꽤 많은 경험과 지식을 쌓아왔다. 그러나 뇌의 기능은 제대로 이해하지 못한 채 심장을 인간의 사고의 본부라고 잘못 판단한 것은 고대 그리스의 생각과 통하는 오류였다고 하겠다. 다른 사회에서와 마찬가지로 의사는 사회적으로 우대를 받았고, 의술 계승 또한 제한

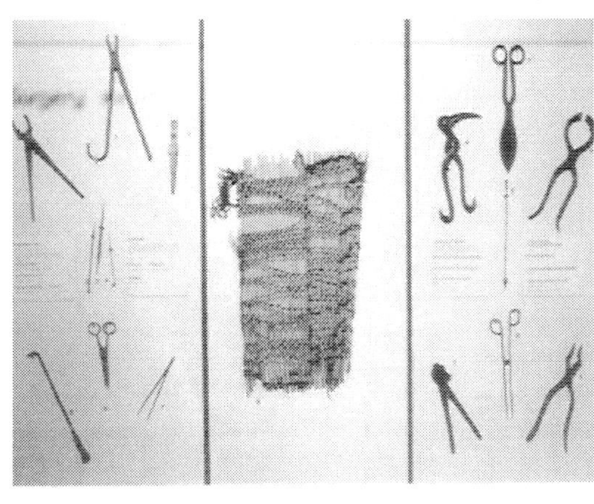

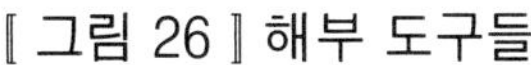

[그림 26] 해부 도구들

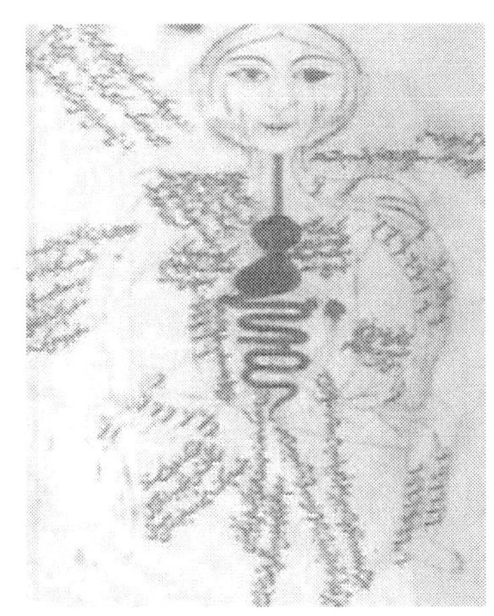

[그림 27] 인간의 해부도

적이었던 것 같다.

인도에서는 연금술도 발달했지만 연금술이라기보다는 불로장생의 영약과 마약, 독약, 해독제들을 만드는 데에 더 널리 활용되었으며, 그 중에서도 특히 수은은 액체금속으로서 영원한 젊음의 원천으로 믿어져 많이 쓰여졌다. 한 가지 특이한 사실은 유황과 수은을 서로 대립되는 물체로 쓰인 서양이나 중국의 연금술에서는 수은을 여성의 상징으로 보았던데 반해 인도에서는 남성으로 보았다는 것이다. 그러나 연금술이건 연단술이건 인도에서는 아라비아나 중국의 발달에까지는 영향을 끼치지 못했던 것 같다.

제 5 장

아랍의 과학(역사의 교두보)

라마야나 이야기

1. 아랍의 과학

회교도들은 모하메드, 즉 알라신의 예언자가 나타나기 전의 역사를 무지의 시대라고 부른다. 그만큼 사막의 유목민 사회였던 중동지방에 모하메드의 등장은 역사적으로 중요 사건이었다. 메카에서 상인의 아들로 태어난 그는 많은 여행을 통해 기독교(Christianity)와 유대교(Judaism)의 영향을 받아 기반을 얻어 스스로를 예언자라고 자각하기 시작했다. 그가 시작한 강력한 일신교는 오늘날까지 이 지역의 여러 국가를 지배하는 중요한 사상의 그릇이 되고 있다.

그러나 회교(Islam)의 등장이 바로 아라비아 문명 속으로 끌어들여준 것은 아니었다. 새로운 종교가 시작한 포교와 정복의 에너지는 급격히 회교 문명권을 동으로는 중앙아시아에서부터 서로는 스페인까지 뻗을 수 있게 해주었고, 찬란한 아랍문명은 바로 이런 큰 판도 속의 모든 전통이 한 곳에서 모여졌을 때 비로소 가능해졌을 것이다. 흔히 우리는 회교도들의 포교열을 지나치게 강조하여 한 손에는 코란, 또 한 손에는 칼을 든 종교전쟁을 생각한다. 그러나 사실은 피정복 민족의 문화와 종교는 상당히 존중되었고, 강제로 이 민족을 회교도로 개종하려는 노력은 그다지 큰 것은 아니었다. 그러나 정치적 우세는 필연적으로 문화적 구심점을 제공하게 되었고, 회교는 널리 퍼져가게 되었다.

이슬람에 독실했던 알 무타와킬(Al-Mutawahkill, 821~861년) 등 칼리프(Caliph : 이슬람제국의 주권자 칭호)들의 통치시대인 854~861년 사이의 짧은 시기에는 알렉산드리아 박물관의 시대 이래 유래 없는 규모로 과학이 장려되었다. 코르도바의 옴마야드 왕조 칼리프(928~1031년)들과 스페인과 모로코에서 사마르칸드의 울러 벡 등 야망에 찬 왕자들은 과학에 대한 지원에서 대단한 자부심을 느낄 정도였다. 뿐만 아니라 페르시아의 바르메시데스 가(Barmecides, 750~803년)와 무사(Musa) 3형제와 같은 거상 및 관리들도 과학자들을 지원하였으며, 그들 중에는 스스로 직접 과학에 관심을 가진 자도 있었다.

이슬람시대에서도 천문학자와 의사들이 많은 실험과 관찰을 할 수 있었던 것은 바로 지위 높고 부유한 인사들의 후원 덕분이었다. 과학과 왕, 부상 그리고 귀족들과의 결합은 과학의 성립에 강점이기도 하였지만 결국 약점이기도 하였다. 왜냐하면 시간이 지남에 따라 과학은 대중들로부터 완전히 유리되었고, 그 결과 대중들은 위대한 학자들의 말이 아무 쓸모가 없다고 여기게 되어 종교적 신비에 쉽게 빠져들기 때문이었다.

도시들이 왕성하고 무역이 활발할 때에는 과학에 흥미를 가지고 과학상에서의 토론과 진보를 보장하는 교양 있는 중간 계급이 활발히 활동하였지만, 이 중간계급이 소멸되면서 과학자들은 지역 왕조들의 불안한 미래에만 의존하는 방랑자가 되었다. 페르시아의 철학자이며 의사였던 이븐 시나(Ibn Sina, 980~1037년)와 같은 위대한 과학자마저도 어떠한 안전도 보장받지 못하였던 과학의 몰락을 맡게 된다. 그는 페르시아와 중앙아시아에서 의사로서 때로는 대신으로서 여러 술탄들을 섬겼다. 최후의 위대한 이슬람인 사상가였던 이븐 칼둔(Ibn Khaldun, 1332~1406년)도 어디든 갈 곳을 찾아야 하는 세빌레로부터의 도망자였다는 사실로 보아도 알 수가 있다.

2. 유산의 흡수

회교사회에서 세습 군주제도가 시작된 것은 661년 우마야(Umayyad) 왕조가 다마스커스에서 시작된 후부터였다. 이때에는 과학적으로는 볼만한 업적을 남기지 않았으나, 749년 이를 대신한 압바스(Abbasid) 왕조가 시작되면서 학문은 크게 발달하기 시작했다. 그 후 10세기부터는 회교 문명권이 셋으로 분열하여 카이로에 파티마(Fatimid, 909～1171년) 왕조가, 스페인의 코르보다에는 우마야 왕조의 후손이 929년부터 1031년까지 지배한다. 그러나 아랍의 르네상스라고 불러도 좋은 학문의 부흥은 아바스 왕조시대 몇 백 년 동안에 일어났다.

우선 시작은 알 수 있는 모든 지식을 모으는 작업이었다. 아바스 왕조의 두 번째 칼리프 알 만수르(Al-Mansur, 751～775년)는 그리스 과학저술 수집을 명했고, 7대 알 마문(Al-Mamun, 813～833년 재위)때에 이르러 번역 사업은 크게 부흥기를 맞게 된다. 마문 제왕이라고도 불리는 그의 재위기간은 역사상 가장 찬란히 문화를 꽃피었던 시절이라고 할 수 있을 것이다.

830년에 그는 지혜의 집 혹은 집현전과 같은 번역할 수 있는 기관을 만들어 그리스 학문의 번역에 전력했다. 대학, 도서관, 연구소, 번역센터를 겸하는 이 기관은 플라톤의 아카데미, 아리스토텔레스의 리케이온(Lykeion), 그리고 알렉산드리아에 있었던 뮤제이온(Museion)에 이어 탄생한 학문 연구소로서 그 기능을 훌륭히 발휘했다. 그 이름만이 아니라 기능이 우리나라의 세종 때 집현전과 아주 비슷했다고도 생각할 수 있을 것이다.

이런 번역의 최고봉을 이루었던 이스하크 이븐 후나인(Ishaq Ibn Hunayn) 가문인 이븐 이샤크라는 네스토리아파의 기독교도였다. 그는 플라톤, 아리스토텔리스 등의 많은 작품을 번역했을 뿐만 아니라 히포크라테스와 갈렌의 의학논문도 번역했다. 특히 갈렌의 해부학은 오늘날 아랍 번역본만이 남아 있고, 그 원전은 전해지지 않고 있다. 번역 사업은 왕실에서 충분한 재정적 지원을 얻어 많은 조수의 도움으로 가능했으며, 그의 아들에 의해 계속되었다. 그 후 아라비아에 독자적인 과학이 발달할 수 있었던 것은 이런 대규모의 번역 사업이 폭넓은 새로운 지식을 가져다주었기 때문이다.

3. 수 학

영어에서 대수학이라는 말인 대수(algebra)는 알코올과 마찬가지로 아랍 말에서 유래된 것이다. 이 용어는 아랍 최고의 수학자 알 콰리즈미(al-khwa'rizmi, 750～850년경)가 방정식을 설명한 『알제브르 왈무카발라(Algebr w'al muqubala)』라는 책을 820년에 출판하였는데, 아랍어 제목 중 이항(복원)을 뜻하는 알제브르(al-gebr)에서 유래한 단어이다. 또 산술, 기수법이란 뜻으로 널리 쓰이는 알고리즘(algorithm) 어원은 알 콰리즈미란 이름에 어원이 있다.

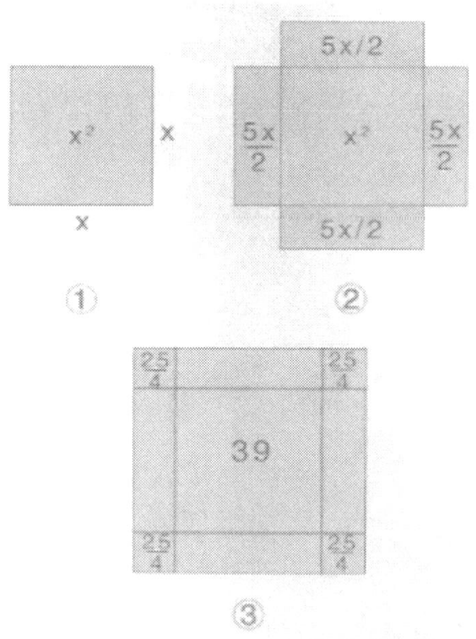

〖그림 28〗알 콰리즈미의 대수학

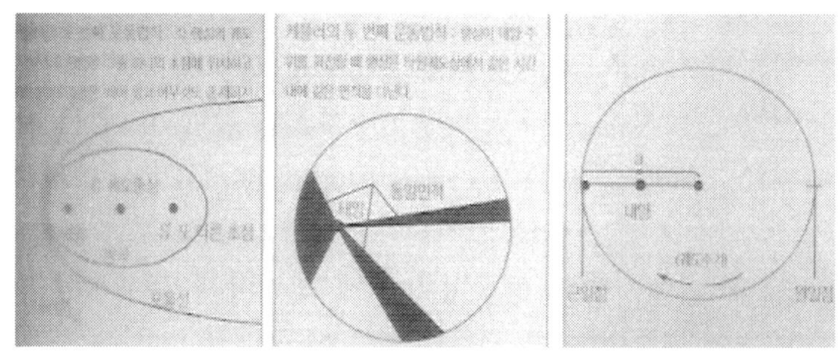

〖그림 29〗캐플러의 행성의 법칙

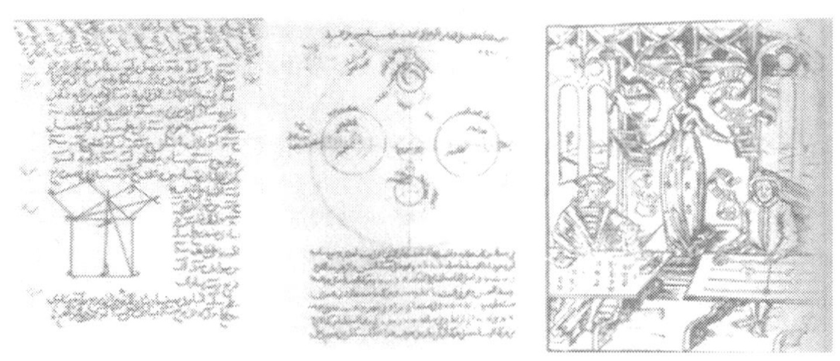

〖그림 30〗피타고라스의 정의

인도에서 발달한 0을 처음으로 아랍세계에 수입하고, 그것을 유럽에 전함으로써 알 콰리즈미는 연산방식에 혁명적 변화를 불러왔다. 예를 들면 로마사람들에게 MDCLX 3에다가 알 콰리즈미(천문역법) XL1을 곱한다는 것은 아주 복잡한 계산이었지만, 알 콰리즈미에 의해 1663 × 41이란 식으로 표현될 수 있게 되었다. 그 전까지 산술이란 많은 훈련이 필요한 기술이었지만 알 콰리즈미 덕분에 연산은 간단하고 쉽게 해낼 수 있게 되었다.

이러한 혁신적 발전이 자극되었던 까닭도 있겠지만 아랍 지식인들은 수학, 천문학 등에 널리 관심을 가진 사람이 많았다. 예를 들면 아랍 최대의 시인으로 알려진 오마 카얌(Oma Khayyam)은 대수와 기하학 공부에 많은 시간을 보냈으며 훌륭한 수학책을 썼을 정도이다. 철학과 점성학을 근간으로 발전한 천문학은 수학과 깊은 연관이 있었는데, 천문학은 수학이 응용되는 유일한 분야이며 또 기하학과 계산학의 연구를 자극했기 때문이다. 이에 바빌로니아와 인도의 영향을 크게 받은 이슬람 수학자들은 위대한 진보를 이룩할 수 있었다.

디오판투스(Diophantus)의 산수론(Arithmetica)과 함께 후기 그리스 수학에 나타난 숫자들의 조작은 인도 숫자체계에 많이 사용되지는 않았지만, 시리아인들에게는 이미 사용되고 있었다는 전래와 그 일반화에 힘입어 더욱 발전하였다. 이것이 산술에 미친 영향은 알파벳의 발명이 기록에 미친 영향과 거의 같은 것이었다.

그 이전의 산술은 손가락이나 주판으로 할 수 있는 것으로 가장 학식이 많은 사람들만이 이해할 수 있는 신비스러운 것이었다. 아라비아 숫자들의 통용과 더불어 산술

〖그림 31〗알 콰리즈미

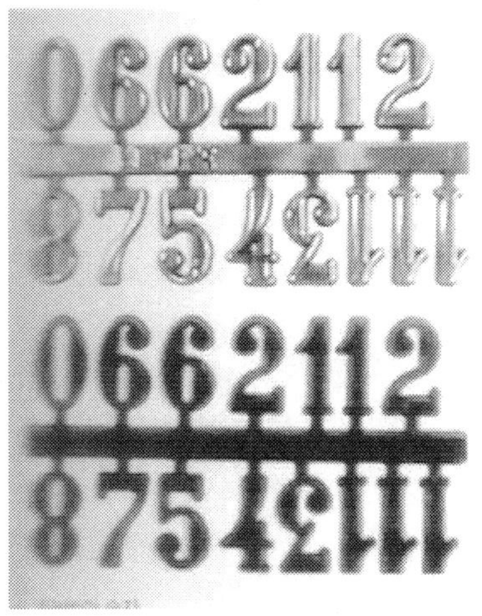

〖그림 32〗아라비아 숫자

은 상점의 점원들도 할 수 있는 것이 되었는데, 이는 아랍인들이 수학을 민주화한 셈이다. 또한 아랍인들은 소위 대수(algebra)라고 불리는 양을 다루는 방법에다 인도인들의 급수이론을 도입하였고, 대수(Algebra)라는 말은 알 콰리즈미의 대 개요서의 제목과 방정식을 푸는 방법으로서의 복원과 환원(restoration and reduction)이라는 제목에서 유래되었다고 한다. 천문학과 측량에서도 아주 중요한 분야인 삼각법을 상당히 발전시킬 수 있었다.

4. 천문학

아랍어로 번역된 인도 천문학과 그리스 천문학을 바탕으로 829년 칼리프 알 마문(Al-Mamun)은 바그다드에 천문대를 설치했다. 알 파르가미(Al-Farghami, 780~850년)를 비롯한 많은 사람들이 관측을 계속하였다. 특히 천문학자이며 수학자인 알 바타니는 천체 관측을 위한 온갖 기구를 마련하여 달의 궤도를 계산하고, 경도가 프톨레미 시대보다 16°47′ 변한 것을 알아내 근일점(perihelion : 태양과 그 주변을 도는 천체 간의 거리가 가장 가까운 지점)과 원일점(aphelion)의 이동 및 시차의 완만한 변화를 발견하였다. 그의 41년간의 관측은 아랍 천문학을 그리스 시대보다 한걸음 앞서게 해준 셈이다.

이러한 관측결과를 토대로 만들어진 것이 천체 운동을 예측할 수 있는 천문 계산표였다. 카이로에서 활약한 이븐 유니스는 과거 200년의 관측결과를 바탕으로 하킴 천문표를 만들었고, 코르도바에서 활약한 알 자르칼리는 톨레도 천문표를 만들었다. 알 자르칼리는 또한 역사상 처음으로 수성의 궤도에 대해 일종의 타원궤도를 가정한 천문학자였다.

프톨레미는 혹성이 가상의 중심을 두고 회전한다고 주장하고 있으나 아랍 천문학자들은 천체가 있지도 않는 가상의 점을 돌고 있다는 점이 불가능하다고 여겼기에 프톨레미의 우주관을 못마땅하게 여겼다. 그렇다고 아랍 천문학자들이 프톨레미의 우주관을 대신할 만한 그럴듯한 대안을 마련한 것은 아니었다.

천문학에 있어서 아랍인들은 그리스의 전통을 계승하여 비판이나 급진적 진보를 추구하지 않고 프톨레미의 노작들을 그대로 수용하였다. 프톨레미 Almagest(Megale Syntaxis)도 그들이 번역한 것이다. 비록 그들이 새로운 이론은 첨가하지 않았지만 그리스인들의 천문학 업적을 손상 없이 보존하였다는 데 의미가 클 것이다. 특히 칼디아(Chaldea)족의 별 숭배자들의 도시 하란(Harran)에 있는 천문대는 압바시드 시대에도 그들이 코란의 민족 시바인(Sabean)들이라는 허구 때문에 이슬람의 방해를

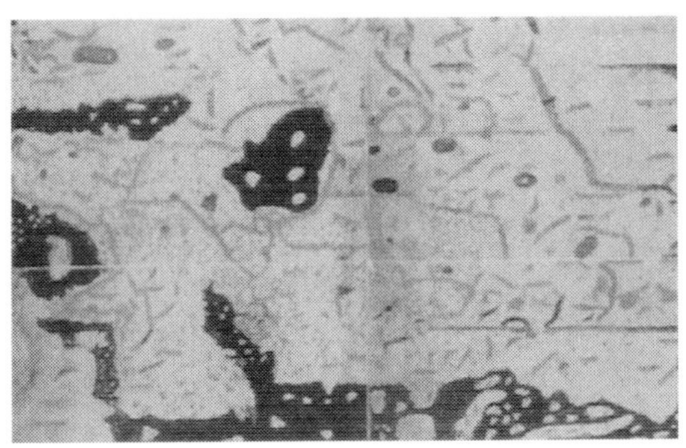

〖그림 33〗 아라비아인의 지도

받지 않고 온전히 보존되었다. 만약 그것이 파괴되었다면 르네상스의 천문학자들은 약 900년간의 관찰기록을 전수받지 못하였을 것이며, 근대 과학을 가능하게 한 중요한 발견들이 훨씬 더 늦게 이루어졌거나 아니면 불가능했을 것이다.

5. 지리학

지리학은 그리스인들에게 그러했듯이 이슬람인들에게도 역시 천문학의 한 특수 분야였다. 이 분야 역시 이론적인 진보는 거의 이룩하지 못했지만 실질적 측면에서는 그리스인들의 업적에 아시아와 북아프리카 지역에 대한 근대 지리학의 토대를 제공할 정도의 실적을 부가하였다. 이는 이슬람세계의 광역화와 그 문화의 지방분권화라 볼 수 있으며, 상인들과 메카로 향하는 순례자들의 긴 여행 등에 의한 소산이라 말할 수 있다.

상인은 이슬람 세계를 벗어나 멀리까지 여행하기도 하였다. 알 마수디(Al-Masudi, 900~957년)와 같은 학식 있는 여행자들이 러시아, 중앙아프리카를 여행하였으며, 인도와 중국 전역을 왕래하였는데, 그들 중 대다수가 중세유럽 지리학자들의 신비로운 기록보다 훨씬 진보적으로 그들 여행에 대해 정연하고 합리적인 여행목록을 저작 기술하였다.

알 비루니는 인도 여행기에서 여정이나 눈에 보이는 면들만이 아니라 사회체제, 종교 그리고 인도인들의 과학적인 업적을 18세기까지 탁월한 기술방식으로 기록하였다. 지도와 해도가 제작되고 천문관측 기구들이 항해에 사용되었다. 알 마문 칼리프는 두 번에 걸쳐 위도의 측정(degree of latitude)을 명령하였다. 이것은 중국의 허징보다 뒤진 것이지만, 유럽에서는 16세기에 이르러서야 페르넬(Fernel)에 의해 그의 업적이

기록된 것으로 보아 위도 측정기록이 더 빨리 진행되지 않았냐고 생각할 수 있다.

6. 광 학

카이로에서 활약한 알 하이삼(Al-Haitham 또는 Alhazen, 963~1039년)은 유클리드나 프톨레미가 갖고 있던 빛의 이론을 부정했다. 유클리드 등은 우리의 눈이 광선을 물체에 보내면 그 광선이 반사하여 우리 눈에 들어와서 우리가 그것을 볼 수 있다고 생각했다. 알 하이삼은 우리 눈에 들어오는 광선은 눈에서 나갔다가 되돌아오는 것이 아니라 제 3의 광원으로부터 받은 빛을 물체가 반사하여 우리 눈에 들어온다고 말했다.

그는 또 프톨레미가 이미 막연히 주장했던 빛의 굴절 법칙을 증명하였는데, 주어진 굴절면에서의 입사각은 크지 않은 한 입사각과 굴적각의 비는 일정함을 나타냈다. 렌즈나 오목거울에 대한 그의 연구는 실험을 통해 진행된 것으로 보여지고 더욱 그 중요성이 인정된다. 왜냐하면 훗날 근대 과학의 발달에는 이와 같은 실험정신이 큰 기둥이 되어 발달했었기 때문이다.

아랍지방은 덥고 건조한 사막 때문에 눈병이 특히 많았는데, 아마 알 하이삼 같은 학자들이 눈의 구조에 관심을 갖고 연구한 데는 이런 이유도 있었을 것이다. 그러나 눈의 구조를 연구하여 렌즈의 이용에 이론적 근거를 마련한 것이 그의 업적이라 하겠다. 주요 저서인 『광학의 서(1572년)』는 R. 베이컨, J. 케플러 등 유럽 과학자들에게 큰 영향을 끼쳤다.

아리스토텔레스와 아르키메데스 이래 중세 유럽 후기까지 물리학의 발전은 거의 없었다. 의학의 발전 중 여러 분야에서 눈병에 대한 연구는 상당히 발전하였는데, 눈에 대한 외과치료는 눈의 구조에 대한 관심을 불러일으켰다. 그 결과 아랍의사들은 빛이 투명체를 통과할 때 일어나는 굴절현상을 처음으로 이해하게 되어 근대 광학의 기초를 제공하였다. 눈의 수정체에 대한 연구결과 물체의 확대 관찰과 특히 노인들의 독서를 위해 크리스탈 혹은 유리렌즈를 사용하여 원시렌즈를 개발하는 계기가 되었다.

7. 연금술

중세 연금술의 시조라고 불리우는 게베르(Geber, 721~776년경)는 아라비아 이름인 자비르(Jabir)의 라틴어 표기이다. 오늘날 그는 수백 가지의 논문을 쓴 것으로 알려지고 있으며, 그 중 다수가 후세에 그가 기탁한 작품들일 것으로 생각된다. 따라서 게베르의 생각이란 사실은 당시의 많은 지식층이 가지고 있던 그런 생각이었다고 볼 수 있겠다.

그는 인간이 영혼과 육체의 결합으로 되어 있듯이 자연물도 영혼과 육체가 섞여 되어 있다고 믿었다. 휘발성인 것이 자연물의 영혼에 해당하고, 휘발하지 않는 부분이 육체라는 것이다. 또 모든 금속은 수은과 유황의 증기가 배합되는 비율에 따라 생겨난다고도 생각했다. 물론 그리스의 4원소설이 그대로 계승되어 금속이란 4원소가 서로 다른 비율로 섞여 있는 것이라고도 믿어왔다. 이런 전제조건 아래에서는 금이나 은 같은 비싼 금속을 만든다는 것은 금속의 원소 구성과 구성 비율을 바꿔주기만 하면 될 것 같이 보였다.

그렇다면 제일 큰 과제는 한 가지 성질만을 가진 원소들을 만드는 일이었다. 즉 아리스토텔레스에 의하면 물은 차고 습하며, 흙은 차고 건조하며, 공기는 따뜻하고 습하며, 불은 따뜻하고 건조하다. 차기만하고 습하지 않은 물, 차지는 않고 습하기만 한 물 등을 만들면 그것은 나쁜 금속을 필요한 만큼 결합시키면 귀금속이 될 것이라는 생각이었다. 이렇게 아랍 연금술사들의 이 말이 뒤에 금을 만들어 주는 약 또는 불로 장생의 약이라는 뜻의 elixir란 말로 오늘날까지 남게 된 것이다.

전설에 의하면 게베르는 당시의 다른 연금술사나 마찬가지로 한밤중에 남몰래 연구를 계속했기 때문에 아무도 그의 연구실이 어디 있는지조차 몰랐다고 한다. 그가 죽은 지 2백년 후에 그의 집 근처 길을 고치다가 땅속에서 연구실이 발견되었는데 거기에 커다란 금덩이가 있었다고 한다. 그가 혼자서 그 금을 만들었는지 거짓말인지 간에 이런 전설은 그 후 아랍과 중세의 연금술사들을 자극해 준 것만은 사실인 것 같다.

허황된 전설에서도 틀림없이 우리는 정밀과학의 싹을 엿볼 수 있다. 아랍 연금술사들은 천평(balance)을 써서 정밀한 무게를 재어가며 실험을 계속했다. 그뿐 아니라 필요상 그들은 끊임없이 증류, 정제과정을 거듭하여 오늘날 화학실험과 같은 실험을 계속했고, 그 기술과 도구를 크게 발전시킬 수 있었다.

8. 의 학

이슬람 사회에서 외과의사는 다른 사회에서 보다 높은 사회적 대우를 받았다. 의사가 되기 위해서는 일종의 국가 자격시험에 합격해야 한다는 점에서 오늘날의 의사 면허제도가 이미 시작되었다고 볼 수 있다.

정신병 환자는 따로 수용하도록 되어 있었다. 900년까지 아랍의학은 번역을 통한 그리스와 인도의학의 수용을 끝냈고, 이러한 바탕 위에 처음 그 명성을 크게 남긴 아랍 의학자가 알 라지(Al-Razi 또는 Rhazes, 865~923년)이었다. 지금의 테헤란 근처가 고향인 그는 미신적인 의료행위가 성행하던 당시에 그리스 의학을 흡수하여 치료에 좋은 결과를 얻어 이름을 떨쳤다. 하지만 그가 이름을 후세에 남긴 것은 의학을 비롯한 여러 분야에 관해 131권에 달하는 책을 남겼기 때문이다. 그 중 의학에 관한 대표적인 작품은 『포괄적인 책(Comprehensive Book)』 20권이다.

그는 이 책에 그리스, 인도, 아랍 의학의 알맹이를 모아 놓았다. 일설에 의하면 중국학자가 알라지와 1년 동안 머물면서 갈렌의 의서를 중국어로 번역했다고 하는데, 과연 알라지가 중국의학의 영향을 받았는지는 분명치 않다. 그에 필적할 만한 아랍 의학자는 이븐 시나(Ibn. Sina 혹은 Avicenna, 980~1037년)이었다.

이슬람 세계의 아리스토텔레스라고 불리울 만큼 모든 학문에 관심을 갖고 연구를 했던 그는 의학서인 『의학정전(Canon of Medicine)』을 남겼다. 이 책에는 맥을 짚어 환자를 진찰하는 방법이 소개되는데, 이것이 중국의학의 영향인지는 분명치 않다. 엄밀히 따져본다면 알 라지나 이븐 시나의 의학은 갈렌의 업적보다 이론상으로는 진보한 것이 없었다. 그러나 책에 쓴 의학기구와 약품이 훨씬 많아진 것만은 틀림없는 사실이었다.

그러나 한 가지 특기할 만한 사실은 갈렌의 권위는 아랍 학자들에 의해 이미 도전받기 시작했다는 점이다. 이런 도전은 바그다드보다 이집트 쪽에서 나타난 것 같다. 예를 들면 술탄 살라딘의 시의였던 유태인 철학자 마이모니데스를 들 수 있다. 그 후 카이로에서 활약한 의사 이븐 알 나휘스는 심장에 좌우를 서로 통하는 작은 구멍이 있다는 갈렌의 주장에 반기를 들었다. 그에 의하면 우심실의 피는 허파를 거쳐 좌심실로 옮겨진다는 것이다. 그는 피의 소순환을 발견한 셈이다.

이슬람 세계의 마지막 대 사상가인 이븐 루시드는 『일반의학』이라는 의학책을 지어 후세에 이름을 남겼는데, 이는 해부, 생리, 병리, 진단, 본초, 의생 등의 종합의학서였다. 그는 눈의 망막 기능을 제대로 이해한 첫 의학자로서 천연두는 한 번 앓은 사람은 다시 걸리지 않는다는 사실을 발견한 사람으로 널리 알려지고 있다. 이슬람 의학은 천문학의 경우와 마찬가지로 그리스 의학을 직접 계승한 것이었다. 그러나 이슬람 세계의 지리학 확장에 의해서 그리스 의학에 새로운 질병들과 의학들에 관한 지식이 첨가되었다. 이슬람 의사들뿐만 아니라 유대인 의사들도 질병들에 대하여 광범위한 연구를 하였으며, 기후의 영향, 위생학, 식이요법, 실제적인 요리술 등에도 많은 관심을 가졌다.

의사들은 지배층과 부상들을 위해 일하였기 때문에 그들의 사회적 지위는 지적 지위만큼 대단히 높았다. 라제스, 이븐 시나와 같은 이슬람의 대의들은 점성학을 위한 천문학에서부터 제약을 위한 식물학, 화학에 이르기까지 광범위한 분야에 대해 박학한 사람들이었다.

제 6 장

중국의 과학

중국의 글자

1. 중국의 전통과학

중국은 그리스와 같은 수준의 고대문명을 발달시켰으나 17세기 서양에서 시작된 과학혁명과 같은 변화는 경험하지 못했다. 그렇기 때문에 19세기 서양과 중국 문명을 직접 접하면서 가장 두드러졌던 것은 두 지역 사이에 존재하게 된 과학 기술력의 차이였다. 이 과학기술의 격차는 그 후 1세기 이상 세계사를 움직이는 가장 중요한 조건의 하나가 되었고, 오늘날까지도 중국이 해결해야 할 큰 문제로 남아 있었다. 이 문제는 비단 중국만이 아니라 아시아 국가들이 극복해야 할 문제이며, 우리나라의 근대사 또한 이 문제와 불가분의 관계에 있다.

전통시대 중국의 과학은 서양과 비교해 조금도 손색이 없었다고 많은 학자들은 평가하고 있다. 15세기경 서양에 근대 과학이 일어나기 전까지는 중국의 전통과학이 서양을 앞서고 있었는데, 왜 서양처럼 혁명적 변화를 거쳐 근대 과학으로 꽃피지 못 했는가를 정치, 경제, 문화, 사회, 사상 등과 연관하여 해석하는 것은 흥미로우며 필요한 일이라 생각된다.

동양과 서양은 2천년 동안 단편적인 접촉을 해오던 끝에 17세기부터 가속화 되었고, 19세기에 들어와서야 세계는 하나가 되어 동양사와 서양사는 그 의미를 잃고 세계사로 합쳐진 것이다. 세계사라는 흐름 속에 과학은 이제 인류 공동의 재산이 되었지만 얼핏 보면 서양 전통만을 반영하는 듯하다. 현대과학의 전통에서는 간혹 중국을 대표로 하는 동양의 자취도 있지만 앞으로 동양인이 갖고 있는 특이한 자연관이 세계 과학의 흐름과 인류 문화의 발전에 공헌할 가능성이 상당히 크다고 말할 수 있다. 동양의 전통에 대한 바른 평가, 그리고 근대사의 올바른 이해를 위해서 뿐만 아니라 인류의 미래를 위한 어떤 지혜를 되찾기 위해서도 중국의 과학 전통은 되돌아볼 충분한 가치가 있다.

2. 세 가지의 자연관

3천 년 전 혹은 그 이전의 시기에 중국 문명은 자연의 질서에 대한 높은 이해를 이루고 있었다. 갑골문자의 발견과 기록에 의하면 은나라 때 이미 중국인들은 바빌로니아와 비슷한 천문학과 역학을 발달시키고 있었던 것 같다. 한 달을 29 혹은 30일로 평년은 12개월, 윤년은 13개월로 정해 사용하였으며, 우리가 지금 쓰고 있는 음력의 원형이 이미 시작되고 있었다 말할 수 있다. 또 일식이나 기타 큰 천변의 기록도 남아 있어 점성술이 발달하고 있었음을 알 수 있다.

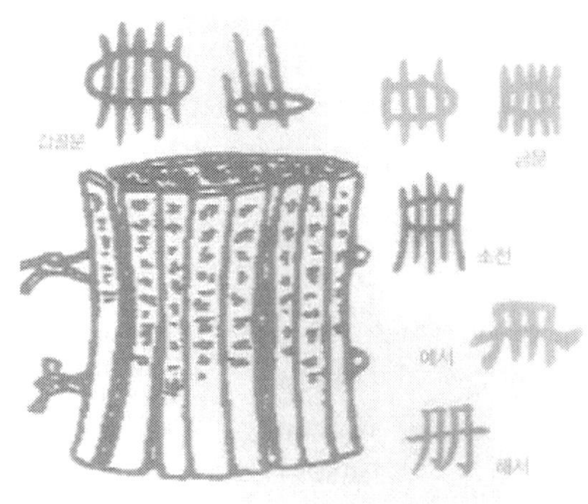

[그림 34] 세계 최고의 갑골문자 서체

그러나 단편적인 고대의 지식이 체계화 되어 후세에 남겨진 것은 춘추전국시대 이후 특히 전국시대부터라 할 수 있다. 후세에 제자백가(諸子百家 : BC 8～3세기에 활약한 학자와 학파의 총칭)란 말을 남길 만큼 수많은 학자들이 각기 다른 생각을 가지고 혼란 속에 빠진 사회를 구제하겠노라고 장담했다. 그 많은 사상가들의 생각 속에 중국 그리고 동양의 자연을 보는 태도는 몇 가지 대표적 사상을 형성하고 있었다. 도가(道家)가 인간을 대자연의 일부분으로 보는데 반해 묵가(墨家)는 인간이 자연을 극복하여 거기서 힘을 얻을 수 있다는 태도를 보였다. 유가(儒家)의 가르침은 도가와 묵가의 중간쯤을 지켰다.

노자와 그 후의 장자를 대표로 하여 전개된 전국시대까지의 원시 도교는 자연의 이치에서 성립한다고 가르쳤다. 자연은 아무것도 하려하지 않으면서도 못하는 일이 없는 것이니(무위자연, 無爲自然) 인간은 그저 자연의 품속에 안기면 그만이라는 생각이었다. 이처럼 자연을 인간과 전혀 떼어보려 하지 않은 태도는 때로 자연변화에 대한 도가사상가들의 깊은 관심과 성찰로 나타나기도 했다.

장자(莊子, BC 369～286년)는 도가의 대표자로 도(道)를 천지만물의 근본 원리라 보았는데, 도는 어떤 대상을 요구하거나 사유하지 않고(無爲) 자기 존재를 스스로 성립시키며 절로 움직인다(自然)고 보는 일종의 범신론자였다. 장자는 하늘이 움직이는지 땅이 움직이는지 분명치 않다는 회의적인 관찰이 보여 그가 지동설의 창시자인지도 모른다는 해석을 불러일으키기도 한다. 또 도가사상을 계승했다는 열자는 수많은 동물의 관찰이 기록되어 있기도 하였지만 만일 도교가 가르친 자연에 대한 관심이 계승되고 발전됐더라면 관찰을 통한 과학의 발달도 있었음직하다. 그러나 도교의 가르침은 인간을 너무 자연 속에 파묻혀 거리를 두고 자연을 관할할 여유를 가르치지 못한 것 같다. 그 결과 흔히 신비주의적인 태도로 변신할 수밖에 어쩔 수 없는 상황이 되고 말았던 것이다.

자연의 관찰에서는 어떤 지식을 얻는다는 생각보다는 그것을 두려워하고 신비화해 버리는 단념의 철학이 생기게 되었고 도교의 전통은 중국의 전통과학에서 큰 비중을 차지할 만큼 의학, 연금술 등에 큰 영향을 남겼다.

도가가 자연을 중심으로 그 속의 인간을 본데 반해 묵가는 인간만을 보았을 뿐이다. 묵자(墨子, BC 376～268년)는 전국시대 초기 사상가로 중앙집권적 체계를 지향하여 실리적인 지역사회 단결을 주장한 실용적인 가르침이란 명목아래 크게 성행했었다. 실용적이고 인간본위의 묵자는 자연현상에 대해서는 무관심했던데 반해 인간의 이성이 생각을 통해 얻을 수 있는 논리적 결과에 대해 특히 중요시 했다. 그 결과 묵자의 정통 속에는 자연관찰에서 얻은 이렇다 할 공헌은 없는 대신 논리적 사고방식, 특히 연역적 사고의 흔적은 돋보인다.

묵자는 묵가의 설(說)을 모은 "묵경"이란 부분에서 오늘날 논리학이라 불러도 좋은 학설을 모으기도 하였다. 즉 광학, 기하학, 역학에 관한 기초적인 관념(idea)들이 단편적으로 나열되어 있다. 오목거울의 반사원리를 설명했다든가, 원이란 그 중심에서 같은 거리에 있다고 하였으며, 공간이란 다른 곳을 지나는 것을 뜻하고, 시간이란 다른 때를 지나는 것을 말한다는 관찰은 바로 자연현상에 대한 논리적 사고가 발달할 수 있었을 가능성을 보이고 있다.

공자(BC 522~479년)와 맹자(BC 372~289년)는 유가의 가르침을 중심으로 자연현상에는 별다른 관심을 표시하지 않았다. 이런 점만을 따진다면 유가의 가르침은 도가의 그것과 멀고, 오히려 묵가의 그것에 가까워 보이기도 할 정도였다. 공자(孔子)는 초자연적인 힘을 가진 존재를 얘기하지 않았다고 논어에 쓰여 있지만 초자연적인 힘만 아니라 자연적인 모든 것에 이렇다 할 관심을 보이지 않았었다. 공자와 그의 제자들의 관심사는 혼란으로부터 인간사회를 구하는 일이었고, 이를 위해서는 사랑이 제일이라고 가르쳤다. 사랑을 가르친 점에서는 유가와 묵가가 같지만 묵자가 모든 사람을 차별 없이 사랑하라는 겸애(兼愛)를 설파한 것에 반해 공자는 최고의 덕(德)은 인(仁)이라 가르쳤다. 인에 대한 공자의 대표적인 정의는 극기복례(克己復禮)로 자기 자신을 이기고, 예에 따르는 삶은 인(仁)이라 하였다. 이를 수양하려면 부모와 어른을 공경하는 효제를 실천하는 것이 인의 출발점이라 가르쳤다.

도교가 자연을 지나치게 이상화한 데 반해 묵교는 인간을 너무 이상화시켰다. 결국 이것도 저것도 아닌 중도 노선을 걷는 유교(儒教)가 궁극적인 승리를 거둔 셈이었다. 유교의 승리는 그 후의 중국 역사에 중대한 의미를 가지게 되었다. 유교는 겸애설을 가르친 묵교만은 철저히 배격하여 묵자의 가르침은 거의 뿌리가 뽑혀지고 말았다. 전국시대 묵자와 비슷한 생각을 가졌던 혜시의 대표자인 공손용 등은 그리스의 소피스트 못지않은 역설을 전개한 것으로 유명하다.

묵가(墨家)와 명가(名家) 모두가 유교의 승리 앞에 동양 역사에서는 매장당하게 되므로 동양에서는 엄밀한 논리적 사고방식은 발달하지 못했던 것 같다. 그러나 유교의 승리는 도교의 가르침에 상당히 우호적이었다. 실제로 한 이후의 유교는 도교의 자연관으로부터 많은 것을 흡수하여 유교에 없던 자연철학을 유교사상에서 확립시켜 나갔다.

3. 춘추전국시대 이후의 자연관

전국시대 이후 유교의 승리는 전한(前漢)의 사상가 동중서(董仲舒, BC 179~104

년)로 대표될 수 있다. 춘추번로(春秋繁露)라는 대작을 남겨 후세에 절대적인 영향을 남긴 그는 전국시대에 폭넓은 지지를 받아 발달해온 음양오행 사상을 흡수하고, 도교의 가르침을 소화하여 공자나 맹자에게서는 볼 수 없는 자연관을 발전시켰다. 특히 한(漢) 이후에 중국 문화의 영향을 받게 된 한국이나 또 그로부터 영향을 받은 일본은 오늘날 동중서(董仲舒)에서 자연을 보는 태도는 절대적인 중요성을 갖고 있으며, 극동지역의 고대 사상사에 깊은 발자취를 남겼다.

동중서(董仲舒)에 의하면 우주란 음양지기로 꽉 차 있는 하나의 유기체로 인간이 자연의 일부분이라는 생각은 도교적인 발상인 듯하다. 그러나 인간은 모든 생물 가운데에서도 가장 귀한 것이라고 동중서는 유교적인 인간중심 사상을 덧붙이기를 잊지 않는다. 자연을 보지 못한 채 인간만을 본 공자나 맹자에 비해 동중서는 자연도 보았다는 점에서 도교의 영향을 받았다고 하겠다. 그러면 동중서의 생각에 의하면 인간은 자연과 어떤 관계에 있는 것일까, 인간은 모두 자연의 지(知)를 갖고 있어 인의(仁義)를 행할 수 있다고 제시한다.

맹자는 인간은 착하게 태어난다고 생각했지만, 동중서는 이를 약간 수정해서 인간은 착할 수 있는 소질을 타고날 뿐이라고 말한다. 인간은 착한 일도 악한 일도 모두 할 수 있다는 것이다. 동중서는 선악을 찬성해주는 절대자로서 천(天)이라는 인격신 같은 존재를 인정하게 된다. 묵자는 겸애를 하지 않는 사람은 천이 멀리 한다고 하여 절대자로서의 천을 인정한 바 있었다. 동중서의 천(天)도 이런 경우에는 묵자의 그것과 다를 바가 없다.

왕이란 천(天)의 명을 받아서 천(天), 인(仁), 지(知)를 관통시켜 주는 책임을 지는 자로서, 왕이 정치를 잘못하여 세상이 어지러우면 천(天)은 자연 속에서 이상한 현상을 일으켜 잘못을 깨우쳐 주게 된다. 만약 인간사회가 평화롭게 지낼 때는 자연의 이변(異變)이 일어나지 않지만, 그렇지 않으면 재이명을 내리기도 한다는 것이 동중서의 재이설(災異說)이다. 그는 자연을 인간사회의 잘 잘못이 비춰지는 거울이라고 본 것이다. 중국, 일본 그리고 우리의 역사 속에서 수많은 자연 재이(災異)가 기록되고 있는 까닭이 바로 이와 같은 자연관 때문임을 제시했던 중요한 자료의 하나라 생각한다.

동중서는 전국시대에 크게 성한 음양오행 사상을 계승하여 이것 역시 유교 전통 속에서 흡수했다. 이 중 오행사상은 무행(BC 350～270)이 크게 발전시킨 것으로 알려져 있다. 그 후 동양의 세 나라에서는 모든 자연현상을 다섯 가지 변화하는 모습으로 설명하려 하였다. 색깔, 냄새, 방향, 계절, 동물 무엇이나 모두 5행으로 설명하려 했다. 이것은 동양에서 발달한 원소설이라고도 할 수 있겠다.

그러나 그리스의 원소설이 물질적인 성질을 규정하는 데 그친 반면 동양의 5행은

[그림 35] 주역오행

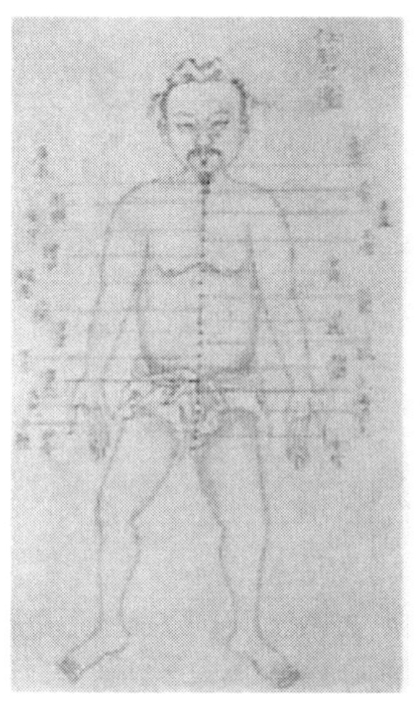

[그림 36] 음양오행

변화의 과정을 설명하는 데 더 널리 이용되었다. 그 때문에 그리스의 4원소는 서로 어떻게 바뀌는가를 설명하지 않고 있음에 반해 동양의 5행은 그들 사이의 변화가 차례로 표시되게 된 것이다.

대표적인 5행의 변화 순서는 상생과 상승의 두 가지 사이클이 있었다. 목은 화에 영향을 주었던 목, 화, 토, 금, 수의 오행을 상생의 사이클로 보아 오늘날에도 우리 주변에서는 이름의 돌림자를 고를 때 이 원칙이 지켜지고 있는 것이다. 오행의 풀이로

화는 토를 낳고, 금은 목을 이기고, 수는 화를 이기고, 목은 토를 이기고(금승목, 수승화, 목승토, 화승금, 토승수) 하는 상승의 사이클을 기본으로 이름의 돌림을 이 원리에 의해서 정했다고 할 수 있다. 한의학의 기본 사상이 되고 있는 이런 생각은 옛날에는 역사의 변화까지 설명하는 법칙으로 받아들여진 일도 있었다.

동중서에 의해 유교는 자연을 인식하기 시작했으나 그것은 종교적으로는 비합리적 사고 원리라는 것을 알면서도 받아들일 수밖에 없었다. 이런 변화에 대해서는 반대의 소리도 높아서 후한의 사상가 왕충(王充, 27～97년) 같은 학자는 『논형(論衡)』이란 저서에서 잘못이 자연에 이변을 일으킬 까닭이 없다고 동중서의 재이설(災異說)을 반박하고, 인간도 다른 동식물과 조금도 차이가 없는 존재라고 주장했다.

그러나 동중서가 받아들이기 시작한 비합리적인 요소, 즉 종교적 경향을 받아들임으로써 유교 전통 그 자체를 무색하게 만들어 당나라 때에는 유교가 하나의 종교로서 도교의 발전과 불교의 발전에 도움을 주게 된 계기를 만들었다 할 수 있다. 특히 자연현상을 비롯한 일체의 현상을 모두가 헛된 꿈이라고 보는 불교의 자연관의 표현인 색즉시공(色卽是空)이란 언어는 자연에 대한 관찰을 무의미한 존재성의 가치로 보았다 말할 수 있다.

4. 신유학과 격물론

당나라(618～907년) 말기에는 이와 같은 종교적 성향에 반발하고 유교의 부흥을 독립적으로 발전시키려는 사람들이 나타나기 시작하였는데, 이들의 노력의 결과 송나라(960～1279년) 초기에는 송학(宋學) 또는 신유학(新儒學)이라는 학문을 새롭게 발전시킬 수가 있었다. 주자(朱子, 1130～1200년)를 대표로 하는 신 유학자들의 자연관은 도교와 불교를 배척하면서도 사실은 그 종교를 토대로 많은 것을 흡수시켜 발전시킨 사상이었다. 인간을 자연으로부터 분리하지 않고 자연의 일부로 보려는 도교의 태도는 동중서(董仲舒)를 거쳐 신유학을 계승시킬 수 있었던 전기를 만들 수가 있었다.

신유학은 불교로부터 자연현상을 초월하려는 태도를 배웠다. 물론 불교가 이런 자연현상을 모두 헛된 것으로 보는 것과는 달리 신유학에서는 자연현상을 있는 그대로 인정하였다. 그러면서도 자연현상에 감추어진 법칙성과 자연 자체의 섭리현상에 깊은 관심을 보였다. 즉 자연현상의 모든 변화를 일으키는 섭리현상을 기(氣)라고 표현하고, 그러한 자연현상이 있는 이유를 리(理)라고 표현하였다.

일부 철학자들은 신유학의 이기설(理氣說)을 아리스토텔레스의 자연철학과 비슷하다고 설명하기도 한다. 아리스토텔레스가 말하는 질료(hyle : matter)와 형상(eidos : form)은 각각 신유학의 기(氣)와 리(理)에 상응한다는 해석으로 학문적 동일성을 주장할 수 있었다. 신유학은 리(理)를 중시하였고, 사물의 이치를 규명하는 것만이 학문의 근본 태도라고 가르쳤다.

사물의 이치를 연구한다는 말을 대학에서는 격물(格物)이란 말로 표현되어 있다. 주자(朱子)가 가장 중요한 책으로 손꼽던 어떤 간계를 거쳐야 할 것이라는 저서에서 8조목의 간계에 대해서 설명하고 있다. 학문하는 사람은 우선 격물을 제대로 알아야 깨우칠 수 있고 이해할 수 있으며, 올바른 마음을 이해할 수 있다는 자세를 가르쳤던 것이다. 그래야 수신(修身)이 가능해지고 수신을 한 자만이 제가(齊家)할 수 있으며, 그 후에야 치국(治國)이 가능하고, 성공해야 평천(平天)도 꿈꿀 수 있다는 것이다. 즉, 수신제가치국(修身齊家治國) 평천(平天)하는 마음을 닦아야 가정을 지키고 나라를 다스릴 수 있으며, 편안한 세상을 만들 수 있다는 원리를 설명하였다.

이처럼 격물(格物), 치지(致知), 성의(誠意), 정심(正心), 수신(修身), 제가(齊家), 치국(治國), 평천하(平天下)의 8단계에서 가장 우선하는 것은 사물의 이치를 깨닫는 것이 격물이라 하여 이미 대학에서 가르치고 있었던 것이다. 신 유학자들은 흔히 한 포기의 풀이나 한 그루의 나무에까지 각각의 이치가 존재하기 때문에 연구해야 한다고 말하는 이유가 이러한 학설에서부터 시작되었다 말할 수 있다. 이런 사상을 토대로 현대 중국 지식인 가운데에서는 중국의 전통사상에도 베이컨의 귀납적 방법에 맞설만한 과학적 자연연구 태도가 있었다고 주장하는 사람도 있다.

원칙적으로 격물이란 자연현상에 대한 귀납적 연구를 뒷받침해 줄 여지가 충분히 있었던 것이 사실이다. 그러나 실제로 신유학에서의 격물의 의미는 자연현상을 연구하는 데에 활용되지 않았고, 수신에 필요한 방향으로만 적용되었었다. 인간의 도덕적 완성을 목표로 하는데 필요한 격물만을 값지게 생각했던 것이다.

신유학에서는 자연을 자연 그대로 보려는 태도가 부족했던 것이다. 불교와는 달리 자연현상에까지도 관심을 갖게 되고 그 뒤에 숨어있는 이치를 발견하려고 노력을 했으나, 그 궁극적인 목적은 자연의 이해가 아니라 자연의 이치섭리를 사회에 이용하려는 목적이 있었던 것이다. 이런 성향은 동중서의 재이설이 신유학에서 어떻게 변해왔는가를 이해하면 쉽게 알게 될 것이다.

당시대까지의 종교적 성향에 반발했던 신유학은 동중서에서처럼 천(天), 인(仁), 지(知)를 한 덩어리의 유기체로 보려는 태도에 부정적인 견해를 갖게 되었다. 신유학은 동중서에서 가르친 것과 같은 유신론적 성향에 이질적인 견해를 가지고 있었기 때문이다. 그 결과 천이(天異)라는 인격신 대신 태극(太極)이라는 우주의 법칙을 설명하고, 인간과 자연을 함께 맺어서 생각하려는 결국에는 동중서의 사상이 그대로 계승된 동일한 사상으로 나타날 수밖에 없었다.

그 이유 때문에 신유학에서도 재리사상은 그대로 유지되었던 것이다. 다만 동중서의 내용과 서로 다른 점은 하늘이 벌을 내린다는 사고가 아주 약화되고, 대신 우주를 꽉 채우고 있는 물질적 요소인 기(氣)가 인간과 자연 사이를 매개해 준다는 사상으로 설명이 대치되었다. 그러니까 신유학에서는 자연의 이상 현상은 하늘만이 인간사에 잘 잘못을 판정하기 보다는 인간사상에 잘못이 있다면 우주를 채운 기(氣)가 조화를 잃어 자연에 이상 현상을 불러일으킨다는 것으로 설명이 가능하다. 동중서는 인간과 자연의 관계 사이에는 신이 있어 연결되는 것으로 보았지만, 신유학에서는 자연과 인간은 공통 물질인 기(氣)에 의해 좌우된다고 보았다는 것이다.

신유학은 동중서의 유학에 비해 합리적이었고, 오늘날 인류가 지향하는 생태학적 자연관을 예견할 수 있었다. 그러나 서양에서의 근대 과학을 크게 발전시켜 준 사상은 동중서에서의 사상과는 다르게 자연을 인간의 문제와는 일단 분리시켜 그 속에서 어떤 법칙성을 찾아보려던 성향은 서양 근대 과학의 성립에 있어서는 유교 전통사상이 더디게 발달할 수 있었던 어떠한 계기를 만들었던 사상이 아니었을까 생각하여 근대 과학의 성립에 있어서의 유교사상은 걸림돌 역할을 했던 사상으로밖에 생각할 수 없었다.

5. 실용을 위한 수학

10진법이나 곱하기를 위해 구구단을 외우는 것은 은나라 때부터 이미 시행되었었고, 기초적인 기하학적 사고방식은 묵자의 사고에서 표면적으로 엿볼 수 있었다. 진시황은 도량형을 통일하려고 노력하여 그 노력의 대가는 한대(漢代)에 들어와 실현되었다. 현재 남아 있는 중국의 고대 수학서는 10종류로 산경십서(算經十書)가 있는데, 그 중 가장 오래 된 것이 『주비산경(周髀算經)』이고, 가장 큰 것이 『구장산술(九章算術)』이다.

주비산경(周髀算經)은 천문학에 관한 수학책이다. 여기에서는 땅 위에 수직으로 세운 막대기를 뜻하는 것으로 해시계를 말하지 않았을까 생각된다. 전설에 의하면, 이 책은 주나라 때 만들어지고 한나라 때까지 널리 사용되었다. 여기서 우리는 3, 4, 5의 직각 삼각형만이 아닌 일반적인 직각 3각형에 적용되는 피타고라스의 정리가 중국에서도 발견되어 쓰고 있었음을 알 수 있다.

이에 비해 구장(九章)이라고 불리기도 했던 구장산술(九章算術)은 1천년 이상 중국과 동양 수학의 기본서로 사용되었던 수학책이었다. 이 책은 전 9장으로 되어 있기

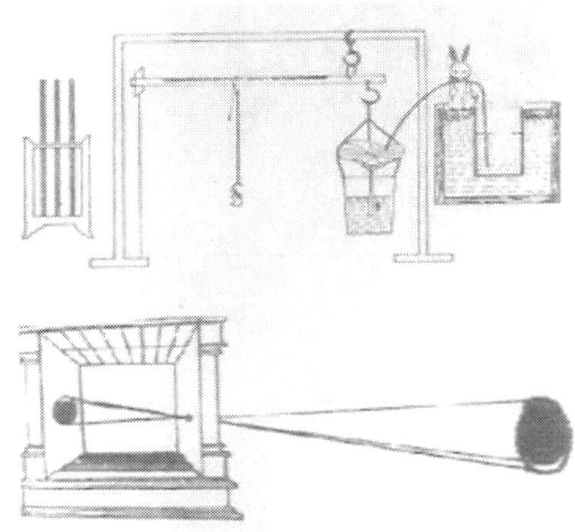

『그림 37』 지렛대의 원리

때문에 구장(九章)이라는 이름을 얻게 된 것으로 추측되고 있지만, 작자는 미상이다. 이 책의 각 장별 내용을 살펴보면 다음과 같다.

제1장, 방 전 - 여러 모양의 땅 넓이 계산법 수록
제2장, 속 미 - 곡물의 교환법 수록
제3장, 차 분 - 차별 있게 나누는 방식(비례배분)법 수록
제4장, 소 광 - 넓이에서 길이를 계산하는 방법 수록
제5장, 상 공 - 토목공사에서 필요한 여러 모양의 부피계산법 수록
제6장, 균 수 - 거리에 따른 조세액의 차이법 수록
제7장, 영부족 - 남고 모자라는 것에 대한 척도법 수록
제8장, 방 정 - 연립 1차 방정식 수록
제9장, 구 고 - 주로 직각 3각형 중심의 3각계산법 수록

산술(제2, 3, 6장), 대수(제7, 8장), 기하(제1, 4, 5, 9장)으로 나눠 설명되어 있는 이 책은 가로 15보, 세로 16보인 밭의 넓이는 얼마냐는 문제로 시작되어 도합 246문제로 수록되어 있다. 이 책의 공통되는 특징은 모두가 구체적인 실용적 예를 들어 설명되어 있다는 점이다. 내용 가운데에는 꽤 어려운 것도 있는 것으로 보아 당시의 서양 수학에 비교해 보아도 결코 뒤지지 않았지만, 한 가지 의문은 전혀 추상화되지 않았던 현실 수학만을 다루었다는 것이 중국 수학의 발달을 제약했던 밑거름이 되지 않았을까 추측된다.

한나라 이후 중국에서 처음 수학자로 이름을 남긴 사람은 3국 시대 위나라의 학자

유휘(劉徽)이다. 그는 구장산술의 부족한 부분에 대해 독자적으로 주석을 붙였는데, 그 책이 『구장산술주(九章算術柱)』로서 후세에까지 널리 전해지고 있다. 또 삼각측량법을 중심으로 『해도산경』을 쓰기도 했다. 그는 원에 내접하는 5각형의 각 변을 거듭 제곱하여 정96각형의 둘레까지 계산해 냄으로써 원주율의 값은 3.1416이라는 수치를 처음으로 계산해냈다.

그의 뒤를 이은 대표적 수학자가 6조시대 남송의 조충지(祖沖之, 496～500년)이다. 그는 『철술(綴術)』이란 수학책을 써서 당시의 가장 고차원적 수학을 소개했다. 그는 파이 값을 소수 이하 6자리까지 정확히 계산하였고, 그 값에 약율(約率, 소수점 아래 둘째 자리까지 정확)을 사용할 경우 22/7, 밀율(密率, 소수점 아래 여섯째 자리까지 정확)을 사용할 경우에는 355/113을 썼던 것이다. 그 시기에 비교하면 유럽에서는 16세기에 가서야 이 정도의 값을 얻을 수 있었던 것으로 보아 획기적 산술법의 발달이라고 말할 수 있다. 그의 아들 조항지 역시 수학을 연구하여 구(球)의 부피 계산방법을 처음으로 알아낸 것으로 오늘날까지 역사에 남아 있다.

그 후 중국의 수학은 별다른 발달을 이룩하지 못했다. 그러나 당나라 초기에 천문학자로도 유명한 이순풍(李淳風)이 어명을 받아 수학서 여러 가지에 주석을 붙였으나 뚜렷한 자기의 공헌은 없었다. 그 이후에 활약한 왕효통(王孝通)의 저서에서 다루었던 한 문제가 3차 방정식으로 다뤄지고 있었던 것으로 보아 당시에 3차 방정식을 풀 수 있었다는 것을 암시하고 있는 부분이 아닌가 생각된다.

왕효통이 활약한 당(唐) 초기에는 중국 역사상 정부의 통치기구, 제도가 아주 잘 발달했던 시기였다. 그와 같은 정부기구를 운영하기 위해서는 계산 전문가가 요구되는 시기였다. 당나라에서 처음으로 산학제도가 확립되었는데 2명의 산학박사(算學博士)와 그 아래 30명의 훈련생을 두고 연구를 했을 뿐 아니라 과거제도에서는 명산과(明算科)를 두어 수학자 양성에도 힘을 쏟았던 것으로 보인다. 그러나 산학박사라는 자리는 관리 가운데 최하위 자리였고, 명산(明算) 출신의 합격자가 할 일이란 기껏 회계 정도였기 때문에 이와 같은 제도도 수학발달을 크게 돕지는 못하였다.

당(唐) 이후 중국은 다시 혼란기를 거쳐 송에 의해 다시 통일을 하게 된다. 그리고 송(宋) 말에서부터 원(元)나라 초기에 걸쳐 민간 연구가들에 의하여 계속 좋은 수학책을 내었고, 한(漢) 이후 수학의 번성기를 맞았다. 그 대표적 수학자와 저서들을 보면, 이치(李治, 1192～1279년)의 측원해경(測圓海鏡)과 익고연단(益古演段), 그리고 양휘(楊輝)의 양휘산법(楊輝算法), 주세걸(朱世傑)의 산학계몽(算學啓蒙) 등이 있다.

양휘는 항주 근처에서 살았던 민간 수학자로서 그의 배경에 대해서는 잘 알려지지 않지만 그는 자기 책에서 방진원리를 처음으로 사용하였다. 서양에서 마술의 사각형이라 부른 방진이나 마술의 원이라고 부른 도찬은 모두 방진원리에서 알 수 있는 것처럼 숫자를 4각형 또는 원으로 배열하는 방식에 대해 알고 있었던 것이다.

이치의 저서에서는 대수학이 큰 발달을 이루었는데 방정식 푸는 방법을 수록하여 발전시켜 주세걸의 산학계몽에서 방정식이 완성되게 되었다. 그리고 그의 저서에서 4원옥감의 사원이란 의미는 3개의 미지수를 포함하는 방정식(4차원 방정식)을 일컫는 말로 오늘날 우리가 미지수의 숫자에 따라 1원, 2원, 3원 방정식이라고 부르는 원은 바로 천원술에서 원을 미지수의 표시로 썼기 때문에 생긴 것이라고 추측된다. 양휘와 주세걸의 책은 우리나라에서도 널리 사용된 기본 수학서로 세종은 정인지에게서 산학계몽을 강의 받았다고 기록되어 있다.

6. 천문과 역법

다른 고대 문명사회와 마찬가지로 중국에서도 하늘의 이상한 현상이나 천체의 운동에 깊은 관심을 가지고 있었다. 원래 한자의 사(史)란 천문과 인사를 함께 기록하는 사람이었다고 알려지고 있었기 때문에 예로부터 동양의 모든 역사는 사회에서 일어나는 현상과 함께 꼭 천문관계의 기록과 함께 제시될 수밖에 없었다.

고대 중국인들은 이 세상이 어떻게 태동했는지, 어떤 모양을 하고 있으며 또 어떻게 움직이고 있다고 보았을까. 우선 우주가 태어난 과정에 대해서는 재미있는 설명이 있다. 이 세상은 원래 이렇다 할 형체를 가지고 있는 것이 전혀 없었던 단지 시작단계, 즉 태시에서 비롯되었다고 설명한다. 즉, 태시란 허공을 낳고 거기서 우주가 태어났다는 원리이다.

이때 우주란 시간(時間)과 공간(空間)을 뜻한다. 그리고 시간과 공간이 원기(源氣)를 낳았고, 그 중 맑고 밝은 것이 천(天)이 되고, 탁하고 무거운 것은 지(地)가 되었다라고 암시한다. 천지(天地)는 음양을 가능케 하고 그로부터 이 세상에는 4시계가 생기고 만물이 창조되었고 자란다는 것이다. 이러한 우주창조의 이야기는 그 후 보수적이었던 유교 지식인들까지도 이러한 우주창조신화를 믿을 수 있었던 것으로 그만큼 신뢰성을 얻었을 것으로 추측된다.

다음은 우주의 모양이 어떻게 만들어졌을까. 하늘과 땅의 모양에 대해서는 예로부터 여러 의견이 나와 있었지만 한대(漢代)에 이르면서 개천설(蓋天說)과 혼천설(渾天設)의 두 가지로 대립되어 설명되었다. 개천설에 따르면 땅이 평평하기 때문에 하늘 또한 역시 평평하게 그 위를 덮고 있다는 학설이다. 후에 이러한 생각은 조금 수정되어 하늘은 마치 우산모양처럼 가운데가 높고 둘레는 낮으며, 땅은 그 아래에 평평하게 펼쳐져 있다는 생각으로 바뀌게 되었다. 혼천설은 우주가 하늘의 땅을 둘러싼 모습으로 되어 있다는 설로, 우주는 계란처럼 생겼고 하늘은 그 껍질에 해당하며 노른자가 땅이라는 학설이다. 이 경우 땅은 꼭 둥글다고 생각할 수 없지만, 가까운 한국이나 일본 등에서는 천문관측의 기본을 이 원리를 바탕으로 사용되었다고 말할 수 있다. 즉 한국의 온천의는 바로 이 생각을 바탕에 두고 제작되었기 때문이다.

한대(漢代) 이후 이러한 우주관은 더 이상 발달되지 못하였다. 그 이유로는 그리스 사람들이 동심원 모양의 우주모델을 끊임없이 개량해 발전시켰던 것과는 달리 중국인들은 기하학적인 우주모델을 생각하지 못했던 것이다. 중국인들이 기하학적 모델을 사용하지 못했던 것은 고대에서부터 중국인들은 실용적인 태도만을 지키고 있었기 때문이다. 하늘이 동심원으로 생겼건 그렇지 않았건 중국인들의 사고는 그에 상관하지 않고 각 천체의 운동을 정확히 실용적으로 관측하고 그 결과를 바탕으로 미래의 움직임을 충분히 계산해 낼 수 있었기 때문이었을 것이다. 그만큼 실용수학이 발달되어 있었다는 증거가 되기도 하다.

주역에서는 인간은 천문을 보아 시간의 변화를 알고, 천상을 예측할 수 있다는 말이 있다. 이것은 바로 고대 중국 천문학의 두 갈래 길을 예시한 예로서 하늘에서 일어나는 규칙적이고 예측할 수 있는 변화는 관측하여 시간을 재어 계산할 수 있었고 불규칙적이고 예측할 수 없는 변화에 대해서는 추상적 점성술에 의존했다 말할 수 있다.

실제로 중국에서는 역산과 천문으로 나뉘어 두 갈래로 발달이 이루어졌었다. 우선 천문 또는 오늘날 우리가 흔히 쓰고 있는 점성술에 대해서 논하면, 이미 은나라시대 유물이었던 갑골문에서 표시된 것과 같이 일식을 비롯한 많은 천문기록을 암시하고 있는데 그것은 대부분 길흉을 점치기 위해 사용하였음을 알 수 있다. 그 시기가 세계적으로는 바빌로니아와 비슷한 시기에 이미 점성술의 발달이 시작된 것으로 추측된다. 그러나 중국의 점성술은 처음부터 서양과는 다른 특징을 갖고 발달했지만 특이할 만한 것은 천문현상에 의한 정치적 해석이었다.

우선 별들의 이름부터가 황제를 중심으로 신하와 환관과 여인들이 얽혀 있는 모습을 보여주는데, 별이름에 북극성을 중심으로 땅위의 벼슬 이름을 따서 붙였다는 것이다. 또한 중국의 행정구역 9개에 해당하는 하늘이 있도록 하늘도 9개 부분으로 나누었다. 서로 다른 분야에서 일어나는 이상한 천문현상들은 그 분야별로 땅위에서 일어날 수 있는 변화를 예시했다는 것이다. 천문현상에서의 분야설(分野設)이 발달되었다는 근거라 말할 수 있었다.

이처럼 중국에서의 점성술(astrology)은 정치 중심의 성격을 띠고 있어서 천문현상으로부터 예측하려는 목적은 주로 국가나 왕실의 운명에 관심이 많았던 것이다. 서양의 점성술이 개인의 운명을 예측하려는 것이었던데 반해 동양에서는 전혀 다른 모습으로 발달했던 것이다.

이러한 중국의 고대 점성술은 동중서의 재이설에 중요 부분이 되었고, 유교 전통을 바탕으로 후세에 계승 발전되었다 말할 수 있다. 그러나 불규칙적인 하늘의 변화를 제대로 파악하려면 규칙적인 변화를 우선 잘 알아둘 필요가 있었다. 천문지에서는 283개 별자리에서 모두 1,464개의 별이 알려져 있었는데 같은 시대 서양의 톨레미가 알고 있던 1,022개보다 많은 별자리를 관측하여 알고 있었음을 볼 수 있다. 이렇게 볼 때 서양의 천문학 발달보다도 한걸음 먼저 중국 천문학이 발달되지 않았느냐 하는 추측을 할 수 있다.

규칙적인 천체의 움직임은 특히 역산의 발달에 아주 중요한 것이었다. 중국에서 예로부터 역산이 크게 발달한 것은 보통 농경문화를 중심으로 해석 발달되고 있었다. 씨를 뿌리고 수확하는 데에는 보다 정확한 달력이 필요했을 것으로 추측되나 정확한 시간에 대한 관심은 동양은 농업사회였기 때문이라고 착각할 수 있으나 꼭 이러한 이유에서 발달되었다고는 말할 수 없었을 것이다.

예(禮)를 숭상하던 중국 문화권에서는 제사를 지낼 일이 아주 많았고, 제사를 제대로 지내기 위해서는 농사짓는 것보다 훨씬 정확한 시각을 알 필요가 있었다. 즉 이러한 과정에서 볼 때 농경과 예의 숭상(제사)은 모두 시계나 달력의 발달을 동시에 자극하여 발달하였을 것으로 추측된다. 춘추전국시대에 이미 중국에서는 어느 정도 발달한 달력을 이용했었고, 간지(윤년)를 60년 주기로 사용할 수 있었기 때문이다.

역(曆)은 처음부터 태양과 달의 운동을 함께 참고하여 만들어졌는데 그 전통은 오늘날의 음력으로 남아 있다. 비록 지금 음력이라고는 하지만 사실은 태양 태음력이어서 태양의 운동과 달의 운동을 조화시키는 가운데 만들어진 것이기 때문에 항상 문제를 가지고 있었다. 황도 위에 24개의 점을 찍어 놓고 태양이 각점을 통과할 때를 입춘과 하지라 하여 24절기를 나타냈다. 즉 24절기를 보면 (동지), (소한), (대한), (입춘), (우수), (경칩), (춘분), (청명), (곡우), (입하), (소만), (망종), (하지), (소서), (대서), (입추), (처서), (백로), (추분), (한로), (설봉), (입동), (소설), (대설) 등으로 나타냈고 지금도 농사짓는 데 쓰이는 절기는 태양의 운동에서 계절의 변화를 알기 위한 것이 중심이 되어 쓰이고 있는 것이다.

그러나 1개월의 길이는 달의 운동을 기준으로 사용했는데 한 달이 29일 혹은 30일인 때도 있어 12개월이 354일이 되어 실제 1년보다 약 11일의 부족을 보였다. 한대(漢代)까지는 윤달을 정하는 방법이 확립되어 19년간에 7회의 윤달을 넣는 방식이 채택되기에 이르렀다. 즉 이러한 역의 산술방법은 고대그리스 시대의 메톤주기(Metonic cycle)라는 이론과 일치한 계산방식을 사용했던 것으로 추측된다.

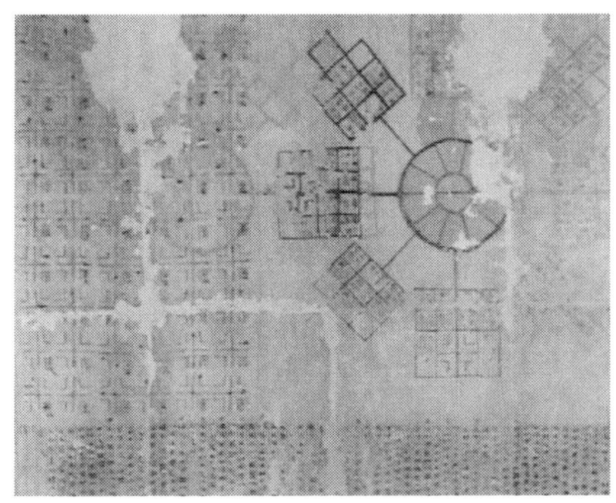

[그림 38] 중국의 24절기

60년 주기를 사용하거나 왕의 재위 연수만을 쓰던 기년법도 한대(漢代)에서는 재래사상(제사)과 관련시켜 연호를 사용하기 시작했다. 또 역법도 자주 고쳤는데, 때로는 왕조가 바뀌기만 해도 똑같은 역법에 이름만을 바꿔주기만 하였다. 역사상 최초의 완벽한 역법으로는 기원전 104년 한(漢) 무제 때 제정되어 공표된 태초력(太初曆)이라 말할 수 있다.

왕조가 바뀌거나 새 시대를 시작한다는 뜻에서 역(曆)의 이름을 바꾸는 것 외에도 실질적으로 오랜 시간동안 관측결과와 예측된 천체 위치에서 차이가 나면 역법은 언제든지 수정되기도 했다. 그 결과 수나라시대(隋代)에서는 19년에 7회의 윤달을 넣는 방식을 개량하여 676년에 249회의 윤달을 넣게 된다. 그 결과 당대(唐代)에 나온 이순풍의 인덕력과 일행의 대안력은 전보다 훨씬 알기 쉽게 개량된 역법으로 이 역법이 훗날 백제나 신라에 의해 도입되어 우리나라에서도 사용되었던 것 같다.

당대에는 불교가 성했기 때문에 인도와 왕래가 빈번했는데, 인도의 승려이며 천문학자인 구담실달(懼曇悉達, Gautama Siddhanta)은 인도식 역법을 소개하여 구집력(九執曆, 718년)을 만들었던 것이다. 천문제도 또한 다른 관제와 함께 완비되어 국립천문대에 해당하는 당대의 관청을 운영하여 1천명 이상의 학자들에 의해 천문제도 연구를 성황리에 연구 발전시켰다고 보고하고 있다. 이들은 천문을 관측하고 그 뜻을 해석하여 황제에게 보고하였으며, 정부와 황실의 행사의 길(吉) 일시를 결정, 선택하는 일과 해마다 역(曆)을 만들고 필요에 따라 역(曆)을 수정하는 작업, 그리고 시간을 측정하고 알리는 일 등을 모두 맡아 임무를 수행했었다.

송나라 때는 320년 동안 19번이나 역법이 바뀌었으나 실제로는 무슨 기술적인 진보에 의해서 바뀌었던 것은 아니었다. 또한 몽고족이 세운 원나라 때 역법은 크게

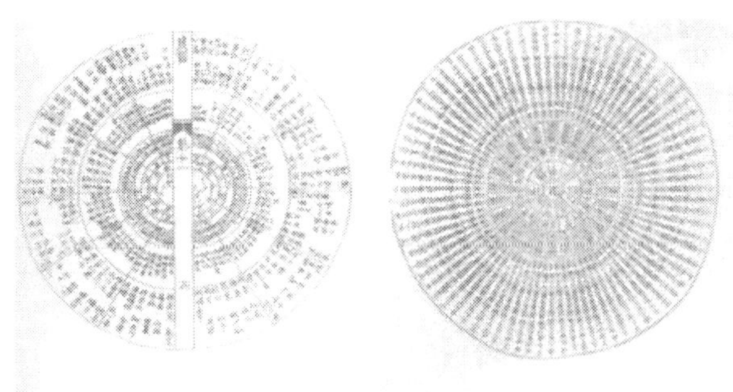

[그림 39] 중국 수시지도 율법도

개량되었는데, 그 임무를 맡은 천문학자는 곽수경(郭守敬, 1231~1316년)이었다. 곽수경을 중심으로 5년간의 연구 끝에 1280년 완성된 수시력(授時曆)은 그때까지의 어느 것보다 정확한 역법이었다. 그는 22가지의 관측기계를 만들어 사용하였는데 확실히는 모르지만 그 관측기계 중에는 아라비아 천문학 연구에서 이미 사용되었던 새로운 기계들을 사용했었다고 한다.

원대(元代)를 통해 계속 사용되었던 이 역법은 명나라가 들어서면서 이름을 대통력(大統曆)이라 하여 그대로 사용되었다. 이 대통력은 1년의 길이를 365.2425일로 정해 사용했었는데, 오늘날 우리가 쓰고 있는 것과 거의 똑같다고 할 수 있다. 중국에서는 이 역법이 서양 선교사들에 의해 서양 근대 역법이 들어올 때까지 4백 년 동안 계속 사용되었고, 우리나라에도 이 대통력이 고려 말에 유입되어 사용되었다. 그러나 이 역법을 제대로 이해하게 된 것은 조선 초기 세종대왕의 천문학 진흥에 의해 연구 발전시켜 사용할 수 있었다. 그때 완성된 칠정산(七政算)이란 저서에서 바로 원나라 천문학자 곽수경의 수시력과 아라비아 천문학을 우리나라에 맞게 수정 연구하여 발전시켰던 것으로 천문학 발전의 계기를 만들었다 말할 수 있는 것이다.

7. 의학과 본초

전통적으로 중국에서는 동물, 식물, 광물에 대한 연구를 본초(本草) 또는 초학(初學)이라 불렀다. 이 방면에서도 실용적 목적 없이 자연만을 연구하는 중국의 실용적 특성이 잘 나타나 있다. 본초는 서양의 아리스토텔레스 이후 발달한 박물학과 비슷하지만, 박물학이 구체적인 목적이 없는 학문적 태도로 그렸는데 반해 중국의 본초는 의약의 연구서로서 실용적 가치에 의해 발전하게 되었다.

사기에 의하면 춘추전국시대의 대표적 명의로 알려진 편작(編鵲)이 들어 있는데, 똑같은 시대의 인물로 유명한 그리스의 대표적 명의 히포크라테스와 비슷한 시대에 살았던 인물이다. 편작은 히포크라테스와 마찬가지로 병에 걸리면 주술에 의지하지 말고 의사를 찾으라고 말한 것으로 전해지고 있다. 오늘날까지도 남아 있는 가장 오래된 편작의 대표적 의학저서는 『황제내경(黃帝內經)』이란 책으로 오늘날 한의학의 대표적 의학서로 널리 사용되고 있다.

이 책은 소문(素門)과 영추(靈樞)라는 2경을 모아 놓은 것으로 소문(素門)이 천인합일설, 음양오행설 등은 자연학에 입각한 병리학적 부분이라면, 영추(靈樞)는 침구와 도인(導引) 등 물리요법 등을 서술한 부분이었다. 근래에 새삼 연구의 대상이 되고 있는 침술은 편작이 세계 최초로 시작했다고 전해지는 이유도 충분한 근거에 의한 한의학의 독특한 존재성을 알리는 중요한 사건이기도 하다. 내경에서는 인간의 질병은 음양의 조화를 잃는 데서 생긴다고 설명한다. 인간은 하나의 소우주이며, 대우주가 음양지기의 조화로서 이루어지고 있는데, 음양지기의 조화에 의해 인간인 소우주도 마찬가지로 음양의 조화에 의해 성립한다는 지론이다.

이런 설명은 동중서의 자연관과 비슷한 것으로 실제로 내경은 전한시대 또는 그 직전에 이루어진 것으로 보인다. 이 책에서는 5행설을 응용하여 5장이란 말을 썼는데 내장을 5장과 6부로 나누어 5장은 심, 간, 폐, 비(지라), 신이고, 6부는 담(쓸개), 위, 대장, 소장, 방광, 삼초[三焦 : 모든 기(氣)를 주관하고 수도(水道)를 소통시키는 무형의 장부]라고 적고 있다. 또 질병의 직접적 원인으로는 풍, 한, 서, 습의 광기가 밖에서 들어가거나 혹은 몸 안의 기가 모자랄 때, 기의 변화에 의해 발생된다고 설명하고 있다. 그런데 이 책에서는 질병의 치료에 대한 구체적 방법들은 적혀 있지 않다.

이 내경에서의 치료방법을 명확히 밝혀주고 그 후 한의학의 기본서가 될 수 있도록 정립시킨 사람이 후한 때 장중경(張仲景, 150～219년)이 편찬한 『상한잡병론(傷寒雜病論)』에 의해 제시되었던 것이다. 장초 태수였던 그는 고향에 열병이 돌아 그의 일족 태반이 죽자 의학을 연구하기 시작하여 이 책을 남겼다고 한다. 그는 질병을 양의 질병 3가지, 음의 질병 3가지씩 모두 6종류로 나누어 열이 나는 모양이나 맥이 뛰는 정도에 의해 이를 진단하도록 가르쳤던 것으로 오늘날 한의학에서의 진맥에 의한 질환적 특성 연구의 기초를 이루게 되었다 말할 수 있다.

또 그 증세에 따라 땀을 내게 하거나 토하게 하거나 또는 설사를 하게 하는 등 다른 치료방식을 썼다. 이 책 역시 동양 3국에서 한의학의 기본서로 후세에 깊은 영향을 미쳤다. 또한 후한의 명의 화타는 마불산이란 마취제를 사용하여 통증을 완화시켜 어려운 수술을 했다고 기록이 남아 있으나 중국 의학이란 원래 종기를 째는 정도 수준으로 그 이상의 외과수술은 할 수 없었을 것으로 추측된다.

현재까지 남아 있는 가장 오래된 또 하나의 본초서는 남북조시대 양(梁)나라의 도홍경(陶弘景, 456~536년)이 지은 『신농본초경(神農本草經)』이다. 전설적인 신농시가 가르쳐준 것이라는 뜻에서 이런 제목이 붙었으나 실제로 저자는 당시 신비롭고 사상화되고 있던 도교사상에 심취했던 사람으로 이 책에 소개된 365종의 약물은 상, 중, 하의 3품으로 나누어 이들이 각각 양명, 양생, 치병의 기능을 갖고 있다고 되어 있다. 소개하는 약품을 1년의 날수와 같이 365가지로 나타낸 것이나, 상품의 약은 불로장생을 가능하게 해준다는 등의 표현에서 도교의 이념을 바탕으로 하는 문구를 많이 사용하였던 것으로 미루어 볼 때 훗날 오히려 도가의 신선술에 영향을 끼쳤다고 볼 수 있다.

후한 이후 거의 300년 동안을 남북조시대 또는 육조시대라 불렀는데, 이때에는 신비주의가 크게 일어나 신선술이 발달했고, 그 대표적 학자가 동진(東晉)의 갈홍(葛洪, 283~343년경)이다. 그가 남긴 『포박자』는 연단술의 기본서로 후세에 전해지고 있는데, 약품을 세 가지로 분류하는 방법에 대해서는 여기에서도 제시하고 있다. 당대에는 『천금방』을 쓴 의성 손사곽이 있었는데, 그는 질병의 이치를 연구하는 의학과 환자를 치료하는 의술을 구분하여 의사와 환자 사이의 윤리를 중요시했다. 그의 책에서는 진단과 치료를 중심으로 서술되었으며, 치료약품에 관해서는 그 성능이나 효력 그리고 분량과 용법을 정확하고 신빙성 있게 더욱 상세히 서술하고 있다.

인쇄술이 발달한 10세기경에는 그림까지 섞은 본초서가 여러 권 출판되었지만, 이것을 모두 종합하여 30년간의 연구를 거쳐 대작을 남긴 사람은 명나라 말기의 박물학자이며 약학자인 이시진(李時珍, 1518~1593년)에 의해서이다. 종래의 본초서가 대개 3품으로 밖에 분류할 수 없었고, 도교의 영향을 벗어나지 못하고 있었는데 반해 그는 광물, 동물, 식물로 분류하여 보다 자연분류법에 접근했음을 보여준다. 특히 1590년 이시진에 의해 간행된 『본초강목(本草綱目)』은 한국, 일본 등에서도 여러 차례 출간되었고, 오늘날까지도 이 방면 연구에 도움을 주고 있다. 이 책에 수록된 본초항목은 모두 1,892종이며, 이들 각각에 대해 작자는 다른 책의 글을 인용하고 또 자기 의견을 덧붙여 대작을 남기게 되었다. 이시진에 의해 약품이 중심이었던 중국의 본초학은 비로소 박물학과 비슷한 단계에까지 발전할 수가 있었다.

제 7 장

중세 과학의 발달

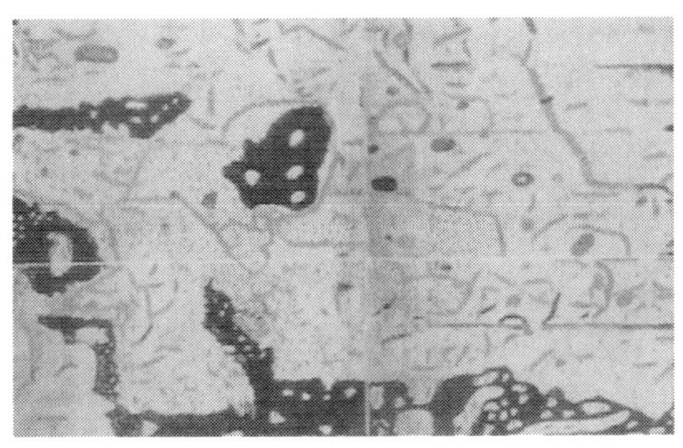

아라비아인의 지도

1. 중세의 과학

로마가 멸망한 5세기 중반부터 약 5백년 사이를 사람들은 암흑시대라고 불러왔다. 정치적으로 대제국이 몰락한 후의 혼란은 쉽사리 수습되지 않아 문명의 발달은 크게 제약을 받을 수밖에 없었다. 또 이 시대를 지배하던 스콜라 철학(Scholasticism)의 태도도 과학의 발달에 유리한 조건은 되지 못했다. 신의 계시 속에 이미 주어져 있는 진리를 찾으면 되는 것이지 새삼 진리를 밖으로부터 찾을 필요가 없다는 입장에 선 스콜라 철학자들은 인간은 존재하는 자연 속에서 진리를 찾을 필요성이 없다고 역설하였다.

대부분의 그리스 자연철학은 계승되지 못한 채 중세 초기까지 계속되었고, 유럽은 그런데도 불구하고 그런대로 변화를 계속하고 있었다. 그 변화의 첫 사이클이 야만인 게르만족과 튜튼족(Teutons : 게르만의 한 민족)의 전쟁과 더불어 시작되었고, 문명세계에 소개된 계기가 되어 여러 가지 기술의 발전과 이동적 변화를 가져오게 되었다.

2. 기술의 혁신

암흑시대라고 불렀던 중세 초기는 각각의 견해에 따라 계속되는 기술의 혁신시대라 할 수도 있다. 북쪽으로부터 밀려온 야만인들은 버터를 만들고 가죽을 다루는 기술에서부터 새로운 쟁기와 말의 멍에까지를 문명세계에 전해 주었다.

우선 눈부신 변화를 가져온 것은 농업기술이었다. 민족의 이동으로 새로운 농작물 재배법 등이 전 유럽에 퍼지게 되었으며, 그 중 제일 중요한 농업기술이 새로운 쟁기의 도입이었을 것이다. 고대에는 주로 가벼운 쟁기를 한 사람이 끌고 한 사람이 뒤에서 누르며 따라가는 방식을 썼으나, 새로운 유럽식 쟁기는 더 무겁고 바퀴를 달았으며, 동물이 끌게 되어 있었다. 새로운 쟁기는 밭을 보다 깊이 팔 수 있어 농작물의 수확을 늘리는 데 중요한 도구의 역할을 하였다.

새 쟁기는 보다 큰 힘을 필요로 했고, 그 힘을 제공해 준 것 또한 소를 사용했기 때문에 가능했을 것이다. 그러나 10세기부터는 말을 쓰는 방법이 널리 알려졌는데, 그것은 그때까지 말의 목에다 걸었던 멍에를 가슴에 걸게 됨으로써 말이 목을 조이지 않고도 일을 할 수 있게 되었기 때문에 가능했다. 사실 이런 멍에방식의 개량에 의해 로마시대 말의 끄는 힘을 세 배 이상 올려줄 수 있었던 것이다. 같은 양의 휘발유를 가지고 세 배의 거리를 달리게 해주는 새로운 엔진이 나오는 것과 같은 놀라운 변화였음이 틀림없다.

말의 효율적 이용은 멍에방식의 개량 이외에 오늘날 편자, 박차, 안장 등이 모두 중세 시대를 걸쳐 발달해 나온 것이었다. 그전까지는 황소가 더 널리 쓰였지만 중세 후기부터는 말이 농사에도 중심이 되는 동물이 된 것이다. 뿐만 아니라 말은 유효한 교통수단으로도 중요해졌는데, 로마 이후 마비되다시피 했던 육상교통의 발달에 중요한 수단으로 이용되게 되었다. 또한 풍차와 물레방아로 동력을 얻어 방아를 찧고, 기름을 짜고, 높은 곳에 물을 가두어두는 방법 또한 이용된 것도 중세에 크게 번창했다. 11세기 영국에만도 5,600개 이상의 물레방아가 있었다고 기록되어 있을 정도이다.

3. 12세기의 르네상스

농업혁신을 통한 잉여 생산, 도시의 발달과 봉건제도의 성장 등을 배경으로 오랫동안 암흑시대에 있었던 유럽은 다시 서양문화의 주도권을 차지하기 시작했다. 그때까지 아라비아에 머물던 서양문화의 중심은 12세기를 거쳐 서서히 유럽대륙으로 옮아갔고, 이 중대한 사태의 변화를 일으켰던 사건이 12세기의 르네상스시대라 부른다.

12세기에 학문의 발달을 자극한 것은 아랍과학이 대규모로 번창하여 유럽에 수입되면서 가능하게 된 것이다. 1085년 스페인의 톨레도(Toledo)가 십자군의 손에 넘어왔고, 1091년에는 이탈리아 남쪽의 시실리(Sicily)섬이 기독교도의 수중에 들어왔다. 이 지역에서는 아랍 말과 라틴어에 모두 능통한 학자들이 많았고, 바로 이들이 아랍과학을 라틴어로 번역해낸 장본인이었다. 그러나 아랍과학은 사실은 아랍어로 번역된 그리스 과학이 대부분이었다. 번역가들은 아랍사람들이 쌓아놓은 아랍과학보다는 그들이 번역해 두었던 그리스 과학에 더 관심을 가졌었다.

12세기 르네상스를 가능하게 한 대표적인 번역자는 바스 아델라드(Adelard of Bath)와 크레모나 제라드(Gerard of Cremona, BC 111∼87년) 등이었다. 12세기 초 유럽 여러 나라를 두루 여행했던 아델라드는 유클리드 수학서를 처음으로 아랍어에서 라틴어로 옮긴 것을 비롯하여 아랍 최고의 수학자인 알콰리즈미의 이론도 라틴어로 번역했다. 또한 1175년 아랍인들에게 알마게스트(Almagest, Great System)라고 알려진 프톨레미의 천문학을 라틴어로 번역한 제라드는 아르키메데스와 아폴로니우스의 이론에 대해서도 번역하는 등 가장 폭넓은 활동을 벌여 92종의 번역서를 완성했다고 알려져 있다.

플라톤이나 아리스토텔레스의 자연관은 그 대강이 알려져 있었지만 그 모습 전체가 서양에 전해지기는 이들의 번역을 통해서였다. 예를 들면 아리스토텔레스의 물리학과 기상학은 12세기에 제라드에 의해, 동물학은 13세기 초에 마이클 스카트(Michael Scot, ∼1235년)에 의해 번역되었으며, 13세기 후반에는 아리스토텔레스의 거의 모든 이론서가 라틴어로 번역되어 알려지게 되었다. 히포크라테스, 갈렌 등의 그리스, 로마시대 의학과 아랍 의학서적들도 제라드를 비롯한 번역가들에 의해 13세기 후기까지 소개가 전부 끝났다.

그리스 이후 아랍시대에 이르기까지의 과학 유산은 13세기에 그 대부분이 라틴어로 번역되어 대량 흡수가 가능한 단계에 이르게 되었다. 이후 서구의 과학을 토대로 독자적인 발달을 할 수가 있었던 것이다.

4. 대학의 등장

고대 교육기관으로는 플라톤의 아카데미(Academy), 아리스토텔레스의 리케이언(Lykeion)에 이어 알렉산드리아의 프톨레미 1세(Ptolemy 1 Soter)가 세운 뮤제이언

(Musrion) 아랍세계에서는 집현전이 있어 연구와 교육을 담당했었다. 이후 12세기까지는 이와 같은 교육기관이 발달되지 못하다가 13세기부터 전문 교육기관으로서의 대학이 나타나기 시작했다.

그 시대에 문을 연 대학에 따라서는 그 역사를 10세기 이전까지 끌어올리고 있지만, 오늘날 우리가 아는 뜻 universitas(영어 표기 : university)가 처음으로 대학에 쓰여진 것은 13세기부터였다. 이탈리아의 볼로냐(Bologna), 프랑스의 파리(Paris), 영국의 옥스퍼드(Oxford)를 대표로 하는 수많은 대학이 13세기에 유럽 방방곡곡에 생겨나게 되었다. 그 시대 퍼듀(Padua), 나폴리(Naples)대학은 볼로냐와 함께 르네상스 이탈리아의 대표적인 대학으로 급성장했고, 옥스퍼드로부터 독립한 케임브리지(Cambridge)대학도 이때 태어났다. 이보다 약간 뒤늦게 스페인, 독일, 폴란드에서도 대학이 생겨 비엔나대학(1365년)이나 하이델베르크(Heidelberg)대학 등이 그 대표적 예이다. 대학은 교회 안에서의 학문 활동이 세속화되어 일어난 것이라고 말할 수 있다.

그 결과 성직자들만이 독점해오던 높은 수준의 학문은 대학교수에게로 전파되기 시작하면서 학문의 연구는 교회의 지배를 벗어나기 시작했다. 학문 세속화는 과학 연구를 보다 전문화시켰으며 동시에 연구의 자유와 비판의 자유를 길러 주었다. 중세 말기에는 새로운 학문 연구방식이 나오면서 절대적 권위를 갖고 있던 아리스토텔레스의 과학체계가 논리적 비판을 받게 될 수 있었던 것은 이런 시대적 배경이 있었기에 가능했던 것이다.

5. 실험정신의 싹틈

중세시대에 자연을 바라보는 기본적 태도는 고대 그리스의 플라톤과 아리스토텔레스의 논리적 관점 이후로 세속적으로 전통을 지속해 올 수 있었다. 그러나 이들의 사물을 바라보는 시각은 플라톤은 눈앞에 보이는 현상보다는 그 뒤에 있는 영원히 변하지 않는 이데아(eidos)의 세계에 깊은 관심을 가졌고, 아리스토텔레스는 실제 존재하는 현상(現象)을 중요시하고 그것을 과학의 대상으로 보았다는데 상대적 차이점을 연구하는 데 중점적 연구 과제에 놓이게 되었다.

플라톤이 지나친 관념론에 치우친데 반해 아리스토텔레스는 경험론의 입장을 중요시 하였었다. 이들을 서로 대립시켜 연구해 볼 때 중세 전기에서는 단연 플라톤의 시대였다고 하면 이러한 사상은 정리된 아랍어판 관련 서적들이 라틴어 등으로 번역되면서 재발견되었고, 아리스토텔레스의 사상체계는 특히 토마스 아퀴나스(Thomas

Aquinas, 1245~1274년) 같은 사람들의 노력으로 아리스토텔레스의 중요성과 그 가치를 더욱더 높일 수 있었다고 말할 수 있다. 이런 실험정신을 대표하는 인물로는 로버트 그로스테스트(Robert Grosseteste, 1175~1253년)와 그의 제자 로저 베이큰(Rogr Bacon, 1210~1293년) 등을 들 수 있다.

옥스퍼드대학의 초대 학장이었던 그로스테스트는 자연에 대한 모든 가설은 경험을 바탕으로 세워져야 한다는 새로운 과학방법론을 내세워 후세에 실험과학의 토대를 만들었던 학자로 이름을 남길 수 있었던 것이다. 그 가설로부터 도출된 결론은 다시 경험을 통해 그 옳고 그름이 판정되어야 하며, 만약 하나의 가설에서 연역해낸 결론이 경험적 사실과 어긋났다면 그 가설 자체를 버려야 한다는 것이 그로스테스트의 주장이었다.

수학적 연역방법과 실험적 검증을 강조하는 그의 과학방법은 갈릴레오 이후 일어난 근대 과학의 성립에 걸맞는 사건으로 인증되어 그로스테스트의 이름은 근대 과학 성립에 있어서 영원히 기억될 수 있었다. 또한 그는 빛의 형이상학이라 불리우는 독특한 이론을 주장했던 인물이었다. 이 이론이 완전한 그의 독창적 사고는 아니었다지만 신플라톤주의(Neo-Platonism)가 갖고 있던 순수 형이상학적이던 빛의 관념에 물리학적 의미를 부여한 이론으로 그의 공로는 매우 큰 업적으로 꼽을 수 있었다.

그에 의하면 하느님이 무에서 제일 먼저 원초적인 물질(Primordial matter)과 빛을 만들어 냈으며, 이 원초적인 물질은 공간성을 갖고 있지 않았으나 여기에 빛이 보태질 때 비로소 공간을 채우는 구체적 물질로 바뀌고, 그것이 비로소 인간의 오관을 통해 느껴지고 알게 된다는 이론이었다. 즉, 자연 속에서 일어나는 모든 운동이나 변화를 제대로 이해하기 위해서는 빛을 바르게 설명할 수가 있어야 타당성이 있으며 설명이 가능하다고 말했다. 오늘날의 장(field) 개념을 생각하게 해주는 그의 빛의 형이상학은 당시 널리 인정되어 13세기에 이르러 크게 발전하였던 광학연구의 기초를 열게 된 계기로 추측할 수 있었던 사건으로 충분했을 것으로 사료된다.

그로스테스트는 특히 광학에 깊은 관심을 가지고 무지개는 공기와 구름 사이의 햇빛을 뚫고 지나오면서 굴절하여 생긴다는 이론을 알아냈으나 그 이상 상세한 설명은 하지 못했었다. 그의 제자인 로저 베이큰은 스승과 거의 같은 사상을 갖고 있었다. 수학적 방법과 실험의 중요성을 강조한 그는 권위와 관습의 노예로 머물고 있었던 학문적 태도를 비난하고 자연에 대한 지식은 실험을 통해서만 얻어져야 된다고 강조했다.

로저 베이큰은 스승인 그로스테스트가 보지 못했던 아랍광학에 더욱 접근할 수가 있었다. 특히 그의 스승의 광학에 대한 관심과 아랍의 알하젠(Alhazen)의 광학연구에서 얻은 영향으로 자신 또한 빛의 연구에 몰두하게 되었다. 볼록렌즈의 확대현상을 연구한 베이컨은 역사상 처음으로 망원경의 가능성을 예언한 학자였다. 빛의 반사가 운동으로 전달되면 빛을 전파시키는 데는 시간이 걸릴 것이라는 그의 생각은 그 후 근대 과학이 이룩한 빛의 본질에 보다 가까운 의견이었던 셈이다. 망원경, 현미경 같은 것의 가능성을 예언한 베이컨은 또한 짐승의 힘을 빌지 않고 움직이는 수레(자동차), 하늘을 나는 기계(비행기), 물속에서 움직이는 기계(잠수함) 등을 개발하는데 토대를 만들었다고 해도 과언이 아닌 예언을 하게 될 수 있었다.

베이컨의 친구였던 피에르드 마리쿠르(Rierre de Maricourt 또는 Petrus Peregrinus)는 서양사에서 처음으로 자석에 관한 연구를 남긴 학자이다. 그는 체계적인 실험을 통해서 자석은 서로 다른 극만이 서로 잡아끌어 당기고 같은 극끼리는 서로 밀어낸다는 이론과 자석은 둘로 잘라도 양 두 쪽이 각각 자석으로 존재하게 되고 그리고 보통의 쇠도 자석으로 만들 수 있다는 것 등을 알아내었다. 그러나 자석이 남북을 향하는 것은 지구의 북극이 아니라 북극성을 향하는 것으로 설명하기도 했다.

이러한 경험과 실험의 중요성을 강조했던 새로운 성향의 학문체계는 13세기에는 이렇다 할 성과를 거둘 수 없었으나 이런 정신은 계속 계승되어 이탈리아에까지 전파되어 갈릴레오에게까지 영향을 주었을 것으로 오늘날 학자들은 생각하고 있다.

6. 아리스토텔레스 권위에 도전

아리스토텔레스의 자연관에 영향을 받았던 스콜라 철학을 대표하는 이탈리아의 신학자 토마스 아퀴나스는 우주란 물질로 충만 되어 있어 진공은 존재하지 않는다고 주장했다. 또한 질서정연하게 움직이는 천체의 모습을 보면서 그 움직임을 가능하게 했던 절대자의 존재를 확신할 수밖에 없다고 말했다. 우주의 신비 자체가 신의 존재를 증명할 수 있다는 그의 주장은 중세 말기부터 의심을 받게 되었다.

예를 들면 오캄(William Ockham, 1295~1349년)은 토마스 아퀴나스식의 신의 존재성에 대한 증명은 올바르지 않다고 판단했었다. 그에 의하면 아리스토텔레스의 운동이론, 즉 운동하는 물체는 계속적인 힘의 작용을 받아야만 운동을 계속할 수 있고 또 힘의 매개를 위해서라도 진공은 존재할 수밖에 없다는 이론을 반대하였다. 자석이 멀리 떨어진 쇠붙이에 힘을 작용시키는 현상을 예를 들어 오캄은 수레와 말의 경우와는 달리 서로 직접 연결되지 않은 것도 힘을 작용할 수 있다고 주장한 것이다.

그렇다면 힘에는 매개체에 의해 전달된다는 진공이 있을 수 없다고 주장한 아리스토텔레스의 이론이 더 이상 타당하지 않다는 원리를 알게 된 셈이 되었다. 특히 오캄은 임피터스(Impetus・추진력)를 주장하였으나 사실 그가 창안한 것은 아니었다. 6

세기 알렉산드리아의 이단적 사상가였던 존 필로포노스(John Philoponos, 490～570년)는 각 천체마다 천사 한 명씩에 의해 밀어주고 당기고 있다는 종래의 생각에 반대하여 하느님은 애초에 모든 천체가 시간의 흐름에 관계없이 원운동을 계속하도록 추진력을 주었다고 주장했다. 즉 천체가 지구둘레를 원운동 하는 이유는 마치 무거운 물체가 땅위에서 지구중심으로 떨어지듯이 하느님이 처음부터 그렇게 하도록 천체에 임피터스를 부여해 주었기 때문이라는 사고였다. 기독교들을 통해 유럽에 수입된 이 아이디어가 오캄에 의해 부활된 것이다.

하느님이 애초에 임피터스를 주면 될 일을 수많은 천사를 동원하여 복잡하게 운영했을 리가 없다는 존 필로포너스의 생각은 오캄으로 하여금 적은 것으로 할 수 있는 일을 많은 것으로 하지 않는다고 선언하게 된 동기가 되었고, 이를 면도날 원칙(razor principle)이라고도 말한다. 근대 과학자들의 자연관찰에 대한 기본 태도가 자연은 복잡한 방법보다는 간단한 방법으로 움직인다는 사상으로 볼 때 오캄의 이론이 곧 이런 태도에 대한 원천을 만들었다고 말할 수 있었던 것이다.

옥스퍼드의 오캄에 의해 부활된 임피터스설은 파리대학의 학장 진 뷰리단(Jean Buridan)과 그 후임자였던 알버트 삭소니(Albert Saxony) 등에 의해 계승되었다. 뷰리단은 아리스토텔레스의 운동이론을 부정하기 위한 증명을 하기 위해 팽이 운동을 예로 들었다. 제자리에서 빙빙 도는 팽이의 경우에는 실린 공기가 뒤에서 다시 밀어주는 그런 작용이 없음에도 불구하고 팽이가 운동을 계속할 수 있음은 임피터스설이 올바름을 알 수 있다는 것이었다. 또한 그는 임피터스란 물질의 양과 속도에 비례한다는 이론을 터득하게 된다.

14세기 진 뷰리단은 무게가 다른 물건이라도 공중에서 동시에 떨어뜨리면 같은 속도로 낙하한다고 주장하였고, 뒤이어 니콜 오렘 역시 같은 견해를 내세웠다. 이는 아리스토텔레스의 주장과는 상반된 이론으로 17세기까지 받아들여지지 않았으나 갈릴레이가 피사의 사탑에서 아리스토텔레스의 이론이 허구임을 증명함으로써 세상에 다시 빛을 보게 되었다.

알버트 삭소니는 투사체의 운동이란 처음에는 임피터스가 무게를 가질 때는 직선운동을 하지만 임피터스가 저항 때문에 약해지면서 무게에 의한 낙하운동과 복합되어 곡선운동을 하다가 임피터스가 아주 약화되면 낙하운동만이 남게 된다고 설명했던 것이다. 그는 또한 운동을 등속도 운동, 등가속도 운동, 불규칙 운동의 세 가지로 나누어 설명하기도 했다.

그 뒤를 이은 파리의 니콜 오렘(Nicole Oresme, 1320～1382년)은 처음으로 위의 세 가지 운동을 그래프로 그려 등속운동은 직사각형으로, 변속운동은 삼각형으로, 불규칙운동은 불규칙하게 운동한다는 사실을 포물선 그래프로 보여줄 수 있었다. 또한 수학, 점성술, 천문학에 밝은 그는 당대의 일류 경제학자로서 화폐에 관한 중요한 책을 남긴 학자이기도 했다. 또한 그는 고대 그리스의 지구 자전설을 부활시킨 사람으로도 알려져 있다.

모든 자연현상은 변화를 포함하고 있다. 그 변화를 기하학적 그림으로 표현할 수 있다는 인식은 17세기에 이르러 데카르트의 해석 기하학이 나옴으로써 더욱 발전할 수 있었고, 이 이론은 근대 과학의 기초가 되는 중요한 인식이었던 것이었다.

7. 갈릴레오의 선구자들

중세 과학과 근대 과학을 구별해주는 대표적 특성은 근대 과학이 수학화 되었다라고 볼 때 니콜 오렘까지의 학자들은 이미 근대 과학의 태도를 단편적으로나마 보여주었던 셈이 된다. 이들 이외에도 여러 중세 학자들이 자연현상의 수학적 이해를 위해 노력했고, 그 중 특히 대표적인 사람들이 옥스퍼드의 머튼대학(Merton College)의 학자들이었다.

계량학파라고 불리는 이들 학자 중에는 토마스 브래드워딘(Thomas Bradwardine, 1295~1349년), 리차드 스와인스헤드(Richard Swineshead, fl. 1344~1355년), 윌리암 하이티스베리(William Heytesbury, 1313~1372년) 등이 포함되어 있었다. 아리스토텔레스의 운동이론에서 물체의 운동속도는 그에 가해지는 힘에 비례하고 저항에 반비례한다[V = K(P / R)]는 이론에 반대하고 나선 브래드워딘은 그 대신 [V = KlogP / R]에 해당하는 식을 내세웠다. 즉 힘(P)이 저항(R)보다 작거나 같은 정도라면 운동은 일어나지 않는다는 사실을 보여주고 있는 이 주장은 옳다고는 말할 수 없으나 아리스토텔레스의 이론에 다른 이론을 통해 배격했다는 점에서 그 의미가 있었던 것이다.

이 학자들은 또한 등가속도 운동에 있어서의 통과거리는 초속도와 종속도의 평균속도를 가진 등속도 운동과 같은 시간 동안의 거리와 같다는 사실을 발견해냈다. 이것은 오늘날 머튼규칙(Mertonian Rule)으로 알려져 있지만, 이것을 그래프로 설명한 니콜 오렘을 기념하여 오렘의 규칙(rule of Oresme)으로 알려져 있기도 하다. 그 후 같은 머튼대학의 덤블튼(John Dumbleton, 1331~1349년)은 등가속도 운동에 있어서 통과거리는 시간의 제곱에 비례한다는 정확한 사실을 알아내었다. 그러나 그는 이와 같은 자연현상의 수학적 이해에도 불구하고 실험적 측면에서는 무관심하여 자유낙하운동에는 적용하지 않았다.

14세기까지의 스콜라 학파들이 발전시킨 자연관은 운동을 수학적으로 이해하려 했다거나, 운동량 또는 운동의 합성 또는 질(quality)을 계량화(quantification) 하려는 노력 등에서 놀랄 만한 발전이었고, 갈릴레오를 선구자로 불리울 만한 중요한 발전이었다는 것이 사실이었다. 그러나 그것은 단편적이었고 제한된 것이었다. 예를 들면 임피터스의 아이디어는 모체에서 추진력을 찾으려는 아리스토텔레스의 생각을 조금 바꿔 모체 대신 운동체에서 추진력으로 바꿔 설명할 뿐이었다. 오늘날 관성(inertia)의 이론에 의하면 정지하고 있는 물체에도 관성은 존재한다고 설명되지만, 중세 학자들의 임피터스 이론은 아리스토텔레스의 운동이론을 근본적으로 뒤흔들면서도 오히려 근대 과학보다는 그리스 과학에 더 가까웠다고도 말할 수 있는 단순한 이론에 불과했었기 때문이다.

이런 한계성을 가진 발전에도 불구하고 중세의 종말을 고하는 일대 지적혁명이 일어날 수 있었던 바탕은 지속적으로 성숙되고 있었다고 하겠다. 즉 실험정신의 등장으로 인하여 자연현상을 수학적으로 이해하기 위한 기초적 과정의 연속으로 근대 과학의 특성에 부분적으로 근접하여 발달되고 있었다고 말할 수 있었다.

제 8 장

과학혁명(17세기)의 태동

1. 과학혁명

과학혁명(scientific revolution)이란 표현은 오늘날 역사가들이 흔히 사용하는 단어가 되었으나, 이 말이 르네상스나 종교개혁처럼 서양사에 널리 쓰이기 시작한 것은 20세기 중반이 되어서부터였다. 프랑스의 과학사상가 알렉산드르 코이레(Alexandre Koyre, 1892～1964년)는 1943년에 처음으로 이 말을 쓰기 시작했는데, 과학혁명은 실질적으로 약 1550년에서 1700년 사이에 걸쳐 이루어진 것으로, 그리스와 아랍의 고대 과학에서 근대 과학으로 전환되었던 시점으로 자연에 대한 과학사상의 큰 변화를 일컫는 말로 정의할 수 있다. 현대에 있어서 과학의 위상이 더욱 커질수록 이러한 과학을 발전시키기 위한 과학혁명의 역사적 중요성은 보다 높이 인식되고 있는 실정이다.

과학혁명의 중요성을 평가했던 대표적인 학자는 영국의 근대사를 주도한 허버트 버터필드(Herbert Butterfield, 1900～1979년)를 꼽을 수 있는데, 과학혁명은 르네상스나 종교개혁과는 비교가 안 되는 서양사상에 있어서 가장 큰 혁명이었다고 주장한 인물이었다. 그는 르네상스란 중세적 정신적 표현에 불과하다면 종교개혁이란 기독교 내부에서의 작은 변화였다는데 비해, 과학혁명은 기독교 발생 이래 서양사적 의미로는 최대의 사건이었다고 말했다.

또한 영국의 철학자 버트란드 러셀(Bertrand Russell)은 그의 서양 철학사에서 근대 과학 발달의 태동은 17세기 이후로 보고 다음과 같이 설명한다. 만약 플라톤, 아리스토텔레스가 르네상스시대 이탈리아에서 다시 태어났다면 그 당시 이탈리아인들의 생각을 이해할 수 있었겠지만, 그들이 그 후에 태어나 뉴턴의 글을 읽었다면 과학이란 개념에 대해서 무슨 소리인지 전혀 이해하지 못했을 것이라고 말하고 있다.

그는 이처럼 17세기 이후 서양의 변화가 이전과는 전혀 다른 자연철학적 개념에서 이념과학으로 발전하는 단계였고, 그 원인은 바로 과학혁명에 있었다고 주장하였다. 수학자이며 철학자인 미국 하바드대학 교수였던 화이트헤드(Alfred N. Whitehead, 1861～1947년)는 아래 12명의 학자를 최고의 천재라 하였는데, 이들 중 10명이 과학사에 빼놓을 수 없는 석학으로 칭할 수 있었던 사실로도 과학이란 '천재의 세계'에서 얼마나 중요한 것이었음을 알 수 있었을 것이다.

① 프랜시스 베이컨(Francis Bacon)
② 윌리엄 하비(William Harvey)
③ 요하네스 케플러(Johannes Kepler)
④ 갈릴레오 갈릴레이(Galileo Galilei)
⑤ 르네 데카르트(Rene Descartes)
⑥ 블레즈 파스칼(Blaise Pascal)
⑦ 크리스티안 호이겐스(Christiaan Huyghens)
⑧ 로버트 보일(Robert Boyle)
⑨ 아이작 뉴턴(Isaac Newton)
⑩ 존 로크(John Locke)
⑪ 바뤼흐 스피노자(Baruch de Spinoza)
⑫ 고트프리트 라이프니츠(Gottfried W. Leibniz)

좁은 의미에서의 과학혁명은 1543년 코페르니쿠스(Nicolaus Copernicus)가 『천구(天球)의 회전에 대하여』라는 저서를 통해 시작된 것으로 보통 이해하고 있다. 이 책 속에서 코페르니쿠스는 지구가 유한한 우주 중심에 영원히 정지해 있다고 믿었고, 사실을 가정하여 자전과 공전이라는 천체운동에 대해서 주장할 수 있었으며, 지구가 둥글다는 학설을 주장할 수 있었을 것이다.

그의 태양 중심 지동설은 당시 공인되어 있던 아리스토텔레스의 우주관에 결정적인 반기를 들었다는 데 그 의미가 있다고 하겠다. 그의 뒤를 이은 티코 브라헤(Tycho Brahe), 갈릴레오, 케플러, 뉴턴 등은 바로 코페르니쿠스의 주장을 결정적으로 확인해 준 인물들로 아리스토텔레스의 절대성에 도전하게 된 계기가 되었다. 코페르니쿠스에서 뉴턴에 걸쳐 아리스토텔레스의 우주관은 완전히 물러나고 새로운 우주관이 확립되었다고 말할 수 있었다. 과학적인 측면에서만 본다면 이 학설을 계기로 과학혁명이 태동할 수 있는 계기가 되었다고 말할 수 있다.

과학혁명은 과학만의 혁명으로 끝나지 않고 지적인 면에서도 커다란 변혁을 가져와 자연을 보는 태도에서도 지식을 중심으로 하는 자연관으로 근본적인 변화가 일어난 것이었다. 이러한 의미에서의 과학혁명은 종교적이 아닌 세속적 태도였을 뿐 아니라 더 나아가 자연을 이용하여 인간이 필요한 힘을 얻을 수 있었다는 생각으로 발전해 나아갔다. 자연에 대한 이러한 태도 변화는 자연을 이해하는 데 실험과 관찰이 계획적으로 이루어져야 된다는 실험적 사고를 중시하게 되고, 그렇게 얻은 자연의 법칙성은 수학을 이용하여 표시되어야 한다는 지혜를 불러일으켰던 것이다. 그 후 이런 변화는 과학의 모든 분야에 이르기까지 혁명적 발달을 가능하게 해 주었다.

천문학과 물리학이 17세기에 근대화 과정을 거쳤다면, 화학의 발전은 18세기 말 라부아지에(Antoine L. Lavoisier, 1743~1794년)를 중심으로 화학혁명의 기틀을 만들었다고 말할 수 있다. 생물학은 19세기 중반 다윈(Charles R. Darwin, 1809~1882년)의 진화론에 의해 각각 근대화를 완성한 것으로 해석되고 있다. 이처럼 17세기의 과학혁명은 지적 혁명이었고 또 그것은 유럽사회를 근본적으로 뒤바꿔 놓는 지적 과학혁명 에너지가 되었다고 말할 수 있다. 한편 사회적인 측면에서 볼 때의 과학혁명이란 과학자가 비로소 독립된 전문가로 나타나는 계기가 되어 그 지위 또한 개인적으로 인정받게 되는 시대가 되었다 말할 수 있다.

18세기 까지만 해도 과학이란 말은 자연철학(natural philosophy)이란 개념으로 알려져 있었고, 19세기가 되어서 비로소 과학(science)이란 용어로 바뀌게 되었다. 직업의식을 가지게 된 과학자는 과학혁명 직후부터 생겨나 대학의 안팎에서 활약하기 시작했고, 그것이 20세기에 들어와서는 새로운 성직계급이라고 불리울 만큼 과학자는 어느 사회에서나 중요성을 인정받게 되는 사회계층이 되어 왔다. 그렇다면 가장 좁은 의미에서의 과학혁명이란 코페르니쿠스에서 시작되어 17세기에 전성기를 맞아 천문학적, 물리학적 혁명을 토대로 지적, 사회적 변화를 가져왔던 과학혁명의 태동기를 만들 수 있었던 조건을 만들 수 있었다고 할 수 있다.

넓은 의미의 과학혁명은 17세기 이후 19세기까지에 일어난 몇몇 과학 분야의 혁명적 변화를 함께 말하는 것으로 그로 인해 파생된 지적, 사회적 변화라고 말할 수 있다. 그러나 좀 더 포괄적으로 과학혁명의 뜻을 넓게 본다면 오늘날 이 순간에도 과학은 끊임없이 놀라운 변화를 계속하고 있고, 그 변화들은 인간의 미래에 예측 불허의 가능성을 갖고 있음을 우리는 알고 있다. 넓은 의미에서 과학혁명이란 17세기 이후 지금까지 줄곧 새로운 변화와 탐구에 의해서 계속되고 있는 셈이다.

2. 코페르니쿠스

과학혁명의 첫 타자였던 코페르니쿠스(Nicolaus Copernicus, 1473~1543년)는 후세에 과학혁명이란 말을 그의 저서에서 회전이란 말의 뜻이 바뀌어 태어난 표현이라고 역설한다. 그만큼 그의 명성은 서양사에서 최대 변환점을 장식하는 것으로 알려져 있었으나 그의 뒤를 이어 벌어진 서양사의 시대적 소용돌이는 전혀 예측치도 못했던 르네상스적 인간으로만 인식할 수 있었던 시기를 맡게 되었다.

폴란드 토론(Torun)에서 태어난 코페르니쿠스는 그 지방의 크라카우대학에서 의학을 배웠고, 30세가 넘을 때까지 르네상스의 본고장인 이탈리아 여러 대학에서 신학, 천문학, 수학, 법률, 의학 등을 공부했다. 10년 만에 고향에 돌아온 그는 의사로서 명성을 얻는 한편 교회에서 중요한 자리를 차지하고 있었다.

코페르니쿠스가 역사에 남게 될 수 있게 된 계기는 1543년에 출간된 『천구의 회전에 대하여(De Revolutionibus Orbium Coelestium)』란 그의 저서에서였다. 그가 거의 마지막 숨을 거둘 때에 인쇄가 끝났다는 이 책은 다음과 같은 점들을 내세우고 있었다. 밑에 제시한 5가지 이론을 근거로 지구는 둥글다는 이론을 말할 수 있었다.

① 태양은 세계의 중심에 위치하여 움직이지 않는다.
② 행성은 행성천구에 자리잡고 역시 움직이지 않으며, 종래 믿었던 것보다 훨씬 더 먼 거리에 있다.
③ 지구는 다른 혹성과 마찬가지로 태양 둘레를 공전한다.
④ 지구는 24시간에 한 번씩 지축을 중심으로 자전한다.
⑤ 달은 지구 둘레를 돈다.

코페르니쿠스가 이런 새로운 주장을 한 배경에는 우선 실질적인 요구가 깔려 있었음을 부인할 수 없다. 프톨레미의 우주관에 의하면 우주는 도형천구에 80개 가량의 주전원을 더한 아주 복잡한 모습으로 움직인다고 설명되었다. 그는 이런 복잡한 우주상을 자기 방식으로 하면 아주 간단해진다고 주장하고 나선 것이다. 아직 혹성의 궤도가 타원인줄 모르던 그였기에 코페르니쿠스는 복잡한 우주상을 아주 단순화시켜 그 결과 80개에서 30개 정도로 그 주전원을 줄이는 정도로 만족할 수밖에 없었다.

그의 새로운 주장은 또한 심미적 또는 종교적 동기에서 나타난 것이기도 하였다. 그의 책속에서 코페르니쿠스는 우주를 하나님이 창조한 신전이라 보고 그 신전을 비춰주는 태양을 촛불에 비유하면서 이 성스러운 신전을 비춰주는 촛불을 어디에 놓을 것인가에 대해서 의문점을 갖게 된다. 전지전능한 하나님은 우주를 프톨레미(Klaudios Ptolemaeos, 그리스 천문, 지리학자)의 우주상 이론에서처럼 우주란 복잡하게 만들어졌을 이유가 없다고 할 만큼의 독실한 기독교 신자로 코페르니쿠스의 태도를 발견할 수 있다.

이러한 동기에서 나온 코페르니쿠스의 지동설은 전혀 새로운 아이디어가 아니었으며, 이미 그리스 시대에 아리스타코스(Aristachos, BC 310～230년)에 의해 지구의 자전과 공전을 주장한 일이 있었음을 소개한 바가 있다. 또한 중세 후기에 니콜, 오렘 등은 지구의 자전을 주장했고, 그 시대의 여러 학자들도 비슷한 의견이 있었다고 알려져 있다. 그 후 쿠사누스(Nicolaus Cusanus, 1401～1464년) 같은 학자는 지구가 정지하고 있지 않으며, 다른 혹성과 마찬가지로 움직인다는 좀 막연한 표현을 한 적도 있다. 중세 후기부터 많은 학자들은 고대로부터 전해 내려오는 우주 이론들에 대해 의심을 갖게 되었고, 새 우주 이론들을 찾고 있었다. 코페르니쿠스 또한 그 중의 한 사람이었고, 특히 그리스 시대의 지동설에 자극받아 자기주장을 하게 된 계기가 위기의식에서였을 가능성이 크다고 볼 수 있었다.

코페르니쿠스의 학설은 기독교 중심적 사회에 즉각적인 반대이론을 불러일으켜 가톨릭계의 반발 또는 탄압을 받은 것으로 오보되고 있으나 사실은 그렇지 않았다. 우선 그는 가톨릭교회의 성직자들과 잘 알고 있었을 뿐만 아니라 1543년 책이 출간되기 전에도 두 차례나 그 요약부분을 여러 사람에게 읽힌 적이 있었다. 그의 책 서문에는 어쩌면 코페르니쿠스가 전혀 몰랐던 내용이 담겨져 있는데, 그 부분은 루터학파의 오시안더(Andreas Osiander)가 덧붙인 서문으로 그의 학설은 실제 우주의 모습을 그리려는 것이 아니라 하나의 수학적 가설이라고 못 박았기 때문에 압박을 피할 수 있었을 것으로 사료된다. 이래저래 코페르니쿠스의 저서 『천구의 회전에 대하여』는 50여 년간 신교, 구교 어느 쪽에서도 심한 반발은 받지 않았던 것이다.

그 후 덴마크의 천문학자 티코 브라헤(Tycho Brache)는 천문 관측부분에 놀라운 성과를 거두었고, 그 천문 관측의 자료를 토대로 요하네스 케플러(Johnannes Kepler)는 혹성운동을 타원운동으로 설명할 수 있었다. 이런 가운데 코페르니쿠스의 태양 중심 지동설은 코페르니쿠스 본인도 상상하지도 못하는 엉뚱한 방향으로 발전되어 갔다.

3. 티코 브라헤

귀족 출신의 티코 브라헤(Tycho Brache, 1546～1601년)는 코펜하겐대학에서 정치가가 되려고 공부를 시작한 지 1년 만에 일식을 보고 천문학에 관심을 갖게 된다. 그 후 평생을 천문 관측에 일생을 바쳤다. 1572년 신성(新星, nova : 보이지 않을 정도로 어두운 항성이 단기간에 수만 배 밝아졌다 사라지는 격변성의 일종)의 발견으로 명성을 떨친 티코 브라헤에게 덴마크 왕은 흐벤(Hveen)섬을 주어 천문 관측을 마음껏 하게 했고 많은 연구비도 주었다. 이 섬은 당시 세계에서 가장 잘 설비된 천문 관측소를 설치하여 대략 20년간 망원경이 사용되기 이전의 천문학 사상 가장 훌륭한 관측기록을 남겼다.

1572년 11월 11일 저녁 하늘을 관측하던 그는 별이 없던 곳에서 새로운 별을 발견하게 되었고, 이를 다른 사람들도 어디에서든 똑같이 별을 볼 수 있음을 확인한 그는 이 사건을 세계 창조 이래 자연계에서 일어난 최대의 기적이라고 생각했었다. 그도 그럴 것이 그리스시대 이래 서양 사람들은 하늘은 완전한 세계로 아무런 변화도 일어날 수 없다는 생각에 빠져 있었기 때문이다. 즉 기독교적 절대성에 빠져 창조의 신화에 대해 신의 위치를 굳건히 이해하고 있었기 때문이었을 것이다.

천체의 조직적 관측과 별의 운동에 수학적 처리를 위한 고대 그리스 천문학자 히파르코스(Hipparchos, BC 190~120년경)는 신성(新星)을 처음 발견했었지만 하늘의 완전성을 믿었던 당시 상황에서 웃음거리에 그쳐버렸던 사건으로 처리될 수밖에 없는 시대적 배경이 있었다고 말할 수 있었을 것이다. 그 이후 신성이 발견되기는 티코 브라헤가 처음이었던 셈이다. 하늘은 완전하다는 선입견이 없었던 동양에서는 신성을 객성(客星)이라 불렀고, 우리나라에서도 삼국시대 이래 심심치 않은 천문 관측에 있어서의 객성의 존재가 기록되어 있었다. 이리하여 하늘에서는 새로운 것이 나타날 수도 없어질 수 없다는 아리스토텔레스적 선입관은 신성의 발견에 의해서 파괴되기 시작했을 것으로 추측할 수 있었을 것이다.

그 후 아리스토텔레스적 사고에 결정적인 타격을 준 사건이 5년 후인 1577년 그가 관측한 혜성(彗星, comet)이다. 그때까지 혜성이란 월면 아래의 대기 중에서 일어나는 현상이라고 믿어 왔지만 티코 브라헤는 그 혜성이 적어도 달보다는 더 멀고 화성보다는 더 가깝다는 사실을 증명해냈다. 하늘에서는 아무런 새로운 일들은 생길 수 없고, 혜성은 대기의 상층부에서 일어난 현상이라는 아리스토텔레스적 자연철학은 올바르지 않다고 티코 브라헤는 기록하고 있다.

코페르니쿠스가 이론적 천문학으로 아리스토텔레스의 자연체계에 반발하고 나섰다면, 티코 브라헤는 실증을 통해서 아리스토텔레스 우주관의 근본을 뒤집어 버린 것이다. 티코 브라헤는 코페르니쿠스와는 달리 수성, 금성은 지구둘레를 도는 것이 아니라 태양둘레를 돌고 그 태양이 수성, 금성을 거느리고 지구둘레를 돈다고 믿었던 것이다(티코의 우주체계, Tychonic System).

티코 브라헤는 죽기 1년 전 수학적 재능이 뛰어난 케플러를 그의 곁에 불렀는데, 그가 젊은 케플러에게 바란 것은 20년간 모은 본인의 관측 자료를 이용하여 자기의 우주관을 증명해 줄 것을 기대했기 때문이었다. 그러나 그의 기대와는 달리 코페르니쿠스설을 믿고 있던 케플러는 별로 관심을 갖지 않았지만 시간이 지나 티코 브라헤의 관측기록을 입증하여 결국 타원궤도설을 확립하게 된다. 그 후 케플러에 의해 행성의 법칙이란 새로운 이론을 확립하게 된 계기가 되었다.

4. 케플러

고대 그리스 시대의 사상가들은 완전한 세계인 하늘에서는 모든 천체가 완전 원운동을 한다고 믿었고, 이런 믿음은 중세까지 뒤흔들림이 없이 계승되어 왔으며, 코페르니쿠스와 티코 브라헤도 천체의 원운동을 굳게 믿고 있었다.

이 학설을 파괴하고 타원궤도설을 주장한 것이 케플러(Johannes Kepler, 1570～1630년)이다. 남서독일의 바일(Weil)시에서 태어나 튜빙겐(Tubingen) 대학에서 공부한 케플러는 졸업 후 전문학교 수학교사가 되었다. 코페르니쿠스의 우주관을 받아들이고 있던 24살의 케플러는 『우주의 신비(Mysterium Cosmographicum)』라는 저서에서 지구를 포함한 6개의 혹성은 서로 일정한 거리로 떨어진 궤도에서 서로 부딪히지 않고 원운동을 할 수 있을까 하는 의문을 처음으로 해결했다고 생각했던 것이다.

그에 의하면 지구 밖에는 정12면체가 외접하고 있고, 다시 거기에 외접하는 구형 위에 화성의 궤도가 있다는 이론이다. 또 화성 밖에는 그에 외접하는 정4면체가 있고, 그에 외접하는 구형 위에 목성궤도가 있다고 그는 주장했다. 이런 식으로 당시 알고 있던 수성, 금성, 지구, 화성, 목성, 토성의 사이에는 정8면체, 정20면체, 정12면체, 정4면체, 정6면체가 각각 접하도록 우주는 구성되어 있다는 것이다. 우주에는 6개의 혹성만이 존재하고, 기하학적 완전다면체가 5개만이 존재하는 까닭은 바로 이것들이 이처럼 서로 연관되었기 때문이라는 케플러의 주장 또한 과학적 근거에 의한 결론에 의해 얻어진 것은 아니었다.

케플러의 이러한 발상은 그리스의 플라톤이 4원소의 이상상태를 정다면체로 보려던 생각과 그 축을 같이 하는 것이었다. 케플러는 현상보다는 수학적이고 기하학적 이상상태를 그려보려는 태도를 보여준 것이고, 그런 점에서 그는 틀림없이 플라톤적인 사고구조를 가진 과학자였을 것이다. 혹성의 수가 9개로 늘어나면서 케플러의 생각은 완전히 역사 속의 유물적 학자로 되었지만, 그의 저서는 당시 최고의 천문학자였던 티코 브라헤의 관심을 끌 수밖에 없었다.

결국 그의 업적은 티코 브라헤의 관측 자료와 혹성의 이론적 운동 사이에 모순이 있다는 것을 해결하려는 것에서 시작되었다. 여러 가지 원궤도를 결합하고 이심현상까지를 인정해도 원궤도로는 실제 관측 결과와 맞는 화성운동의 모델은 구할 수가 없었기 때문이다. 그러나 그 시대 오차란 의미는 프톨레미나 코페르니쿠스처럼 관측의 잘못으로 돌려버리고 넘어갈 정도의 사소한 사건이었지만 케플러는 그 오차에 대해 관심을 갖게 된다. 티코 브라헤의 철저한 관측 기술을 케플러는 충분히 믿을 수 있었던 관측 자료를 신뢰하며 케플러는 70여 번이나 화성 궤도의 모델을 바꿔보았고, 그 결과 어쩔 수 없이 원궤도를 버리고 타원궤도를 이용하여 그 오차 범위를 해결할 수 있도록 케플러는 만족한 결과를 얻을 수가 있었다.

1609년 그는 새로운 천문학(Astronomia nova)이란 저서에서 케플러의 3법칙 중 처음 두 법칙을 발표했다. 혹성(惑星, Planet : 행성이라고도 하며, 항성 주위를 도는 스스로 빛을 내지 못하는 천체)은 타원궤도를 그리며, 태양은 그 초점이 하나라는 제1법칙(타원궤도의 법칙)을 1605년에 발표하게 되었고, 면적속도 일정의 법칙이라 알려진 제2법칙은 그보다 3년 앞선 1602년 발견되었다. 원형의 매력으로부터 벗어나 타원궤도를 발견하는 어려움을 여기서도 엿볼 수 있다. 혹성의 공전주기와 공전궤도의 반지름과의 관계를 설명한 혹성운동의 제3법칙은 1619년 발표되었다.

기하학적인 완전다면체를 이용하여 혹성의 배치관계를 설명하려 했던 케플러는『우주의 조화(Harmonicus Mundi)』라는 저서에서 그 배치가 일정한 비례관계를 갖고 있음을 증명해 낸 것이다. 원운동은 자연적으로 일어난다는 믿음이 이미 그 시대에는 널리 퍼져 있었기 때문에 놀라운 그의 업적에도 불구하고 타원궤도설은 이렇다 할 반응을 얻지 못했고 관심이 없었던 것이다.

케플러는 오랫동안 그 문제를 생각해 봤으나 그때까지만 해도 관성의 개념을 이해하지 못했던 그는 천체의 움직임을 계속적인 힘의 작용이라는 테두리 안에서만 생각했던 것이다. 그는 결국 태양은 천체에 어떤 힘을 계속 작용하고 있다고 믿었는데, 이런 생각은 천체의 힘은 거리의 제곱에 반비례하는 것으로 만유인력의 개념까지 거의 접근한 이론이었었다. 그러나 그 올바른 관계를 수학적으로 밝혀낼 수 있었던 케플러의 수수께끼(왜 타원궤도로 운동할까)를 완전히 해결한 사람은 뉴턴이었다.

5. 갈릴레이

케플러와 같은 시대를 살았던 갈릴레오 갈릴레이(Galileo Galilei, 1564~1642년)는 흔히 근대 물리학의 창시자로 불리울 만큼 커다란 발자취를 후세에 남겼다. 천문학에 관한 그의 업적은 망원경의 발견으로 인한 새로운 천체 관측과 코페르니쿠스 설을 지지하는 책을 출간하여 종교재판까지 받은 사건에 대한 기록을 두 가지로 나누어 살펴 볼 수 있다.

망원경은 1608년 홀랜드(Holland, 현 네덜란드의 한 지역으로 통일 전 가장 세력이 컸던 곳) 사람 한스 리퍼세이(Hans Lippershey)가 처음으로 만들었다. 그러나 망원경을 만드는 원리에 대해서는 이미 그 이전 로저 베이컨(Roger Bacon, 1214~1294년경)에 의해 몇 백 년 앞서 예언한 바가 있었다. 갈릴레이는 어느 네덜란드인이 렌즈 두 개를 이용하여 망원경을 만들었다는 소문에 자극을 받고 1609년 망원경을 만들기에 성공한다. 피사대학과 퍼듀대학의 수학교수였던 그가 세계적 명성을 얻게 된 것은 망원경을 이용한 천문학적 업적이 나오면서 시작되었다고 해도 과언이 아니다.

1610년 그는 우선 『별의 사자(Siderius Nuncius = Starry Messenger)』란 저서를 남기고 거기에 망원경을 이용한 천문관측 결과를 계속 발표하였다. 그가 망원경을 발견한 사실은 당시까지는 아무도 상상하지 못했을 하늘은 무수히 많은 별들로 덮여 있다는 이론을 망원경을 통해 관측하고 진실로 만들었던 것이다. 우선 달 표면이 지구와 마찬가지로 산과 들과 계곡이 있는 듯 울퉁불퉁한 것을 관찰하였고, 은하수가 무수히 많은 별들의 모임이라는 것을 밝혀낸 그는 망원경을 통해 태양이 자전한다는 사실과 그 위에 나타나는 흑점을 발견해냈다. 또한 그는 금성(金星, Venus)에는 달처럼 찬 곳과 얼음이 어울려 있는 것도 알았고, 목성(木星, Jupiter)에는 네 개의 달(위성)이 있다는 사실도 발견하였다.

이 모든 발견은 한마디로 아리스토텔레스적 우주관의 종말을 가져오는 결정적 증거들이었다. 앞서 얘기한 것처럼 티코 브라헤의 신성이나 혜성의 보고는 '완전한 영원불변의 하늘'이라는 중세까지의 천문사상을 부인하는 좋은 증거가 되었다. 목성 둘레를 도는 4개의 위성이 있다는 것으로 목성에는 천구(天球)가 없음을 증명해 주었고, 천구란 어느 곳에도 없으리라는 것은 쉽게 짐작이 가는 일이었다. 망원경의 발명은 불완전하고 변화가 심한 하늘을 인간에게 드러내 주었고, 그 관측 결과는 별들이 한 개의 천구에 다닥다닥 박혀 있지 않음을 보여 주던 중요한 계기가 되었다.

사실 '우주 무한설'에 대해서는 망원경이 나오기 전 이미 갈릴레이는 같은 시대에 우주 무한설을 주장한 사람이었다. 그 후에도 우주는 무한하고 그 속에서 지구란 한 낱 작은 티끌에 불과하다는 브루노(Giordano Bruno, 1548~1600년)의 주장은 중세 기독교 사상을 위협하였을 뿐 아니라 그밖에도 정통 기독교가 인정할 수 없는 여러 사상을 들고 나선 결과 교황청은 1600년 로마에서 브루노를 화형에 처한 계기가 되기도 하였다. 즉 기독교에 대한 사상에의 도전으로 보았던 것이다.

이런 분위기 속에서 망원경에 의한 여러 별자리의 발견은 브루노가 주장하던 기독교에서의 이단적 학설을 지지해주는 결과가 되었었다. 교회가 위협을 느낀 것은 당연한 일이었고, 교황청의 보수파들은 마침내 1616년 갈릴레이에게 코페르니쿠스설을 지지해서는 안 된다는 명령을 내렸으며, 이어서 교황청은 지동설이 잘못된 설이며, 성서의 가르침에 어긋나는 것이라고 공식화하였다.

그럼에도 불구하고 갈릴레이의 두 번째 업적은 1632년『두 가지 세계상에 관한 대화(Dialogo dei due massimi sistemi del mondo)』라는 책을 저술한 것이다. 1616년 교황청의 결정이 교회의 앞날을 어둡게 한다고 믿은 갈릴레이를 불러들여 잘못된 지동설을 설명하기 위해 교황 우르바누스(Urbanus) 8세는 여섯 번이나 갈릴레이를 교화시키기 위해 만났다 한다. 그러나 보수파의 강한 반대 앞에 교황이 갈릴레이에게 베풀 수 있던 호의는 천동설과 지동설을 소개하되 어느 쪽이 옳다고 하지 않는 조건으로 책을 써도 좋다는 허락을 하게 되었다.

그러나 이 책『두 가지 세계상에 관한 대화』에서 한 사람의 사회자와 두 사람의 대립되는 의견을 가진 등장인물을 통해 얼핏 보기에 공정하게 토론을 펼쳐가고 있다. 하지만 그 내용을 상세히 살펴보면 아리스토텔레스와 프톨레미를 대변하는 등장인물은 좀 우둔하게 그려져 있음에 반해 코페르니쿠스설의 대변자는 재치 있고 똑똑한 인물로 그려져 있었다. 이러한 이론은 분명히 갈릴레이는 약속을 저버린 셈이었고, 이것이 교황을 노하게 만든 계기가 되었다.

1633년 갈릴레이는 이단심문소에 불려가 유죄판결을 받고 코페르니쿠스설을 배척하겠다는 약속을 하게 된다. 재판을 마친 후 문을 나서면서 갈릴레이는 "그래도 그것(지구)은 돈다(Eppur si muove)"라고 말했다고 전해지고 있다. 갈릴레이의『두 가지 세계상에 관한 대화』는 케플러의 책과 더불어 금지서 목록에 올라 가톨릭교회는 1835년까지 이를 해제하지 않았다 한다. 그 후 갈릴레이는 죽을 때까지 가택연금 상태에서 평생을 보냈지만, 이 시기에 발표한『역학연구(1638년)』라는 그의 저서는 근대 물리학의 시작이라고도 할 만큼 큰 업적으로 근대 물리학의 아버지란 칭호를 나중에 받게 된 계기가 된 것이다.

오늘날 일반인은 물론 역사가들까지도 갈릴레이라면 금방 생각하는 것은 바로 1632~1633년 사이에 벌어졌던 그에 대한 과학이론 사상의 탄압이었다고 알고 있다. 이 사건으로 교회는 점점 진보적인 지식층으로부터 신망을 잃은 것도 사실이고, 서구 사상사에 크나큰 하나의 오점으로 큰 갈림길이 되었던 것도 사실이다.

6. 역학발달의 선구자들

지금까지 다뤄온 천문학의 발달은 우주의 구조를 두고 전개되어 온 이론이었다면 여기에서는 왜 천체는 그렇게 움직이느냐는 운동적 문제에 대한 이론에 관심을 갖게 되었다. 처음에는 천체의 운동문제는 그리스시대 이래 선입견을 좇아 모든 천체는 완전한 원운동을 한다고 믿어왔다.

케플러가 타원궤도 설을 제창하긴 했지만 원궤도설을 믿고 있는 사회적 분위기에서 천체운동에 대한 이유를 설명할 필요가 없었다. 중세 말기의 일부 학자들이 임피터스설 등 관념적인 역학(力學, dynamics : 물체 간에 작용하는 힘과 운동에 관한 연구를 하는 학문) 연구를 진행한 것은 사실이지만 그들의 이론과 실험을 통해 실증하려는 태도는 보이지 않았었다. 이 태도에 변화를 준 사건이 이탈리아에서 시작된 르네상스시대(Renaissance)의 도래로 볼 수 있다. 르네상스의 예술가, 기술자들은 높은 교양과 기술을 담아가며 경험을 통한 지식을 숭상하는 장인적 전통을 갖고 있었다.

과학혁명을 특징짓는 실험과학 또는 자연현상의 수학적 이해 등은 바로 이탈리아의 장인 전통에서 생긴 것이라고도 말할 수 있다. 그 대표적 인물은 르네상스를 대표하는 레오나르도 다빈치(Leonardo da Vinci, 1452～1519년)이다. 백과사전적인 취미와 재능을 갖고 있었던 다빈치는 실험을 통해 여러 가지 건축문제를 연구했는데, 기둥이 견뎌낼 수 있는 무게는 그 기둥의 두께에 비례하고, 길이에 반비례함을 발견하기도 했다.

다빈치보다 앞서 역학연구에 공헌한 사람으로는 타스타글리아(Tarstaglia, 1500～1557년)를 들 수 있다. 정규교육을 받지 못한 기술자였던 그는 1546년 탄약, 탄도 등의 문제를 포함한 전술에 관한 책을 지었는데, 임피터스설을 이용하여 투사체의 운동을 올바르게 설명할 수가 있었다. 그는 또한 실험을 통하여 대포알이 가장 멀리 날아가기 위해서는 대포를 45° 각도 위로 향하고 쏘아야 한다는 포물선 이론을 말하기도 했다. 르네상스시대 이탈리아에는 많은 기술자들이 대포에 관한 여러 가지 문제를 연구하고 있었는데, 그 이유는 화약이 서양에 전달된 후 그 이용이 급속히 확대되어 가고 있었기 때문이다.

네덜란드의 수학자이고 물리학자, 군사기술자인 시몬 스테빈(Simon Stevin, 1548～1620년)은 갈릴레이에 앞선 가장 훌륭한 역학(力學) 연구자로 인정되고 있다. 흔히 우리들은 피사의 사탑에서 갈릴레이가 같은 높이에서 자유 낙하하는 모든 물체는 무게와는 관계없이 똑같은 속도로 떨어진다는 낙하법칙을 처음 실험한 것으로 알고 있지만, 이 실험은 1586년 스테빈에 의해서 처음 실시되었던 것으로 알려져 있다.

스테빈은 1586년에 출간한 『균형의 원리』란 저서에서 고체의 정역학(靜力學, statics)과 유체의 정역학을 다루었고, 도르래의 이론을 발표하여 가상변위의 원리(Principle of Virtual Displacement)에 대해 설명했다. 특히 그의 '힘의 평행사변형 법칙'은 역학 발전사에 매우 중요한 업적으로, 오늘날 수학의 벡터(vector)의 합성에 대한 기초를 만든 계기가 되었다. 그밖에 부력의 연구와 간단한 기계의 작용에 관한 그의 업적은 고대 아르키메데스가 이룬 업적을 계승 발전시킨 것으로 해석된다.

7. 근대 역학의 탄생

서양사에 있어서 근대적 전환에 관한 가장 큰 영향을 남겼던 갈릴레이는 과학적인 측면에서는 근대 역학의 창시자였다. 앞에서도 밝힌 바와 같이 중세(서로마제국의 멸망에서 동로마제국의 멸망한 때인 476～1453년) 학자들의 역학연구 방법이 주로 사변적이었다면 르네상스시대(14～16세기)에서는 실험을 토대로 수학적 전개를 꾀했다는 차이가 있다고 말할 수 있었을 것이다. 이런 장인 전통을 학자적 전통과 결합시킨 사람이 피사대학 등의 교수를 지낸 갈릴레이였다. 1633년 말썽의 씨앗이 되었던 『두 가지 세계상에 관한 대화(1632년)』에서 그의 역학체계의 일부를 사용한 갈릴레이는 그 후 『두 가지 신과학에 관한 논의』 또는 『신과학과 대화, Discourses Concerning Two New Sciences(1638년)』로 알려진 책을 썼다. 이 책이 갈릴레이 역학을 집대성한 것이며, 근대 물리학의 문을 활짝 열어준 역사적 작품이었다.

갈릴레이는 운동의 상대성을 설명하면서 여객선처럼 큰 배안에서는 육지에서와 똑같이 배구도 농구도 테니스도 할 수가 있는데, 이 경우 배안에서 일어나는 모든 운동, 공의 움직임 같은 것을 알고서도 배가 정지한 것인지 일정한 속도로 움직이고 있는지 알 수 없다고 지적했다. 즉 배안에서의 운동은 배가 지구 표면에서 하고 있는 운동과 서로 상관이 없음을 보여준 것이다. 자연운동과 강제운동으로 모든 운동을 설명한 아리스토텔레스의 방식은 복잡한 운동을 서로 무관한 두 가지 운동의 결합으로까지는 보지 못했었다. 이것을 갈릴레이식으로 보면 포탄의 운동은 등속도 직선운동(강제운동)과 자유낙하운동(자연운동)의 두 가지로 분리해 생각할 수 있어 운동의 연구는 더욱 단순하게 되었던 것이다.

오늘날 관성의 법칙은 운동의 기본 법칙으로 밖에서 아무 힘도 가하지 않으면 물체는 정지해 있거나 또는 등속도 직선운동을 계속한다는 이론이다. 등속운동의 유지를 위해서는 외부의 힘을 필요로 하지 않는다는 갈릴레이의 생각은 아리스토텔레스 물리학이 어떤 운동이건 계속되기 위해서는 지속적인 힘을 받는다는 것과 반대되는 의견이었다. 그러나 갈릴레이가 생각한 관성은 좀 부족한 부분이 있었다.

그는 직선상의 운동을 관성운동으로 파악한 것이 아니라 지구 자체의 원운동과 지구중심의 둘레에서 동심원을 그리며 일어나는 운동을 관성 때문으로 그릇 판단했던 것이다. 그 결과 갈릴레이는 코페르니쿠스가 만족하게 설명할 수 없었던 문제를 해결해 준 셈으로 코페르니쿠스 이래의 지동설에 역학적 근거를 제공해 준 셈이었다. 운동의 상대성을 주장함으로써 지구의 운동이 지상에 있는 물체의 운동에 영향을 주지 않는다는 것을 보여주었다. 또한 불완전하나마 관성의 법칙에 의해서 무거운 지구가 어떻게 자전을 계속할 수 있는가 하는 의문에 해답을 주었다. 이처럼 근대 역학은 지동설의 근거를 제공하면서 성장했던 셈이다.

낙하에 있어서 등가속도 운동을 제창한 갈릴레이의 또 한 가지 역학상의 공헌은 자유낙하 이론이다. 아리스토텔레스 물리학에 의하면 물체의 자유낙하 속도는 그 무게에 비례한다고 말하는데, 즉 열배 무거운 물체는 열배는 빨리 떨어진다는 이론이다. 이 생각이 틀렸다는 것은 이미 스테빈의 실험에 의해 증명된 바 있었고, 갈릴레이도 피사의 사탑에서 낙체실험을 통해 아리스토텔레스의 이론이 틀렸다는 사실을 알게 되었다.

갈릴레이는 10미터쯤 되는 긴 재목에 홈통을 파고 그 재목을 높고 낮게 각도를 바꿔가며 여러 가지 노면에서 공이 굴러 내리는 속도를 측정한 결과 낙하거리는 시간의 제곱에 비례한다는 낙하법칙을 알아냈다. 처음에 낙하속도는 낙하한 거리에 비례하리라는 잘못된 생각으로 출발했던 갈릴레이는 수많은 실험을 통해 올바른 결론을 이끌어내는 데 성공했다. 자연현상을 수학화했다는 점과 그것을 계획적 실험을 통해 증명했다는 것에서 갈릴레이는 근대 과학의 기초를 처음 실행한 과학자라고 찬양을 받을 만하다. 갈릴레이 이후 물리학은 수학과 불가분의 관계를 가지면서 크게 발달해왔고, 그 전통 속에 실험은 언제나 절대적 중요성을 갖게 되었다.

8. 천문학과 역학의 종합 - 뉴턴

케플러가 발전시켜 온 새로운 천문학과 갈릴레이가 이룩한 역학은 뉴턴에 이르러 하나로 모이게 되었다. 거기서 뉴턴이 발견한 것은 하늘에서의 모든 운동과 땅에서의 운동은 서로 다르지 않다는 사실이었다. 아리스토텔레스 이래 하늘과 땅의 세계를 본질적으로 다르게 보았던 태도는 이제 그 대안을 발견하게 되었다.

달이 지구둘레를 회전하는 것이나 사과가 나무에서 떨어지는 현상은 서로 다른 것이 아니라 같은 운동법칙 체계 속에서 설명될 수 있다는 것이 확실해졌다. 뉴턴은 아리스토텔레스가 설 땅을 완전히 앗아버린 셈이었다. 사과가 떨어지는 것을 보고 그의 만유인력의 법칙을 알아냈다는 전설이나 너무 연구에 몰두하다가 달걀대신 회중시계를 끓는 물에 삶았다는 일화들은 뉴턴의 과학적 업적보다 널리 알려진 그의 과학적 사고가 얼마나 열성적이었는가를 표면적으로 나타낼 수 있었던 일부분이었을 것이다.

아이작 뉴턴(Isaac-Newton, 1642~1727년)은 역사 속의 다른 천재적 과학자들과 달리 대학을 졸업할 때까지도 별로 천재성을 보이지 않았고, 이렇다 할 취미도 갖지 않았던 사람이었다. 영국 링컨셔(Lincolnshire)의 농부의 유복자로 태어난 그는 재혼한 어머니 밑에서 경제적으로는 어려움 없이 자랐다. 그는 케임브리지대학에 들어가서도 평범한 학생이었는데, 그가 23살이 되던 해인 1665년 페스트가 크게 유행하여 런던 시민의 10분의 1이 죽어가는 엄청난 사건이 일어났다. 케임브리지대학은 이 전염병 때문에 그 해 여름부터 1년 반 가량 장기 휴교에 들어갔다.

뉴턴이 자기 생애 중 가장 생산적이었다고 회고한 이 시기에 그는 2항정리와 미적분 같은 수학적인 업적, 프리즘을 이용한 빛의 본질 연구와 반사망원경 등 광학에서의 업적, 그리고 만유인력으로 대표되는 역학과 천문학의 업적이 모두 싹터 자라있었다는 것이다. 평범하기만 해 보이던 뉴턴의 숨은 천재성이 갑자기 폭발한 것인지도 모른다. 그의 이러한 업적은 오랜 시간을 두고 한 가지씩 발표되었고, 1687년 대표적인 저서 『만유인력의 법칙』이 출판되었다.

젊은 날을 과학에만 바친 뉴턴은 나이가 들면서 관계(官界)에도 진출하여 조폐국장을 지낸 일도 있었고, 신학에도 깊은 관심을 가졌는가 하면 연금술에도 몰두한 적이 있었다. 그 결과 이런 방면에도 수많은 글을 남겼는데, 20세기 초 영국의 저명한 경제학자 케인즈(John M. Keynes)가 그를 최후의 마술사이며, 최초의 과학자라 부른 것은 바로 이 때문이다. 그러면 뉴턴을 과학자의 대표처럼 만든 그의 업적(천문학과 신학)은 어떤 것이었던가?

앞에서 설명한 것처럼 코페르니쿠스 이래 여러 학자들은 혹성이 지구 아닌 태양둘레를 돈다는 것을 주장하였고, 케플러는 그 궤도가 원 아닌 타원임을 보여주기도 했다. 도대체 혹성이나 달을 회전시켜 주는 힘이란 어떤 것일까? 왜 다른 운동은 하지 않고 타원운동을 하는 것인가? 또한 뉴턴 이전에도 몇몇 학자들은 인력을 생각하고 있었다 하지만 그것은 거리의 제곱에 역비례 하는 힘일 것이라고 생각하고 있었다.

예를 들면 이탈리아의 수학교수 조반니 보렐리(Giovanni A. Borelli, 1608~1679년)는 1666년에 발표한 저서에서 혹성이 원운동을 하는 까닭은 태양이 혹성에 미치는 힘이 그 혹성이 태양에서 떨어져 달아나려는 힘과 똑같기 때문이라고 설명했는데, 이것은 케플러 등의 생각을 발전시킨 것뿐이었다. 영국의 유명한 과학자로서 뉴턴과 논쟁도 벌였던 로버트 후크(Robert Hooke, 1635~1703년)는 똑같은 해에 쓴 논문에서 보렐리와 거의 같은 설명을 하고 있었다.

1674년에 후크는 다시 그의 생각을 발전시켜 혹성의 운동은 첫째 모든 천체들 사이에는 서로 간에 작용하는 인력이 존재하고, 둘째 모든 물체의 운동은 다른 힘을 받지 않는 한 계속 직선운동을 하며, 셋째 인력은 멀어질수록 줄어든다는 세 가지 원칙을 갖는다고 설명하였다. 이 논문에서 후크는 인력이 거리의 제곱에 역비례 한다는 것은 말하지 않았지만 그것을 알고는 있었던 것 같다. 그러나 후크는 구심력을 계산해 내지는 못하였기 때문에 발표는 조심스러웠던 것이다.

뉴턴은 바로 이 점에서 후크나 그 밖의 당대 과학자들보다 한 발자국 앞서 있었던 것이다. 그는 달과 지구 사이에서 지구가 달에 미치는 인력은 결국 달이 궤도를 벗어나지 못하게 붙잡아 둘 수 있는 구심력과 같은 것이라는 사실에서 두 가지 힘을 등식으로 내놓았다. 이렇게 얻어낸 그의 발견은 1687년 『자연철학의 수학적 원리(Philosophiae naturalis principia mathematica)』 혹은 『프린키피아, Principia』라고 줄여 불리어지는 책을 출간하게 되었다.

3부로 된 이 책은 우선 처음 제2부에서 일반적인 역학의 체계적 서술을 한 다음 제3부에서 그 역학체계를 천체현상에 응용하여 만유인력의 법칙을 증명해 냈다. 뉴턴 운동의 3법칙은 이 책 첫머리에 나오는 것이다. 유클리드의 기하원본을 본 떠 처음에는 힘, 운동량, 질량 따위를 정의하고, 기타 많은 기본적인 공리, 정의를 내세운 뉴턴은 운동의 3법칙을 도입한다.

뉴턴은 역학의 기본법칙을 관성의 법칙, 가속도의 법칙, 작용과 반작용의 법칙 세 가지로 정리하였는데, 이를 뉴턴의 운동 3법칙(Newton's lows of motion)이라 부른다. 제1부와 제2부에서 여러 가지 운동의 경우에 대해 수학적 검토를 한 그는 제3부에서 비로소 만유인력의 문제를 다룬다. 세상의 모든 물체는 서로 인력을 작용한다는 뉴턴의 만유인력 이론은 코페르니쿠스 이후 시작된 아리스토텔레스적 세계관 또는 자연론에 대한 부정의 클라이막스를 이루는 중대한 공헌이었다. 우주는 하늘과 땅이라는 두 가지 세계로 나눌 필요가 없는 하나의 세계임이 뚜렷해졌고, 그런 우주는 간단한 자연법칙에 의해 일사불란하게 움직이는 일종의 기계장치(machanism)처럼 여겨지게 되었다.

이와 같은 뉴턴의 우주관은 당시의 사회사상과도 일치하는 경향이 있었는데, 유럽 사회에서는 인간이 태어나면서부터 자기의 사회적 지위가 결정되는 봉건제도가 붕괴되고, 개인 중심적인 시민사회로 바뀌어가고 있었던 시기가 되었다. 뉴턴의 원자적이고 기계적인 자연관은 이와 같은 새로운 사회를 보는 태도와 그 축을 같이 하고 있었던 것이다. 이와 같은 지식층의 사상적 흐름은 계몽철학자 존 로크(John Locke, 1632～1704년)나 데이비드 흄(David Hume, 1711～1776년)을 통해 권위주의에 대한 불신과 종교적인 모든 것에 대한 배격을 낳았고, 뉴턴의 생각을 프랑스에 소개함으로써 볼테르(Voltaire, 본명: 프랑수아 마리 아누에, 1694～1778년)는 유럽 대륙에까지 그의 자연관이 영향을 넓히도록 해주었다. 프랑스에서 특히 활발히 일어난 계몽주의 운동 또한 뉴턴의 영향에도 자극을 받았을 것으로 추측하고 있다.

제 9 장

과학혁명 이후 발달사

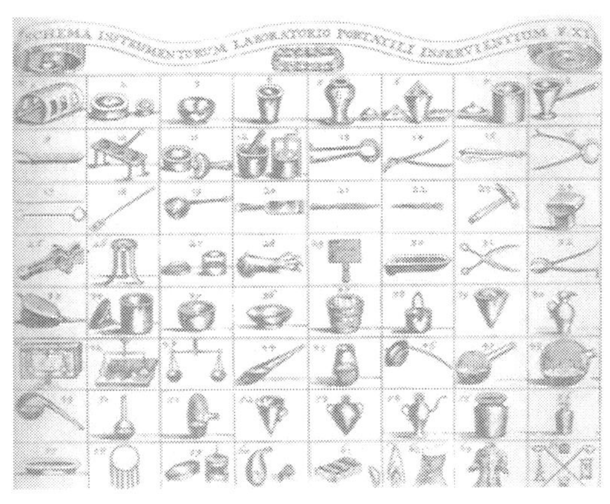

초기의 화학실험 도구들

1. 과학혁명의 흐름

17세기 천문학과 역학의 혁명적 변화가 과학혁명의 주체를 이루었지만, 그 밖의 자연과학 여러 분야에서도 혁명적 발달이 일어났다. 해석기하학과 미분학을 포함한 수학의 발전, 처음으로 빛과 색깔의 본질에 관한 의문을 제기하기 시작한 광학, 피의 순환을 주장하게 된 생물학 또는 의학 분야의 발달 등은 그 중 일부분이다. 17세기에는 또한 자연이란 어떻게 이해해야 하는가 하는 과학의 방법문제가 많은 학자의 관심을 끌었던 시대이기도 했다. 그런가 하면 처음으로 과학연구를 전문으로 하는 근대 과학자들이 나타나기 시작한 것도 이 시기였다.

2. 수 학

피타고라스와 플라톤의 전통을 계승한 17세기의 과학은 이미 수학(mathematics)을 중요시하는 생각이 잠재해 있었다. 자연의 연구에 수학을 이용하여 큰 성과를 거둔 갈릴레오는 자연이란 책은 수학이란 말로 쓰여 있다고 생각했고, 이들의 전통을 계승한 케플러 역시 같은 생각을 가졌다. 케플러에 의하면 신은 우주를 만드는 데 수학적 지혜를 이용했고, 그래서 우주형성에는 어떤 수학적 관계가 있다고 믿었다. 그 믿음 때문에 케플러는 혹성(행성) 사이의 위치를 정다면체와 구가 번갈아 내접 또는 외접하는 기하학적 우주관으로 생각했던 것이다. 그에 의하면 사람의 눈은 색깔을 구별하고, 귀가 소리를 들을 수 있는 것처럼 인간의 지혜는 양적인 것을 판별하도록 기능이 주어졌다는 것이다.

자연은 신의 뜻이 물질적인 것으로 나타난 것이라면, 인간의 마음은 같은 신의 뜻이 비물질적인 것으로 나타난 것이라고 케플러는 생각했다. 그러므로 인간은 수학을 통해서 신이 자연 속에 구상화해 놓은 뜻을 미루어 알 수 있다고 주장했다. 수학적 질서야말로 경험의 세계보다 높은 차원에 존재하는 이데아(Idea)의 세계라고 보았던 것이다.

르네 데카르트(Rene Descartes, 1596～1650년) 역시 비슷한 생각을 가졌으나 지나치게 연역적인 방법에만 집착했던 그는 갈릴레이나 케플러와는 달리 경험적 지식의 축적을 너무 무시했기 때문에 훌륭한 과학적 업적을 남기지는 못했다. 데카르트의 중요성은 과학의 방법에 관한 깊이 있는 생각을 후세에 남긴 것에 불과했지만 지나친 수학의 중요성 강조는 그를 과학자로 만들어 주지 못하고 셈에 급급한 방법론적 이론에 그치게 만들었다 말할 수 있다.

그 시대 데카르트와 같은 새로운 인식, 즉 자연의 올바른 이해를 수학을 통해야 한다는 생각을 배경으로 17세기에는 많은 수학적 지식을 통한 발견이 이루어졌다. 우선 르네상스의 미술 발달과 밀접한 관련을 가지고 발달한 사영기하학(射影幾何學, projective geometry)이 대표라 말할 수 있다. 우리가 촉각을 통해 느끼고 생각할 수 있는 세계와 눈을 통해 알 수 있는 세계와는 차이가 있었다.

그리스의 수학자 유클리드(Euclid)의 기하학이 촉각적 기하학이라면, 17세기에 발달한 사영기하학(射影幾何學)은 시각적 기하학이다. 예를 들면 유클리드 기하학(euclidian geometry)은 영원히 만나지 않는 두 직선을 평행선이라 부르는데, 그 평행선이 우리 눈에는 먼 곳에서 서로 만나는 것으로 보인다. 이와 같은 차이에 눈을 돌려 사영기하학(射影幾何學)을 창안한 사람은 지라드 데잘그(Girard Desargues, 1593～1662년)와 블레즈 파스칼(Blaise Pascal, 1623～1662년) 등이다.

프랑스 리용(Lyon)의 건축가였던 데잘그가 시작한 사영기하학은 수학적으로만 중요할 뿐 아니라 그 후 지도제작 기술로도 널리 활용되었다. 둥근 지구를 평면 위에 투영하는 방법은 여러 가지로 연구되었고, 각 방법이 어떤 장단점이 있는가 하는 문제는 오늘날 잘 알려져 있다.

다음 17세기 수학발달의 큰 결실은 해석기하학(analytic geometry)의 탄생이다. 해석기하학의 탄생은 그때까지 아무런 관련 없이 발달해 온 대수학(algebra)과 기하학과의 사이에 다리를 놓아준 셈이다. 르네 데카르트(Rene Descarte)를 비롯하여 피에르 페르마(Pierre Fermat, 1601～1665년) 등은 타원, 포물선, 쌍곡선과 같은 전에 관심의 대상이 아니었던 모양들에 관심을 기울인 대표적 수학자들이다.

케플러가 타원궤도설을 주장했고, 많은 사람들이 대포 탄환의 운동에 관심을 갖던 시절에 이들은 유클리드 기하학만으로는 만족할 수가 없었던 것이다. 데카르트, 페르마 같은 수학자들은 좌표를 이용하여 직선, 곡선은 물론 여러 가지 도형을 대수적으로 표현할 수 있음을 알아냈다. 원점을 통과하고 x축과 y축에 45°를 이루며 뻗어간 직선을 y = x로 표시했고, 반지름이 5인 원은 x2 + y2 = 25라고 간단히 표시되었다. 쌍곡선, 포물선 같은 것은 간단히 수학이 다룰 수 있는 범위 안으로 들어오게 되었고, 같은 방식은 이제 3차원 입체에까지 확대 응용되었다. 물론 그 뒤 이 방식은 4차원 또는 그 이상 우리 눈으로는 볼 수 없는 상상의 도형에까지 응용되었고, 근대 물리학 발달과 밀접하게 연결되었다.

뉴턴과 고트프리트 라이프니츠(Gottfried Wilhelm Leibniz, 1646～1716년)에 의해 창안된 미적분은 17세기에 한창 관심의 대상이 되어 있던 운동과 변화의 이해를 위해 꼭 필요한 것이었다. 해석기하학이 기하학의 문제를 대수화해 주면서 나타난 곡선(또는 곡면)의 문제에는 첫째 접선에 대한 문제와 둘째 면적(또는 체적)을 구하는 문제가 있었다. 곡선 위의 모든 점에서 그 점에 접하는 직선은 모두 다른 방향을 갖고 있다고 주장했으며, 곡선의 방정식을 보면서 그 곡선에 접하는 접선의 일반식을 찾아낼 수 있었다. 그런 곡선으로 둘러싸인 면적을 구하는 일반식은 운동의 문제에서 순간속도에 대한 관심에 문제성을 두었다. 등속도 또는 등가속도 운동의 경우라면 문제는 간단하지만, 낙체운동이나 시계추의 운동같이 운동속도가 변해가는 운동의 경우엔 각 점마다의 순간속도를 알 필요가 있었기 때문이다.

이 문제를 해결한 사람들이 바로 뉴턴과 라이프니츠였다. 그들은 이 문제를 해결하기 위해서 미적분법을 응용하였는데, 이 방법은 역사상 아주 중요한 발견 중 하나였던 만큼 이를 둘러싸고 뉴턴의 지지파와 라이프니츠의 지지파 사이에는 거의 백 년 동안 서로 감정적인 대립을 계속할 정도였다. 뉴턴은 1665년쯤에 미적분의 아이디어에 도달해 있었다고 주장하였지만 그의 미적분은 1704년에야 겨우 알려졌으며, 그가 사용한 기호들은 라이프니츠의 것보다 불편한 점이 있었기 때문에 서로 분쟁을 야기시켰을 것이다.

반면 1675년 결정적 발견에 이른 라이프니츠는 1684년 유럽 최초의 과학 잡지에 미분학을 발표하고 곧이어 적분방정식을 발표했다. 개인적인 발견으로서는 뉴턴이 앞섰는지 몰라도 공식 발표에서는 라이프니츠가 앞섰고, 또 라이프니츠의 표시방법이 보다 편리해 오늘날까지 사용되게 된 것이다. 오늘날 우리가 쓰고 있는 미적분 방정식의 기초는 뉴턴에 의해서 발견되었고, 식을 확립하여 체계화시킨 사람은 라이프니츠로 생각하면 옳다고 말할 수 있다. 또한 17세기의 수학은 그밖에도 확률에 대한 생각이 파스칼이나 페르마 등에 의해 나타나기 시작했고, 스코틀랜드의 존 네이피어(John Napier, 1550～1617년)는 1614년에 대수의 발견을 발표하는 등 수학의 발전에서 미적분 방정식과 확률을 체계화시키기까지 눈부신 발전을 하였다.

3. 광 학

망원경과 현미경이 함께 발명되어 사용되기 시작한 17세기에는 또한 인간의 빛에 대한 관심이 한 단계 높아진 시기였다고 할 수 있다. 오늘날 우리는 빛은 일정한 속도를 갖고 있고, 물체가 공기 속에서 물속으로 들어갈 때는 굴절하며, 빛이 여러 색깔이 모여져 있음을 알았는데, 이 모든 것이 17세기에 밝혀지기 시작한 것이다.

우선 빛에 대한 굴절의 법칙을 처음 발견한 사람은 네덜란드 수학자며 물리학자인 교수 빌레브로르트 스넬(Willebrord R. Snell, 1591～1626년)이었으나, 그는 실험으로 이 법칙을 알아냈을 뿐 이론적 근거를 제시하지는 못했었다. 그 후 이 법칙을 오늘날 우리가 알고 있는 빛의 굴절에 대한 구체적 형태로 발표한 사람은 데카르트였다. 그는 스넬의 업적은 모르는 채 독자적으로 이를 발견한 것으로 보인다. 그 이유로는 1637년에 이를 발표한 데카르트는 빛은 매질의 밀도가 크면 그 속도가 더 빨라진다는 잘못된 가설을 바탕으로 하여 굴절의 법칙을 증명해냈기 때문에 스넬의 빛의 굴절의 법칙과는 모순된 결과로부터 본인만의 굴절의 법칙을 모순 속에서 찾을 수 있었기 때문이다.

여기서 나타나는 문제가 바로 빛의 속도에 관한 것이다. 고대 그리스의 자연철학자 엠페도클레스(Empedocles, BC 493～443년경)가 빛의 유한한 속도를 얘기했다고는 하지만, 17세기 이전의 학자들은 빛의 속도를 그저 무한한 것으로만 알고 있었다. 빛의 속도를 측정한 최초의 과학자는 갈릴레이였지만 그가 사용한 방식, 즉 멀리 떨어진 두 사람이 빛의 신호를 주고받아 그 시간을 측정하려던 노력은 좋았으나 빠른 빛의 속도를 측정하기에는 너무 복잡해서 아무 결론도 얻지 못하였다.

갈릴레이는 빛의 속도측정에는 실패했지만 엉뚱한 방향에서 그의 영향을 받은 학자에 의해 빛의 속도는 처음으로 알려지게 되었다고 말할 수 있다. 망원경을 이용해 목성이 4개의 위성(satellite)을 갖고 있음을 발견한 갈릴레이는 이 위성들이 목성의 그늘 뒤로 차례로 사라지고 나타나는 과정을 항해 중에 일종의 시계로 이용할 수 있다고 말한 일이 있다. 실제로 루이 14세에 의해 파리에 초빙된 여러 과학자 중에 이탈리아계 프랑스 천문학자 카시니(Giovanni Cassini, 1625～1712년)는 갈릴레이가 발견한 목성의 4개 위성의 운항표를 계산했는데, 이것은 해상(海上)에서의 경도(longitude) 결정에 중요한 자료가 되었었다.

1676년 덴마크의 천문학자 뢰머(Ole Chrestensen Romer, 1644～1710년)는 이 시간표를 바탕으로 목성의 4개 위성을 철저히 관찰해 본 결과 이상한 사실을 발견한다. 위성이 목성 뒤로 사라지고 나타나는 시간이 어떤 때는 예상시간보다 늦어지거나 빨라져 마치 위성들의 속도가 늦었다 빨랐다 하는 듯이 보였던 것이다. 뢰머는 그 위성들이 불규칙한 운동을 하리라고는 생각하기 어려우므로 지구가 공전궤도상에서 목성에 가깝거나 멀기 때문에 거리에 따라서 빛이 지구에 도달하는 시간에 차이가 생기며, 그 위성의 위치(거리)에 따라서 식이 빨라지거나 늦어진다고 설명했다. 그 시기에는 지구의 공전궤도를 상당히 정확히 알고 있었으므로 빛의 속도를 거리에 따라 계산해 낼 수 있었던 시기라고 말할 수 있다.

17세기에는 빛의 본질이 파동이냐 입자냐 하는 서로 반대되는 해석이 나타나기 시작한 때이기도 하다. 이탈리아의 볼로냐대학 교수였던 그리말디(Francesco Maria Grimaldi, 1616～1663년)는 빛을 두 개의 조그마한 구멍에 계속 통과시켜 역사상 처음으로 빛의 회절현상을 실험했던 것으로 알려져 있다. 빛이 직진만 한다면 이런 구멍들을 통과한 빛은 그 구멍의 모양에 맞는 기하학적 모양을 하고 흰 표면에 떨어져 있어야 하지만 그 결과는 전혀 뜻밖이었다. 그 모양은 경계가 분명치도 않았을 뿐더러 무지개 같은 색깔의 띠가 여러 겹 그 둘레에 나타났다.

이와 같은 회절현상에 대해 그리말디는 이 색깔의 띠의 경계성에 대해 그럴듯한 설명을 할 수가 없었다. 그 후 이 색깔 띠에 관해서는 호이겐스(Christiaan Huygens, 1629～1695년)가 빛이란 물결처럼 퍼져나가는 파동이라는 이론을 내세움으로써 이론적 설명이 가능했던 것이다.

네덜란드 사람인 호이겐스는 1678년 파리의 과학원에 제출한 논문에서 빛의 파동설을 주장하여 우주공간에 꽉 차있는 에테르(ether)란 매질 속을 빛은 물결 퍼지듯 번져간다고 설명했다. 이 이론은 당시 새로 발견된 방해석의 복굴절현상을 설명하는 데도 편리하게 이용되었다.

4. 의학의 혁명(피는 순환한다)

17세기의 과학혁명은 천문학, 물리학의 분야에서 가장 활발히 발견과 연구가 일어난 것이 사실이지만, 의학 분야에서도 새로운 지식을 발표함으로서 적지 않은 변화가 일어났었다. 의학 분야에서 그 대표적인 것이 혈액순환의 발견이었다. 그러나 혈액순환이 발견되기 전부터 중요한 변화가 의학계에서는 일어나고 있었다. 그 몇 가지를 들어 보면 다음과 같다.

동서양 어디서나 원시시대 이래 사람들이 주로 사용해 온 약품은 천연 약품 또는 생약들이었다. 중세를 통해 유럽 사람들도 생약을 주로 사용하기 시작했다. 기원전 2세기 고대 로마시대 최고의 의사였고 해부학의 아버지라 불리던 갈렌(Galen)의 전통에 대항하고 나선 사람이 호엔하임(Philippus von Hohenheim, 1493～1541년)이었다. 그는 본명보다는 로마의 저명한 의학자 셀서스(Celsus)보다 위대하다는 뜻으로 부른 파라셀서스(Paracelsus)란 이름으로 더 잘 알려져 있다. 그는 당시 성행하고 있던 연금술의 본래 목적을 화학약품의 개발에 두어야 할 것이라고 생각할 정도였다. 그가 오늘날 화학의 창시자(독성학의 아버지)로 알려진 것은 그 때문이다.

16세기 의학발달에 빼놓을 수 없는 또 한 사람은 베살리우스(Andreas Vesalius, 1514～1564년)이다. 베살리우스는 당시 의학의 중심지였던 이탈리아에 유학하여 파도바대학에서 의학을 공부했고, 졸업 후 그곳의 외과교수가 되었다. 그가 이름을 역사에 남긴 것은 1543년에 출판된 『인체의 구조에 대하여(De Humani Corporis Fabrica)』란 해부학 책이었다. 이 책은 두 가지 관점에서 갈렌의 해부학을 크게 수정하였는데, 첫째 갈렌이 주로 동물 해부에서 얻은 지식을 인체 해부학으로 잘못 이용한 부분을 많이 수정하였고, 둘째 뛰어난 해부도를 많이 넣어 더욱 훌륭한 서적이 될 수 있도록 동물해부에서 인체해부학의 구조 설명에 공헌했었다. 이런 훌륭한 해부도를 제작할 수 있었던 것은 당시 미술의 본고장이 이탈리아였다는 도시적 특성과 인쇄술의 발달 때문으로 생각된다.

이 책은 코페르니쿠스의 저서 『천구의 회전에 대하여』를 발표했던 같은 시기(1543년)에 출판되었기 때문에 과학사가의 관심을 더 받게 되기도 했다. 고대 로마시대의 갈렌이 확립했던 의학적 모순은 의학적 개혁이란 관점에서 절정에 이른 이론이 하비(William Harvey, 1576～1657년)에 의한 혈액순환 발견이었다. 베살리우스(Andreas Vesalius, 1514～1564년) 교수가 강의했던 이탈리아의 파도바대학(University of Padova, UNIPD)에 유학했던 영국의사 하비가 혈액순환을 발견하기 전에 이미 일부 의학자들은 피가 심장에서 허파로 갔다가 돌아온다는 사실을 발견했었고, 또한 혈관의 일부에는 판막이 있어 피는 한쪽 방향으로만 흐를 수 있다는 것을 일부 학자들에 의해서 알려져 있었다.

이러한 이론들을 배경으로 하비는 1628년 심장과 피의 운동에 대하여(De Motu Cordis et Sanguinis)란 논문을 발표하여 혈액순환을 주장했다. 하비의 혈액순환 발견은 몇 가지 특이한 점을 갖고 있었는데, 첫째로 그는 피가 온몸을 돌고 있음을 눈으로 확인하지는 못하고 이론에만 그치고 말았다. 그 후 사실 혈액순환의 원리인 모세혈관을 통해 동맥과 정맥의 피가 연결되고 있다는 사실은 거의 반세기 이후 1661년 이탈리아의 해부학자이며 의사였던 말피기(Marcello Malpighi, 1628～1694년)에 의해 발견되었던 것이다.

그러면 어떻게 하비는 혈액순환을 발견할 수 있었던가에 대한 대답이 바로 하비 발견의 둘째 의문점이 된다. 오랜 동물실험을 통해 하비가 얻은 결론은 심장이 동맥을 통해 뿜어내는 피의 분량은 반시간이면 그 동물의 전체 혈액량만큼 된다는 것이었다. 그러면 그 많은 피를 심장에 공급하는 것은 무엇일까? 갈렌이 생각했듯이 음식물이 계속 그 많은 피를 만들 수 없음은 분명하다. 하비는 정밀한 수학적 실험결과를 바탕으로 한 연역적 사고과정을 거쳐 혈액순환의 결론을 끌어낸 것이다.

셋째로 우리가 하비의 이론에서 알 수 있던 것은 그가 인체를 하나의 기계에 비유하고 문제를 해결해갔다는 점이다. 그는 심장은 물을 뿜어내는 펌프와 같은 것으로 보아 문제를 해결할 수 있었다. 즉 이러한 분석적이고 기계적인 태도야말로 근대의학의 특징을 이룬 것이었다. 이런 인체를 보는 태도와 수학적, 실험적 연구방식에 있어서 하비는 근대 의학의 창시자라고 말할 수 있는 인물이라 생각된다. 즉 눈으로는 확인하지 못하였으나 실험적 연구결과를 수학적 측정에 의해 원리를 알아낼 수 있었다는 이론에 대해서는 그 시대 두드러진 학자였던 인물이었다고 말할 수 있는 것이다.

5. 망원경과 현미경의 해부학 도입

코페르니쿠스의 새로운 우주관은 갈릴레이의 망원경의 발견에 의해 결정적인 확인을 할 수 있었고, 하비의 혈액순환의 논리는 말피기의 현미경에 의한 확인에서 의심할 수 없는 진리를 알 수 있게 되었다고 말할 수 있다. 바로 이 망원경이나 현미경은 17세기에 발명된 새로운 과학기구들이었기 때문이다. 이밖에도 여러 실험기구들이 새로 고안되었고, 혹은 처음으로 과학실험에 이용되어 17세기 서양과학의 혁명적 탈바꿈에 큰 몫을 차지하게 되었다.

네덜란드의 안경 제조업자 리퍼세이(Hans Lippershey)가 1608년 처음 발명한 망원경이 갈릴레이에 의해 다시 발명되어 천문학상의 중요한 발견을 가능케 했다는 사실은 이미 알고 있을 것이다. 1668년 뉴턴에 의해 반사망원경이 발명되었고, 그 후 뉴턴은 망원경을 사용하여 관측 천문학에 큰 공헌을 하게 되었다. 현미경은 고대에서부터 사용되어 왔지만 확대경을 이용한 과학적 관찰에 이용된 것은 16세기 말쯤부터 과학혁명의 도래에서 발전되었다고 말할 수 있다.

역시 네덜란드 사람들이 처음 만든 것으로 보이는 두 개의 렌즈를 사용한 현미경은 그 후 로버트 후크(Robert Hooke, 1635~1703년)에 의해 학문적 탐구에 쓰였는데, 후크는 1665년 『현미경의 세계(Micrographia)』라는 명저서를 출판하였다. 당시 개발되고 있던 여러 기구들이 인간의 감각기관들을 더 확대 관찰할 수 있다고 생각한 그는 현미경을 이용해 사람의 눈이 미치지 못하는 미세한 세계를 세밀하게 현미경을 이용하여 볼 수가 있었다. 그 결과 식물로부터 세포를 처음 발견하게 되었고, 이것을 세포(cell)란 이름을 붙여 주었다. 그것이 오늘날까지 계승되고 있는 것이다.

후크와 같은 시대에의 네덜란드 레벤후크(Antony van Leewanhoek, 1632~1723년)는 현미경을 이용하여 근육, 눈의 각막, 피부 등의 구조를 연구했고 세균을 발견하였다. 역시 네덜란드 사람이었던 스왐머담(Jan Swammerdam, 1637~1680년)은 현미경을 이용하여 꿀벌, 하루살이 같이 작은 동물들을 해부학적으로 연구를 하였다.

이탈리아의 말피기(Marcello Malpighi, 1628~1694년) 역시 같은 17세기 후반에 활약한 학자로서 현미경을 사용하여 적혈구와 모세혈관을 발견하여 하비의 혈액순환설을 뒷받침해 주었다. 기압계와 배기펌프가 알려진 것도 17세기 일이었다. 갈릴레이는 펌프로 물을 끌어올릴 경우 한 번에 10미터 이상 끌어올리지 못한다는 사실을 알고 있었다. 그러나 그 이유를 알아낸 것은 그의 제자 토리첼리(Evangelista Torricelli, 1608~1647년)였다. 물 대신 훨씬 더 무거운 수은을 긴 관에 넣어 거꾸로 세운 결과 그 꼭대기에 진공이 생긴다는 것을 알아낸 것이다.

그는 수은기둥이 대기의 압력으로 생기는 것이라고 올바른 설명을 했고, 그 뒤 프랑스의 파스칼(Blaise Pascal, 1623~1662년)이 수은기압계를 산 위로 들고 올라가면 수은기둥이 짧아짐을 확인 실험했다. 아리스토텔레스 이후 굳게 믿어졌던 자연은 진공을 싫어한다(horror vacui Nature abhors vacuum)는 진공불가능의 생각은 여기서 그 종말을 보게 된 셈이다.

진공의 확인과 그에 따른 기압계의 발명은 곧 배기펌프를 발명케 해 주었다. 그리고 한 번 배기펌프가 나오자 공기에 대한 연구가 활발해질 수 있었다. 배기펌프의 발명은 독일의 마그데부르그(Magdeburg) 시장, 게리케(Otto von Guericke, 1602~1686년)의 유명한 일화와 연관되어 있다. 천문학에 관심을 갖고 있던 그는 혹성이 끊임없이 궤도를 돌고 있음은 하늘이 진공이기 때문이라고 믿고 자기도 땅위에서 하늘과 같은 진공상태를 만들어 보리라 결심했다.

『그림 40』 로버트 보일

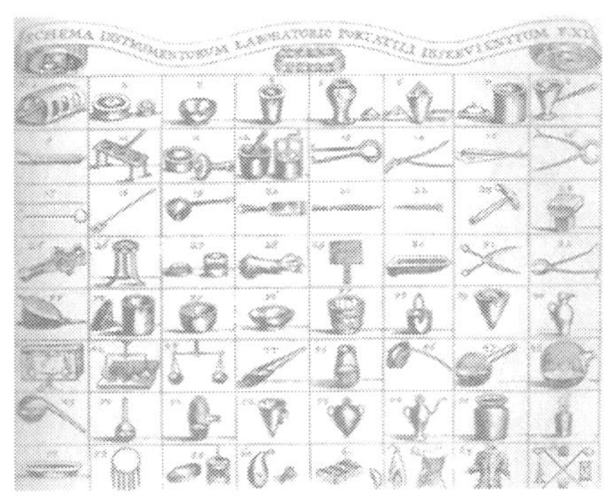

『그림 41』 초기의 화학실험 도구

16세기경부터 유럽에서는 이미 광산에서 배수펌프가 사용되고 있었다. 게리케는 처음에는 술통에 물을 붓고 봉한 다음 배수펌프로 물을 빼내어 진공을 만들려 했다. 곧 술통은 공기의 압력을 견디지 못하고 터져 버렸다. 그는 두 겹으로 보강된 구리용기를 만들어 배수펌프로 진공을 만들어 보았고, 이어 직접 공기를 빼내는 배기펌프로 개량해 냈다. 이 놀라운 힘을 보여주기 위해 그는 황제가 보는 가운데 지름 35 cm의 구리로 만든 2개의 반구를 맞추고, 한쪽 반구에 단 밸브를 통해 배기펌프로 내부의 공기를 빼낸 후 대기압 실험을 하였다. 내부가 진공이 된 반구는 외부의 대기압에 눌려 단단히 밀착되므로 이를 떼어놓는 데 16마리의 말이 양쪽에서 잡아당겨야 했다. 후에 이를 마그데부르그 반구로 불리게 되었다.

이와 같은 공기펌프의 발명은 즉시 공기에 대한 학문이었던 기학을 낳았다. 그 대표적 인물이 영국의 과학자 보일(Robert Boyle, 1627~1691년)과 그의 제자 후크(Robert Hooke)였다. 이들은 유리통 안에 시계를 넣고 공기를 빼면 시계소리는 들리지 않으나 시계바늘 움직임은 보인다는 사실을 실험하여 공기 없이도 빛은 전파되지만 소리는 전달되지 않음을 알아냈다. 뿐만 아니라 작은 동물을 넣고 공기를 빼면 금방 죽고 촛불도 금방 꺼진다는 실험 결과로부터 호흡과 연소가 어떤 공통점이 있음을 알아내기도 했다. 18세기 이후에야 이 공통점이 무엇인가는 생리학과 화학의 발달로 해결이 된다. 보일은 공기의 성질을 두고 여러 가지 정량적 연구를 한 끝에 같은 온도에서 기체가 차지하는 부피는 거기에 가해지는 압력에 반비례한다는 것을 알아냈다. 바로 오늘날 '보일의 법칙'이라 부르는 그것이다.

또 시계는 17세기에 들어와서야 비로소 과학적 실험에 쓸 수 있을 만큼 정밀한 것이 발명되었는데, 이것이 추시계(pendulum clock)이다. 추의 등시성을 처음 알아낸

〖그림 42〗 보일의 법칙 실험법

것도 갈릴레이라고 널리 알려져 있다. 어렸을 때 그는 피사의 성당에서 성당지기가 램프에 불을 켜고 나가면 그 램프가 흔들리는 것을 보고 이를 알아냈다는 전설이 있다. 나중에 추 운동을 역학적으로 해명해 낸 호이겐스에 의해 당시로서는 가장 정밀한 추시계를 만들어 1657년에 특허를 받기까지 했다.

17세기까지는 여러 가지 자연현상들이 정밀한 측정의 대상으로 바뀌어 갔는데, 온도계 또한 발명되어 이때쯤 널리 쓰이기 시작했고, 현미경과 망원경은 인간의 시력을 거의 무한대로 확대해 줄 수 있었다. 한마디로 말해서 16세기까지의 과학자가 종이와 펜만을 가진 자연 철학자였다면 17세기 이후의 과학자는 실험기구를 연구실 안에 늘어놓은 실험가로 바뀌어 가고 있었다고 하겠다.

6. 과학자와 학회

17세기는 또한 르네상스 이후 성장해온 부르조아(bourgeoisie) 계급이 사회의 지배세력으로 성장하고, 지리적으로는 이탈리아에서 북유럽으로 그 중심이 옮겨간 시기였다. 바로 이 부르조아 계층으로부터 수많은 아마추어 과학자들이 나타나기 시작하였던 것이다. 경제적 안정을 이룩한 제조업자, 지주, 법관과 변호사, 성직자, 그리고 17세기에 더욱 중요해지기 시작한 의사 등 많은 사람들은 실험을 통한 연구에 깊은 취미를 길러가고 있었다. 자연히 이들은 사교적인 접촉을 자주 갖게 되었고, 그러한 모임에서는 의례 누가 무슨 실험을 해냈고, 무슨 연구에 몰두하고 있다는 것이 큰 얘깃거리가 되어 화제를 만들기도 하였다.

이미 프란시스 베이컨(Francis Bacon, 1561～1626년)은 그의 새로운 아틀란티스

(Nova Atlantis)란 솔로몬의 집이란 것을 만들어 과학기술자의 공동연구의 중요성을 인식하여 자연의 이해와 정복에 크게 도움이 될 수 있으리라는 의견을 표현한 적이 있다. 또한 그 이전부터 이탈리아에서는 갈릴레이도 가입했었다는 아카데미아 데이 린체이(Academia dei Lincei) 등 여러 학회가 만들어져 학술교류의 장소를 만들려는 노력을 하게 되었다. 이러한 여러 가지의 자극과 필요성에 의해 영국과 프랑스에서는 17세기 중엽부터 자연철학 연구를 위한 모임이 본격적으로 나타나기 시작하였다.

11년 동안이나 의회 소집을 거부하던 찰스 1세가 재정적 위기를 타개하기 위해 의회의 소집은 내란을 불러왔는데 그 틈 속에서도 영국의 과학자들은 런던에서 정기적 모임을 갖고 있었다. 이 모임의 지도자격인 한 사람이 바로 크롬웰의 누이와 결혼한 존 윌킨스였고, 이들은 보이지 않는 동학회 또는 보이지 않는 대학(Invisible College) 같은 것을 만들고 있었다. 때마침 1642년 런던을 의회파에 넘겨주고 옥스퍼드로 피해 있던 찰스 1세는 전투에 패하여 여기서 달아났고, 새로 옥스퍼드를 차지한 크롬웰은 왕정파를 제거하고 옥스퍼드대학에 바로 이들 학자들을 초청하게 되었다. 보이지 않던 대학은 옥스퍼드란 중심세력으로 등장했다. 그러나 크롬웰이 죽은 지 2년도 못되어 왕정복고가 이뤄지자 과학자들은 다시 런던을 중심으로 움직이기 시작한다. 다만 런던에서 옥스퍼드로 갔던 보이지 않는 대학이 다시 런던으로 되돌아온 모양이 되었을 따름이다.

이들은 왕정복고가 된 바로 같은 해인 1660년 11월 모임을 갖고 정식으로 그들의 모임은 실험을 통한 물리 수학적 지식의 증진을 꾀하기 위한 동호회로 발족시키기로 정하고 윌킨스를 의장으로 뽑았다. 1662년 이들은 자연지식의 증진을 위한 왕립학회(The Royal Society for the Improvement of Natural Knowledge)를 정식 발족하고, 그 정관은 찰스 2세의 인가를 받았다.

다음 해 로버트 후크가 만든 왕립학회의 회칙 전문에 의하면 이 학회의 직무는 자연적인 것을 비롯하여 기술, 제조, 기계, 엔진 및 실험을 통한 발명 등에 관한 지식을 발전시키는 데 결코 종교, 윤리, 정치적 문제는 다루지 않을 것임을 분명히 하고 있었다. 아직 전문적인 과학자는 없었던 그 시기에 아마추어 자연철학자들에 의해 과학은 근대사회의 한 요소로서 독립된 영역을 갖기 시작했고, 비전문가들에 의해 전문화의 길은 열리고 있었던 셈이다.

초기의 과학자들은 자연의 정복에 대해 지나치게 성급한 꿈도 많이 가지고 있었고, 그 결과 왕립학회의 회보에는 허황한 연구보고도 적지 않게 실리게 되었다. 일부 지식인의 비판도 많아서 특히 스위프트(Jonathan Swift, 1667~1745년)의 『걸리버 여행기』는 그 대표적인 것이다. 걸리버가 나는 섬 라푸타의 수도에 갔을 때 거기에는 대학술원이 있고, 학자들이 별별 희한한 연구를 하고 있음을 보았다고 허황된 사실들을 말한다. 얼음에서 화약을 만드는가 하면 집을 지붕부터 지어 밑으로 내려가는 방법, 과일은 철을 가리지 않고 먹고 싶을 때 익혀 먹는 방법 등의 희한한 연구가 진행되고 있었지만 불행히도 이 모든 것이 연구되고 있는 기간 동안에 국민들은 모두 굶주리고 헐벗고 있더라는 것이 스위프트의 풍자인 걸리버 여행기의 내용이다.

사실 초기의 왕립학회는 환상적인 기대로 너무 부풀려졌던 것이 틀림없었고, 그에 따라 비판적인 소리도 적지 않게 듣고 있었다. 스위프트는 1720년까지의 왕립학회 회보를 읽고 거기서 힌트를 얻어 이 풍자적 세계를 그려냈다고 한다. 초기의 지나친 기대가 식으면서 왕립학회는 18세기 초에는 별로 활발하지 못하였으나 그 후 다시 부흥하여 영국의 과학발달에 중추적 역할을 하게 되었다.

그 시기 프랑스에서도 과학자의 모임이 시작되었다. 루이 14세의 유능한 재상 콜베르(Jean-Baptiste Colbert, 1619～1683년)는 국가의 상공업을 발달시키는 데 과학자들이 공헌할 수 있으리라는 기대에 1666년 프랑스 과학아카데미를 설립했다. 이름만 왕립이었을 뿐 왕으로부터 직접적 도움을 받지 못한 영국의 경우와는 달리 프랑스의 과학아카데미는 처음 20명쯤의 회원이 모두 왕으로부터 봉급을 받게 되어 있었다. 그 대신 과학자들은 정부가 위임하는 연구를 해주도록 규정되어 있었다.

과학아카데미를 만드는 일은 그 후 프러시아와 러시아로도 번져갔다. 과학자들은 유명한 라이프니츠(Gottfried Wihelm von Leibniz, 1646～1716년)의 영향으로 프러시아에서는 1700년에 처음 베를린 아카데미가 생겨났고, 역시 1724년에는 피터 대제가 러시아에서도 이를 흉내 내어 성 피터스버그 아카데미를 만들었다. 당시 프러시아나 러시아에서는 아직 과학이 거의 시작되지 않던 때였으므로 이들 아카데미는 주로 프랑스 과학자들을 초청하여 중요한 임무와 역할을 맡기곤 했었다. 이러한 과학 학회의 모임으로 17세기 이후 과학혁명은 더욱 발전할 수 있었던 계기를 만들게 된다.

7. 과학방법과 기계적 우주관

17세기의 과학자들은 '아는 것은 힘'이라는 생각 속에서 자연의 정복은 인간 생활을 윤택하게 해주리라고 믿게 되었다. 이런 생각을 심어주는 데 큰 역할을 한 철학자가 프란시스 베이컨(Francis Bacon, 1561～1626년)이었고, 과학자들은 그의 가르침에 자극받아 왕립학회 등을 만들어 가고 있었다. 지식의 무한한 가능성을 얘기하면서 그와는 대조적인 과학의 방법을 제시한 대표적인 철학자가 데카르트(Rene Descartes, 1596～1650년)였다. 잘난 체 하기를 즐기던 베이컨은 정치적 야망도 꽤 있었던 법률가로 한때는 독직사건으로 고역을 치르기도 했다. 데카르트는 인간이면 누구나 갖고 있는 선입견 또는 편견을 제거하고 그 위에 확실한 지식을 쌓아가야 한다고 강조했다. 그가 제거해야 할 선입견의 예로 든 것이 유명한 그의 우상론(The Idols)이다. 베이컨의 우상론을 살펴보면, 관찰이나 실험에 근거하지 않은 일반적인 명제를 '우상(偶像)'으로 지목했다. 우상은 참 진리에 접근하는 길을 막고 있는 선입견이자 편견으로 보고 제거해야 할 대상으로 간주했었던 것이다.

그가 말하는 우상을 보면 첫째, 종족의 우상(idola tribus)은 인류라는 종의 본성에 기인하고 있는 우상이었다. 자연을 사람에 비유하여 생각하는 것, 즉 의인화시켜 설명하려는 경향이 대표적이었다. 둘째, 동굴의 우상(idola specus)은 개인의 특성, 성질, 습관, 직업, 교육 등에서 비롯된다. 한 사람은 자기만의 동굴에 갇혀 세상을 제대로 보지 못하는 이론이었다. 셋째, 시장의 우상(idola fori)은 언어의 부당한 사용에서 생긴다. 예를 들어 존재하지 않는 것에 대해서도 그것을 지칭하는 말이 만들어져 마치 존재하는 것처럼 생각하곤 한다는 이론이다. 넷째, 극장의 우상(idola theatri)은 권위나 전통을 맹목적으로 신뢰하고 그것에 의지하는 데서 생긴다는 것이었다. 그는 이런 네 가지 우상을 부수고 그 위에 실험과 관찰을 통해 확실한 증거를 수집하여 얻어진 지식을 쌓아가야 한다고 역설했다.

자연에 대한 확실한 지식을 얻는 이러한 귀납적 방법(induction)을 가르친 그의 책이 『지식을 얻는 새로운 도구(Novum Organum)』라 이름 붙여진 것은 그럴 듯한 일이었다. 귀납적 방법은 그 후 과학연구의 방법론으로 널리 인정되기에 이르렀으나 베이컨 자신이 이 경험론을 과학연구에 활용한 일은 거의 없었다.

이와 대조적인 합리론을 들고 나선 사람이 프랑스의 철학자 데카르트이다. 그는 인간이 갖고 있는 직관의 힘을 굳게 믿고 인간은 사고 작용을 명확히 함으로써 알 수 있는 모든 것을 발견할 수 있을 것이라고 생각했다. 그에게는 실험이나 관찰은 이러한 이성의 움직임에 보조적인 역할밖에 할 수 없다고 생각했다.

분명한 사고를 위해 데카르트는 모든 것을 의심하는 것으로부터 출발하여 의심하는 주체로서의 자기 존재만이 확실하다는 결론에 이르렀다. 그것이 그가 이룩한 연역적 사고의 결과인 "나는 생각한다. 그러므로 나는 존재한다(Cogito ergo sum)"라는 말이었다. 베이컨이 과학의 방법만을 제시한 채 실제적 과학자가 아니었던 것과는 달리 데카르트는 자기의 연역적 방법(deduction)을 사용하여 우주관으로부터 광학, 역학, 기하학 등 여러 방면에 큰 업적을 남기게 되었다.

오늘날 데카르트의 대표작으로 알려지고 있는 『역법서설(discours de la Methode)』은 사실은 1637년 이성을 올바르게 활용하여 과학에서의 진리를 탐구하는 방법에 관한 서설이란 이름으로 출판됐다. 비록 오늘날에는 이 책만이 독립된 작품처럼 널리 알려져 있고, 철학사상에서 없어서는 안 될 저서가 되었으나 이것은 그 이후에 출판된 기하학, 광학, 기상학을 위한 서론에 불과했던 것이었다. 또 그 당시 이 서론은 별로 관심을 끌지 못한 채 그의 본론이었던 기하학, 광학, 기상학만이 크게 주목을 받게 되었다.

그에 의하면 신은 태초에 무한한 물질을 만들고 여기에 운동을 주었으며, 부차적으로 주어진 것이 자연법칙이라고 역설한다. 데카르트는 바로 이들을 측정할 수 있는 물질(크기를 가진)과 운동만이 과학의 본래 연구의 대상이고, 그 밖의 색깔, 냄새, 맛 같은 속성은 특별한 경우를 제외하고는 과학의 대상이 아니라고 구별했던 것이다. 따라서 인간의 감정, 믿음, 사랑 따위는 과학이 어쩔 수 없는 또 하나의 영역이라고 그는 생각했다. 이는 갈릴레이가 이미 구별했던 것과는 다름이 없었지만 과학의 대상을 규정하려는 노력은 그 시대 평가될 만한 충분한 가치성이 있었던 것이다.

그러면 우주에 꽉 차있는 물질과 운동은 어떤 기본적 모습으로 존재했을까에 대해서 데카르트는 보어텍스(vortex)의 개념을 도입하여 천체들도 이런 물질의 소용돌이에서 생겨났고, 또 궤도를 따라 도는 것과 눈에 보이지 않는 이런 소용돌이에 따라 도는 것이라고 생각했다. 그에 의하면 태초에 신은 물질을 창조했을 뿐 그 물질이 소용돌이를 만들어 천체를 만들고, 만물을 낳는 것은 모두 신이 직접 관여하지 않은 채 자연법칙에 따라 생긴 것으로 믿었던 것이다. 그에 의하면 이런 변화는 단순에서 복잡으로 끊임없는 진화를 이루고 있다는 것이었다.

데카르트는 자연의 모든 변화는 기계적인 인과관계로 설명될 수 있다고 생각했다. 그는 우주를 하나의 커다란 기계처럼 생각했다는 점에서 뉴턴과 같은 생각을 가졌다고 말할 수 있었을 것이다. 실제로 데카르트나 뉴턴 그리고 수많은 과학자들의 사고방식은 그 후 기계론적인 자연관을 크게 발달시켰던 것은 사실이다. 그러나 뉴턴은 우주와 자연을 어느 정도 현재의 형태로 만들어낸 다음 고정 상태를 유지시킬 수 있다고 한데 반하여 데카르트는 진화하는 자연관을 갖고 있었다는 사상이 뉴턴과는 다른 큰 특징이었다. 그리고 이러한 그의 생각은 생물학의 발달과도 무관하지 않을 뿐 아니라 그 후 칸트 등이 역설한 우주발생설에까지도 연결되는 귀중한 학술이 되었다고 할 수 있을 것이다.

제 10 장

과학과 이성(18세기)

아이작 뉴턴

1. 과학과 이성

아이자크 뉴턴경을 위한 묘비명에 쓰여진 시는 통해 영국의 시인 알렉산더 포우프(Alexander Pope, 1688～1744년)가 18세기의 과학정신을 잘 나타내고 있다.

> 자연 그리고 자연의 법칙은
> 어둠 속에 숨겨져 있었다.
> 그때 신이 말하기를
> "뉴턴을 보내라"
> 그러자 모두가 광명으로 변했다.
> (Nature and Nature's laws lay hid in night:
> God said, Let Newton be! and all was light.)

이 시의 의미에서 뉴턴의 과학은 자연의 법칙을 신으로 하여금 계시된 절대자로 내려 보냈다고 말한다.

18세기를 흔히 계몽주의(Enlightenment)시대 또는 이성의 시대(Age of reason)라고도 불리고 있다. 그리고 앞의 시에서 의미하는 것처럼 어둠 속 자연의 법칙에 빛을 밝힌 사람은 바로 뉴턴이었던 것이다. 어둠 속으로부터 인간을 광명으로 이끈 것은 인간의 이성이라는 믿음이 있었고, 이성을 올바르게 이용함으로써 인간은 영원한 진보발전을 이룩할 수 있었다고 믿었기 때문이다.

대표적 계몽철학자(philosophes)였던 프랑스의 볼테르(Voltaire, 본명 Francois Mario Arouet, 1694～1778년)가 1726년 필화사건으로 영국에 망명했을 때 뉴턴과 영국의 경험철학 등에 크게 영향을 받았고, 귀국 후 뉴턴의 합리적, 과학적 사상을 대륙에 전파하게 되었다. 그에 의하면 역사란 인간 정신의 진보를 뜻하고, 그런 의미에서 역사상 가장 위대한 인물은 뉴턴이라는 것이었다. "케플러 이전에는 모든 사람이 장님이었다. 케플러는 한쪽 눈만을 가졌고, 뉴턴에 이르러 비로소 두 눈을 다 갖게 되었다"고 그는 말했을 정도이다.

뉴턴과학이 가설(hypothesis)이나 독단(dogma) 없이 합리적, 수학적, 실증적 방법을 사용하여 자연법칙의 해석에 성공했다는 믿음은 모든 분야로 확산되어 어떤 문제의 해결에도 인간의 능력으로 가능하다는 믿음으로까지 발전하였다. 이 시기는 순수과학사를 빛낸 천재적 과학자도, 세계를 바꿀 수 있는 발견도 이루어지지 않았다. 그러면서도 과학이야말로 새로 생겨나고 있는 인간의 영원한 전진이라는 믿음이 과학의 원동력이 된다는 데에는 아무도 의심을 하지 않았다.

인간은 그 이성을 이용하여 자연을 이해하고, 그럼으로써 진보를 계속할 것이라고 믿었고, 계몽철학자들은 모든 불합리한 것들을 제거하려 했다. 그 후 기독교와 전제군주정치가 시작되면서부터 귀족의 풍습에 이르기까지 모든 과학적 이성은 크게 위협을 받게 되었다. 이런 전통적인 것에 대한 비판은 새로 등장하고 있던 도시 시민계급이 귀족계급에 대한 새로운 하나의 도전이기도 했다.

계몽철학자들이 생각하는 자연이란 오늘날의 좁은 의미가 아니었고 동물, 인간 그리고 인간을 구성하는 인간사회까지도 포함되는 것이었다. 우주가 물질과 운동으로만 되어 있는 물리적 기계 같은 것이라고 뉴턴이 말했듯이 이들은 인간과 사회도 모두 대자연의 일부분으로서 인간은 이성을 통해 이해할 수 있는 과학의 대상이라 생각했다. 『자연의 세계(Systeme de la nature)』를 지은 돌바크(Dietrich von d'Holbach, 필명 Mirabeau, 1723～1789년)는 극단적인 유물론으로 치달려 이 세상에는 물질과 운동 이외에는 아무것도 존재하지 않는다고 선언하기도 하였다.

이들에겐 자연이란 합리적인 것이고, 자연적인 것일수록 보다 이성적인 것으로 보였다. 자연은 일부분으로서 인간이나 사회가 과학의 대상이 될 수 있었음은 물론이었고, 그리하여 18세기의 과학은 오늘날 우리가 생각하는 과학(자연과학)보다는 오히려 사회과학 쪽에 더 관심을 갖고 발달되기 시작하였다.

과학과 문화는 창조의 시기가 지난 후 새 지식의 축적을 위한 폭넓은 흡수와 그 종합에 시간이 필요한 게 보통이다. 18세기는 바로 이러한 소화와 흡수를 위한 세기였다고 보아도 좋을 것 같다. 새 지식의 축적을 위한 18세기의 대표적 노력은 프랑스 계몽사상가들이 대거 참여하여 30년에 걸쳐 완성한 『대백과전서(Encyclopedie)』였다. 무명 저술가이던 디드로(Denis Diderot, 1713～1784년)는 이 사전을 위해 볼테르, 루소, 돌바크, 몽테스큐, 케네 등에게 까지도 원고를 쓰게 하였고, 처음에는 달랑베르와 공동 편집인으로 일하기도 했다고 전해지고 있다. 1751년 출판되기 시작한 대백과전서는 1780년에 두 권의 색인을 포함하여 30년간에 걸친 35권의 대작이 되었다.

17세기까지 밝혀진 새로운 지식을 체계화함으로써 편집자가 얻고자 한 것은 현 시대까지 인류문화의 발전의 자취였고, 그것은 모든 낡은 것에 대한 공격의 한 방식이기도 했다. 인간의 지식은 인간사회의 개조에 공헌할 수 있다는 믿음을 가지고 여기에서는 '아는 것이 힘'이라는 베이컨의 정신을 토대로 저술되었을 것으로 추측된다. 이와 같은 지식체계화의 노력은 과학의 급격한 발달에 자극받아 생겨났을 것이다.

2. 박물학과 생물분류

18세기 지식의 체계화, 종합화라는 명제에 학자들의 관심이 잘 나타난 것이 박물학 분야의 발달이다. 동물, 식물, 광물에 대한 수집과 분류는 아리스토텔레스 이래 계속된 관심이었으며, 17세기까지에도 박물학에 대한 관심은 순수한 호기심에서 또는 약용식물 연구 때문에 지속되었다. 박물학은 지구상 모든 자연물에 대한 발견에서 새로운 동식물의 형태를 접하면서 더욱 자극 받았지만 실제로 박물학에 공적을 남긴 학자들은 계몽사상가 보다는 기독교신자 쪽에서 발전을 시키게 되었다. 이는 뉴턴에 의해 사라져 가고 있던 우주 속에서 신의 위치를 박물학 연구를 통해서 되찾아 보겠다는 의지가 있었기 때문이었다.

그 선구자로는 레이(John Ray, 1627～1705년)를 들 수 있다. 풀과 나무, 외떡잎과 쌍떡잎, 현화와 은화를 구분하는 식물 분류를 꾀했던 그의 노력은 그 후 린네(Carl von Linne, 1707～1778년)에 이르러서 분류학적 분류를 확립하게 된다. 스웨덴의 목사 아들로 신학을 공부하기도 한 린네는 의사로 개업하기도 했고, 웁살라대학에서

의학을 강의하기도 했다. 그러나 그의 관심은 동식물의 분류에 있었고, 그 방법을 고안해 내기에 모든 정력을 기울였다.

동식물계를 분류함에 있어 그는 동물의 경우 형태적 특징, 식물의 경우 생식기관의 특징을 기본 분류 형질로 하고 가장 큰 분류군을 문(division)으로 불렀다. 문 아래에 강→목→과→속→종으로 세분하고 각 이름에는 라틴어를 쓰도록 정했다. 그는 모든 생물을 속명과 종명을 붙여 학명(scientific name)이라 규정하였는데, 이 이명법(二名法)은 1906년 이후 세계 공통으로 사용되고 있다. 예를 들면 인간은 이명법에 따라 호모 사피엔스(Homo sapiens : 생각하는 사람)에 속한다.

린네의 분류방식은 인위적인 것이었고, 그 뒤 많은 학자들은 생물이 자연적으로 갖고 있는 상관관계를 고려하여 분류해 보려는 노력을 계속 해왔다. 자연적 분류를 위해서는 생물의 유전과 진화에 관한 지식이 필요한데, 린네가 살던 18세기에는 이런 분류란 불가능한 상태였다. 생물의 진화는커녕 린네는 다른 박물학자와 마찬가지로 종이란 하느님이 창조한 불변의 존재이고, 모든 종은 질서 있게 자연의 사다리(scala naturae)를 형성하고 있다고 생각했기 때문이다. 그런데 프랑스의 몇몇 학자들은 이와는 정반대의 생각을 갖고 있었다.

파리의 왕립식물원장 뷰퐁(Georges Buffon, 1707～1788년)은 린네가 인위적인 분류를 행하여 생물을 분류하는 것에 반대하고, 자연은 서로 조금씩만 다른 연속체들로 구성되어 있으며, 지금은 서로 다른 종으로 보이는 많은 생물은 같은 조상으로부터 퍼져 나갔을지 모른다는 생각까지 갖고 있었다. 그들의 소박한 진화사상은 제자인 도벤톤(Daubenton, 1716～1800년)이 180종의 포유동물을 해부 비교하여 그 비슷함을 증명함으로써 더욱 설득력을 갖게 되었다.

찰스 다윈의 할아버지인 에라스무스 다윈(Erasmus Darwin, 1731～1802년)도 이와 비슷한 진화론자였다. 모든 생명체는 원초의 생명체가 각기 다른 환경에 따라 다른 생물로 생겨난 것이라고 생각했다. 그때까지만 하여도 이 이론은 이론정립이 되지 않았고 증거가 부족했지만 18세기에 이미 생물 진화론은 여러 박물학자들에 의해 거론되고 있었던 것이다. 즉 훗날 유전과 진화의 생물학적 근거를 알아낼 수 있었던 학설로 그 기반을 주었다 말할 수 있는 것이다.

3. 지질학

뷰퐁은 생물의 진화과정에는 성경의 내용보다 많은 시간이 필요하다고 생각했고, 1749년 지구의 진화론을 발표하면서 지구의 탄생을 약 8만 년 전이라고 계산하였다.

구약성서의 기록을 참고하여 지구는 약 6천 년 전에 만들어졌다고 믿어왔던 기독교의 전통과는 너무도 다른 계산이었다. 그런데 그는 지구형성에 관한 제일 큰 문제로 지층과 암석이 어떻게 만들어졌는가 하는 의문이었다. 구약성서의 홍수에서 힌트를 얻어 물의 위대한 힘이 오늘의 지층을 만드는 근원적 힘이었다고 주장하는 사람이 있었는가 하면, 어떤 학자는 화산의 위력이 보다 중요한 힘으로서 암석은 화성암(igneous rock)이 중심이라는 주장을 내세우기도 했다.

독일의 후라이부르그 광산학교장을 지낸 베르너(Abraham Werner, 1749～1817년)는 화산에서 나오는 용암으로부터 만들어진 극히 일부를 제외하면 모든 암석은 수성암(aqueous rock : 광물질 및 생물의 유해가 수중에서 침적 고결된 암석)이라고 주장했다. 그는 화산이란 땅속에서 석탄이 불붙어 근처 암석을 녹여 뿜어낸다고 믿었다. 광산에 관심이 많았던 그는 각 지층이 갖고 있는 특성보다는 종류가 다른 암석이 갖고 있는 광물의 종류에 더 관심을 보여 지구의 역사를 이해하는 데에는 큰 도움을 주지 못했다.

물의 중요함을 인정하면서도 지구의 내부는 높은 압력과 열 때문에 용암상태로 되어 있고, 이 열이야말로 지층과 암석의 형성에 기본적 힘이라는 화성론자(Vulcanist)는 영국 에딘버러의 아마추어 과학자 허튼(James Hutton, 1726～1797년)으로 대표할 수 있다. 그는 지구상에 작용하는 모든 조건들(지진, 화산, 기상현상 등)이 예로부터 거의 같았기 때문에 지구의 나이란 엄청나게 많다고 생각했다. 또한 오랜 지구의 역사를 통해 지층은 서로 다른 시대에 형성되었다고 주장하여 지각의 구조에 역사적 의미를 부여했다.

1795년 지구론(The Theory of the Earth)에서 그는 지구의 지질변화가 자연의 힘에 따라 기계적으로 이뤄졌을 뿐 신의 손길이 닿을 곳이 없다고 발표하여 기독교계의 강한 반발을 받아 그의 사상은 19세기 초까지 환영받지 못하였다.

4. 수학과 역학

역학(力學, dynamics)이란 물체의 운동과 작용하는 여러 힘의 관계 등을 다루는 학문으로 미적분학이 나온 직후인 18세기 수학자들은 역학과의 관계 속에서 새로운 수학의 응용법을 발전시켰다. 그 대표적 학자 가문이 스위스의 베르누이 일가(一家)였다. 야곱 베르누이(Jocob Bernoulli, 1654～1705년)는 확률론의 실질적 출발점으로 알려진 『추론술(Ars Conjectanoli)』을 발행하였고, 그의 동생 요한 베르누이(Johan Bernoulli, 1667～1748년)는 해석학 연구에 공헌하였으며, 가상변위(virtual displacement)의 원리를 정식화 하였다. 요한의 아들 다니엘 베르누이(1700~1782년)는 『유체역학(流體力學)』이란 저서에서 베르누이의 정리를 발표하였고, 이를 통해 유체역학을 식으로 정리하여 연구할 수 있는 토대를 마련하였다.

스위스 바젤 출신의 레온하르트 오일러(Leonhard Euler, 1707~1783년)는 수학사에서 가장 많은 저서를 남긴 학자로 실명상태에서도 왕성한 학술활동을 한 것으로 유명하다. 이는 베토벤이 청각을 잃고도 훌륭한 음악을 창작한 것과 견줄만한 오늘날까지도 놀라운 일로 받아들이고 있다. 또한 스위스 자연과학회에서는 886점의 책과 논문을 담은 오일러의 기념집을 만들었는데, 소논문 중 하나에서 다면체의 꼭지점의 수(v), 모서리의 수(e), 면의 수(f) 사이에는 v + f - e = 2의 관계가 성립됨을 증명하였다. 오일러는 수학, 물리학, 천문학뿐만 아니라 의학, 화학, 식물학 등 많은 분야에 관심을 가졌는데, 특히 수학분야에서 미적분학을 발전시켰고 대수학, 기하학, 정수론 등 다방면에 큰 업적을 남겼다.

18세기에는 프랑스의 많은 수학자가 이름을 남겼는데, 『역학개설(Traite de dynamique, 1743년)』을 저술한 달랑베르(Jean Le Rond d'Alembert, 1717~1783년)와 해석역학(Mecanique analytique, 1788년)을 쓴 라그랑쥬(joseph Louis Lagrange, 1736~1813년)는 그 대표적인 인물이었다. 또 몽쥬(Gaspard Monge, 1746~1818년)는 해석기하학을 수립하여 현재 공학 분야에 투영법을 이용한 새로운 기하학을 제공한 학자였다. 열이 전도하는 모습을 편미분방정식으로 표현하는 데 성공한 후리에(Joseph Fourier, 1768~1830년) 역시 빼놓을 수 없다.

영국의 뉴턴은 케플러의 타원궤도 법칙을 성립시켜 주는 힘은 혹성이나 천체 사이에 존재하는 인력 때문이고, 그 인력은 천체간 거리의 제곱에 반비례하며 질량의 곱에 비례한다는 것을 밝혔다. 그러나 뉴턴 시절에는 수학적 지식이 부족하여 뉴턴은 혹성은 태양과의 관계에서만, 위성은 그 위성이 돌고 있는 혹성과의 관계에서만 인력을 계산했던 것으로 실제와 다른 지구(혹성)와 태양 사이의 관계는 우선 달(위성)의 인력에 의해서도 많은 영향을 받기 때문에 달을 제외한 계산은 너무 단순화됐다는 평을 면하기가 어려웠다. 그러나 태양, 지구, 달의 셋 사이에는 어떤 인력관계가 작용하고 어떤 운동을 하는 것일까? 이것이 3체 문제(three-body problem)이며, 18세기 프랑스 수학자들이 머리를 싸고 연구했던 큰 문제였다.

이들의 성과는 오일러, 라그랑쥬 등의 노력과 그 후 수학자들에 의해 아주 정확한 근사치를 얻을 수는 있게 되었으나 지금도 완전히 해결된 것은 아니다. 라플라스(Pierre Simon Laplace, 1749~1827년)는 이에 관한 18세기의 업적을 그의 천체역학(Traite de mecanique celeste, 1799~1825년)에서 상세히 다루고 있다.

5. 천문학

케플러와 뉴턴을 거쳐 우주관은 혁명적 변화를 이룩하였으나 17세기 후반부터 천문학에 관한 관심은 한껏 높아지게 되었는데, 그 이유는 망원경을 유용하게 사용할 수 있었기 때문이었다. 망원경의 개량과 보급은 커다란 계기를 주었고, 또 항해를 위해서는 천문 관측이 절대 필요하다는 실용적 이유도 발전조건 중의 하나였다. 그런 이유를 배경으로 루이 14세는 1667년 파리천문대를 설립하고 이탈리아의 카시니(Giovanni Cassini, 1625~1712년)를 대장으로 초빙하였고, 1672년부터 관측을 시작하였다. 영국도 1675년에 그리니치(Greenwich)에 왕립천문대를 세우고 플램스티드(John Flamsteed, 1646~1719년)를 초대하여 왕실 천문가로 임명했다.

플램스티드를 이어 왕실 천문가가 된 사람이 핼리(Edmund halley, 1656~1742년)이다. 뉴턴에게 프린키피아의 출판을 권유하여 만유인력의 이론을 세상에 발표케 한 산파역을 맡았던 그는 세인트 헬레나섬(Saint Helena Is.)에 가서 남반구의 성좌를 관측하여 명성을 얻고 있었고, 플램스티드를 도와 항성표를 만든 천문학자였다. 물론 핼리를 역사상 인물로 만든 제일 큰 업적은 핼리혜성의 발견이다.

케플러의 타원궤도설 이후 천체가 원운동보다는 타원운동을 한다는 것은 알고 있었으나 모든 혹성들은 거의 원에 가까운 모양의 궤도를 돌고 있었다. 그렇다면 아주 높고 납작한 타원궤도를 도는 천체란 없는 것일까? 다른 학자들처럼 이런 의문을 갖고 있던 핼리는 1682년에 뉴턴의 방식에 따라 역사상에 나타난 혜성의 궤도를 계산해 본 결과 1531년, 1607년, 1682년의 혜성이 같은 궤도를 그리고 있음을 알아냈다.

이들은 같은 혜성이 75~76년 주기로 돌아온 것이라고 설명한 그는 혜성은 쌍곡선을 그리며 한 번 접근했다가는 영원히 사라져 버리는 것이라던 과거의 이론을 뒤엎게 된 것이다. 그의 예견대로 이 혜성은 1758년에 다시 나타나, 그 후 오늘날까지도 핼리혜성이라 불리고 있다. 그는 노아의 대홍수는 바로 이 혜성이 접근했을 때 일어났다는 학설을 가지고 있기도 했다.

1730년대부터 뉴턴이론이 프랑스에 소개되면서 프랑스에서는 하나의 문제가 일어났다. 뉴턴이 이론적으로 보여준 바에 의하면 지구는 완전한 구형이 아니라 적도 쪽이 좀 불룩하다는 것이었다. 이에 대해 파리천문대를 관장하던 카시니 일가는 반대의견을 갖고 있었고, 뉴턴의 이론 전체를 받아들이려 하지 않았다. 프랑스 과학아카데미는 왕명을 받아 1735~1736년에 페루와 핀란드 라플란드에 각각 관측대를 파견하여 위도 1도의 길이를 측정하게 했다. 그 결과 뉴턴이 예측한 대로 지구는 남북극이 약간 쭈그러져 적도 부근이 튀어나온 모양임이 밝혀졌다.

코페르니쿠스에서 뉴턴까지의 천문학이 태양계를 중심으로 새로운 우주관을 펼쳐

왔다면 18세기에는 천문학이 태양계 쪽까지 널리 확대되는 시기였다고 볼 수 있다. 인간의 눈을 태양계 밖으로 옮겨 주는데 결정적 공헌을 한 사람이 1781년 천왕성(Uranus)을 발견한 허셀(William Herschel, 1738～1822년)이다.

원래 독일의 음악가였던 그는 오르간 연주자로 영국에 귀화한 이래 틈틈이 천문학 연구에 전념한 아마추어 과학자였다. 자신도 혜성 발견 등으로 천문학사에 이름을 남긴 누이동생 캐롤라인(Caroline, 1750～1848년)의 헌신적인 도움을 받으며 허셀은 새로 대형 망원경을 만들어냈다. 이 망원경을 사용하여 그는 수천 년 동안 동서양의 모든 사람이 알고 있던 혹성 이외에 또 다른 혹성이 있음을 알아낸 것이다. 이러한 새로운 혹성의 발견은 천체물리학과 천문학의 발달에 큰 공헌을 세운 망원경의 발달에서부터 시작되었다 해도 과언이 아니다.

제 11 장

근대 과학의 성립

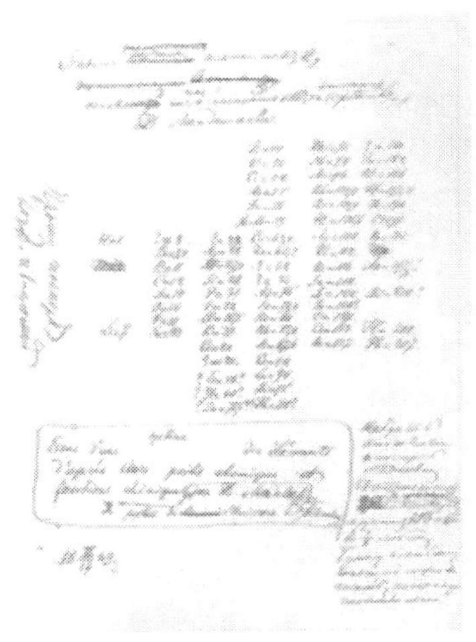

멘델레예프의 주기율 원고

1. 근대 과학의 성립

인간의 사고와 과학적 활동이 증가함에 따라 아리스토텔레스의 과학이 재평가되기 시작하였다. 많은 부분에서 부정적인 사고관념과 불합리한 이론들은 수정되기 시작하였다. 16, 17세기는 과학의 혁명기라고 불릴 정도로 실험에 의한 지식을 토대로 비약적으로 발전되었던 시기로 과학사적으로도 가장 중요한 태양중심설이 확립되었던 시기였다. 이후 20세기 전까지의 과학지식은 양과 질적으로 큰 팽창을 하였는가 하면 천문학뿐만 아니라 역학, 화학, 생물학, 지질학 등에 까지도 많은 과학지식이 축적되어 발전을 이룰 수 있었다. 이러한 과학지식을 토대로 새로운 물질관이 싹트게 되었고 현대과학의 틀을 만들 수가 있었다.

근대에는 과학적 관측에 의해 지구중심설의 인위성과 비효율성이 드러나기 시작하였다. 이에 따라 근대 초기의 천문학자들은 보다 더 효율적으로 천체의 운동을 설명할 수 있는 이론을 찾기 시작하였으나 당시의 억압적인 종교적 분위기 때문에 이론들은 표현하기가 어려웠는데도 불구하고 폴란드의 코페르니쿠스는 태양중심설(heliocentric theory)을 과감하게 발표하기에 이르렀다.

코페르니쿠스의 이론에서는 태양이 중심에 있다고는 하였으나 고대로부터 내려온 원운동의 가설을 계속 사용하여 별들이 천구에 고정된 것으로 보았던 것이 단점의 하나였다. 뿐만 아니라 그의 우주 모형은 동적인 역학적 모형이 아니라 정적인 수학적 모형도에 지나지 않았다. 그 후 코페르니쿠스에 의해 시작된 근대 천문학의 혁명을 계승한 케플러는 정밀한 관측 자료로부터 행성(혹성이라고도 부름) 운동의 규칙성을 표현하는 케플러의 법칙(Kepler's law)을 발표하였다.

케플러의 법칙은 천상계에 있는 천체들은 완벽한 원운동을 한다는 위계론과 일치하지 않고 천체의 운동이 신의 목적을 수행하기 위한 것이 아니며, 신의 섭리가 없이도 법칙에 의해서 기계적으로 일어나고 있다는 기계론(mechanism)을 의미하는 것이었다. 그의 태양중심설은 지구가 우주의 중심이 아님을 입증하였으나 원인에 대한 역학적 설명이 결여되었기 때문에 당시의 사람들은 그의 주장을 케플러 현상이라고 불렀다.

그 이후 갈릴레이(Galilei)는 스스로 망원경을 제작하여 태양의 흑점, 달 표면의 산과 골짜기를 발견하였다. 이는 천체의 모습이 완전무결한 것이 아니라는 사실을 알게 되었으며, 아리스토텔레스의 천상계에 대한 위계론에 대치되는 모습이라고 말할 수 있다. 뿐만 아니라 그는 금성의 위상 변화와 목성의 위성을 발견하여 모든 천체는 지구를 중심으로 회전한다는 프톨레마이오스의 천문학 체계를 부정하고 코페르니쿠스의 태양중심설을 옹호하기에 이르렀다.

갈릴레이의 이러한 학설에 대해 스콜라 학파(scholastic philosopher)들은 아리스토텔레스의 권위에 도전하는 이론으로 성직자들은 그를 이단이라고 하여 종교재판에 회부하였다. 그 후 갈릴레이에 대한 유죄 선고가 취소된 것은 1757년으로 갈릴레이 사후 100년 이상이 걸렸으며, 그의 저서가 금서 목록에서 해제되는 데에도 200년이 걸렸다.

갈릴레이 재판에 대한 교황청의 사과는 사건발생 후 350년이 지나고서였다. 갈릴레이는 낙하실험을 통해 아리스토텔레스의 역학체계를 붕괴시켰으며, 양적이고 보편적인 근대 역학을 수립하게 되었다. 그의 연구방법은 실험에 의해 과학적 법칙을 찾아내었고, 결과를 정량적으로 표현하는 전형적인 근대 과학의 특징을 보여주고 있다.

그 후 역학은 뉴턴(Newton)에 의하여 수학적으로 체계화 되었고, 뉴턴은 힘과 운동 사이의 관계를 운동의 법칙(law of motion)이라고 불리는 세 가지 수학적인 법칙으로 기술하였으며, 지금도 이 법칙은 일상적인 역학 문제를 거의 완벽하게 설명하고 있다.

뉴턴이 완성한 이 역학 체계를 고전역학 혹은 뉴턴역학이라고 부르며, 20세기 미시적 세계의 역학 현상을 고려하기 전까지는 대부분의 역학 문제에서 효율성과 정확성이 문제로 되지 않았다. 뉴턴은 지표면으로 사과가 떨어지는 현상과 태양 주위로 행성이 운동하고 있는 현상을 같은 방법으로 해석하는 만유인력의 법칙을 발표하기에 이르렀다.

뉴턴역학에 의하면 물체의 운동은 신의 목적에 의해서 결정되는 것이 아니고, 수학적으로 완전하게 계산할 수 있기 때문에 단순한 기계적인 성질을 가진다고 역설하였다. 예를 들면 운동의 법칙과 만유인력의 법칙을 결합하면 케플러 현상까지도 설명할 수 있었던 것이다. 따라서 행성 운동의 규칙성에 관한 케플러의 발견은 더 이상 현상이 아니고 운동의 법칙과 만유인력의 법칙에 의해 완전히 이해되는 자연현상의 일부가 되고 만 것이다. 이와 같이 근대의 천문학과 역학에 의하면 우주는 신의 섭리에 의한 것이 아니라 기계와 같이 자동적으로 운동하는 것이라고 해석할 수 있게 된다. 이러한 생각을 기계론이라고 하며, 근대 이후 지금까지 물리과학을 지배하는 사상이 되었다.

또한 라플라스(Pierre Laplace, 1749~1827년)는 철저한 기계론자로, 그에 의하면 세계는 뉴턴역학의 체계에서 완전히 이해될 수 있다고 역설하고, 현재를 알면 미래를 예측할 수 있다는 이른 바 '계산의 신'이라는 개념까지 도입하였다. 물론 이론적으로는 프랑스 과학의 측면을 보여주는 것이라고 할 수도 있지만 태양계의 기원과 같은 문제에서도 신의 창조라는 생각을 버리고 신성운설(new nebular hypothesis)이라고 불리는 현대적인 우주진화설의 기초를 마련한 점은 높이 평가되어야 할 것이다.

열역학(thermodynamics)은 증기기관에서 열이 어떻게 동력을 발생시키며, 어떻게 하면 최대의 효율을 얻을 수 있는가에 대한 수량적 연구의 필요성으로부터 발전하였다. 현대의 에너지 보존법칙(law of energy conservation)에 해당되는 이론은 마이어(Julius Mayer, 1814~1878년)와 헬름홀츠(Hermannvon Helmholtz, 1821~1894년)에 의해 확립되었다. 이 이론에 의하면 열이나 동력과 같은 에너지는 창조되거나 파괴될 수 없으며, 형태의 전환만 가능할 뿐이라는 것이다. 이를 열역학 제 1법칙(first law of the rmodynamics)이라고 부른다. 또한 줄(James Prescott Joule, 1818~1889년)은 열, 전기, 기계적 에너지의 동등성을 실험적으로 증명하여 에너지 보존법칙을 더욱더 확고하게 하였다.

신성운설은 칸트(Immanuel Kant, 1724～1804년)가 태양계의 기원에 대해서 제안한 성운설(nebular hypotheses)과는 다른 학설로 칸트는 구름과 같은 상태의 물질이 만유인력에 의해 응집된 것이 천체이며, 이들 천체가 반발력에 의해 흩어져 집단을 이룬 것이 태양계와 같은 것들이라고 설명하였다.

태양계도 물질의 진화에 의해 생성된다는 성운설은 생물학의 진화론(theory of evolution)과 개념적으로 일치하는 부분이 있었기 때문에 상당히 인기가 있었다. 그러나 성운설에서는 행성의 운동에 대한 설명이 결여되어 있었다. 이에 비해 신성운설은 태양계는 원래부터 자전하는 고온의 기체로부터 출발하였다고 하여 나중에 형성된 태양계 행성들의 회전운동을 설명할 수 있었다.

카르노(Sadi Carnot, 1796～1832년)는 가장 큰 열효율을 얻을 수 있는 이상적인 열기관을 고안하였고, 열은 고온에서 저온의 한 방향으로만 비가역적으로 이동한다는 사실을 지적하기도 하였다. 이는 열역학 제2법칙(second law of thermodynamics)으로 불린다. 카르노는 열기관의 효율은 전적으로 온도에 의해 결정되는데, 이 성질을 이용하면 새로운 방식으로 온도를 정의할 수 있음이 켈빈(Lord-Kelvin, 1824～1907년)에 의해 발견되어 이를 절대온도(absolute temperature)라고 불리게 되었다.

열의 본성에 대한 연구는 맥스웰(James Maxwell, 1831～1879년)과 볼츠만(Ludwig Boltzmann, 1844～1906년) 등에 의해 통계역학(statistical mechanics)이라는 새로운 접근 방식으로 이루어졌다. 즉 확률론에 입각한 미시적 구성 요소들의 행동으로부터 열이나 압력과 같은 거시적 현상을 설명할 수 있었던 것이다. 한편 볼츠만은 시스템을 이루는 미시적 구성 요소들의 상태와 관계하는 엔트로피(entropy)라는 새로운 물리량을 정의하고, 구성 요소들은 공간적으로 가장 무질서한 상태로 될 확률이 높으며, 이 경우 엔트로피가 최대로 된다는 사실을 증명하였다.

그 후 프랭클린(Benjamin Franklin, 1706～1790년) 등에 의해서 전기에는 2종류가 존재한다는 사실로부터 서로 다른 종류의 전기는 인력이 작용하고, 같은 종류는 반발한다는 사실을 알게 되었다. 이러한 2종류의 전기를 양전기(positive charge)와 음전기(negative charge)로 부르게 되었다. 쿨롱(Charles Coulomb, 1738～1806년)은 전기력의 크기를 간단한 공식으로 표현하여 전기학을 수리과학으로 발전시켰다. 볼타(Alessandro Volta, 1745～1827년)가 발명한 화학전지(chemical cell)는 흐르는 전기는 전류를 발생시킬 수 있다고 주장하였다. 옴(Georg Ohm, 1787～1854년)은 전기에 대한 체계를 확립하여 전압, 전류, 저항 사이의 관계를 수식화시켜 현대 전자공학에서 가장 기본이 되는 옴의 법칙(Ohm's law)을 발표하였다.

그 후 암페어(Andre Marie Ampere, 1775～1836년)는 전류가 흐르는 도선 주위에 있는 나침반의 바늘이 움직인다는 사실로부터 전류가 자기현상을 일으킨다는 사실을 발견하였으며, 나아가 두 전류는 도선에 의한 인력(attractive force)과 척력(repulsive force)이 작용한다는 사실을 밝혔다. 반대로 패러데이(Michael Faraday, 1791~1867년)는 변화하는 자기가 전기를 일으키는 이른 바 전자기 유도(electro-magnetic induction)에 대해 설명함으로써 전기공업의 이론적인 뒷받침을 마련하였다. 즉 전자기학의 이론은 맥스웰에 의해서 완성되었다.

맥스웰의 이론에서는 전기와 자기는 전자기장(electromagnetic field)이라는 눈에는 보이지 않지만 언제든지 전기, 자기현상을 일으킬 수 있는 일종의 잠재 능력이 미친다는 사실을 알게 되었다. 맥스웰은 이 전자기장의 이론으로부터 전자기 파동(electromagnetic wave)이 존재한다는 것을 예언하였고, 빛을 전자기 파동의 일종으로 간주하였다. 나중에 헤르츠(Heinrich Hertz, 1857~1894년)에 의해 전자기 파동이 실제로 존재한다는 사실이 입증되어 전자기 파동은 무선통신이나 전파탐지에 사용되기에 이르렀다.

빛은 입자로 이루어졌다고 데카르트가 제안한 적이 있었다. 뉴턴도 직진성, 반사, 굴절 등의 성질을 근거로 같은 주장을 하였다. 반면에 간섭(interference)과 회절(diffraction)이라는 성질에 근거한 파동설이 제안되었는데, 특히 호이겐스(Christian Huygens)는 빛은 매질을 통해서 전파하는 파동이며, 매질의 경계에서 빛의 속도가 달라지기 때문에 반사와 굴절을 일으킨다고 설명하였다. 또한 근대 화학의 발전은 화학지식을 의학에 적용하여 약재를 연구하고, 생명현상을 물리, 화학적 지식에 근거하여 연구하고자 했던 의화학(medical chemistry)으로부터 출발했다고 할 수 있다.

의화학은 그리스어로 의사를 뜻하는 말로서 중세와 근대 화학을 연결시키는 고리 역할을 하였다. 의화학자들은 인체는 화학적 체계에 의하여 구성되었고, 광물질의 약재를 사용하여 조절할 수 있다고 주장하였다. 이렇게 의화학은 질병에 대한 화학요법의 모태가 되었으며 화학발전을 자극하였다. 그러나 의화학의 이론은 비논리적이고 신비적 사고를 많이 가지고 있었으며, 이러한 사조는 후에 생기론(vitalism)으로 이어지게 되었다.

화학반응에 대한 해석으로 16, 17세기 화학자들이 가지고 있던 인식은 생기론적인 입장과 기계론적인 입장의 두 가지가 있었다. 생기론은 무기물이 살아 있는 내부의 생명력에 의해 변화한다는 신비론적 생각이었고, 기계론은 물질 자체는 생명이 없는 존재이며, 물질이 변화를 한다는 것은 외부로부터 어떤 힘을 받아서 단순히 기계와 같이 반응을 할 뿐이라고 보는 견해였다. 물론 생기론은 과학적 사고로 받아들이기 어려운 생각이지만, 기계론도 거시적인 역학문제와는 달리 미시적 세계에서 일어나는 화학반응은 잘 설명할 수 없었다.

화학적 현상에 대한 최초의 기계론적 해석은 공기나 기체와 관계된 분야였다. 공기는 무형이며 보이지 않고 바람을 일으키기 때문에 중세에서는 신비의 대상이 되었다. 고대 용어로 공기가 스피리투스(spiritus)로 표시된 점을 보더라도 공기를 정신적인 것으로 취급한 점을 알 수 있다. 영국의 보일(Robert Boyle)은 고대의 4원소설을 부정하면서 다른 물질로 분해되는 것은 원소가 아니라는 원소의 개념을 정립하였고, 물질은 기계적으로 운동하는 작은 입자로 형성되어 있다고 하였다. 또한 기체의 온도가 일정할 때 압력과 체적의 곱은 변하지 않는다는 보일의 법칙을 수립하였다. 이것은 신비의 대상이던 공기를 기계론적인 관점에서 보았다는 것이다.

기체에 대한 보일의 법칙은 나중에 프랑스의 샤를(Jacques Charles, 1746~1823년)에 의해 발견된 기체의 체적과 온도 사이의 관계식과 결합하여 보다 일반적 형태의 기체법칙을 설명했다. 이 법칙은 현대까지 열역학에서 사용되고 있지만, 이들에 대한 완벽한 증명은 원자론이 나온 뒤에 가능하였다.

프랑스의 라부아지에(Antoine Lavoisier, 1743~1794년)는 금속을 가열하면 중량이 증가한다는 사실로부터 연소가 프리스틀리(Joseph Priestly, 1733~1804년)가 발견한 산소와 금속의 결합, 즉 산화(oxidation)라고 주장하였다. 이 주장에 대한 근거는 연소에 의한 산소량의 감소가 연소물의 무게 증가와 같다는 점이었다. 이렇게 화학연구에서 정량적 연구방식이 도입된 것을 화학의 혁명(chemical revolution)이라고 부른다.

라부아지에는 원소를 어떤 수단에 의해서도 분해되지 않는 물질로 정의하고, 실험에 의하여 물은 수소와 산소의 결합이라고 결론지어 4원소설을 부정하였으며, 원소 23종을 기호로 표시하였다. 고대 원자론이 물질을 구성하는 본질적 요소로서 가정한 원자는 실존하는 것이 아니고 가상적인 것이었다. 그러나 돌턴(John Dalton, 1766~1844년)이 주장한 근대 원자론에서 말하는 원자는 물질의 구성단위로서 실존하며 크기, 무게, 성질이 서로 다른 것들이 존재하며, 원자론을 이용하면 화학에서 잘 알려진 일정성분비의 법칙(law of definite proportions)과 배수비례의 법칙(law of multiple proportions)을 설명할 수 있었다.

원자론을 바탕으로 이탈리아의 아보가드로(Amedeo Avogadro, 1776~1856년)에 의하여 분자(molecule)라는 개념이 도입되었다. 분자의 개념을 사용하면 당시에 원자로서만 해결할 수 없었던 기체반응 과정을 잘 설명할 수 있었다. 원소를 무게에 따라 분류해 보면 화학적 성질이 주기적으로 되풀이 된다는 것을 알 수 있다. 이를 주기율표(periodic table)라 명명하고, 독일의 멘델리브(Dmitri Mendeleev, 1834~1907년)에 의해 최초로 만들어졌다.

현대의 주기율표는 초기의 배열방법을 보다 더 합리적으로 개선한 것이다. 베크렐(Antoine Henri Becqurel, 1852~1909년)과 퀴리(Marie Curie, 1867~1934년) 등에 의하여 방사선을 내는 원소인 방사성 원소(radioactive element)가 발견되었고, 방사선을 내는 현상의 본질은 무거운 원소가 분열을 통하여 가벼운 원소로 바뀌는 것임이 밝혀졌다.

화학전지를 사용하여 물의 전기분해(electrolysis)와 같은 전기의 화학적 작용을 관찰하였고, 양과 음 두 가지 종류의 전기개념이 성립함에 따라 화학적 결합력도 전기적 현상으로 해석하려 하였다. 화학반응에 관계하는 요인들에 대한 연구에서 아레니우스(Svante Arrhenius, 1859～1927년)는 화학반응의 속도가 온도, 압력 등과 같은 물리적 환경과 관계한다는 사실을 밝혔다. 또한 어떤 물질은 물에 녹아 양의 전기를 띤 입자와 음의 전기를 띤 입자로 분리된다는 이론인 전리설(theory of electrolytic dissociation)을 제안하였으며, 이것으로 용액의 전기 전도현상을 설명할 수 있었다.

유기물(organic compound)은 생명체만이 만들 수 있다고 믿었다. 그러나 뵐러(Friedrich Wöhler, 1800～1882년)가 유기물의 일종인 요소(urea)를 인공적으로 합성함으로써 유기물과 무기물의 구분이 생명력의 유무에 좌우된다는 학설이 부정되었다. 유기물의 구조에 관하여 연구한 사람 중에 케쿨레(Friedrich Kekule, 1829～1896년)는 벤젠(benzene)의 구조를 발견하여 유기화학(organic chemistry)의 발전에 기여하였다. 벤젠 구조는 유기물에서 가장 기본적인 것 중 하나로, 다른 복잡한 유기물의 구성단위로 사용되는 경우가 많았다. 유기화학의 이론적 발전에 의해서 19세기 후반에는 수천 가지의 유기물이 합성되기에 이르렀다.

근대의 자유스런 분위기는 생물을 생리학(physiology), 발생학(embryology), 유전학(genetics) 등의 여러 각도로 연구할 수 있게 됨으로써 생물의 진화론까지 자연스럽게 나타나게 되었다. 생리학은 르네상스 시대의 해부학(anatomy)과 근대의 세포학(cytology), 조직학(histology), 물리학, 화학의 지식이 결합하여 새로운 생물학의 연구방법으로 나타나게 되었다. 예를 들어 근대 생리학자들은 호흡 현상의 본질을 연소와 같은 과정인 산소와의 결합으로 생각하였는데, 이러한 데에는 산소를 발견한 프리스틀리와 같은 화학자의 노력이 큰 기여를 하였다.

삭스(Julius von Sachs, 1832～1897년) 등은 식물의 엽록체를 연구하여 광합성(photosynthesis), 즉 엽록체 내에서 물, 이산화탄소, 햇빛이 반응하여 유기물인 포도당(glucose)과 부산물인 산소를 생성하는 과정을 밝혔다. 동물의 생리에서 베르나르(Claude Bernard, 1813～1878년)는 호르몬(hormone)의 역할을 최초로 주장하였다.

17세기의 생물학 발전에 가장 큰 영향을 끼친 사건은 현미경의 발명이었다. 현미경으로 식물세포를 관찰하여 세포(cell)라는 용어를 사용한 사람은 후크(Robert Hooke, 1635～1703년)였다. 말피기(Marcello Malphigi, 1628～1694년)와 레벤훅(Antony van Leeuwenhoek, 1632～1723년)도 현미경을 사용하여 개구리의 모세혈관을 발견하고, 이를 통한 혈액 순환을 확인하였다. 그들은 미생물과 식물조직을 관찰하여 조직학의 선구자로 불리게 되었다.

현미경 발명으로 생물의 구성에 대한 이론은 세포의 역할에 비중을 두게 됨에 따라 세포 단위의 생물학 연구방법인 세포학이 탄생하는 계기가 되었다. 독일의 슈반(Theodor Schwann, 1810~1882년)과 슐라이덴(Matthias J. Schleiden, 1804~1881년)은 생물의 구성단위는 세포이고, 동식물 모두 일정하게 배열된 세포의 집합체라는 이른 바 세포설(cell theory)을 주창하였다.

미생물학(microbiology)도 현미경의 사용으로 발전하게 된 분야 중의 하나이다. 대표적인 학자로는 프랑스의 파스퇴르(Louis Pasteur, 1822~1895년)를 들 수 있으며, 그는 젖산발효를 미생물(젖산균)에 의한 것으로 판단하여 발효의 세균설(germ theory)을 주장하였다. 이를 바탕으로 그는 포도주의 살균법, 탄저병, 광견병 연구에 기여하였으며 나아가 질병의 세균설도 주장하였다.

독일의 미생물학자인 코흐(Heinrich H. R. Koch, 1843~1910년)도 콜레라와 폐결핵의 병원체를 발견하였고, 그 감염경로도 밝혔으며 폐결핵의 진단에 이용되는 투베르쿨린(tuberculin)반응 검사법을 제창하였다. 그는 1905년 결핵균을 발견한 공로로 노벨 생리의학상을 수상하였다. 영국의 리스터(Joseph Lister, 1827~1912년)는 미생물 발효가 부패를 유발하고 상처가 화농을 만든다고 생각하여 수술도구를 소독하기 시작하였고, 마취제를 사용하는 등 현대 외과의학의 기초를 마련하였다.

면역학(immunology)의 분야에서 제너(Edward Jenner, 1749~1823년)는 종두법(vaccination)을 발견하여 천연두를 예방할 수 있게 되었고, 독일의 에를리히(Paul Ehrlich, 1854~1915년)는 항원(antigen)과 항체(antibody)의 관계를 규명하였으며, 화학약품의 약리작용에 대해서도 연구하였다.

생물발생에 대한 당시의 속설은 아리스토텔레스로부터 시작된 자연발생설(spontaneous generation)로서, 생물은 적당한 조건을 주면 무생물로부터 저절로 발생한다는 이론이었다. 자연발생설은 레디(Francesco Redi, 1618~1676년)에 의해 최초로 실험에 의해 부정되었으나 자연발생설의 완전한 붕괴는 파스퇴르의 유명한 반증실험에 의해서였다. 이로 인해 아리스토텔레스 시대로부터 계속된 자연발생설은 생명은 오로지 생명으로부터 유래한다는 생물속생설(biogenesis)로 대체되었다. 이 말은 생물기원설이라고도 하는데, 생물을 의미하는 그리스어인 바이오(bio)와 발생을 의미하는 제네시스(genesis)에서 유래된 언어이다.

발생학(embryology)은 생물의 발생과정을 연구하는 생물학의 한 분야로 근대의 생물학자들이 주장한 발생 이론은 전성설(preformationism theory)과 후성설(epigenesis)로 나눌 수 있다. 전성설은 부모의 축소판이 난자나 정자 속에 이미 물질로서 존재하거나 각 생물에 고유한 발생 과정의 설계도가 들어 있다고 보는 관점이다. 반면에 후성설은 배아(embryo)가 발생하는 동안에 몸의 각 부분이 특정한 조직 또는 기관이 되도록 결정된다는 학설로서 현대 생물학과 일치하는 관점이라 말할 수 있다.

근대 유전학(genetics)은 농업생산의 근대화와 품종개량 등에 자극을 받은 분야로 당시에는 이를 위한 잡종실험이 성행하였다. 그 중에서 실험 유전학의 시조인 멘델(Gregor Mendel, 1822~1884년)은 완두콩 교배실험으로부터 유전에 관한 멘델의 법칙을 확립하였다. 멘델의 실험결과는 유전현상을 지배하는 본질에 대해서는 알아내지 못했지만 특정한 형질생산을 통해 식물재배, 가축사육에 응용 가능성이 높은 것이었다. 그러나 멘델의 연구는 당시 학계의 즉각적인 관심을 얻지는 못하였다.

또한 생화학(biochemistry)의 발달은 생물체 내에서 이루어지는 화학반응, 생물체의 물질조성 등을 화학적 방법으로 연구하는 생물학의 한 분야를 말한다. 생물화학이라고도 하지만 보통 생화학이라고 표현한다. 생물체를 재료로 하는 화학이라는 점에서 화학의 한 분야이고, 생물학과 화학의 두 영역에 걸쳐 있는 학문이며, 탄수화물이나 단백질과 같은 탄소화합물을 연구대상으로 하는 유기화학에서 분화되었다고 볼 수 있다.

생화학은 단백질, 탄수화물, 지질, 핵산과 같은 세포 구성물질의 구조와 기능에 중점을 두고 있다. 고전적이고 좁은 의미에서의 생화학은 특히 효소가 매개하는 반응과 그 산물에 대한 화학적 연구를 의미한다. 현대적 의미로는 생명현상을 매개로 하는 분자들에 대한 화학적 연구를 지칭한다. 고전적인 생화학 연구를 통해 사람들은 세포 내 대사과정에 대해서 상세한 정보를 얻고 해당작용(glycolsis)이나 TCA회로와 같은 물질대사에 대한 폭넓은 이해를 얻게 되었다. 최근의 연구 경향은 DNA, RNA, 단백질 합성, 세포막과 물질 신호전달체계 등 세포내 분자들 모든 활동을 말한다.

생명체가 기본적으로 사용하는 에너지원은 adenosine triphosphate(ATP)인데, 이는 일반적으로 포도당을 분해하는 과정에서 나오는 에너지를 이용하여 만들어진다. 포도당의 분해경로는 무기호흡(anaerobic respiration)과 산소호흡(aerobic respiration) 과정으로 이루어져 있다. 호흡 앞 단계에서 혐기성 박테리아를 포함한 생물들은 산소 소비 없이 분해경로가 진행되는데 이를 무기호흡이라 하고, 고등생물을 포함한 많은 생물은 무기호흡에 이어 산소를 소비하는 화학반응이 진행되는데 이를 산소호흡이라 한다.

포도당 한 분자를 분해하기 위해서 무기호흡 경로의 해당과정, 산소호흡 경로의 시트르산회로(또는 TCA회로)와 전자전달계의 3단계 과정을 거치게 된다. 무기호흡인 해당과정에서 2ATP, 산소호흡 과정에서 최종적으로 36~38ATP가 생성되어 후자가 에너지 효율이 월등함을 알 수 있다. 해당과정은 세포 내에서 당이 분해되어 에너지를 얻는 물질대사 과정을 말하는 것으로 녹말(starch), 글리코겐과 같은 복잡한 탄수화물들이 포도당으로 분해되는 것까지 포함하기도 한다. 무기호흡은 세포의 세포질((cytoplasm) 핵을 제외한 나머지 부분)에서 이루어지고, 산소호흡은 해당과정에서 만들어진 피루브산이 미토콘드리아로 이동하여 물(H_2O)과 이산화탄소(CO_2)로 분해되고 많은 에너지를 방출하게 되는 것이다.

프랑스의 박물학자이며 진화론자 라마르크(Jean-Baptiste Lamark, 1744~1829년)는 바장탱 지역의 귀족 가문 출신으로 파리에서 은행원이 되었으나, 식물원 견학에서 자극을 받아 식물학에 뜻을 두게 되었다. 그는 1778년 『프랑스 식물지』를 출판하여 유명해졌고, 프랑스 혁명과 함께 개편된 파리식물원의 무척추동물학 교수로 임명되어 동물학 연구에 전념하게 되었다. 화석과 지질학에도 관심을 갖기 시작하면서 진화사상을 가지게 되었다. 그의 진화론적 사상은 무척추동물의 체계(1801년)에서 시작되어 동물철학(1809년) 및 무척추동물지에서 명확한 주장을 하였다. 그는 생명이 맨 처음 무기물에서 단순한 형태의 유기물로 변화되어 형성된다는 자연발생설을 역설하면서 이것이 필연적으로 여러 기관을 발달시키고 진화시켜 왔다고 주장하였다.

생물에는 환경 적응력이 있어서 자주 사용하는 기관은 발달하고, 그렇지 않는 기관은 퇴화된다는 것이 라마르크가 제창한 진화설이다. 동물철학의 제1법칙에서 어떤 동물의 어느 기관이라도 자주 쓰거나 계속해서 사용하면 점점 강해지고, 크기도 커져 간다는 이론으로 그 기관이 사용된 시간에 따라 특별한 기능을 갖게 된다. 이에 반해서 어떤 기관을 오랫동안 사용하지 않으면 약해지고 작아지고 퇴화되어 거의 없어지게 된다. 이와 같은 현상이 새로운 종의 진화의 원인이라고 그는 생각하였다.

라마르크도 종의 불변성을 부정하고 진화의 원인을 규명하려는 노력을 하였으며, 진화기작으로 용불용설(law of use and disuse)과 즉 획득 형질의 유전의 법칙을 제안하였다. 또한 인간도 신의 창조물이 아니라 단세포 생물로부터 진화해 온 자연의 소산이라고 주장하였다. 라마르크는 동물을 진보의 법칙에 따라 고등한 형태로 진화하는 기계와 같은 존재로 보았다.

찰스 다윈(Charles R. Darwin, 1809~1882년)은 영국의 서부지방인 슈루즈베리에서 태어났다. 아버지는 유명한 내과의사인 로버트 워링 다윈(1766~1848년)으로 2남 4녀 중 다섯째로 태어났다. 찰스의 부계는 의사 집안으로 유명했으며, 할아버지인 에라스무스 다윈(Erasmus Darwin, 1731~1802년)은 진화론을 주창했다. 모계는 지금까지 영국에서 도자기 제조로 유명한 집안이다.

찰스 다윈은 4살 때 가족과 함께 갔던 곳을 기억할 정도로 기억력이 좋았다. 조개껍데기, 광물, 동전, 자갈 등을 모으는 취미를 가지고 있었고, 신기하고 낯선 생물에 호기심이 많았다. 그러나 아버지는 에든버러대학 의학부에 입학시켜 가업을 잇게 하려 했다. 당시는 마취학이 발달하지 못했을 때여서 아파서 부르짖는 환자의 비명소리를 듣고 그는 수술실을 뛰쳐나왔다. 그의 관심은 여전히 자연과 박물학에 쏠려 있었다. 아버지는 그를 다시 목사로 만들려고 케임브리지대학으로 보냈지만 목사 수업보다 식물학 교수인 스티븐스 헨슬로우(1796～1861년)와 친했고, 동식물과 곤충 모으기를 즐겼다.

다윈은 태평양과 인도양을 항해하면서 산호초의 종류와 차이를 명확하게 파악해 산호초가 만들어지는 과정을 밝혀냈다. 즉 산호초가 산호 자체의 생태와 해양지각의 침강과 융기 등의 움직임이 복합적으로 작용해서 생성된다는 사실을 간파한 것이다. 이와 더불어 화산분포로부터 지구 내부에서 일어나는 작용을 설명하기도 했다. 환초(atoll)는 원반모양으로 형성된 산호초이고, 보초(barrier reef)는 대륙 또는 큰 섬의 해안 앞으로 직선으로 발달하거나 작은 섬을 둘러싼 산호초이다. 거초(fringing reef)는 육지와 바다가 접하는 곳에 리본모양으로 펼쳐지는 산호초를 말한다. 거초는 육지가 천천히 융기할 때 생기고, 환초와 보초는 침강할 때 형성된다고 다윈은 주장했다. 후일 다윈의 학설에 반박하는 주장은 있었으나 해저를 굴착한 자료로 다윈의 주장이 옳다는 것을 알게 되었다.

비글호 항해기는 1839년에 초판, 1845년에 2판, 1860년에 3판이 나왔다. 다윈은 친구에게 주려고 비글호 항해기를 편찬하면서 출판사에 빚을 지기도 했다. 말년에 그는 비글호 항해기에 대해 "나의 최초의 문학적 작품이 성공해서 어떤 다른 책보다도 나를 기쁘게 해준다."라고 회고했다 한다.

다윈(Charles Darwin)은 식량 공급이 제한된 상황에서 생물 사이에 경쟁이 일어나고, 그 중에서 제일 유리한 변이(variation)를 가지고 있는 종만이 살아남는 자연선택설(natural selection)과 적자생존(survival of the fittest)에 의해서 진화가 일어난다고 보았다. 다윈 진화론의 사회적 배경은 산업혁명 당시 시민계급의 평등, 소유의 자유, 민주주의, 자유경쟁주의, 자유방임주의에서 찾을 수 있다. 특히 자연선택에 의한 생물의 진화론은 맬더스(Thomas Malthus, 1766～1834년)의 인구론으로부터 영향을 받은 것으로 보인다. 그러나 맬더스는 인류의 미래를 암담하게 본 반면, 다윈의 학설을 지지하는 사람들은 개체 사이의 생존경쟁이 인간사회의 진보에 기여한다고 보았다.

다윈의 진화론은 당시의 식민지 개발정책과 약육강식을 정당화 해주는 이론적인 근거로 사용되었던 사회학, 윤리학 등에 지대한 영향을 미쳤다. 다윈의 진화론에 대해서 과학적, 사회적, 특히 신학적인 측면에서 비판이 제기되었으나 당시의 자유주의적인 가치관과 부합하였기 때문에 일반인들로부터는 큰 호응을 얻었다.

헥켈(Ernst Haeckel, 1834～1919년)은 종의 진화가 발생과정에서 재연된다고 하여 발생과정을 진화과정으로 간주하였다. 드 브리스(Hugo de Vries, 1848~1935년)는 천재지변이 아니더라도 자연적으로 생물의 형질이 갑자기 변화할 수 있다는 돌연변이설(mutation theory)을 주장하였다. 돌연변이에 의한 진화는 예측할 수 없는 불연속적인 진화의 가능성을 의미한다.

바이스만(August Weismann, 1834~1914년)은 단순히 신체를 구성하는 물질은 생식질(germplasm)이라고 하는 유전물질에 의해 존재한다고 역설하였다. 이 생식질은 다음 세대로 계속 이어져 생물의 나머지 물질을 조직화하여 형태와 특징을 결정한다고 보았다. 따라서 그는 환경에서 얻어진 육체의 변화는 다음 세대에 이어지지 못한다고 주장하였다. 또한 그는 부모의 생식질 융합과정에서 변이가 만들어지고 생식과정에서 부모의 생식질이 반으로 쪼개지는 현대 생물학의 감수분열(meiosis)을 예언하기도 하였으며, 유전자(gene)의 개념을 도입하기도 하였다.

지질학(geology)의 발달은 지구의 생성과정, 지각의 형태, 구조, 변화 과정과 암석, 물, 공기 등과 같은 지구의 구성 요소에 대해 연구하는 것으로 18세기가 되서야 독립된 과학으로서의 체계를 갖추기 시작하였다. 반면 지리학은 지표면의 과학적인 탐사를 통해 지도의 제작과 지형, 자원, 생물 등에 관한 자료 수집을 목적으로 한다. 이러한 목적을 위한 지리적 탐사는 주로 신대륙 개척을 위한 항로개발 등이 필요했기 때문에 가능했을 것이다.

근대 초기의 지질학자들은 암석 등 땅 속에 있는 무기물이 자신의 내적 생명력에 의해 성장하는 것으로 생각하였다. 18세기에는 이러한 신비론적 생각보다는 기계적인 원인을 찾기 시작하였으며, 물과 불의 2가지 생성원인을 두고 격렬한 논쟁이 있게 되었던 시기였다. 즉 물의 작용에 의하여 암석을 포함한 지각이 형성된다고 믿는 이론을 수성론(neptunism)이라고 하여 한때는 신빙성 있는 이론으로 생각했었다. 수성론의 중심인물인 베르너(Abraham Werner, 1749~1817년)는 원시 해양으로부터 대부분의 암석이 결정 혹은 침전과정으로 생성되었다고 주장하였다.

반면 화산과 열의 작용에 의하여 암석이 생성되었다는 화성론(plutonism)도 제기되었다. 허튼(James Hutton, 1726~1797년)은 지구 내부는 용암이고, 지각은 용암그릇이며, 화산은 안전핀과 같은 것이라고 생각하였다. 즉 지구 내부의 용암이 상승, 냉각하여 지각이 암석으로 되는데, 이들이 지하의 압력과 열에 의하여 다른 암석으로 변화한다고 보았다.

또한 허튼은 오늘날 관찰되는 지질학적 변화와 현상은 동력이 과거 지각의 형성과정에 똑같이 작용하였다고 보았다. 즉 자연계에 존재하는 지질의 변화하는 과정은 반복 작용에 의해 지표를 구성하고 있는 암석이 계속 변화해 왔다는 진화이론에 의해 일어났다고 주장했던 것이다. 그 후 지질학적 진화이론은 라이엘(Charles Lyell, 1797

~1875년)에 의해 계승되었다.

그는 방대한 지질학의 자료를 수집, 분석하여 작용하고 있는 동일한 원인에 의하여 과거의 지표 변화를 설명하는 허튼의 이론에 동조하였다. 자연계에 존재하는 힘은 언제나 동일하고, 이 힘에 의하여 지표상의 변화가 계속되고 있다는 원리를 동일과정설(uniformitarianism)이라고 한다. 이 학설은 물질에 작용하는 힘은 불변하나 물질은 그 힘에 의해 계속 변화한다고 설명하여, 우주는 물질의 불변성을 바탕으로 변화한다는 이론으로 기계적인 운동만을 되풀이 한다고 설명하는 기계론과는 차이를 보이고 있다.

또한 지리학(geography)은 지표면 탐사에 의해 지도제작과 과학적 자료 수집을 하는 학문이다. 근대에 와서 항해술과 탐험 기술의 발전으로 인해 전 세계적으로 지형 측량이 가능하게 되었다. 이 분야에 가장 큰 업적을 남긴 사람은 독일의 자연과학자 훔볼트(Alexander von Humboldt, 1769~1859년)로 아메리카 대륙을 탐사하여 화산과 해류를 조사하였고, 지구의 자기장과 기후에 대해서도 체계적으로 연구하였다.

베이컨은 과학 연구의 방법을 철학적으로 분석하여 중세 학문은 죽은 학문이라 전제하고 생활 전체를 개혁할 수 있는 지식이 학문 연구의 목표라고 하였다. 그의 과학지식 형성방법은 귀납법(induction)으로서, 지식은 경험으로부터 출발하고 많은 경험적 사실로부터 공통점을 발견하여 법칙이나 이론을 만들어야 한다는 것이었다. 이렇게 형성된 과학을 실험과학(experimental science)이라고 하였으며, 근대 과학 혁명시대를 주도하는 학문으로 발전하게 되었다.

그 당시 데카르트는 물리학 연구란 점점 수학적 방법에 의존도를 높여 가게 되었다. 그는 수학적 연역이 사고의 중심이 되어야 하며, 이것이 자연법칙에 대한 인식을 완성한다고 하였다. 즉 데카르트는 의심의 여지가 없는 분명한 원리로부터 수학적 연역과정을 거쳐야 자연의 모습을 제대로 알아낼 수 있다고 보았던 것이다. 데카르트가 비록 과학연구에 수학의 중요성을 강조하였지만 수학을 단지 과학연구의 한 도구로 생각하였을 뿐 피타고라스학파가 주장한 것과 같이 심미주의로 흐르지는 않았다.

데카르트의 견해에 따르면 자연현상은 수리적 고찰이 가능하다는 것이었고, 이는 자연현상의 해석에서 목적론이 배제되고 오히려 기계론 쪽으로의 발전을 유도하는 계기를 만들게 되었다. 그러나 베이컨은 과학론적 방법에서 수학의 역할을 중요시했고, 데카르트는 실험의 중요성을 알지 못했다는 호이겐스의 말과 같이 16, 17세기 과학의 발달에 가장 큰 역할을 한 두 학자의 생각은 서로 상이했다 말할 수 있지만 오히려 상호 보완적 사고에 의해 과학의 발달이 이루어졌다는 것이 바른 평가일지도 모른다.

1799년에 파리 과학아카데미 소속의 도량형위원회에서는 미터법(metric system)이라고 하는 새로운 도량형이 제정되었으며, 현재 전 세계 대부분의 나라에서 사용되고 있는 국제표준단위(Systéme International)의 모체는 20세기 도량혁명을 일으키는 기초적 계기가 되었다.

이렇게 근대 과학의 성립에 있어서는 많은 훌륭한 과학자들이 다방면으로 각 분야별 연구를 통해 과학적 발전을 불러일으킬 수 있었다. 일반적으로 철학적 개념에서 과학사적 흐름을 체계화 시키고 실험을 통해 자연의 법칙을 수용하여 실험과학의 실천성을 발전시킴으로써 20세기 과학 부흥기를 유도할 수 있었던 과학사적 배경이 될 수 있었다.

제 12 장

현대과학의 발달과 과학사적 의의

현대는 생명연구의 시대가 된다.

현대과학의 과학사적 의미는 실제로 사용하고 있는 학설에
근원을 둔 해석을 중심으로 과학의 전개 발전을 소개한다.

1. 현대 물리학과 과학사

현대 물리학의 아버지인 아인슈타인은 생애 많은 업적이 있었지만, 그 중에서도 그의 최대 업적은 1916년에 독일 베를린의 카이저 빌헬름 물리학 연구소에서 완성한 일반상대성 이론이라고 할 수 있을 것이다. 1905년 광속도 불변의 원리를 바탕으로 서로 등속도로 움직이는 모든 관측자들에게 물리법칙이 불변으로 유지되는 새로운 개념인 특수상대성 이론을 발표한 아인슈타인은 자신의 법칙을 좀 더 확장시켜 가속도의 경우에도 설명될 수 있는 이론을 찾으려고 노력했다.

등속도를 가속도로 확장시키는 과정에서 상대성 이론은 고전역학과 전자기학을 통합시키는 과정에서 중력에 관한 이론을 알게 되어 발전시킬 수 있었다. 아인슈타인은 강한 중력장을 지날 때 빛의 속도는 적색 편이가 생긴다는 것과 강한 중력장 부근에서 빛의 속도가 달라진다는 이론을 주장하였다. 즉 여기서는 특수상대성 이론의 전제가 되는 광속도 불변의 원리는 적용되지 않았으며, 빛의 속도가 강한 중력장 속에서 달라지기 때문에 호이겐스의 원리에 따라 강한 중력장 주변을 지날 때 빛이 휘게 되는 소위 중력 렌즈현상이 나타나게 된다는 이론이다.

1912년을 전후해서 아인슈타인은 가속운동을 하는 물체가 경험하는 관성력은 전체 다른 물체들의 양과 분포에 의해 결정되어진다는 소위 마흐의 원리에 관심을 갖기 시작했다. 당시 마흐(Ernst Mach, 1838～1916년)는 원심력은 물체의 절대 회전에 의한 결과라는 뉴턴의 견해를 비판하면서 멀리 떨어져 있는 우주의 거대한 질량에 대한 상대적 회전이 원심력이라고 주장했다. 아인슈타인은 관성이라는 것은 국소적인 측지 방정식(geodesic equation)에 내재되어 있으며, 우주 다른 곳의 물질 존재에 의존할 필요는 없다고 설명한다. 아인슈타인은 뉴턴의 중력 방정식을 자신의 등가원리, 에너지 보존의 법칙, 물리적 인과성 등을 만족하도록 확장하는 물리적 추론으로 리만 기하학과 텐서 미적분학과 같은 수학적 방법을 토대로 자신의 완전한 방정식을 얻어내었던 것이다.

1.1 핵물리학

1895년 독일 물리학자 뢴트겐(Wilhelm Konrad Rontgen, 1845～1923년)에 의해 X-선이라는 새로운 광선이 발견되고, 이것에 영향을 받은 프랑스 베크렐(Antoine-Henri Becquerel, 1852～1908년)에 의해 원자핵에서 나오는 자연 방사선이 발견되면서 시작된 핵 과학은 20세기 초 30년 동안 새로운 전기를 불러일으킬 수 있었던 학문분야로 자리잡았다. 핵에서 나오는 강력한 에너지와 핵변환에 대한 연구는 원자구조에 대한 인식을 넓혀 주었을 뿐만 아니라 1930년대 말에는 우라늄 핵분열의 발견으로 우리는 핵에너지를 실생활에 이용할 수 있게 되었다. 한편 알파입자의 산란을 비롯한 여러 충돌현상을 이론적으로 설명하려는 과정에서 새로운 양자역학의 유효성이 확인되게 되었다. 핵물리학 분야는 전기적 계수기, 이온화 상자, 섬광계수기, 구름상자 등과 같은 다양한 새로운 실험장치가 등장함으로써 가능할 수 있었다.

1.2 방사선의 발견과 연구

자연 방사선은 1896년 베크렐이 프랑스 파리의 아카데미에서 강한 투과성을 지닌 우라늄 화합물의 감광현상에 대해서 처음으로 발표했다. 그는 투과성, 감광성, 이온화

성질 등 자연 방사선의 여러 성질들을 규명했지만, 뢴트겐 광선과는 달리 많은 과학자들의 주목을 받지는 못했다. 이 새로운 광선에 주목했던 소수의 사람 가운데 한 사람이 폴란드에서 파리로 유학 온 젊은 과학자 피에르 퀴리(Pierre Curie, 1859~1906년)와 마리 퀴리(Marie Curie, 1867~1934년)였다.

퀴리 부인은 기존의 화학적 분석방법 외에 남편이 자신의 전문 연구 영역인 물성에 관한 연구 경험을 활용해서 만들어 준 검전기를 이용하는 새로운 분석방법을 사용해서 우라늄보다 강력한 방사성 물질을 찾아나갔다. 엄청난 양의 피치블렌드를 처리하는 고된 작업 끝에 마침내 1898년 퀴리 부부는 구스타브 베몽(Gustave Bmont)과 함께 비스무트와 유사한 폴로늄과 바륨과 유사한 라듐이라고 하는 새로운 방사선 물질을 추출해내는 데 성공했다. 퀴리 부부 연구팀이 폴로늄과 라듐을 발견하면서 방사선에 관한 연구는 과학자들 사이에서 커다란 주목을 받기 시작했기 때문에 그들의 작업은 단순히 새로운 방사성 물질을 발견했다는 것 이상의 의미를 지니는 것이었다.

방사선 분야가 주요 관심 분야로 부상되면서 많은 과학자들이 방사선에 대해서 연구하게 되었다. 그 가운데서도 가장 두각을 나타낸 사람은 뉴질랜드 태생으로 영국에서 공부한 뒤 1898년부터 캐나다 몬트리올의 맥길(McGill)대학에서 연구하고 있던 어니스트 러더퍼드(Ernest Rutherford, 1871~1937년)였다. 처음에는 헤르츠의 전자파에 관한 연구를 계속하는 한편 우수한 논문을 기고해서 국제적인 학자로서의 역량을 발휘하기 시작했다. 1895년 12월 뢴트겐이 새로운 종류의 광선인 X-선을 발견하자 러더퍼드는 톰슨과 함께 이 광선이 하전입자를 발생시키는 것을 발견하고 이에 대한 체계적인 연구를 시작했다.

1896년 베크렐이 우라늄 방사선을 발견하자 러더퍼드는 곧 이 우라늄 방사선도 공기를 이온화시키는 것을 알아내었다. 1898년 맥길대학의 물리학 교수가 된 러더퍼드는 이곳에서 핵 과학에 관해 본격적으로 연구를 시작하게 되었던 것이다. 독일의 화학자 슈미트(G. C. Schmidt)와 마리 퀴리는 서로 독자적으로 우라늄 이외에 토륨도 방사성을 지니고 있다는 것을 알아냈다. 러더퍼드는 이 토륨을 실험 대상으로 하고 방사성 물질이 일으키는 이온화를 측정하는 전기적 장치를 이용해 방사성에 관련된 실험을 계속했다.

1898년 방사선이 한 가지가 아니라 서로 다른 두 가지 성질을 지닌 물질로 이루어져 있다는 것을 처음으로 확인했다. 이후 그는 방사능 물질에서 방출되는 방사선이 얇은 물질 막에 의해서 아주 쉽게 흡수되는 알파선, 음극선과 유사하고 매우 빠르게 움직이는 베타선, 그리고 투과력이 매우 강하며 센 자장에 의해서도 휘어지지 않는 감마선으로 이루어져 있다는 것을 확인했다.

1.3 현대판 연금술 핵이 변환되다.

19세기 말에서 20세기 초에 걸쳐 개발된 민감한 전위계 역시 핵 과학이 출현하는 데 많은 도움을 주었다. 1901년 베를린의 돌레잘렉(F. Dolesalek)은 대단히 민감한 상한전위계(quadrant electrometer)를 개발했다. 당시까지 사용하던 톰슨의 상한전위계는 단지 0.1 볼트까지만 측정할 수 있었다. 돌레잘렉은 전위계의 내부 커패시턴스를 크게 줄임으로써 전위계를 0.0001 볼트까지 측정할 수 있게 만들어 주었다. 이 민감한 전위계의 출현으로 러더퍼드와 프레드릭 소디(Frederick Soddy, 1877~1956년)는 원소의 핵변환과 관련된 현상을 측정할 수 있었다.

1902년 러더퍼드와 소디는 토륨의 방사성 활동이 시간이 지나면서 다시 회복되는 현상을 목격하고, 이것을 바탕으로 토륨이 방사선을 내면서 더욱 강한 방사성을 지닌 토륨X로 변환된다고 하는 과감한 가설을 내세웠다. 즉 원소가 방사선을 방출하면서 새로운 원소로 변환한다는 것이다.

같은 시기에 프랑스에서도 피에르 퀴리 팀이 이와 비슷한 연구를 하고 있었다. 그러나 그들은 피에르 퀴리의 강한 실증주의적인 경향 때문에 원소 자체가 변환한다는 지극히 가설적인 생각을 쉽게 받아들일 수 없었으며, 물질 변환이 아니라 주로 방사성 원소가 방출하는 에너지에 대한 측정 연구에 집중했다. 방사성 원소가 변환된다는 것이 확인되며, 이에 따라 생성되는 많은 방사성 물질이 연구되면서 많은 과학자들은 자신들이 새로운 원소를 발견했다고 여겼었다.

당시에는 원소를 구분하는 것이 원자량의 차이에 의해서 정해졌기 때문이었다. 이러한 혼란은 1913년 방사성 원소와 그의 주기율 법칙과의 관계를 연구하던 소디가 핵의 전하량은 같지만 원자량이 서로 다른 동위원소라는 개념을 제기하고, 뒤이어 모즐리(Henry Gwyn Jeffreys Moseley, 1887~1915년)가 X-선 분광학을 바탕으로 원자번호는 원자량이 아닌 핵의 전하량에 의한 것이라는 이론을 발표하여 점차로 혼란을 해소시킬 수 있었다.

1.4 섬광계수기 방법의 발전

황화아연과 라듐에서 나오는 광선을 쏘이면 섬광이 나온다는 현상이 발견되어 1930년대까지의 핵물리학의 발전에 결정적인 역할을 하게 되는 실험장치가 개발될 수 있었다. 1903년 윌리엄 크룩스(William Crookes)는 인광을 내는 황화아연 결정판에 라듐에서 나오는 방사선을 부딪치게 하면 섬광이 나오는 것을 관찰했다고 보고했다.

이 섬광현상을 이용하여 라듐 방사선의 충돌현상을 현미경으로 관찰할 수 있게 되었다. 같은 시기에 독일 볼펜뷔텔의 율리우스 엘스터(Julius Elster)와 한스 가이텔(Hans Geitel)은 거의 독립적으로 토륨 수산화물 주위의 대기 방사선이 황화아연 결정판에 부딪히면서 인광을 내는 것을 발견했다. 방사선이 알파 입자, 베타 입자, 감마선 등으로 이루어져 있다는 것을 확인한 과학자들은 황화아연 결정판을 이용해서 알파 입자의 본성을 연구하기 시작했다.

1908년 베를린 대학 물리연구소의 에리히 레게너(Erich Regener)는 섬광계수법을 이용해서 전하의 기본 하전량을 측정했다. 이 실험은 황화아연판을 이용해서 알파 입자의 수를 세는 데 성공한 최초의 실험이었다.

1.5 인공 원소 변환

1914년 마스던은 섬광계수기로 알파입자 운동을 연구하던 중 대단히 빠르고 알파입자보다 멀리까지 도달할 수 있는 수소입자의 존재를 확인했다. 그는 이것이 확실치는 않지만 아마도 라듐C와 같은 방사성 물질에서 나오는 것으로 추정했다. 1919년 러더퍼드는 마스던이 관찰한 수소입자가 방사성 물질에서 직접 나온 것이 아니라 인공적으로 원소변환이 일어나 생긴 것이라고 하는 놀라운 결론을 내리게 된다. 즉 라듐C에서 나온 알파입자가 공기 중의 질소와 충돌해서 산소의 동위원소가 생기고, 여기서 빠른 속도의 수소가 생겼다는 것이다. 핵변환은 이제 자연적으로 발생하는 것이 아니라 인공적으로도 가능하다는 것이 확인되었다.

1.6 양자역학과 핵물리학

러더퍼드의 주장과는 달리 핵의 붕괴현상을 다루는 데 있어서 양자역학의 유용성은 점차로 과학자들 사이에서 인정되기 시작했다. 1928년 러시아의 가모프(George Gamow)는 핵 내부에서 빠져나오는 알파입자의 에너지가 핵자 내의 포텐셜 장벽에 비해서 상당히 낮은 것에 주목했다. 그는 이런 현상을 높은 에너지 장벽을 낮은 운동에너지로 뛰어넘을 수 있는 일종의 양자 투과효과로 해석함으로써 핵붕괴 현상을 성공적으로 설명했다. 거의 같은 시기에 미국 프린스턴대학의 로널드 거니(Ronald Gurney)와 에드워드 콘든(Edward Uhler Condon, 1902～1974년)도 이와 비슷한 견해를 발표했다.

이들의 작업은 과학자들로 하여금 핵 현상을 설명하는데 새로운 양자역학을 적극적으로 활용하게 만들었을 뿐만 아니라 핵붕괴를 일으키는 데는 반드시 커다란 에너지의 입자만이 가능한 것은 아니라는 것을 실험 물리학자들에게 인식시켜 주어 핵물리학의 실험 방향에도 커다란 영향을 미쳤다.

1926년부터 양자역학이 충돌현상을 설명하는 데 광범위하게 이용됐음에도 불구하고 러더퍼드는 이 새로운 시도를 받아들이는 데 주저하고 있었다. 알파입자 산란을 비롯해서 충돌현상에서 양자역학의 유효성이 입증되는 데에는 케임브리지대학에서 연구하던 물리학자들의 도움이 컸다. 1928년부터 케임브리지 모트(Nevill Francis Mott, 1905~1996년)는 미국 칼텍의 오펜하이머(Julius Robert Oppenheimer)의 견해에 따라 충돌현상에 파울리의 배타원리를 적용하여 알파입자 및 전자의 산란현상을 면밀하게 양자역학적으로 기술해 나갔다.

1929년 모트는 보스 아인슈타인 통계를 이용해서 계산한 양자역학적 알파입자의 산란 값과 러더퍼드가 계산한 고전적인 산란 값 사이에는 45°일 때 최대값 2의 비율로 차이가 나는 것을 계산했다. 모트의 계산 결과는 곧 러더퍼드의 밑에서 연구하던 캐번디시 연구원들이었던 블래킷과 채드윅의 실험에 의해서 1930년 마침내 확증되었다. 이때 블래킷은 자신이 1920년대를 통해서 계속 개량을 해오던 구름 상자의 방법을 통해서 이것을 확인했으며, 채드윅은 러더퍼드와 함께 측정을 계속해오던 섬광계수기 방법에 의해 이것을 입증했다. 러더퍼드가 말년에 받아들이기 힘들었던 핵물리학 분야에서의 양자역학의 유효성은 러더퍼드가 아닌 러더퍼드의 제자들에 의해 성공적으로 입증되었던 것이다.

2. 전기와 전자공학의 발달사

2.1 전기현상 발견의 역사

(1) 1663년에 겔리케는 호박을 문질러서 정전기를 발생시키던 전통적인 방법 대신에 커다란 유황으로 만든 공을 손잡이가 달린 회전 장치를 이용하여 회전하여 전기를 발생하였다.

(2) 그레이(Gray, 1670~1739년)는 1729년에 물에 적신 삼베의 끈을 통해 전기가 흘러간다는 것을 발견하였다. 그는 또한 물에 적신 삼베 끈은 도체이지만 명주실은 부도체라는 것과 금속은 전기를 더 잘 통한다는 것 등을 밝혀내어 전도율의 개념을 확립했다.

(3) 듀페이(Du Fay, 1698~1739년)는 1733년 두 종류의 전기를 발견하고 같은 전기는 서로 밀고 다른 종류의 전기는 서로 잡아당긴다고 주장하였다.

(4) 축전기의 발견은 1745년에 독일의 클라이스트(Edwald Georg von Kleist, 1700～1748년)와 네덜란드의 무센부룩(Pieter van Musschenbroek, 1692～1762년)이었고, 1746년에 라이덴은 유리로 된 병의 안과 밖에 얇은 금속판을 붙인 라이덴병을 만들어 전기를 저장해 측정기의 기초이론을 확립했다.

(5) 공중전기를 발견한 미국의 프랭클린(Benjamin Franklin, 1786～1847년)은 전기가 두 가지 전하를 가진 유체라는 듀페이의 학설을 부정하고 전기는 한 가지의 유체가 정상보다 많으면 플러스(+)로 대전되고, 적으면 마이너스(-)로 대전되는 것이라고 주장하였다.

(6) 이탈리아의 갈바니(Luigi Galvani, 1737～1798년)는 개구리의 해부 중에 나타난 현상으로 동물전기의 존재를 발견하였으며, 전기생리학, 전자기학, 전기화학 발전에 기여하였다.

(7) 볼타(Alessandro G.A.A Volta, 1745～1827년)는 이탈리아 물리학자로 1800년에 젖은 종이 사이에 넣은 구리와 아연판을 여러 장 쌓아 놓은 볼타의 열전기 더미를 고안하여 처음으로 화학작용에 의해 전류를 만들었는데, 이것이 최초의 전지의 발명이다. 전압단위인 볼트(V)는 그의 이름에서 따온 것이다.

(8) 쿨롱(Charles A. de Coulomb, 1736～1806년)은 프랑스 물리학자로 1784년에 아주 작은 힘을 측정할 수 있는 비틀림 저울을 고안하여 전하 사이의 인력과 반발력을 정밀하게 측정하여 전기력이 전하량의 곱에 비례하고, 거리의 제곱에 반비례한다는 쿨롱의 법칙을 발견하였다.

2.2 전류와 자기와의 관계

(1) 덴마크의 화학자이며 물리학자 외르스테드(Hans C. Oersted, 1777～1851년)는 1820년 강의 도중에 전기회로 곁에 우연히 놓아둔 자침이 전류가 흐를 때마다 움직이는 것을 발견하였다(자기장 세기의 단위인 에르스텟(Oe)은 그의 이름을 딴 것이다).

(2) 프랑스의 물리학자이며 수학자인 암페어(Andre M. Ampere, 1775～1836년)는 전류와 자기장이 형성되는 기본원리를 발견하고 전류에 의해서 만들어진 자기장이 다른 회로에 흐르는 전류에 힘을 미친다는 것을 확인하여 암페어의 법칙을 확립하였다.

(3) 1820년 프랑스의 비오(Biot, 1774～1862년)와 사바르(Savart, 1791～1841년)는 전류와 자기장 사이의 작용에 대한 수학적 관계를 도출하여 보고함으로

서 전류와 자기와의 관계를 완전히 이해할 수 있는 이론을 정립하였다.

2.3 전자기 유도현상의 발견

(1) 19세기 최대의 실험 물리학자인 영국의 패러데이(Michael Faraday, 1867년)는 변화하는 자기장이 전류를 만든다는 것을 알게 되었다(전자기 유도법칙).

(2) 발전기의 원리는 에너지의 형태를 변환시키는 것으로 변화하는 자기장을 만들어 내는 동력에 따라 화력, 수력, 원자력 발전의 원리를 알게 되었다.

2.4 전자기학의 완성

맥스웰(Maxwell, 1831～1879년)이 발표한 맥스웰 방정식에서 전자기학의 기본 방정식은 아래와 같이 요약할 수 있다.

제1식: 전기장에 관한 식

제2식: 자기장의 성질을 규명한 식

제3식: 전류 또는 전기장의 변화와 자기장의 관계를 나타내는 식

제4식: 전자기 유도의 법칙

맥스웰 방정식으로부터 유도된 전자기파의 파동방정식에 의하면 전자기파의 속도는 빛의 속도와 같다는 이론으로 빛은 전자기파의 일종이라는 사실을 알게 되었다.

2.5 전자의 발견

1900년 영국의 톰슨(Joseph J. Thomson)은 양자물리학의 등장으로 전자의 행동을 기술할 수 있게 되었다. 그는 전기입자(corpuscles of electricity)라는 이름으로 전기의 발견을 발표하였다.

1) 전 자

원자는 양전하를 가진 원자핵과 음전하를 가진 전자로, 원자핵은 양성자와 중성자로 구성되었으며, 양성자와 중성자의 질량은 거의 같고, 전자의 약 1,840배인 입자로 구성되었다고 했다. 전자는 원자핵의 인력에 의한 구속을 떠나 자유롭게 이동할 수 있는 것을 말한다. 에너지 준위, 즉 전자가 가지는 에너지는 원자핵으로부터 멀어지는 정도에 따라 단계적으로 커지며, 그 중간의 에너지를 가지는 전자는 존재하지 않는 에너지의 불연속의 관계에 있다고 하였다.

(1) 일함수는 전자가 금속면을 탈출하는 데 필요한 에너지 준위에 상당하는 장벽의 높이를 말한다.

(2) 탈출준위(이탈준위)는 전자가 금속면을 탈출하는 데 필요한 에너지 준위에 해당하는 장벽의 윗부분의 준위를 말한다.

(3) 페르미 준위는 절대온도 영도(0[K])에서 가장 밖의 전자(가전자)가 가지는 에너지 높이를 말한다.

(4) 전자볼트는 1[V]의 전위차에서 전자에게 주어지는 위치에너지를 말한다.

2) 전자의 방출

(1) 열전자 방출

열전자 방출은 금속을 가열할 때 전자가 전위장벽을 넘어 공간으로 탈출하는 현상으로 방출재료는 텅스텐이다.

(2) 전기장 방출

전기장 방출은 금속 면에 전자를 방출시키는 방향으로 10^8[V/m] 정도의 아주 강한 자기장을 가하면 전자가 방출되는 현상이다(냉음극 방출). 이러한 전기장 방출현상에 의해 생긴 효과는 2가지로, 첫째는 터널링 효과(Tunneling effect)는 더욱 강한 전기장을 가하면 장벽의 두께가 얇아져 장벽을 뛰어넘을 만큼의 충분한 에너지를 가지지 못한 전자라도 장벽을 뚫고 나오는 현상이다. 둘째로는 쇼트키 효과(Schottky effect)로 열전자를 방출하고 있는 상태의 금속에 전기장을 가하면 전자의 방출효과가 높아지는 현상을 말한다.

(3) 2차 전자 방출

2차 전자 방출은 전자가 금속판 면에 부딪칠 때에 금속 표면의 전자가 튀어나오는 현상을 말한다. 즉 충돌한 전자를 1차 전자, 충돌에 의해 방출된 전자를 2차 전자라 한다. 2차 전자 방출비는 2차 전자의 수 ns와 1차 전자의 수 np의 비(2차 전자이득)로 나타낼 수 있다. 식으로 나타내면

$$\delta = \frac{ns}{np}$$

2차 전자 방출 재료는 은과 마그네슘(Ag-Mg)을 주로 사용한다.

3) 광전자 방출

광전자 방출은 도체에 빛을 비추면 그 표면에서 전자를 방출하는 현상(광전효과)을 말한다. 물질에서 방출되는 전자의 양은 광자의 양, 즉 빛의 세기에 비례한다.

2.6 전자의 운동

1) 전기장 내의 전자 운동의 식으로는

가속도 $\alpha = \frac{eE}{m_0} = \frac{e}{m_0} \cdot \frac{V}{d}$ $[m / s^2]$로 나타낸다.

2) 전자 에너지의 단위

단위로는 1전자볼트(1[eV]), 1[eV]) = 1.602×10^{-19}[J] 전자의 정전 편향

정전 편향이란 평등 전기장 E[V/m] 중에 전기장과 직교하는 방향으로 초속도의 전자가 진입되도록 하면, 전자에는 전기장에 의한 힘이 작용하여 양극(+)판 방향으로 전자의 진로가 구부러지면서 포물선 방향으로 전자가 진행된다.

3) 전자빔

전자빔은 양극이 음극의 형태나 위치를 변화시켜 주면 등전위면의 모양이 변화하면서 진행하는 전자의 무리가 가는 다발을 형성한다. 전자빔의 작용에 의한 형광작용은 황화카드뮴(CdS), 아연(Zn) 등의 염기류에 구리(Cu) 등의 불순물을 넣은 형광도료에 전자빔을 쬐면 발광한다. 사진작용은 사진의 감광판에 전자 빔을 쬐어 현상하면 빛을 비췄을 때와 같이 감광되어 검게 된다. X선 방사는 고진공 내를 고속으로 운동하는 전자빔이 물질의 표면에 충돌해서 정지되면 거기에서 극히 파장이 짧은(10^{-18} ~ 10^{-12}[m] 정도) 전자기파가 발생한다. 이때 열작용은 전자빔이 물체에 충돌할 때 운동에너지는 열에너지로 변한다.

2.7 고체 내의 전자운동

1) 금속 내의 전자와 전류

전위의 기울기가 크면 전자의 속도가 빨라진다. 즉 전류가 커진다는 의미이다. 평균자유행정(mean free path)은 전도 전자가 한 번 충돌한 다음 다시 충돌 할 때까지

의 운동 거리의 평균값으로 전자가 이동하는 자유도를 나타낸다. 즉 전류는 전자의 속도(v)에 비례하고, 평균 속도(v)는 전위차, 즉 전압에 비례한다.

2) 에너지대 이론에서 본 도체, 반도체, 절연체

금속도체는 충만대(filled band)에 공핍대가 접해 있어 공핍대(exhaustion band)에서는 충만대로부터 전도 전자가 옮겨져서 전도대(conduction band)를 형성하고 있기 때문에 전기 전도가 매우 높다. 반도체에서는 보통 때 공핍대에는 전자가 없으며, 또 상위의 충만대와 공핍대의 사이에 금지대(forbidden band)의 폭은 좁다. 충만대의 일부 전자는 적은 에너지(1[eV] 정도)에서도 비교적 용이하게 금지대를 넣어서 공핍대에 올라갈 수 있다. 절연체에서 전자의 움직임은 반도체와 같다고 보나, 충만대와 공핍대 사이에서는 에너지 격차가 크므로 상당히 큰 에너지(6～7[eV])를 가하지 않으면 충만대의 전자는 공핍대에 올라갈 수 없다.

3) 반도체 내에서의 전자의 성질

대표적으로 반도체는 규소(Si), 게르마늄(Ge)을 사용한다. 진성 반도체(instrinsic semiconductor)는 규소 이외의 다른 물질의 혼입이 없고 안정된 상태에 있는 반도체를 말한다. 정공(positive hole) 또는 홀(hole)은 처음 중성인 상태로부터 전자를 잃어서 만들어진 구멍을 양의 전하라 한다. 반송자(carrier)는 전하의 운반체, 즉 정공과 전도 전자이다. 전도체에 옮겨진 전자와 충만대에 있는 정공의 수가 같으므로 진성 반도체의 페르미(fermi) 준위는 대략 금지대의 중앙에 위치한다.

4) 반도체의 전기 전도

드리프트 전류(drift current)는 전기장에 의한 전류를 말한다. 확산 전류(diffusion current)는 반송자의 밀도 차에 따른 전류를 말한다.

(1) 전기장에 의한 전도

진성 반도체의 양단에 직류 전압[V]를 가하면 정공은 음의 단자 쪽으로 이동하고, 전자는 양의 단자 쪽으로 각각 이동해 전기 전도가 이루어진다.

(2) 밀도 기울기에 의한 확산

반송자의 밀도가 장소에 따라 달라질 때에는 밀도가 균일하게 되도록 반송자가 확산 이동된다.

(3) 저항률의 온도 특성

금속은 온도가 상승함에 따라 저항 값이 증가하고[저항의 온도 계수는 양(+)], 반도체는 온도가 상승함에 따라 저항 값이 감소한다[저항의 온도 계수는 음(-)이 된다].

5) 반도체의 광전 효과

(1) 광도전 효과(photoconductivity effect)

반도체에 빛을 쬐면 빛 에너지를 흡수하여 반도체 내 캐리어(전자나 정공을 말함)의 수가 증가하여 도전율이 증가하는 현상을 말한다. 광도전 소자는 황화카드뮴(CdS, 입사된 빛의 양의 변화를 전류의 변화로 바꾸는 소자)을 사용한다.

(2) 광기전 효과(photovoltaic effect)

빛 에너지에 의해 반도체에 기전력을 발생하는 현상으로 광기전력효과라고도 하며, 광전효과의 일종이다. 광 다이오드, 광 트랜지스터, 태양전지 등을 말한다.

(3) 루미네선스(luminescence)

루미네선스는 고체 내의 여기(excitation)에 의한 발광현상과 같이 열을 병행하지 않는 발광현상을 말한다. 전자발광(electroluminescence, EL)은 반도체 성질을 가지고 있는 물체에 전기장(전장)을 가하면 빛이 발생하는 현상으로 표시기나 표지장치 등에 응용된다.

6) 열전 효과

(1) 제베크 효과(Seebeck effect)

서로 다른 두 종류의 금속을 접촉하여 두 접점의 온도를 다르게 하면 온도차에 의해서 열기전력이 발생하고, 미소한 전류가 흐르는 현상을 말한다.

(2) 펠티에 효과(Peltier effect)

두 종류의 금속을 접촉하여 전류를 흘리면 그 접점의 접합부에서 열의 발생 및 흡수현상이 생기는 현상으로 전자 냉동기 등에 응용된다.

7) 자기장 효과

홀 효과(Hall effect)는 반도체에 전류(I)를 흘려 이것과 직각 방향으로 자속 밀도

B인 자장을 가하면 플레밍의 왼손 법칙(Fleming's left-hand law)에 의해 그 양면의 직각 방향으로 기전력이 생기는 현상을 말한다. 홀 효과를 이용하면 반도체가 p형인지, n형인지를 조사할 수 있다. 홀 효과는 전하의 통로가 한 쪽으로 몰리므로 자기장의 세기에 따라 전기저항도 증가한다. 이 현상을 자기저항효과라 한다.

8) 자성체(magnetic substance)

물질이 가지는 자성은 원자 구조 중의 전자나 핵의 회전운동이 기본이다. 보통 물질에서는 전자의 자전방향의 서로 정반대의 것이 쌍으로 되어 있어 자기장은 서로 상쇄되고, 자성을 나타내지 않는다. 철이나 니켈 등의 강자성체에서는 전자 배치의 조화가 이루어지지 않고 있으므로 자성을 나타낸다.

2.8 전자회로

1) 다이오드(diode)

2극 진공관에 의한 정류 특성, 에디슨 효과가 발견되었던 해가 1884년이다. 그보다 8년 전 1876년 셀레늄(selenium)의 정류작용이 발견되었다. 이처럼 반도체의 특성을 이용해 정류작용을 하는 다이오드의 역사는 오래 되었지만 진공관보다 이전이었다는 것을 기억하는 사람은 많지 않은 것 같다.

게르마늄에서 실리콘으로 당초 원시적인 다이오드인 셀레늄 정류기나 광석검파기는 황철광(iron pyrites)이나 방연광(galena) 등 천연의 아산화동(다결정 반도체)을 이용하고 있었다. 그 후 정련기술의 진화와 함께 게르마늄이나 실리콘 등 고감도 제품을 안정되게 생산할 수 있는 단결정 반도체의 시대로 발전했으며, 열에 약한 게르마늄 대신 현재는 거의가 실리콘을 사용하고 있다.

2) 여러 종류의 다이오드

(1) PN접합 다이오드의 구조

다이오드는 p형 반도체 부분과 n형 반도체 부분이 접하도록 만든 것이다. 전극의 p쪽 단자를 애노드(anode, +극), n쪽 단자를 캐소드(cathode, -극)라 한다. 다이오드에는 전류가 순방향으로는 흐르기 쉽고, 역방향으로는 흐르기 어려운 정류작용이 있다. 정류작용을 하는 소자로는 예전부터 여러 가지가 있었으나 현재 정류용으로 사용하는 것은 대부분 PN접합 다이오드이다. 다이오드는 가하는 전압의 전극에 따라 전류가 흐르거나 흐르지 않게 된다. 전류가 흐르는 상태를 ON이라 하고, 흐르지 않는 상태를 OFF라 한다. 즉 가하는 전압의 극성에 따라 다이오드는 ON, OFF의 작용을 한다.

다이오드의 순방향 및 역방향의 특성은 다음과 같이 정리할 수 있다.

① 전압과 전류의 관계가 직선적이 아니며, 옴의 법칙에 따르지 않는다.

② 약간의 순방향 전압으로 큰 전류가 흐르게 할 수 있다.

③ 역방향 전압을 크게 하면 갑자기 큰 전류가 역방향으로 흐르기 시작하는 현상이 일어난다. 이것은 pn접합이 파괴된 것이 아니라 전압을 작게 하면 전류도 0에 가까워지는 것을 의미한다. 이 현상을 항복현상이라 한다. 전류가 급히 증가하기 시작한 때의 전압을 항복 전압 또는 제너 전압이라 한다.

(2) 가변 용량 다이오드

PN접합 다이오드에서 pn접합면 부근의 공핍층이라 부르는 전기저항이 높은 부분이 p, n 양 반도체 사이에 끼어 있는 형태로 되어 있으며, 일종의 콘덴서 작용을 한다. 이것을 접합용량이라 한다. 그리고 콘덴서의 용량은 2장의 도체간 거리와 도체 면적에 따라 결정된다. 가변 용량 다이오드에는 공핍층의 너비가 단자 간에 가하는 역방향 전압의 크기에 비례하여 변하므로 역방향 전압의 크기에 따라 콘덴서 용량이 변한다.

(3) 포토 다이오드

포토 다이오드는 역방향으로 일정한 전압을 가한 상태에서 pn접합면에 빛을 받으면 전류가 흐른다. 또 빛의 양을 바꾸면 회로에 흐르는 전류는 빛의 양에 비례하여 변화된다. 빛 감지기, TV 실내 조명도에 따라 명암을 자동 조절하는 센서로 이용되고 있다.

(4) 발광 다이오드(light emitting diode ; LED)

원리는 pn접합에서 빛이 투과하도록 p형 층을 매우 얇게 만들고, 순방향 바이어스 전압이 가해지면 n형 반도체 내의 전자가 p형 반도체 안으로 주입되어 소수 반송자로 확산되고, p형 반도체 내의 다수 반송자와 재결합하게 되며, p형 반도체 안의 정공도 n형 반도체 안의 전자와 재결합한다. 이때 소수 반송자가 가지는 에너지는 재결합에 필요한 에너지보다도 크고, 그 나머지의 에너지는 빛으로 방출하는 전기장 발광(electroluminescence, EL) 현상이 일어난다. 이러한 전기발광현상을 이용한 다이오드가 발광 다이오드이다. 재료는 GaP(가시광 방사)를 사용한다.

광 결합기는 발광 다이오드와 광 트랜지스터를 조합한 소자로 되어 있다. 발광 다이오드는 일명 LED라고도 부르며, pn접합 다이오드에 순방향의 전압을 가하여 전류가 흐르면 발광하는 소자이다. 발광 다이오드는 백열전구에 비하여 수명이 길고 소비전력이 적으며, 응답속도가 빨라 전자시계, 자동차 디지털 미터의 회전계, 방위계, 전자저울 표시기 등의 소자로 이용된다. 발광하는 색은 반도체의 재료에 따라 붉은색, 녹색, 노란색 등이 있다.

(5) 액정 디스플레이

액정은 액체와 고체의 중간 성질을 나타내는 물질로서, 액체와 같은 유동성을 가지면서 전기적, 광학적으로는 결정의 성질을 나타내는 것이다. 액정은 결정과 같이 흐르지만 빛을 받거나 전계나 자계를 가하면, 그 가하는 방향에 따라 분자배열이 변하기 때문에 빛을 통과하거나 차단하는 성질이 있다. 마치 창문유리의 블라인드 기능과 비슷하다.

(6) 태양전지

태양전지(solar cell)는 태양에너지를 전기에너지로 변환시켜 주는 반도체 소자로서 p형의 반도체와 n형의 반도체의 접합형태를 가지며, 그 기본구조는 다이오드와 동일하다. 일반적으로 반도체에 빛이 입사하면 흡수되어 빛과 반도체를 구성하고 있는 물질과의 상호작용이 일어난다.

3) 다이오드를 이용한 전자 회로

(1) 잡음 방지용 다이오드

일반적으로 코일에 전류가 흐르고 있는데 급히 스위치를 OFF로 하여 멈추면 코일에는 전류가 그대로 계속해서 흐르려고 하는 큰 역기전력이 발생하여 잡음의 원인이 된다. 따라서 이 역기전력을 작게 하기 위해서는 스위치를 OFF로 한 순간에도 코일에 전류가 흐르게 하는 회로를 구성하면 된다. 그림은 전원을 공급할 때는 코일로만 흐르고, 스위치를 끊는 순간의 역기전력은 다이오드 쪽으로 순환하게 되어 잡음을 방지한다.

(2) 반파 정류회로

다이오드 1개를 사용하여 그것에 교류전원을 접속하면 +쪽 또는 −쪽의 반 사이클만 전류가 흐르게 할 수 있다. 이 회로는 파형의 절반밖에 이용되지 못하므로 별로 사용하지 않는다.

(3) 전파 정류회로

다이오드 4개를 사용하여 ＋쪽과 －쪽을 모두 정류할 수 있다. 이 브리지 GLH로를 사용한 것을 전파정류회로라 한다.

2.9 전자공학의 발달과 진공관

전자공학의 시작을 알리는 진공관(vacuum tube)은 대단히 광범위하게 사용되어 왔다. 라디오나 TV, 전축 같은 전통적인 가전제품뿐만 아니라 우주 통신이나 로켓 유도장치, 대륙을 연결하는 해저 케이블 연결 장치와 같은 다방면의 용도에 활용되고 있다.

1) 진공관의 발달

작열하는 필라멘트에서 생긴 전자빔이 전극에서 전극으로 전류를 운반하는 구조로 되어 있는 진공관은 20세기 초 1904년 영국의 과학자 존 앰브로우즈 플레밍(John Ambrose Flemming)이 발명한 2극관이 최초이고, 이어서 1906년 미국의 리드 포레스트가 전극이 3개 부착된 3극관을 만들었다. 2극관은 교류를 직류신호로 바꾸는 다이오드작용을 하고 3극관은 신호를 증폭한다.

이것들이 라디오와 텔레비전과 녹음기술의 발달에 결정적인 역할을 하였으나 진공관은 꽤 부피가 컸고, 사용하는 필라멘트도 언젠가는 타서 끊어져 버리는 단점이 있었다. 이러한 단점들이 진공관을 안심하고 사용하지 못하는 요인이 되었으며, 진공관으로 작은 전자장치를 만든다는 것은 불가능했다. 따라서 열을 받지 않도록 고체로 만들어진 새로운 증폭장치의 개발이 절실하게 필요했던 것이다.

2) 세계 최초 전자계산기

과학기술의 발전은 빠르고 정확하게 계산할 수 있느냐 하는 계산능력에 비례해 왔다. 이러한 계산능력의 발전이 계산기를 발명해냈고, 1930년대에 와서는 기계, 전기 스위치를 쓰는 정도로 발전하게 된다.

제2차 세계대전은 더 빠르고 용량이 큰 계산기 개발이 활발했는데, 1947년 미국의 모어대학에서 세계 최초의 전자계산기인 ENIAC을 개발하게 되었으나 진공관을 사용하여 무게가 50톤이나 되었으며 280 m^2나 되는 면적을 차지하였다. 또 19,000개의 진공관이 소요되었기 때문에 작은 발전소 정도의 엄청난 열을 발생하였고, 가격은

1940년대 기준으로 백만 달러를 호가하였다. 결국 진공관이라는 부품 때문에 ENIAC 계산 장치는 결정적인 문제점을 가질 수밖에 없었던 것이다.

트랜지스터도 단점은 있었다. 트랜지스터 자체의 문제라기보다는 많은 트랜지스터와 전자부품들을 서로 연결해 주어야 다양한 기능을 가진 하나의 제품을 만들 수 있는데, 제품이 복잡해지면 복잡해질수록 서로 연결해 주어야 하는 부분이 기하급수적으로 증가하게 되고, 바로 이 연결점들이 제품을 고장 내는 주요 원인이 되었던 것이다.

3. 레이저의 발달과 응용

레이저(laser)는 이미 우리에게 생소한 단어가 아니다. 레이저는 수술이나 레이저 용접 등 레이저를 산업이나 의료에까지 응용하고 있는 실정이다. 일상생활에서 레이저 프린터나 바코드 판독기, CD-ROM에 까지도 사용되고 있다. 레이저란 유도 방출 과정에 의한 빛의 증폭이란 뜻이 되고, 일반적으로 레이저 빛을 발생하는 장치를 말한다.

3.1 레이저의 역사

레이저의 동작원리는 1917년 아인슈타인이 빛과 물질의 상호작용에 있어서 유도방출 과정이 있음을 이론적으로 정립한 것이 시초이다. 그 후 20여년이 지난 1950년대 초반 미국대학의 타운즈(C. Townes)가 암모니아에서 마이크로파의 유도방출이 실험적으로 가능함을 보였고, 곧이어 가시광 영역에도 유도방출에 의한 빛의 증폭이 가능하다는 사실이 타운즈와 샬로우(A. Schawlow)의 연구에서 밝혀졌다.

실제로 1960년대 휴즈(Hughes)연구소의 마이안(T. Maiman)에 의해 가시광 영역인 694.3 nm의 붉은색인 루비레이저광이 최초로 발견되었다. 그는 보석의 하나인 루비(ruby)를 나선형 플래쉬 램프 가운데 삽입하고 그 플래쉬 램프를 터뜨려 센 빛을 루비에 입사시킴으로써 레이저의 발진에 성공한 것이다. 그는 1964년 노벨 물리학상을 수상하였다. 루비레이저의 발진 직후 레이저의 연구는 폭발적으로 발달하여 1960년대에는 현재 중요하게 응용되는 대부분의 레이저가 개발되기에 이르렀다.

3.2 레이저의 특성과 구성요소

레이저 빛(또는 레이저 광)은 유도 방출로 증폭된 빛이기 때문에 백열전구나 형광

등, 태양 등 기존의 광원에서 나오는 빛과는 다른 독특한 성질을 갖고 있다.

첫째, 단색성(monochromatic)으로서 레이저 빛은 한 가지 파장으로 된 빛이다. 햇빛이나 백열전구의 빛을 프리즘에 통과시켜 보면 빛이 갈라져 7색 무지개처럼 연속 스펙트럼을 만들어낸다. 그러나 레이저 빛은 프리즘을 통과시켜도 한 가지 색만이 나타난다. 이는 햇빛이나 백열전구의 빛은 여러 파장(색깔)의 빛이 섞여 있지만 레이저 빛은 한 가지 파장만으로 이루어져 있기 때문이다.

둘째, 백열전구에서 나오는 빛은 전구에서 멀어지면 빛의 세기가 급격히 줄어들지만, 레이저 빛은 거리가 아무리 멀더라도 빛의 세기가 거의 줄어들지 않는다. 이를 레이저 빛은 지향성(directional)이 있다고 말한다. 빛이 지향성을 갖도록 만들어진 장치 중 비교적 쉽게 접할 수 있는 것으로 손전등에 있는 포물경을 들 수 있다. 포물경은 손전등의 불빛을 평행하게 반사시켜 불빛이 어느 정도의 지향성을 가지게 하나 레이저에 비해 효과가 떨어진다.

우리가 만약 야간 경기를 벌이고 있는 야구장에서 조그마한 헬륨(He), 네온(Ne) 레이저(5 mW)를 달로 향하게 하고 달 표면에서 지구를 본다면 어떠할까? 수백 KW를 쓰고 있는 야구장은 보이지 않고 단지 세기가 백만분의 일 정도인 레이저 빛만 보이게 될 것이다.

셋째, 레이저광은 간섭성(coherent) 빛이다. 이것 또한 백열등에서 볼 수 없는 성질로 백열등에서 나오는 빛을 선속분할기로 나눈 다음 중첩시키면 스크린 상에 간섭무늬가 생기지 않으나 레이저광에서는 밝고 어두운 띠 모양의 간섭무늬를 볼 수 있다. 이것은 백열등의 빛이 무질서한 반면 레이저광은 질서 정연하기 때문에 가능한 것이다.

다시 말하면 백열등에서 나오는 빛은 원자가 제각기 독자적으로 빛을 발생시키지만, 레이저 빛은 이웃한 원자들이 서로 긴밀한 관계를 가지고 있어서 전체 원자가 일사분란하게 빛을 내놓는 것이라고 말할 수 있다. 이러한 레이저광은 자연 상태에서 존재하는 것은 아직 지구상에서는 발견된 바 없고 특별히 인위적인 조작을 해야 레이저광을 얻을 수 있다.

레이저의 세 가지 구성요소는 첫째, 한 쌍의 거울이다. 두 거울이 정면으로 마주보고 있으면 그 중 하나는 100%에 가까운 반사율을 가진 거울로서 입사하는 광을 전부 반사시키는 전반사경이고, 다른 하나는 입사광 중 일부는 통과시키고 나머지는 반사시키는 거울로서 부분반사경이라 불린다. 이 두 거울을 공진기(resonator)라 한다.

둘째, 마주한 두 거울 사이에 특별한 원자(또는 분자)로 채워진 물체가 있다. 이것은 두 거울 사이를 왕복하는 빛이 유도과정으로 증폭되어 센 빛이 되도록 하는 광 증폭기(optical amplifier)을 한다.

셋째, 증폭기가 광의 증폭이 가능하도록 외부에서 에너지를 가하는 장치인 펌프(pump)가 있다. 이 세 가지는 특별한 경우를 제외하고는 거의 대부분 레이저에 있어서 공통적인 요소들이다.

3.3 레이저의 종류

증폭기에 사용된 매질의 상태에 따라 기체 레이저, 액체 레이저, 고체 레이저, 반도체 레이저의 네 가지로 나눌 수 있다.

(1) 기체 레이저

기체 레이저에 속하는 것으로는 헬륨(He), 네온(Ne) 레이저, CO_2 레이저, 아르곤(Ar) 레이저 등 중에서 He, Ne 레이저는 632.8 nm의 붉은 파장을 가지는 레이저로서 최초의 가스 레이저이기도 하다. 주로 간섭, 회절, 굴절 등 기초 광학 실험용으로 가장 흔히 사용되며, 작은 것은 출력이 0.5 mW에서 큰 것은 100 mW까지의 대형 레이저로서 다양한 제품이 시판되고 있다.

(2) 아르곤(Ar) 레이저

가장 강력한 가시광 영역의 레이저로서 수백 mW의 출력에서 수십 W의 출력을 낸다. 청색(488.0 nm)과 녹색(514.5 nm)에서 가장 강력한 레이저 빛이 발생되므로 조명효과가 뛰어나서 특수조명에 많이 쓰이고 있다. 레이저 쇼, TV쇼, 무대조명으로도 이용되고 있다. 아르곤 레이저는 제작하기가 쉽지 않고 10 kW 이상의 전력을 쓰기 때문에 매우 고가이며, 수명은 보통 5,000시간 정도이다.

(3) 탄산가스 레이저

탄산가스(CO_2) 레이저는 탄산가스 분자의 진동준위 사이에서 10.6 nm의 적외선이 발진되며, 효율이 높아서 용이하게 고출력을 얻을 수 있다. 이런 이점으로 강한 열작용을 이용한 금속 또는 용접 절단산업에 이용되고 있다.

(4) 색소 레이저

다른 레이저와 매우 다른 매우 독특한 성질을 지니고 있다. 다른 레이저는 단일파장만을 발생시키는데 비해 색소(Dye) 레이저는 일정한 범위 내의 모든 파장의 레이저가 발진 가능하다. 이것을 가변파장 레이저(tunable laser)라고 한다.

여러 가지 염료가 레이저 물질로 사용되고 있지만, 그 중에서도 Rhodamine-6G라는 붉은 염료가 효율이 높고, 파장영역이 분광학적 실험에 적합하므로 가장 많이 사용된다. 염료의 종류에 따라 발진 파장이 다른데 Rhodamine-6G는 580～620 nm의 파장 영역을 가진다.

(5) 고체 레이저

루비(ruby) 레이저, Nd, YAG 레이저 등은 대표적인 고체 레이저이다. 펄스 동작뿐만 아니라 연속 발진도 가능한데 파장이 1.064 um이므로 용접도 가능하고 second harmonic generation이라는 비선형 광학기술을 이용하면 파장이 절반으로 줄어들어 532 nm의 가시광 영역이 되므로 여러 가지 용도로 이용된다.

(6) 반도체 레이저

반도체 레이저, 다이오드 레이저라고도 하며, 지금까지 개발된 레이저 중에서 제일 작은 것으로 보통 1 nm 이하의 크기이다. 반도체 레이저는 체적이 매우 작은 특징이 있고, 제조 단가가 저렴하고 대량 생산이 용이하며, 수 mA의 전류만 흘리면 레이저가 되는 이점이 있으므로 CD재생장치, 광통신 등 응용도가 매우 높다. 레이저 장치에서 나오는 레이저 빛의 세기는 1 mW 정도의 약한 출력에서부터 10 KW 이상의 센 빛을 내는 산업용 대형 레이저도 있다. 특히 레이저에 의한 핵융합 연구에 쓰이는 대형 레이저는 1,012 W의 순간출력을 낸다.

3.4 레이저의 응용

1) 산업적 응용

고출력 레이저의 산업적 응용은 용접, 절단, 구멍 뚫기 등이다. 10 kW급의 CO_2 레이저로는 5 mm 두께의 스테인레스강(SS304)을 1초 동안에 10 cm 정도 속도로 용접이 가능하다. 금속뿐만 아니고 옷감이나 가죽 등의 절단은 컴퓨터에 의한 복잡한 모양의 조감을 만들 수 있으므로 기성복 업계나 제화공업 등에도 널리 이용된다. 또한 IC회로에 쓰이는 알루미나와 실리콘 기판의 조각내기에도 매우 유용하게 쓰인다. 재래식은 다이아몬드바늘 또는 톱날을 이용하여 흠집을 내었으나 속도가 느리고 치밀하지 못해서 레이저로 대체하면 생산단가가 낮아져 경제성이 높다.

2) 레이저의 의학적 응용

미세한 부위에 빛에너지를 집중할 수 있는 특징 때문에 외과 수술시 칼 대신에

100 W 내지 200 W급의 CO_2레이저가 쓰이고 있다. 레이저로 수술하면 세포조직의 물 분자에 의해 10.6 nm의 빛이 잘 흡수되므로 쉽사리 응고되어 지혈에 훌륭한 효과가 있다.

아르곤 레이저는 망막치료에도 사용되지만 성형외과에서 피부의 주근깨 등 점을 제거하는 피부미용에도 이용되고 있다. 또한 피부암의 치료에도 He-Ne레이저가 사용되고 있는데, 이것은 He-Ne레이저의 632.8 nm 파장이 신체조직을 잘 투과하는 성질을 이용한 것이다. He-Ne레이저의 빛을 광섬유로 피부조직에 주사하면 건강한 조직에서는 레이저광이 잘 투과하므로 영향이 없으나 암세포 주위에 침전되어 있는 HPD가 빛을 흡수하고 흡수된 광에너지를 암세포에 전달함으로써 암세포가 죽게 되는 것이다.

3) 홀로그래피

홀로그래피(holography)란 보통사진이 물체 또는 대상을 평면적으로 기록하는데 반해 입체적으로 기술하는 사진기술로서 이에 대한 이론은 1946년 가보(D. Gabor, 1972년 노벨상 수상자)에 의해 정립되었으나 대단히 간섭성이 좋은 빛이 요구되므로 50년대까지는 불가능하였다. 따라서 60년대 레이저의 출현으로 비로소 가능하게 되었다.

이것은 매우 혁신적인 기술로서 기록된 필름(홀로그램)을 놓고 각도를 달리할 때 마치 실제 물건을 보는 것과 같이 달라지며, 양측 측면의 일부까지 볼 수 있다. 레이저광이 지나가는 광로에 선속분할기(beam splitter)로 불리는 유리를 놓으면 투과하는 레이저 빛과 반사하는 레이저 빛으로 나눌 수 있다. 거울로 반사된 후에 볼록렌즈를 지난 후 한쪽은 물체 또는 대상을 비춘다. 다른 한쪽은 그대로 진행하는데 물체에서 반사된 빛과 1 mm에 2,000선 정도 기록할 수 있는 고 분해능의 유체가 유리판에 발라진 특수 사진건판(Kodak 649F 등)에서 중첩된다.

두 빛은 파면의 중첩으로 사진 건판에는 간섭무늬가 생성된다. 일정시간 노출 후에(노출 동안 일체의 진동이 있어서는 안 됨) 현상을 한 필름이 바로 홀로그램이다. 홀로그램에 다시 렌즈로 확대된 레이저광을 비추면 앞서 촬영한 물체 또는 대상을 입체적으로 볼 수 있게 된다. 이 홀로그램은 파손되어 일부만 있더라도 상을 얻을 수 있는 특징이 있으며 매우 작은 면적에 많은 정보를 기록할 수 있으므로 광 기록(optical memories) 분야에 유용하고, 그 외에도 비파괴검사(nondestructive testing) 등에 사용된다.

광통신(optical communication)은 현재 가장 많이 쓰이는 다중 통신기술로 진동수 분할방식으로서 반송파(carrier wave)의 진동수를 일정하게 분할하여 신호를 얻는다.

분할된 진동수 영역(흔히 채널이라 부른다)은 선폭이 넓을수록 많게 할 수 있으므로 많은 신호를 동시에 보낼 수 있는 것이다.

(4) 약한 출력의 레이저 응용

서점, 음반점, 편의점 등의 상점에서 상품을 구매할 때 상품의 바코드(Bar code)를 읽는 것을 볼 수 있다. 상품마다 부착된 독특한 바코드는 He-Ne레이저에 비추면 반사된 빛이 전기신호로 바뀌어져 품목명과 가격이 계산서에 찍혀지게 된다. 이것은 많은 상품의 구매 시에 많은 시간과 인원의 절감효과를 가져올 뿐만 아니라 대형 슈퍼나 백화점의 효율적인 재고관리가 가능하다.

4. 재료공학의 발달과 역사

4.1 재료공학의 역사

1988년 스위스의 IBM 연구소에서 근무하는 Bednorz와 Muller는 탈륨(Tl)계 고온초전도체를 발견한 공로로 노벨 물리학상에 수상되었다. 이 두 과학자는 그 전의 금속계 초전도체보다 훨씬 높은 온도에서 초전도현상을 나타내는 세라믹계 초전도체를 발견하였다.

이들의 노벨상 수상이 근원적인 자연현상의 규명에 대한 수상이 아니고 새로운 재료를 발견한 업적에 대한 수상이라는 점이 놀랄 만하나 그 재료가 과거 전화나 트랜지스터의 발명처럼 인류사회에 엄청난 파급효과를 가져올 것이기에 노벨 물리학상이 수상된 것이다. 이는 신소재가 미래의 인류사회에 커다란 변혁을 가져올 것이라는 생각이 재료분야 뿐만 아니라 과학계 전반에 퍼져 있다는 것을 의미한다.

신소재란 말은 일본을 위시한 선진공업국에서 사용되기 시작하여 널리 퍼진 용어이지만 아직까지 신소재에 대한 정확한 정의는 같은 분야의 학자들 사이에서도 통일되어 있지 못하였다. 신소재는 말 그대로 새로운 재료를 의미하지만 새로운 재료라는 것은 인류의 역사와 함께 나타났기 때문이다.

전자 및 정보산업, 에너지산업, 자동차산업, 우주항공 산업 등의 첨단 핵심소재로서 기존의 결점을 보완하고 우수한 특성을 부여함으로써 고도의 기능적 구조적 특성을 실현시킨 신고분자, 신금속, 뉴세라믹스, 복합재료 및 반도체 재료로 구성되는 고부가가치의 재료를 의미하며, 선진국에서 이미 개발, 실용화되고 있는 소재라도 기술 집약도가 높고 고부가가치를 창출하는 소재들이라는데 의미가 있다.

4.2 신소재의 종류

1) 형상기억합금(shape memory alloy)

특정의 합금에 외부의 힘을 가하여 변형시킨 후 특정 온도 이상으로 가열하면 변형되기 전의 형상으로 되돌아가려고 하는 현상을 형상기억효과라고 한다. 이러한 현상을 보이는 합금을 형상기억합금이라고 하며, 니켈과 티타늄의 합금이 그 대표적인 예이다.

형상기억의 역사로 형상기억합금은 1951년 미국 일리노이 대학의 리드(Read) 교수팀이 금, 카드뮴 합금과 인듐-티타늄(In-Ti) 합금에서 발견한 것이 최초라고 할 수 있으나 그 당시에는 별로 주목받지 못했다. 그 후 1962년 미국 해군병기연구소의 Buehler 박사가 이끄는 연구진에 의해 니켈-티타늄(Ni-Ti)의 합금이 뛰어난 형상기억성을 가진다는 것이 발견된 후 학계 및 산업계의 큰 관심을 일으켜 본격적인 연구가 수행되기 시작했다.

최초의 형상기억합금 실용화는 1969년 NASA의 아폴로 우주선으로 달착륙선의 파라볼라 안테나라고 말할 수 있다. 이 안테나는 150℃에서 조립하여 실온에서 안테나를 접어 로켓에 적재하기 쉬운 형태로 달 표면까지 운반한 후, 달 표면에서 태양의 빛이 닿으면 달 표면의 온도는 200℃까지 상승하기 때문에 순간적으로 원상태로 만들어지는 것을 이용하였다. 형상기억합금이 실용적으로 이용되기 시작한 것은 1980년대 이후인 최근의 일이며, 최근에는 구리와 철을 이용한 형상기억합금이 개발되고 있었다.

2) 비정질금속재료(amorphous metal)

물질을 구성하는 원자는 열역학적 안정 상태에서 그 물질에 기본 격자의 결정형으로 배열되어 있다. 그러나 이 결정들에서도 긴 범위 결정에서는 규칙적 질서를 가지지 않는 원자 배열이 존재하는데 아몰퍼스(armortphous) 물질이 그것이다. 예로부터 알려진 아몰퍼스 물질로 유리가 있고 근래의 폴리머가 있다. 반면 금속은 아무리 급속히 냉각하여도 결정화를 막는 것이 어렵다고 인식되어 왔다. 이와 같은 통념이 깨어진 것은 1960년 Duwez 등의 일련의 연구에 의해서였다.

그들은 2원계 합금을 특수한 장치(Gun법)로 급랭시키는 도중 Si 합금의 공유조성 부근에서 아몰퍼스상이 얻어지는 것을 발견했다. 고투자율 재료로 자기 헤드, 자기장 차폐(Shield), 카트리지, 승압 트랜스 등에 사용이 가능하며, 고자속 밀도 재료로 전력용 트랜스, 초크코일, 모터 철심, 펄스 트랜스 그 외에 초전도 재료나 센서 재료, 콘크리트 보강제 등 다양한 곳에 사용하게 되었다.

3) 초전도 재료(superconducting meterial)

초전도(superconductivity) 현상은 금속의 온도를 0° K(K는 Kelvin의 약자. 0° K= 영하 273℃) 가까이 내렸을 때 전기저항이 완전히 사라지는 현상으로 20세기 발견한 신기한 현상 중의 하나다. 초전도체는 전기저항이 없어서 이 재료로 만든 회로 안으로 전류가 흐르기 시작하면 전력 손실이 전혀 발생하지 않아 영원히 전류가 흐르게 된다. 실험에 의하면 초전도체 안의 전류 수명은 10만년 이상인 것으로 알려져 있다. 그래서 초전도 케이블로 전자석을 만들 경우 강한 자기장을 얻을 수 있다.

초전도물질 개발의 역사를 보면, 1911년 네덜란드의 오너스(Kamerling Onnes)가 액체 헬륨을 이용하여 극저온 실험을 하던 중 초전도현상을 발견하였고, 1933년 마이스너(W. Meissner)와 옥센펠트(R. Ochesenfeld)는 초전도체는 자기장에 대해 반발력을 가짐을 보고하였으며, 1986년 베드노르쯔(Georg Bednorz)와 뮐러(Alex Muller)는 액체질소를 냉매로 하는 초전도체를 발견하였고, 1987년 폴 쥬는 산화물계 초전도체를 개발하였다. 현재 희토류 산화물인 란탄계, 이트륨계, 비스무스 산화물계, 수은계 등 고온 초전도체 개발에도 큰 밑바탕이 되었다.

21세기에는 초전도 혁명이 그 모습을 서서히 드러낼 것이 예측된다. 초전도체의 응용분야는 상당히 넓기 때문이다. 전력기기부터 전자 디바이스까지 모든 분야에 걸쳐 응용이 가능하다. 전력 응용 측면에서 볼 때 초전도 재료가 개발되면 현재 구리로 되어 있는 재료들의 낮은 효율을 높여 열로 소모되는 전력을 실제로 쓸 수 있기 때문에 전력으로 재사용이 가능하게 될 것이다. 따라서 전력 절약이 가능하고, 상전도체로 제작되는 기기들에 초전도체로 대체하게 되면 기기들의 효율적 가치 면에서도 상당한 발전을 얻을 수 있을 것이다.

의료기기에서의 응용도 현재 전망이 밝다. 초전도 MRI나 SQUID 등의 기기개발로 인체의 진단에 있어 현재보다 월등히 정확해지게 되어 오진의 방지 및 발병의 초기 진단이 가능하여 인간의 수명을 보다 길게 연장시킬 수 있을 것이다. 수송 분야의 혁명도 기대되는데 일본, 독일, 미국 등에서 개발 중인 초전도 자기부상열차는 현재 고속철도 차량에 비해 훨씬 높은 속도를 갖게 되어 육상수송에서의 혁명이 기대된다.

4.3 비금속 무기재료

1) 파인 세라믹스

파인 세라믹스(fine ceramies)는 알루미나, 탄화규소, 질화붕소 등 무기물의 분말을 소성하여 얻어지는 소결체 중 특히 원료 수준에서의 정제와 가공정도 등을 고도화한 공업용 재료 전반에 걸쳐 총칭되는 말이다. 뉴세라믹스(new ceramics)라고도 한다. 강도, 경도가 우수하고 온도 특성이 양호하며, 그런데도 금속보다 가볍고 내실성이 있으며, 그 특징을 살려 IC패키지나 센서류 등 전자분야의 주요 기초재료로서 커다란 시장과 수요를 형성하고 있다.

용도별로 분류하면 기능재와 구조재로 나뉘는데, 구조재로서 이용되는 것은 전체의 20% 미만이며, 80% 이상을 점하는 기능재료로서의 용도는 전기적, 자기적, 광학적, 화학적 특성을 살린 IC패키지, 반도체 회로기판, 콘덴서, 압전소자, 가스센서, 온도, 습도센서 등에 유용하게 사용될 수 있을 것이다. 이 중에서 특히 주목되는 신기술, 신제품으로는 세라믹 필터, 표면탄성파 필터, 압전액추에이터, 광셔터 등이 있으며, 현재 이들 신제품들은 활발히 상품화되고 있는 실정에 있다.

산화물계는 천연자원을 이용하며, 원료의 구입이 용이하고 성형성이 양호해 제조원가가 싼 것이 특징이다. 또 탄화규소, 질화붕소 등의 비산화물계는 내열특성, 내충격성이 우수하다. 이러한 우수한 재료를 이용한 기술개발들은 비산화물계를 대상으로 하게 되며 원료의 합성, 정제와 가공방법의 연구개발에도 새로운 특성의 재료들을 찾아낼 수 있을 것이다.

파인 세라믹스는 기존 세라믹스와는 달리 천연산화물 뿐 아니라 붕화물, 탄화물, 질화물, 규화물 등의 것보다 광범위한 무기 화합물을 재료로 하며 물리적, 열적, 역학적, 생화학적, 광학적 특성이 개선된 차세대 세라믹스로 철의 1/2 정도로 가볍고 금속보다 훨씬 단단하다. 온도에 따른 신축성도 금속에 비하면 훨씬 작고, 원료는 지구 어디서나 풍부하게 존재하는 규소이다.

파인 세라믹스는 고온에 강하다는 것이 가장 큰 특징으로 보통 금속은 1000℃가 넘으면 급속하게 강도가 떨어지는 반면 질소화규소를 주성분으로 하는 파인 세라믹스는 1000℃ 이상의 온도에서도 견딜 수 있는 유일한 소재라고 할 수 있다. 그러나 부서지기 쉬워 가공하기 어렵다는 단점이 있으므로 다이아몬드로 깎거나 플루오르산으로 녹이거나 레이저 광선을 이용해 가공한다.

2) 파인 세라믹스의 종류

파인 세라믹스는 그 특성과 용도에 따라 크게 일렉트로세라믹스(기능성 세라믹스), 엔지니어링 세라믹스(구조용 세라믹스), 바이오세라믹스 등으로 나눌 수 있지만, 각 분야에서 오늘날 급성장이 기대되는 첨단산업으로 꼽히고 있다.

(1) 일렉트로세라믹스

이것은 세라믹스의 전기적 기능, 자기적 기능, 광학적 기능을 이용하는 재료이다.

집적회로기판, 자성체, 각종 센서 등에 이용된다. 일렉트로세라믹스의 특징 중 가장 간단하면서 우수한 예는 빛을 투과시키는 기능을 가졌다는 것이다. 이런 뜻에서 유리는 기능성 재료의 일종으로 볼 수 있으며, 특히 광학렌즈가 그 대표적인 예이다. 최근 개발이 진행되고 있는 알루미나, 마그네샤, 이트리아나 사이아론의 투명 소결체 등도 고강도와 내열성에 의해 새 용도의 개척이 기대되는 신소재다. 그 위에 빛을 투과시키는 기능을 극한으로까지 높인 것이 가까운 미래의 통신혁명을 약속시키는 석영유리 파이버이다.

광손실 1 dB/km 이하(1～1.5 ㎛)라고 하는 경이적인 성능은 석영유리의 초고순도화에 의해서 최초로 달성되어 확실히 파인 세라믹스를 상징하는 재료의 하나로 성장할 수 있었다. 니오브산리튬($LiNbO_3$)이나 탄탈산리튬($LiTO_3$) 등 투명한 강유전성 결정은 빛을 투과할 뿐만 아니라 전압을 가함으로써 빛을 변조시키는 기능이 있으며, 광메모리와 광변조 소자로서의 용도로 미래 산업의 첨단화에 도움이 되리라 생각한다.

(2) 엔지니어링 세라믹스

세라믹스의 열적 기능, 기계적 기능, 내식적 기능을 이용한 것이 엔지니어링 세라믹스다. 주로 절삭공구나 고효율 열기관재 등에 이용된다. 구조용 세라믹스라고도 하는데 시멘트, 석고, 유리라든지 벽돌 등 바로 기존 세라믹스가 차지하고 있는 중요한 용도 등을 말한다.

파인 세라믹스 구조재료는 고강도, 고경도, 뛰어난 내열성, 내식성, 내마모성, 경량성 등 원래 세라믹스가 장점으로서 지니고 있던 여러 특성을 각별히 현저하게 구현한 재료이다. 이와 같은 재료는 엔진용 부재, 고속절삭공구용 재료, 노즐, 베어링 등 종래의 세라믹스나 금속재료가 미치지 못했던 극히 가혹한 온도, 응력, 마모 조건하에서 사용되는 기계부재로서의 용도로 개척할 것을 말한다. 지르코니아(지르코니아 세라믹스는 내마모성, 내식성이 우수하여 섬유기계용 커터로 이용되고 있다) 등의 산화물 외에 탄화규소, 질화규소, 사이아론, 질화붕소, 다이아몬드 등의 비산화물계 세라믹스가 이에 속한다.

(3) 에너지 형태의 변환재료로서의 파인 세라믹스

세라믹스의 에너지 변환 기능을 구체적으로 나열하자면 먼저 전기에너지를 열에너지로 바꾸는 기능을 먼저 들 수 있겠다. 이런 재료에는 반도성 세라믹스(규화몰리브덴 : $MoSi_2$), 지르코니아(ZrO_2), 크롬산란탄($LaCrO_3$) 등이 있고, 이 재료들은 고온용 저항발열체로서 사용된다. 또 란탄을 첨가한 티탄산바륨($BaTiO_3$) 반도체는 일정 온도(약 120℃)까지 가열하면 상전이에 수반하는 입계구조의 변화로 인해 절연체로 되어 발열이 멎는 성질을 지니고 있다. 발열체 자체에 온도 제어능력이 있다는 것은 안전성 측면에서 매우 바람직하므로 현재 헤어드라이어, 이불 건조기 등의 가정용품에 널리 응용된다.

세라믹스에는 빛에너지를 전기에너지로 바꾸는 기능을 갖게 할 수 있는 것도 있다. 예를 들면 실리콘 등의 반도체가 태양전지로서 이용되고 있다. 반대로 전기에너지를 빛으로 바꾸는 기능도 많은 화합물 반도체 등을 사용해서 레이저라든가 발광다이오드 등에 이용되고 있다. 나아가 화학에너지를 전기에너지로 바꾸는 기능으로서 고체 전지용 이온 도전 재료를 들 수 있다. 이온 도전 재료로는 지르코니아, 베타알루미나, 나시콘, 질화리튬, 산화비스무트, 티탄산칼륨 등의 세라믹스가 있다.

3) 광섬유

전기신호를 강한 빛과 약한 빛으로 변화시켜 전송하는 통신방식을 광통신이라고 하며, 광통신에 쓰이는 머리카락 정도의 두께인 직경 0.125 mm의 가느다란 유리섬유를 여러 가닥 묶어서 통신용으로 쓸 수 있도록 외피를 입힌 것이 광케이블이다. 원래 용어는 광섬유케이블(Optical fiber cable)이지만 빛을 이용해 통신 신호를 전달하기 때문에 보통은 광케이블이라고 부른다.

광섬유의 한쪽 끝에는 레이저나 LED같은 광원이 위치하고, 다른 한쪽에는 광 탐지기가 위치한다. 빛은 유리섬유를 통하여 다른 한쪽 끝으로 보내지게 되고, 정보는 광원을 잘 조절함으로써 나오는 빔에 실려서 전달된다. 빛을 이용해 정보를 보내기 때문에 전기적인 간섭을 받지 않고 네트워크 보안성이 크다는 장점이 있다.

4) 광섬유의 발달사

19세기에 들어 자유낙하 하는 물줄기 속에서 빛이 빠져나가지 않고 진행할 수 있다는 것을 알면서 광섬유에 대한 원리를 공식적으로 인정하고 발표한 최초 사건이라고 말할 수 있다. 그 후 20세기 초반에 이르러 유리로 된 광섬유가 나타났지만, 그 당시의 광섬유는 손실이 무려 1,000 dB/km에 달하였으므로 장거리용으로 사용하기는 불가능했다. 다만 짧은 길이의 광섬유 다발로 만들어 그것의 한쪽 끝에 맺힌 영상을 다른 쪽 끝으로 전달시키는 용도에만 쓰이고 있었다.

1966년 영국 스탠퍼드 통신연구소의 카오와 호크햄이 유리로 만든 광섬유는 빛을 이용한 원거리 통신에 사용이 가능하다는 주장을 제기하였다. 이때부터 미국, 영국 등 각국의 연구그룹은 저손실 광유리섬유의 개발에 박차를 가했고, 1970년 미국 코닝유리회사의 마우러(Maurer)가 20 dB/km의 손실을 갖는 광섬유를 발표하고, 뒤이어 5 dB/km의 저손실 광섬유를 개발하였다.

그 뒤를 이어 미국 벨연구소의 MCVD(modified chemical vapor deposition)법을 이용한 고순도 석영광섬유가 개발되었고, 영국 체신청의 광섬유, 일본 판유리회사와 NEC가 공동으로 개발하여 셀폭(Selfoc) 광섬유 등이 실용화되기 시작하였다. 1970년대 말에는 광섬유의 손실이 0.2 dB/km까지 줄게 되었는데, 이는 수면에서 100 km 바다 속에 있는 물체를 구별할 수 있는 투명도로 생각하면 될 것이다.

5. 화학공업과 석유화학

5.1 화학공업의 발달사

1) 불의 사용

고대 인류는 화학적 현상으로 불을 사용하였다. 불은 연소에 의한 화학반응에 의해 얻어지는 에너지 공급원이다. 인간은 불로부터 금속기구의 제조, 토기 제조, 의약품 제조 등 여러 물질들을 제조하고, 이런 과정을 통하여 물질에 관한 지식을 쌓아갔다.

2) 원시과학

이집트의 원시과학은 연금술에서부터 시작하였다 하여도 과언이 아니다. 이집트에서는 금속들을 금으로 바꾸는 연금술을 사용하였다. 연금술은 약품에 관한 지식이 포함되어 있었으므로 현대 화학의 기초를 마련하였다고 할 수 있을 것이다. 그 시대 중국에서는 연단술에 의한 불로장생의 약을 만들기 위해 연단술이 연구되었다. 고대 중국의 화학적 지식은 그 후 계속 발전하였지만 현대의 화학으로 계승되지는 못하였다.

3) 그리스 시대의 화학

고대 이집트의 연금술을 이어 받은 그리스 시대에는 화학의 기초적인 개념이 성립되기 시작하였다. 즉 만물의 근원은 원소라는 개념을 도입하게 되었다. 엠페도클레스는 여러 가지 화학실험을 통하여 물질이 물, 공기, 불, 흙의 네 가지 원소로 이루어졌다고 생각하였고, 아리스토텔레스는 엠페도클레스의 개념을 발전시켜서 4원소설을 성립시킬 수 있었다.

4) 중세시대의 연금술

중세에도 연금술은 계속 발전되었는데 주로 아라비아인에 의해 연구되었고, 이 시대에서는 아리스토텔레스의 4원소설이 사실과 다르다는 것이 증명되었다. 또한 알코올, 석회, 질산, 왕수(질산과 염산을 1:3의 비율로 혼합한 물질), 백반, 승홍(염화제이수은) 등 여러 가지 물질을 알아내어 일상에서 사용되었다. 이들 연금술에 의해 발전된 화학적 지식은 12세기경에 유럽으로 전해졌다.

5) 16세기의 화학

16세기에 이르러 상공업의 발전과 더불어 금속과 그 밖의 여러 가지 제품에 대한 수요가 증대되고, 화학적 지식의 축적이 이루어져 과학으로서의 화학의 기초가 확립되기 시작했다. 이 시대에는 화학공업이 크게 발전하여 각종의 산, 염기의 제조는 물론 그 물질들의 성질 연구에 의해 의약품, 페인트, 화약, 유리, 도자기 등의 제조 등에 기초를 이루었다. 화학공업의 번영은 물질에 대한 과학적 연구를 촉진시켰다. 이때 최초의 화학자라 일컬어지는 인물이 영국의 보일이었다. 그는 종래의 추상적이고 불명확한 원소의 개념을 실용적 개념으로 수정하였다. '원소란 화학변화에 의하여 무게가 증가하는 물질이다'라고 역설하였다. 이 사실이 근대 화학의 기초를 만든 사건이라 할 수 있다.

6) 18세기의 화학

이 시대의 화학이론의 발전은 우선 연소현상의 설명을 가능하게 하였다. 1702년 독일의 베허와 슈탈의 실험에서 연소현상을 피로지스톤(phlogiston)이라는 원소에 의하여 일어난다는 사실을 알아냈으며, 즉 가연성 물질이 연소 시 피로지스톤이 방출되어 무게가 감소하게 된다는 것이었다. 피로지스톤설은 18세기 후반에 이르러 소멸하게 된다. 당시 유럽사회에서는 각종 실험기술이 발전하였고, 지식이 더욱 발전되어 탄산나트륨, 마그네슘, 암모늄 등의 여러 가지 화합물이 제조되었다. 이때 기체화학은 크게 발전하여 수소, 질소, 일산화탄소, 암모니아, 염소, 산소 등의 발견으로 피로지스톤설은 붕괴되게 되었다.

프랑스의 라부아지에(Antonio Laurent Lavoisier)는 연소를 산화현상으로 설명하여 피로지스톤설의 오류를 밝혔다. 그는 유기화합물의 원소분석, 동물의 호흡작용, 산의 문제 등 여러 가지 중요한 화학현상의 연구에 기여하였으며, 특히 화학적 변화에 있어서 질량보존의 법칙을 발표한 최초의 화학자였다. 라부아지에 이후 화학의 정량화가 발전하여 화합물을 이루는 원소들의 상대적인 양에 관한 일정 성분비의 법칙 등이 알려지게 되었다.

7) 19세기의 화학

(1) 돌턴의 원자설

영국의 돌턴(John Dolton)에 의해 원자설이 제안되어 종래에 관측된 여러 현상 및 법칙들이 설명되고, 물질을 이루는 기본적인 입자로 원자의 개념이 확립되었다. 그 전의 추상적인 원자의 개념을 실험적 사실을 토대로 증명한 실증적 모델이었다.

(2) 아보가드로의 분자설

화학반응에 의한 기체 부피의 변화에 대한 게이뤼삭(Joseph L. Gay-Lussac)의 실험과 돌턴의 원자설을 토대로 이탈리아의 아보가드로(Amedeo Avogadro)는 분자설을 제안하였다. 19세기 후반 카니차로(Santanslao Cannizzaro)에 의해 화학반응의 기본 단위인 분자의 개념, 분자를 이루는 각 원자들의 비율 및 정확한 원자의 질량, 즉 원자량의 확립에 기여하였다.

(3) 멘델레예프의 원소 주기율표

새로운 원소들의 발견과 원자량의 정확한 측정에 따라 원소의 물리 및 화학적 성질이 원자량의 변화에 대해 주기적으로 변함이 인식되었으며, 1869년 러시아의 화학자 멘델레프(Dmitri L. Mendeleev)에 의해 원소의 주기율표가 만들어졌다.

8) 현대 화학의 발달

유기화학은 프리드리히 뵐러(Friedrich Wohler, 1800～1882년)가 요소를 합성한 이후 눈부시게 발전하였다. 그 후 케쿨레(F. A. Kekule) 등에 의해 유기화합물의 구조가 연구되었다. 무기화합물의 구조를 알 수 있는 베르너의 배위설이 등장하였으며, 이로부터 착염화학이 발달하여 20세기 무기화학의 기초를 이루게 되었다. 한편 열역학, 전자기학, 광학 등 실험물리학의 결과를 이용하여 화학적 현상의 설명 및 체계화를 시도한 열역학, 기체분자 운동론이 발전하였고, 물리화학의 한 분야로서 성립되게 되었다.

20세기에 들어와서는 퀴리부부에 의한 라듐의 발견, 방사성 원소의 원자 붕괴, 진공방전 시 전자의 발견 등으로 원자가 더 작은 입자로 구성되어 있음이 밝혀졌다. 그 후 원자의 구조에 대한 연구는 1913년 보어(Niels Bohr)의 수소원자 모델에 의해 크게 발전하였으며 드브로이(Louis V. de Broglio), 슈뢰딩거(Erwin Schrodinger), 하이젠베르크(Werner K. Heisenberg) 등에 의해 현대 양자역학으로 발전되었다. 양자역학의 발달에 의해 종래의 주기율표의 필연성이 명백하게 되었으며, 현대 화학의 기초가 확립되기 시작하였다.

5.2 석유화학공업의 발달사

석유화학공업은 석유의 성분인 탄화수소 등을 합성원료로 해서 각종 유기화합물을 만들어 내는 공업이다. 석유화학공업은 제2차 세계대전 이후 급속히 발전하였고, 석유는 화학공업의 발달에 큰 지주 역할을 하게 되었다. 석유는 전 소비량에 비해 합성원료로서 쓰이는 양은 아직 10% 정도에 지나지 않지만, 석유의 사용량은 매년 증가하고 있다. 특히 폴리에틸렌(polyethylene), 나일론(nylon) 따위의 플라스틱이나 합성섬유 등은 석유를 원료로 하는 분야에로 그 사용 또한 늘어나고 있는 실정이다.

1) 나프타의 분해 석유화학

나프타는 탄소수가 1～7개 정도인 탄화수소를 이용하며, 그 원료로는 유정(油井)에서 나오는 천연가스 혹은 크래킹(cracking) 증류과정에서 생기는 가스를 쓰기도 하지만, 가장 많이 사용되는 것은 석유(주로 나프타 유분)를 열분해하여 얻은 에틸렌이나 프로필렌이다. 석유화학 공업의 특징은 여러 가지 탄화수소의 혼합물을 분해하고, 여기에서 생긴 생성물을 정류공업에서 발달한 분리기술을 이용하여 각 성분으로 나누어 그 하나하나에 대한 다양한 합성법을 적용해서 수많은 종류의 제품으로 만드는 일관된 공정을 가진다는 것이 특징이다.

석유화학에서 가장 중요한 위치를 차지하는 것은 에틸렌이며, 유전이 많은 미국에서는 석유와 함께 채취한 천연가스를 에틸렌의 원료로 하고 있으나 유전이 없는 지역에서는 나프타(naphta) 유분을 열분해하여 에틸렌을 만드는 것이 보통이다.

2) 석유화학공업 원료의 제조

석유의 탄화수소 성분은 파라핀계, 올레핀계, 나프텐계, 방향족의 순으로 분해성이 좋으며, 또 분자량이 큰 것일수록 잘 분해된다. 그러므로 석유는 고온으로 되면 그 상태에서 보다 안정된 화합물로 바뀌게 된다. 따라서 석유를 고온으로 처리함으로써 석유화학 공업의 원료로서 유용한 화합물인 에틸렌, 프로필렌, 아세틸렌 등을 쉽게 얻을 수 있다. 석유는 800℃ 전후에서는 에틸렌을 주체로 만들어진다.

3) 탄화수소를 주로 하는 합성화학

메탄(CH_4)은 열분해하면 수소의 원료가 되는 염소와 반응해서 염화메틸(CH_3Cl)이나 염화메틸렌(CH_2Cl_2) 또는 사염화탄소(CCl_4) 등으로 되어 유기용매나 냉동기용의 냉매 등에 쓰인다. 그리고 메탄을 산화시켜 메틸알코올(methylalcohol)이나 포르말린(formalin)을 만들기도 한다. 또한 메탄으로는 아세틸렌(C_2H_2)을 만들고, 이 아세틸렌으로 여러 가지 물질을 만들 수가 있다. 예컨대 수소와 반응시켜서 에틸렌이나 에탄을 만들고, 염화수소와 반응시키어 염화비닐을 만드는 것이다. 그리고 물과 반응시키면 아세트알데히드(acetaldehyde)가 만들어지고, 이것을 산화하면 초산이 된다. 다시 이것을 환원하면 에틸알코올이 만들어진다.

4) 에틸렌

에틸렌(C_2H_4)은 석유화학공업의 중요한 제1차 원료이며, 그 약 절반이 폴리에틸렌의 제조에 사용되고 있다. 그 외 에틸렌을 산화해서 에틸알코올, 아세트알데히드, 초산 등이 합성되며, 에틸렌옥시드, 에틸렌글리콜 등의 합성에도 쓰인다. 에틸렌옥시드는 합성세제의 원료로서도 중요하다. 한편 에틸렌을 염소와 반응시켜서 이염화에탄으로 만들어 이것으로 염화비닐을 만들기도 한다.

이렇게 해서 만든 염화비닐은 폴리염화비닐의 모노머(monomer)이다. 이것은 본래 아세틸렌을 원료로 하여 만들어 왔으나 석유화학의 발달에 따라서 에틸렌을 원료로 하는 방법으로 바뀌게 되었다. 그리고 에틸렌을 브롬(bromine)과 반응시켜 디브롬에탄으로 만들어 가솔린에 대한 안티녹제로 쓰이기도 하고, 또 벤젠과 반응시켜서 스티렌(styrene)으로 만들어 이것을 중합해서 폴리스티렌을 만들기도 하는 등 에틸렌은 그 밖의 여러 가지 합성화학 원료로 널리 이용되고 있다.

5) 에틸렌 제조법

에틸렌 제조방법으로는 열분해, 급랭부분, 압축 전 처리부문, 정제, 분리 부문으로 되어 있으며, 열분해, 급랭의 방법으로는 관식가열법, 스팀크래킹법, 이동층법 등이 쓰인다. 관식가열법은 원료 나프타와 스팀을 혼합하고, 외부로부터 중유 또는 가스버너(gas burner)로써 고온으로 가열된 관을 통과시켜 분해하는 방법이다. 스팀크래킹법은 원료를 분해온도보다 조금 낮은 정도 온도까지 미리 가열하고, 950℃ 이상으로 가열된 수증기를 혼합해서 그 열로 분해하는 방법이다. 이동층법은 고온으로 가열한 모래 등의 고체 열매체와 원료를 반응기 속에서 옮기면서 접촉시켜 분해 반응을 일으키게 하는 방법으로서 페블 크래킹법, 샌드 크래킹법 등이 이동층법에 속한 제조방법이다.

6) 프로필렌과 합성세제의 원료

프로필렌(propylene, C_3H_6)은 에틸렌보다 탄소가 하나 많은 올레핀계 탄화수소이며, 그 구조는 에틸렌의 수소원자 하나가 메틸기로 치환된 $CH_2=CH-CH_3$로 나타낸다. 아크릴로니트릴(acrylonitrile)이나 글리세린(glycerine)의 합성원료이다. 소프리스 소프(soapless soap)라고 하는 합성세제의 제조법은 프로필렌을 인산으로 사분자 중합해서 프로필렌 4량체(propylene)를 만든다. 여기에 다시 벤젠과 결합시켜서 만든 도데실벤젠을 황산으로 설폰화(sulfonate)함으로써 얻어진다.

7) 아세틸렌 제조법

아세틸렌(acetylene)은 종래 카바이드(carbide)를 원료로 하고 있었으나, 오늘날에는 나프타의 고온분해 등에 의해서도 만들 수가 있으며, 에틸렌의 제조와 관련해서 천연가스를 원료로 하는 방법이 여러 가지 사용되고 있다.

5.3 나일론의 발달과 역사

오늘날 강철보다 강하고 비단보다 아름다운 나일론은 나이론 환자, 나이론 신사, 나이롱뽕이란 말도 있듯이 뭔가 좋지 않거나 가짜인 것을 지칭하는 말로 쓰이지만 원래 나이론은 근사하고 좋은 것을 나타내는 말이었다. 너무 좋은 것을 가리키다보니 좋은 것이 지나쳐 겉은 혹하도록 좋은데 속이 그렇지 못하다는 뜻이 강해지면서 변천을 겪은 것이 아닐까 생각한다. 그 정도로 튼튼하고 질긴데다가 광택이 나고 빛깔도 매혹적이라는 의미라 생각한다.

1845년 독일의 화학자 크리스티안 쇤바인(Cristian Friedrich Schonbein, 1799~1868년)이 세계 최초로 인조비단, 즉 니트로셀룰로스(nitrocellulose)를 발명했다. 이 물질을 이용해 알프레드 베른하르드 노벨(Alfred Bernhard Nobel, 1833~1896년)이 다이나마이트를 발명했으니 지금은 모든 과학자의 선망이 된 노벨상을 제정하게 도와준 그 시대 대박 상품이기도 했다. 1885년 프랑스의 화학자 샤르도네 일레르 베르니고 백작(Louis-Marie-Hilarie Bernigaud, Comte de Chardonnet, 1839~1924년)이 인조비단 제조법으로 특허를 받아 1891년 파리박람회에 출품하여 전 세계적인 관심을 불러 일으켰다. 그가 만든 인조비단은 빛과 같은 광택이 난다고 하여 레이온이라고 이름 붙여졌다.

비단이나 레이온보다 더 강하고, 아름다운 광택을 내는 인류의 최초 합성섬유 1호인 나일론은 미국의 유기화학자 캐러더스(Wallace Hume Carothers, 1896~1937년)에 의해 발명됐다. 이 발명품은 캐러더스가 고분자설을 학문적으로 증명하고자 집념을 불태우는 과정에서 탄생했다. 지금은 당연하게 생각되는 고분자량의 중합체(분자가 기본 단위의 반복으로 이뤄진 화합물)는 당시로서는 과학적으로 전혀 말이 안 되는 이상한 개념이었기 때문이다.

미국의 하이야트는 니트로셀룰로스로 당구공을 만들었는데, 이는 천동설에서 지동설로 변화할 때처럼 화학계에서는 큰 변혁이었다. 당시에는 분자가 그렇게 클 수 있다는 생각을 아무도 하지 못했고, 작은 분자가 모여서 뭉친 2차 결합의 집합체 정도라고 생각했기 때문이다.

1926년 독일의 화학자 스타우딩거(Hermann Staudinger)가 일반적인 유기화합물(탄소가 주성분인 탄소 화합물)과 같은 공유결합(한 쌍의 전자를 두 원자가 함께 공유해 이뤄지는 화학 결합)에 의해 거대한 분자를 만들 수 있다는 고분자 가설을 발표했을 때 전 세계의 과학자들로부터 비웃음을 샀다. 그러나 실제 산업적으로는 고분자량의 중합체는 이미 일찍부터 사용되어 왔다. 1868년 하이야트는 니트로셀룰로스로 당구공을 만들었고, 1907년 베이크랜드(Leo Hendrik Baekeland)가 합성수지인 베이클라이트(Bakelite)를 만들어 전기기구, 부엌용품 등을 생산했다.

1) 나일론의 발견

캐러더스는 1896년 미국 아이오와 주 버링턴에서 태어났다. 아버지의 영향으로 상업부기학교를 졸업하고 화학 전임교수가 한 명도 없는 미주리주의 타키오대학에 들어갔다. 그곳에 화학 강사로 온 파디(Arthur Pardee)는 화학과 물리에 모두 능통한 실력파로, 캐러더스의 인생을 결정지을 화학의 기초를 가르치게 된다. 그 결과 학부생이었던 캐러더스는 파디의 지도로 화학을 강의하는 일까지 하게 된다. 당시 세계 화학계에서는 중합체의 고분자량에 대한 연구가 화두였다. 거의 대부분의 화학자는 중합체에서 고분자량이 측정되는 것은 작은 분자들 사이에 수소결합과 같은 신비한 2차 결합력 때문으로 믿고 있었지만, 캐러더스는 자신의 경험과 직관으로 작은 분자내의 공유결합과 같은 결합으로 고분자량의 중합체가 된다고 믿었다.

듀폰사 연구원이 된 캐러더스는 스타우딩거가 말한 진정한 고분자를 직접 만들기로 했다. 돈이 되는 응용연구를 싫어했던 캐러더스가 자신의 신념을 증명하기 위해 결국 가장 큰 돈이 되는 신물질을 개발하게 된 역사의 아이러니가 이루어진 순간이었다. 알코올과 산을 반응시키면 물이 빠지면서 에스테르 결합이 생성되는 것을 응용해 분자 양쪽에 알코올기와 산기를 도입하면 유기화학적으로 긴 사슬이 될 것이라는 예측을 하였다.

결국 1929년 분자량이 5,000이 넘는 폴리에스터가 만들어졌다. 그러나 유기화학적인 공유결합으로 초고분자량이 만들어진다고 믿은 캐러더스는 분자량 6,000 이상의 폴리에스터를 만들 수 없음에 낙심했다. 하지만 유기화학적으로 생각한 캐러더스에게 떠오른 돌파구는 바로 물을 제 때에 강력하게 빼 주는 것이었다.

1930년 분자량 10,000이 넘는 폴리에스터를 만드는데 성공한다. 캐러더스는 이런 고분자를 초고분자라고 불렀다. 캐러더스 연구실에서 일하던 멤버들은 자신들이 만든 폴리에스터로 장난을 치고 놀았다. 끈적거리는 고분자 덩어리에 유리막대를 찍어 잡아 뽑으면 가는 실이 뽑혀 나오는데, 누가 더 긴 실을 끊어지지 않게 뽑는가 하는 시합이었다. 이 시합으로 인해 연구원들이 복도로 실을 뽑으며 달리는 난장판이 자주 벌어지곤 했지만, 결과적으로 이런 자유로운 분위기가 신물질을 만들어 내는 원동력이 됐다. 하지만 이 고분자는 열에 약해 여기서 뽑은 실로는 옷감을 만들 수가 없었다.

2) 폴리에틸렌텔레프탈레이트(PET)

캐러더스는 산과 아민의 반응에 의해 만들어지는 폴리아미드는 폴리에스터보다 더 견고할 것이라고 생각했다. 이렇게 해서 1934년 폴리아미드가 만들어졌다. 이 실은 열에 강해 다림질도 가능했다. 나일론이 탄생하던 순간이었다. 1935년 여러 후보 물질 중에 6-6이라는 비밀명으로 불리던 나일론-66이 발명됐다. 그 사이 캐러더스연구팀은 네오프렌과 폴리에틸렌 텔레프 탈레이트(PET, polyethylene tereph thalate)도 만들어 내었다. 네오프렌은 주요 합성고무로 지금도 널리 쓰이며, PET는 지금 음료수병으로 사용하는 페트병이다. 이 물질들은 당시 다크론, 마일라의 상품명으로 전 세계 상품계를 휩쓸었고 듀폰에게 엄청난 부를 안겨 주었다.

이렇듯 캐러더스가 일하던 불과 8년 동안에 세계에서 가장 중요한 고분자들이 듀폰의 이름 아래 태어났다. 그러나 우울증으로 고통 받던 캐러더스는 성공의 여정에서 늘 우울증과 신경쇠약으로 자살의 충동을 느끼며 고통 받았다. 맹독성 화학물질인 청산가리를 항상 주머니에 넣고 다녔고, 정신병원을 자주 드나들었다. 대단한 명성과 영예가 쏟아지던 1937년, 사랑하는 동생 이사벨이 병으로 사망하자 그의 우울증은 더욱 심해졌다. 결국 몇 달 후 필라델피아의 한 호텔에서 청산가리를 마시고 41세의 짧은 생을 마감했다. 그의 동료들과 조수들이 속속 노벨상을 받았으나, 역사상 가장 위대한 고분자 화학자인 캐러더스는 정작 그 많은 업적에도 불구하고 산 사람에게만 준다는 노벨상을 받지 못했다. 그가 좀 더 살았더라면 얼마나 더 엄청난 업적을 이루었을지 모를 일이다.

3) 나일론의 발달

나일론은 원래 지방족 폴리아미드의 듀폰사 상품명이었지만 현재는 보통명사로 쓰인다. 듀폰은 나일론으로 처음엔 칫솔을 만들었다. 중국에서 수입하던 돼지털을 대체해 큰돈을 벌었다. 나일론으로 만든 두 번째 제품은 스타킹이었다. 당시 여자들은 비단이나 면으로 만든 헐렁한 스타킹을 신었었다. 나일론으로 만든 스타킹은 우선 투명해 다리를 예쁘게 보이도록 해 주었고, 탄력이 있어서 쭈글쭈글해지지 않았다. 나일론 스타킹을 발매하기로 한 1940년 5월 15일은 새벽부터 수많은 여성들이 가게 앞에 줄을 서 있다가 개장하자마자 스타킹을 구매해 500만 켤레가 하루 만에 매진되는 역사적인 날로 세계적인 기사거리가 됐다.

나일론은 강도와 내마모성이 좋아 기계 부품으로 널리 쓰이며, 기체 차단성도 좋아 식품포장용으로도 중요한 재료가 된다. 특히 연신 섬유는 그 강도가 매우 뛰어나 각종 산업용 로프, 낙하산, 천막지 등으로 사용된다. 세계대전 때에는 미국이 부족한 낙하산 재료를 충당하기 위해 여성들이 스타킹을 국가에 헌납하기도 했다. 노르망디 상륙작전은 그렇게 갑자기 많은 수의 낙하산을 제조할 수 없으리란 독일의 예측을 깨뜨린 미국 여성의 승리란 말도 있다. 나일론은 기초과학 연구가 미래에 막대한 부를 창조해 낼 수 있다는 것을 보여주는 역사적 산물이었다. 나일론과 캐러더스는 그 자체가 고분자화학의 역사이고 인류 발전의 토대이며, 기초과학의 중요성을 일깨워주는 중요한 화학의 역사이다.

6. 생물학의 역사적 발전

6.1 생물학 분야별 분류와 의미

생물학은 아주 광범위한 분야이기 때문에 다시 여러 분야로 세분되었다. 명백한 차이에도 불구하고 이들 분야들은 모든 생물학적 현상에 내재하는 기본 원리에 의해 서로 밀접하게 관련되어 있다. 생물연구의 현재적 접근 방법은 관련 생물체제의 수준(분자, 세포, 개체, 군집)과 연구 주제(구조와 기능, 종류와 분류, 성장과 발달 등)에 바탕을 두고 있다.

17세기에 복합현미경이 발명되고, 그 결과로 세포생물학이 등장하기 전까지는 유기체, 즉 개체를 다루는 연구가 지배적이었다. 동식물의 모양과 구조를 연구하는 형태학, 생물의 세포, 조직, 기관 및 기관계의 기능을 연구하는 생리학, 생물들의 관찰된 자연적인 또는 이론적인 관계에 따라 집단으로 분류하는 분류학, 동식물의 배의 형성과 발달을 연구하는 발생학, 생물체의 유전과 변이 및 그러한 과정이 작용하는 메커니즘을 연구하는 유전학, 생물체와 환경과의 상호작용을 연구하는 생태학 등으로 분류할 수 있다.

형태학을 맨눈으로 관찰할 수 있는 조직을 연구하는 해부학, 세부 구조를 연구하는 조직학, 세포 구조의 특징과 세포 소기관(cell organelle)을 연구하는 세포학으로 세분

된다. 생물학 분야들이 다른 과학 분야들과 결합되기도 했다. 예를 들면, 생화학과 생물물리학은 각각 화학과 물리학의 원리가 생물학의 원리와 결합된 분야이다. 생물 현상의 화학적 구조와 과정을 분자 수준에서 연구하는 분자생물학은 여러 과학 분야의 지식이 결합된 분야로서 생물학 중에서 가장 중요한 분야로 떠올랐다. 또 다른 분류 방법에서는 연구 대상으로 삼는 특정 종류의 생물에 따라 분야들이 나누어진다.

6.2 라마르크의 용불용설

라마르크는 프랑스의 박물학자로 무척추동물의 체계(1801년)에서 최초의 진화사상에 대해 흥미를 보이기 시작하였고, 동물철학(1809년)과 무척추동물지(제1권, 15)에서 명백히 진화론을 설명하게 되었다. 그는 생명이 맨 처음 무기물에서 단순한 형태의 유기물로 변화되어 형성된다는 자연발생설을 역설하면서 이것이 필연적으로 여러 기관을 발달시키고 진화시켜 왔다고 주장하였다. 진화에서 환경의 영향을 중시하고 습성의 영향에 의한 용불용설을 제창하였다. 이것은 획득형질 유전론으로 라마르키즘의 핵심을 이루는 것이라고 생각하는 사람도 있었다.

생물에는 환경에 대한 적응력이 있어 자주 사용하는 기관은 발달하고, 그렇지 않는 기관은 퇴화된다는 학설이 라마르크가 제창한 진화설이다. 그는 동물철학(1809년)의 제1법칙에서 다음과 같이 말하였다. 어떤 동물의 어떤 기관이라도 다른 기관보다 자주 쓰거나 계속해서 쓰게 되면 그 기관은 점점 강해지고 또한 크기도 더해간다. 따라서 그 기관이 사용된 시간에 따라 특별한 기능을 갖게 된다. 이에 반해서 어떤 기관을 오랫동안 사용하지 않고 그대로 두면 차차 약해지고 기능도 쇠퇴한다. 뿐만 아니라 그 크기도 작아져 마침내는 거의 없어지고 만다.

이와 같은 현상이 새로운 종의 진화 원인이라고 그는 생각하였다. 즉, 많은 동물에서 볼 수 있는 특수한 형태나 작용을 갖는 기관은 이렇게 하여 생긴 것이며, 퇴화기관으로 알려져 있는 많은 흔적기관도 이렇게 하여 생긴 것이라고 그는 설명하였다.

6.3 멘델의 법칙

오랫동안 사람들은 어떻게 어버이의 형질이 자손에게 그대로 전달되는지에 대하여 의문을 가졌다. 멘델은 식물잡종에 관한 실험(1866년)에서 완두콩을 재료로 한 교배 실험을 통하여 일반적인 유전의 법칙을 입증할 수 있는 통계학적 규칙을 발표하였다. 멘델의 유전법칙의 성공에는 다음과 같은 배경이 있었다.

첫째, 유전현상을 이해하기 위하여 실험결과를 상세하게 기록하고 계량화하는 것이 중요함을 인식하였다. 실험으로 알게 된 사실을 명확하게 기록하면서 차근차근 실험을 진행하였고, 결과를 분석하여 일반적 법칙을 입증할 수 있는 통계학적 규칙을 찾아내려고 노력하였다. 멘델이 처음 수도원에 들어갔을 때에 수학과 물리학을 공부하여 둔 것이 그 기초가 된 것이다. 둘째, 실험 대상으로 완두를 선택하였다. 셋째, 하나의 실험에서 확실한 한 가지의 형질에 중점을 두었다. 대부분의 다른 연구자들은 여러 가지 형질을 동시에 취급함으로써 일관된 법칙을 유도하기 어려웠던 것이다.

6.4 생화학적 반응과 유전정보

생화학은 생물체 내에서 이루어지는 화학반응을 말하며, 생물체의 물질 조성 등을 화학적인 방법으로 연구하는 생물학의 한 분야이다. 생물화학이라고도 하지만 보통 생화학이라고 표현한다. 생물체를 재료로 하는 화학이라는 점에서 화학의 한 분야라고도 할 수 있고, 생물학과 화학의 두 영역에 걸쳐 있는 학문이기도 하다. 화학에서는 탄수화물이나 단백질과 같은 탄소화합물을 연구대상으로 하는 분야인 유기화학에서 분화되었다고 볼 수 있다.

생화학은 단백질, 탄수화물, 지질, 핵산과 같은 세포 구성물질의 구조와 기능에 중점을 두고 있다. 좁은 의미에서의 생화학은 특히 효소가 매개하는 반응과 그 산물에 대한 화학적 연구를 의미한다. 현대적 의미로는 생명현상을 매개하는 분자들에 대한 화학적 연구를 지칭한다. 고전적인 생화학 연구를 통해 사람들은 세포내 대사과정에 대해서 상세한 정보를 얻고 해당작용이나 TCA회로와 같은 물질대사에 대한 폭넓은 이해를 얻게 되었다. 최근의 연구 경향은 DNA, RNA, 단백질의 합성, 세포막과 물질 신호전달체계 등 세포내 분자들 모든 활동을 말한다.

6.5 DNA와 RNA

DNA(Deoxyribonucleic acid)는 유전자를 이루는 주요 물질이다. 네 종류의 뉴클레오티드로 이루어져 있으며, 단조로우나 모든 기관의 수많은 특성을 담는다. 1개의 염색체에 수천 개의 유전자가 들어 있고, 하나의 유전자는 다시 약 6,000 쌍의 염기로 구성되어 있으며, 약 30억 쌍으로 이루어진 DNA는 길이 1.5 m, 무게 1천억 분의 1 g에 불과한 DNA 가닥에 담겨 있다. 인체는 60～100조 개의 세포로 구성되어 있으며, 1개의 세포는 2개의 게놈(46개의 염색체)으로 구성되었다. 1개의 염색체는 수천 개의 유전자로 구성되어 1개의 유전자는 수많은 염기 벽돌모양으로 구성되었으며, 3개의 염기가 하나의 아미노산을 지정하여 아미노산 수만 개가 모여 단백질을 합성하여 단백질이 각 개인의 형태나 성질을 나타낸다.

핵산의 한 종류인 뉴클레오티드의 당이 DNA와는 달리 리보오스를 기본으로 구성되어 있으며, 염기로 티민(thymine) 대신 우라실(uracil)을 가진다. 대개 단일가닥이 스스로 이리저리 결합한 형태로 되어 있다. 에이즈 바이러스는 DNA 대신 RNA를 유전물질로 갖는데, 최근 RNA(ribonucleic acid) 스스로 효소와 같은 기능을 가질 수도 있음이 발견되었다. 에이즈 바이러스와 같은 세포분화가 RNA에서도 일어난다면 난치성 뇌 질환에 획기적 전기를 마련할 수 있을 것이다.

생명체는 처음에 RNA로 유전물질을 전달했을 것으로 추정된다. RNA는 DNA보다 불안정하기 때문에 후에 유전물질을 담당하는 역할이 DNA로 넘어갔을 것으로 생각된다. 생명의 탄생 초기에 유전물질이 RNA로 구성되어 있을 것으로 예상되는 시기의 상태를 RNA세상이라 한다. RNA는 DNA보다 화학적으로 불안정하다. 그래서 한 세대동안 변하지 않을 유전자는 DNA에 안정하게 보관되어 있고, 단백질이 필요할 때마다 그 유전정보가 mRNA로 전달되어 단백질이 만들어지고 얼마 후 mRNA는 생분해된다.

분자구조에 따른 RNA의 생물학적 기능을 보면, rRNA(ribosomal RNA)는 리보솜을 구성하는 RNA이다. 현재까지 알려진 바에 의하면 효소와 같은 기능도 할 수 있다고 한다. mRNA(messenger RNA)는 DNA의 유전정보를 옮겨 일종의 청사진 역할을 한다. 이를 기본으로 하여 리보솜에서 단백질을 합성하게 된다. tRNA(transport RNA)는 mRNA의 코돈에 대응하는 안티코돈을 가지고 있으며, 꼬리 쪽에 해당하는 안티코돈에 맞추어 tRNA와 특정한 아미노산을 연결해 주는 효소에 의해 안티코돈에 대응하는 아미노산을 가지고 있다. 단백질의 합성은 센트럴 도그마(central dogma)의 마지막 과정으로 번역(translation)이라 한다. 이 과정은 세포질(cytosol) 내의 단백질 합성 공장이라 할 수 있는 리보솜(ribosome)에서 일어난다.

6.6 현대를 지탱하는 생명공학

유전자 자체는 생명의 설계도이다. 세포를 살린 채 유전자를 도입하여 그 유전자를 기능시키지 않으면 안 된다. 다른 종류의 두 세포를 융합이나 세포별로 유전자를 도입하는 기술은 현대 바이오테크놀로지의 기초기술이다. 세포융합 또는 유전자 도입법은 폴리에틸렌 글리코오스 등의 약품처리, 바이러스벡터에 의한 방법, 마이크로 다이젝션 등이 있지만 전자기술의 발달에 의해 연구하는데 기기는 좀 비싸지만 간편하며, 무독성으로 재현성이 좋아 많이 보급되고 있다.

전기에 의한 세포융합을 하기 위해서는 우선 세포끼리 접합하지 않으면 안 된다.

세포는 1 ㎛ 정도의 크기로 수작업은 어렵기 때문에 세포조작도 전기에 의해 진행된다. 세포는 거시적으로는 중성이지만 교류전장(1 MHz, 400 V/cm 정도) 중에서는 분극화된다. 임펄스에 의하여 세포막이 일시적으로 파괴되어 복원을 일으키는 현상이 막의 가역파괴라 하며, 이것이 전기펄스에 의한 세포융합이다. 전기에 의한 유전자 도입방법은 세포에 도입하고 싶은 유전자의 현탁액을 공존시켜 전기펄스를 부가하는 것으로서 세포 내에 유전자를 도입할 수 있다. 이 방법은 일렉트로폴레이션(전기천공)법이라고 한다. 전압제어회로에서 펄스형상을 제어하여 트랜스에 의하여 고전압을 발생시킨다.

동일한 유전자를 갖는 생물로서 매우 알기 쉬운 예로 일란성 쌍생아이다. 최초 복제생물(clone)은 영국의 가아돈(Gardon)에 의하여 1960년에 보고된 아프리카 쯔메 개구리이다. 미수정란에 자외선을 쏘여 핵을 파괴한 후 그리고 다른 올챙이의 장세포의 핵을 피펫트로 빼낸 다음 미수정란에 주입한다. 그러면 이 수정란이 만들어져 약 2.5%로 낮지만 고체로 성장이 가능하다. 그러나 다른 세포의 핵을 이식하면 성장하지 않았다.

부화 직전 미 배아의 장벽에 핵을 이식하면 약 40%의 수정이 가능했다. 이 결과 분화가 진행하면 핵 자체에 변화가 일어나 분화를 되풀이 할 수 없다는 사실을 알게 되었다. 이런 점에서 핵이식에 의한 체세포 복제가 어려웠던 것이다. 최초 보유동물의 체세포 복제생물은 1997년에 로스린연구소의 윌머트(Ian Wilmut) 등에 의하여 실행된 복제양 돌리이다. 6세의 어미 양의 유선세포를 빼내고 낮은 농도의 혈청으로 처리함으로써 세포의 활동을 정지시킨다.

한편, 다른 양의 난자(미수정란)를 빼내고 난자의 밖에 있는 투명체로 마이크로피펫을 꽂아 극체와 염색체를 제거한다. 그 후 투명체의 열린 구멍에서 어미 양의 유선세포를 주입시킨다. 이 상태에서는 난자와 유선세포는 서로 접하고 있을 뿐이다. 그러나 전기펄스를 가하면 세포융합이 일어나 유선세포의 핵이 난자로 이동되고 세포분열이 시작된다. 이 난자를 대리모의 자궁에 넣어 150일 후에 6세 어미 양과 똑같은 유전자를 갖는 돌리가 탄생되었다. 이 연구 성과를 계기로 여러 가지 포유동물의 체세포 복제생물들이 보고되고 있지만 이것은 그 중요한 과정인 핵이식에 전자공학 기술이 이용되고 있다는 것이다.

유전자변환 작물은 유전자변환 기술을 이용하여 인위적으로 조작, 개량된 작물을 말한다. 유전자변환 작물의 배경에는 세계적인 식량문제 해결을 위한 목적이 있다. 유전자변환 기술은 효율적인 새로운 품종개발 기술로 탄생했다. 새로운 유전자를 확실하게 염색체로 도입하기 위해서는 적어도 1만 개의 세포에 DNA를 주입할 필요가 있다. 그래서 유전자의 도입효과를 높이기 위해서는 유전물질을 한 번에 많은 세포에 도입시키는 새로운 파티클법이 요구되면서 1987년 코넬대학의 샌포드(Sanford)들에 의하여 개발되었다. DNA로 씌운 직경 1～2 ㎛의 금속구를 가속시켜 세포벽에 통과시켜 DNA를 세포내로 주입하는 방법이다. 이때 세포벽과 세포막의 파손부분은 즉시 복원되는 것이다.

7. 생체전기의 응용과 역사

7.1 생체전기현상의 계측

인간에 있어서 체내 정보전달과 정보처리는 전기신호에 의하여 이루어지고 있다. 이것을 맡고 있는 것이 신경세포이며, 전기신호는 이 신경세포를 거치게 된다. 그러면 신경세포는 어떻게 전기신호를 만들 수 있는지 그 방법은 이온의 농도분포에 의하여 만들어진다는 사실을 알게 되었다. 세포 내부에는 칼륨이온(K^+)의 농도가 높고, 외부에서는 나트륨이온(Na^+)의 농도가 높다. 이것은 세포막 내에 매몰되어 있는 이온펌프가 ATP라는 에너지를 사용하여 농도 차에 거역한 능동운송(active transport)을 하고 있기 때문이다.

살아있는 세포에서는 막의 바깥쪽에 비해 안쪽이 음전하를 띠고 있다. 이것을 정지막전위라 하며, 보통 50～100 mV 정도이다. 평상상태(흥분하지 않은)에서는 막의 안쪽 전위가 상승하는데, 이를 탈분극(depolarization)이라고 한다. 전위는 점점 높아지며, 약 +40 mV로 되어 전위가 막 안쪽과 바깥쪽으로 역전되는데 이것이 신경의 흥분이다. 평상상태와 흥분상태의 전위차는 100 mV 이상 된다. 신경세포 막에 발생한 전위역전은 계속되지는 않는다.

시간이 지나면서 막에 열려 있던 구멍은 닫히게 되고, 막 안쪽은 원래 음전하로 되돌아간다. 이것이 탈분극이다. 전기가 전달되기 위해서는 전기가 흘렀던 부분의 바로 옆에 길을 만든다. 그리고 열린 구멍이 닫힘으로써 막 안쪽은 원래 음전하로 되돌아간다. 흥분이 일어나 바로 옆에 구멍이 열려 전기가 흐르는 사이클을 되풀이하여 전기가 신경세포에 전달된다. 이 흥분상태에 의하여 생기는 전위는 일정하며 그것 보다 큰 것은 없다.

자극의 강약은 활동전위의 크기가 아니라 횟수에 따라 결정된다. 이것은 디지털통신과 마찬가지인 원리이다. 생물은 탄생할 때부터 그 체내에 디지털통신을 행하고 있었다. 사람의 신경계는 신경세포가 그물코와 같이 구성되어 있다. 신경세포와 신경세포 사이에 시냅스(synapse)라는 틈(공간)이 있다. 그러나 전기신호는 이 틈 사이를 통과하지 못한다. 그래서 시냅스까지 전달된 전기신호는 화학물질로 모습을 바꾼다.

즉, 신경전달물질이라고 불리는 화학물질이 시냅스에서 방출된 한쪽 세포의 표면에 있는 수용기(receptor)에 결합하여 다시 전기신호로 변환되어 전달된다. 이 신호는 역방향에는 전달되지 않는다. 즉 살아 있다는 것은 항상 생체가 전기를 발생하고 있다는 것이다. 생체의 심장, 근육, 뇌를 구성하는 세포집단이 발생하는 활동전위를 체내의 피부 표면에서 관측한 것이 각각 심전도, 근전도, 뇌파인 것이다.

1) 뇌 파

뇌는 신경세포의 집단이며 100억 개 이상의 신경세포가 시냅스결합에 의하여 복잡한 네트워크를 구축하고 있다. 뇌가 활동한다는 것은 이 신경세포가 흥분을 일으킨다는 것이며, 이때 활동에 관여하는 대부분의 신경세포 하나하나가 활동전위를 나타내고 있다. 이 활동전위가 합쳐진 전기신호를 피부 표면에서 전기신호로 바꿔 기록된 것이 뇌파이다.

뇌파계(electroencephalograph)는 입력, 증폭 및 기록부분의 3요소로 구성되어 있다. 입력부분은 두피에 붙이는 여러 전극을 임의로 선택할 수 있는 선택기로 되어 있고, 증폭부분은 감지된 미약한 뇌파를 증폭시켜 기록부분이 작동할 수 있는 충분한 전력으로 강화 기능을 하며, 뇌파(vrain wave)의 주파수 범위 안에서 균일한 감도를 나타내도록 설계되어 있다.

안정을 취하여 눈을 감은 상태에서는 알파(α)파, 일어나고 활동 중에는 베타(β)파, 또한 수면 시에는 세타(θ)파, 더욱 깊은 잠에 들었을 때는 델타(δ)파가 정상성인의 수면파로서 관측된다. 정상뇌파에서 크게 달라지는 뇌파를 병적 뇌파로서 뇌 장해 등의 진단으로 이용할 수 있지만, 뇌파의 메커니즘에 대해서는 아직 미지의 영역이 많아 절대적인 것은 아니다.

2) 심전도

심장세포는 고유 심근과 특수심근 두 가지로 나눌 수 있다. 고유 심근은 흥분하면 수축하며, 이때 심방과 심실은 수축하여 혈액을 방출한다. 심방과 심실을 형성하고 있는 고유 심근이 흥분하면 각 고유 심근은 하나의 세포처럼 동시에 흥분, 수축한다. 심전도(electrocardiogran)는 심장의 활동에 의하여 발생하는 전위를 사지체 간에 전극을 접촉시켜 관측한다. 심방의 고유 심근이 흥분하는 것으로서 P파가 이어져 심실근의 흥분에 의하여 QRS파가 나타난다. 또한 심실의 고유 심근의 흥분이 끝날 때 T파가 관측된다. 심전계(electrocardiograph)의 장치구성은 뇌파계와 거의 같다. 심전도는 부정파, 협심증, 심근경색의 진단에는 없어서는 안 되는 검사법이다.

3) 근전도

근육세포가 흥분하면 그 막 전위는 일괄적으로 변화한다. 이 활동전위를 세포 외에서 측정한 것이 근전도(electromyogram)이다. 근전도는 근세포에 전극을 꽂거나 근육 피부 상에 붙인 전극을 증폭기나 필터에 접속하여 계측한다. 계측이 쉬운 이유는 후자이며, 표면 근전도라고 부른다.

이 표면 근전도에 관해 많은 연구를 한 결과 정적인 운동 시에서는 근전도 해석에서 얻어지는 종종의 평가지표가 어떤 생리학적 요인과 관계가 있는지 알게 되었다. 그러나 동적인 운동에서는 아직 충분한 생리학적인 요인과의 관련성이 해명되지 않고 있다. 한 가지 응용으로서 이것을 이용하여 의수, 의족의 제어에도 이용되고 있다.

4) 패치크램프법

뇌파나 심전도 등은 생체 외에서 측정하는데 비하여 신경세포에 직접 전극을 꽂아 세포의 활동을 측정하는 패치크램프법은 세포 내외의 전위차나 이온채널의 검출방법으로서 1976년 네어(E. Neher)와 자크만(B. Sakmann)이 개발하였으며, 그 공적에 의하여 1991년 노벨의학 생리학상을 수상하게 되었다.

우선 앞 끝부분에 1 ㎛의 미세한 유리관을 제작한다. 그 다음에 이 유리관으로 세포막을 흡인하여 세포막 내외의 전위차나 유리관에 둘러싼 부분의 세포막(팩치라고 부름)에 존재하는 이온채널의 개폐를 관측한다. 이 방법의 특징은 유리관 속을 좁은 음압으로 설정하면 팩치가 반구상태로 유리관으로 흡인되어 유리관과 세포막 사이의 틈이 좁아져 전류 누출이 크게 감소할 수 있다. 이 조건 하에서 누출에 대한 저항은 10 GΩ 이상으로 되어 잡음이 크게 감소하고, 전극의 전압을 자유롭게 설정할 수 있으며, 기계적인 면에서도 좋아지고 보급할 수 있게 되었다. 세포에 유리관 미소전극을 붙여 그대로 전류를 측정하는 방법을 cell-attached 팩치라고 한다. 세포 내의 변화에 따른 챈널의 활성 변화를 보는 데 적합하다.

7.2 질량분석에 의한 생체고분자의 분석

1) 질량분석법

질량분석법(mass spectrometry)은 분자의 질량을 측정하는 장치이다. 분자의 질량은 화학분석에 있어서 필수 불가피한 측정 항목이다. 이미 질량분석법은 개발되어 사용되어 왔지만 측정물의 구조를 유지한 채 이온화(이온기화)하는 것이 어렵기 때문에 측정할 수 있는 것은 저분자 화합물뿐이었다. 그렇지만 최근 단백질과 같은 생체

고분자도 이온화 할 수 있는 기술이 개발되어 생체물질 분석의 한 방법으로서 사용되고 있다. 특히 단백질 분석이 가능한 질량분석법은 종래의 웨스턴블롯법에 비해 적은 시료량으로 단시간에 측정할 수 있다는 장점이 있다. 예를 들어서 단백질의 이상구조의 원인으로 일어나는 유전병 등의 판단을 신속, 간편, 정확하게 할 수 있었다.

질량분석법은 종래의 방법으로는 이온화한 화합물을 질량/전하수(m/z)에 대하여 분리한 후 검출, 기록한다. 시료 도입부에서 이온화 부분으로 들어간 시료는 각각 이온화법에 의해 질량 분리부분으로 향하여 전기적으로 가속되어 튀쳐나온다. 질량분리부에서는 질량별(엄밀하게는 m/z)로 분리되어 검출부에 도달한다. 질량분리부는 진공펌프에 의하여 고진공으로 유지되고 있기 때문이다. 이것은 대기 중에서 이온이 대기에 충돌되는 확률이 높고 정확한 분석을 할 수 없기 때문이다. 장치 전체의 제어 및 분석기록은 모두 컴퓨터로 처리된다. 질량분석법의 분류는 주로 이온화법과 질량분리법 두 가지가 있다.

2) 이온화법

질량분석은 진공 중에서 행하기 때문에 측정시료를 기화시킬 필요가 있었다. 저분자 화합물은 상온에서 기체, 액체 등은 기화가 쉽다. 그러나 고분자 화합물에서는 기화될 때 고에너지를 주기 때문에 분자가 흐트러져 분석이 쉽지 않았다. 이 때문에 여러 기화법이 개발되고 있다. 여기서는 생체고분자를 파괴하지 않고 이온을 기화할 수 있는 방법을 사용하여야 되는데, 그 방법으로 엘렉트로스프레이 이온화법과 메트릭스지원 레이저 탈리법이 있다.

(1) 엘렉트로스프레이 이온화법

엘렉트로스프레이 이온화법(electrospray ionization ; ESI)은 주사바늘에 시료용액을 넣어 고전압을 통과시키면 전계에 의하여 대전한 액체가 추출되어 주사바늘 끝에 원추상태의 액주가 형성된다. 대기압 중에서 이온화된 시료는 작은 구멍에서 진공 중의 질량분리부에 도입되어 분자량 10만분의 일까지도 분자가 파괴되는 일 없이 이온화시킬 수 있다. 이 방법은 존 펜(John B. Fenn)에 의하여 개발되어 그 공적에 의하여 2002년 노벨화학상을 수상했다.

(2) 메트릭스지원 레이저 탈리법

측정시료의 표면에 직접 레이저광을 접촉시켜 이온화시키는 레이저 탈리법이다. 이 방법은 시료분자 자신이 직접 레이저광의 에너지를 흡수하기 때문에 열에 불안정한 단백질 등은 분해하지 않고서는 이온화시키는 것은 불가능하다.

7.3 DNA칩의 역사와 발달

1) DNA칩의 제작방법

DNA칩은 특정 목적에 의한 질환들을 유전자를 이용하여 진단을 하기 위한 장치이다. 먼저 유전자의 데이터베이스를 통해 여러 종류의 올리고뉴클레오티드(oligo-nucleotide) 단편을 합성한다. 그것은 1 cm 정도 크기의 칩으로 기판은 유리나 실리콘이 이용된다. 이것은 몇 백 만개의 트랜지스터나 콘덴서 등이 수 cm의 칩에 설치된 반도체 집적회로와 같은 이미지로 만들어진 것인데 이것을 DNA칩이라고 불리게 되었다. DNA칩 성공의 열쇠는 여러 종류의 DNA probe를 얼마나 고밀도로 칩에 도입시킬 수 있는가이다.

DNA칩의 제작방법에는 주로 2종류가 있다. 하나는 미리 조정한 DNA를 슬라이드 유리나 실리콘 등의 기판에 고정화하는 방법이다. 마이크로플레이트에 분주된 DNA 샘플 일정량(수 ng)을 수십에서 수백 μm의 크기로 정해진 위치에 정량적으로 스폿(spot)이 가능해야 된다. 그 후 마이크로어레이(microarray)에 검체시료를 투하한 후 검체시료는 PCR 등으로 증폭시켜 형광물질로 표시된다. 다시 하이브리다이제이션을 한 후 세정한 다음 스캐너로 스폿(spot) 패턴을 기록한다. 이때 마이크로플레이트(microplate)에서 자동으로 주입하여 스폿팅을 할 수 있다. 또 하나는 직접 기판에 DNA를 합성시키는 방법을 사용하기도 한다.

2) DNA칩의 이용방법

발현해석법으로는 DNA칩 프로파일을 한 번에 비교하는 것이 가능하며, 세포기능의 발현과 조절에 관한 유전자군이 변화되는 전모를 밝힐 수가 있다. 우선 비교세포에서 추출한 mRNA를 안정적인 상보DNA(cDNA)에 역전사효소를 이용하여 변환시킨다. 이때 Cy3(녹색소)를 취급한다. 또한 조사하고 싶은 시료세포(예, 암세포)에서 추출한 mRNA도 마찬가지로 다른 Cy5(적색소)를 도입한 cDNA로 한다.

이들을 혼합하여 DNA칩 상에서 하이브리다이제이션을 시행한다. 비교세포와 시료세포에 존재(발현)하는 mRNA의 양이 같다면 Cy3와 Cy5를 1 : 1로 혼합한 색의 형광(여기서는 노란색)이 관측된다. 시료세포가 비교세포에 비해서 많을 경우 혹은 적을 경우에는 그것에 대한 Cy3와 Cy5의 혼합비율로 형광이 관측된다. 이것으로 시료세포 중에 어떠한 유전자가 비교세포와 다른 발현을 하는가를 알아볼 수 있다. 따라서 DNA칩을 이용함으로써 다수의 유전자를 동시에 조사할 수 있어 각기 유전자의 특이성과 질환의 진단이 가능하게 되었다.

3) DNA칩의 응용

DNA 칩의 응용에는 게놈창약이 있다. 약효나 부작용은 개인에 따라 큰 차이가 있는데, 이것은 유전자의 단일염기다형성(single nucleotide polymorphism ; SNP)에 유래된 것으로 생물고체에서 보면 약에 대한 수용체(receptor)를 가지거나 안 가지는데 있다. 종래에는 약 처방에 있어서 이런 것을 의식하지 않았지만 게놈정보를 이용하면 환자의 맞춤형 유전자 치료가 가능하게 될 것이다. 특히 항암제와 같이 고가로 부작용이 큰 약을 처방할 경우에는 투여 전에 유전자 진단이 더욱 중요하다는 사실로 맞춤형 처방이 개인의 체질에 적합한 최적의 약을 처방받을 수 있을 것이다.

DNA 칩은 유전자 질환의 정보를 얻는 데 이용할 수 있다. 예를 들면 당뇨병 유전자를 가지고 있다는 것을 알게 되면 칼로리를 조심하고 운동도 해야 한다고 명심하게 될 것이다. 또한 폐암을 유발하는 유전자를 가지게 된 사실을 알게 되면 담배를 피우지 않게 될 것이다. 그러나 의료 이외에도 유전자를 조작한 작물이나 식육, 어패류의 원산지 검사 등 농림수산 분야에서도 적극적으로 이용되어 실용화가 가능하게 될 것이다. 이런 긍정적인 측면에 반하여 유전자 정보는 개인의 프라이버시이며 그 정보에서 일어나는 보험이나 고용차별에도 문제화 될 수 있다는 부정적 견해도 있다.

4) 미래 지향적 바이오센서의 신전개

지금까지 많은 바이오센서가 제안, 실험, 제작되어 왔지만 실용화된 것은 극소수에 불과하다. 실용화를 위해서는 첫째 측정해야 할 필요성이 있고, 둘째 종래의 방법은 조작이 복잡하고 고가인 장치로 조작되었기 때문에 특히 종래의 방법으로는 측정이 불가능하다는 점이며, 셋째 제조 판매하여 충분한 이익을 올릴 수 있어야 한다. 이러한 관점에서 경제적이어야 하고, 간단하고 신속하게 측정할 수 있으며, 장치의 간소화로 휴대형 센서의 개발이 절실히 요구되고 있다.

(1) 미소화학분석 시스템

바이오센서의 미소화에는 이제껏 많은 연구가 수행되었는데, 예를 들어 반도체기술을 이용한 ISFET가 대표적 연구결과이다. 현재는 MEMS(micro electro mechanical system) 또는 μTAS(micro totalanalytical system)라는 기술이 주목을 받고 있다. 이 기술은 바이오센서의 측정계 모두를 $1cm^2$ 정도의 크기인 실리콘기판이나 유리기판에 집적화한 것이다. 측정계는 센서헤드, 플로우셀, 분리컬럼 등이 있으며, 이들은 마이크로센싱의 기술을 이용하여 하나의 칩에 집착시킨다.

특히 실리콘 기판을 제작하여 사용한다. 샘플의 주입은 모세관현상이나 전기침투를 이용하는 구조로 되어 있다. 이 기술은 부속시스템을 미소화 시킴으로써 측정시료가 적게 들며, 특히 DNA 검체는 그 자체가 미량이기 때문에 이와 같은 분석 칩에는 유효하다. 또 마이크로의 플로우계와 달리 용매의 소비나 분석에너지도 각별히 적은 양으로 되어 환경을 배려한 기술이라고 할 수 있다.

현재 건강진단 칩의 개발 등이 활발히 진행되고 있으며, 모두가 간편하고 소형의 시스템으로 제작되기 때문에 이것이 실현되면 누구나 어디서든 쉽게 휴대하고 사용할 수 있을 것이다. 또한 무선통신을 이용하는 시대에 살고 있는 오늘날에는 특히 언제 어디서나 건강상태를 관리하고, 그 정보의 전달이 어디에서든 쉽게 전달될 수 있어 편리하게 사용이 가능할 것이다.

(2) 화학 증폭형 바이오센서

세포 표면에는 여러 가지 receptor가 있으며, 호르몬이나 신경전달물질 등의 분자 정보를 인식하며 세포 내에 정보를 전달하고 있다. Receptor도 효소나 항체 및 DNA와 마찬가지로 특정한 물질을 상보적으로 식별하고 있다. 그 예로 혈액 중의 포도당(glucos)은 농도가 저하되면 이자(pancreas)의 랑게르한스섬에서 글루카곤(glucagon)이라는 호르몬이 혈액 중으로 방출된다. 그때 신경세포 내로 전달되는 전기신호는 이온의 농도 차에 의하여 전위차가 발생하는데 그것을 측정이 가능하게 된다. 이 역할을 맡아서 하는 것이 이온채널이다.

이온채널은 단백질이며, 분자 내에 이온이 이동할 수 있는 통로를 가지고 있다. 채널은 보통 닫혀 있지만 막전위가 변화하거나 호르몬 등이 결합하여 자극을 주면 열리고, 세포 밖의 이온이 세포 안으로 이동한다. 채널은 1개의 분자가 결합하면 열리고, 1초 동안에 수만 개의 이온을 세포 밖에서 세포 안으로 유입시킨다.

이와 같이 1개의 분자로 수천에서 수만 개의 분자가 제어되는 작용을 화학증폭작용이라고 한다. 이런 생물기능을 모방한 화학증폭용 바이오센서의 발달이 고안되고 실용화시키기 위한 많은 연구보고가 쏟아져 나오고 있으나 아직 그 길은 가까우면서도 먼 일조일단의 계획에만 그치고 있는 실정이다.

(3) 생체 모방소자

생체분자나 생물은 항상성과 안정성 때문에 공업화 및 실용화에 큰 장애 요인이 되고 있다. 그 때문에 생체분자가 가지는 뛰어난 식별능력을 인공적으로 실현하는 시험, 즉 생체 모방소자의 개발이 시급한 상황이다. 이 방법은 복잡한 분자설계나 합성 프로세스 없이 목적소자로 합성할 수 있고, 센서재료로 바로 사용할 수 있다. 생체분자는 수용액 중에서만 그 기능을 발휘하며, 유기용매 중에서는 소실되어 기능을 발휘

할 수 없다. 대부분의 토양이나 작물의 잔류농약 분석에서는 검체를 유기용매로 처리하게 된다. 이 때문에 분자인 프린트 폴리머는 새로운 분석법으로서 주목되고 있다. 이러한 관점에서 분자인 프린트 폴리머를 이용한 센서개발에 많은 연구보고가 집중되고 있는 것이다.

(4) 단백질 칩

유전자 칩은 유전자의 발현해석이나 하나의 염기변이를 신속하고 간편하게 검출하는 수단으로서 개발되었다. 이 방법은 종래의 서든블롯법의 연장선 위에 있다고 말할 수 있다. 한편 인간의 게놈해독이 종료된 오늘날 게놈정보에 따라 발현하는 단백질군, 즉 프로테옴(proteome) 해석에서는 세포나 혈액 등에 단백질이 얼마나 존재하는가, 또는 단백질에 어떤 단백질이 결합하는가를 알아보는 것이 초점이다. 전자는 발현해석, 후자는 상호작용 해석이다.

단백질 칩(protein chip)은 프로테옴 해석을 신속, 간편하게 할 수 있는 장치로서 다양한 종류의 칩이 개발되고 있으며, 가까운 미래에는 DNA 칩과 같은 개념으로 확립되어 구체적인 모양으로 나타날 것을 기대한다.

(5) 생물연료전지

연료전지는 수소와 산소로 화학반응을 일으켜 에너지를 얻는다. 즉 폐기물은 물만 오염시킨다 하지만 지구 온난화의 주범인 이산화탄소나 대기오염의 원인으로 되는 질소와 유황산화물을 배출한다. 이러한 배기가스를 일체 배출하지 않은 클린 에너지로서 생물연료전지가 주목되고 있다. 특히 자동차용이나 가전설치용 자가 발전기 등의 용도로 개발연구가 진행되고 있다.

그러나 수소는 상온상압에서는 기체이므로 생산과 저장에 큰 문제를 안고 있다. 수소 생산균이나 광합성 균은 수소를 생산하므로 이것을 이용한 생물연료전지의 개발도 진행되고 있다. 생 쓰레기를 용해, 정제하여 당의 수용액을 만들기도 한다. 이것을 수소생산균 등의 배양기에 넣으면 미생물은 당을 자화하여 대량의 수소를 생산한다. 즉, 이 수소를 연료전지에 보내서 발전이 가능하게 된 것이다. 용도는 휴대전화나 노트북 등의 전원으로 사용이 가능할 것으로 기대되고 있다.

8. 로봇공학의 발달사

사람의 손발과 같은 동작을 하는 기계를 로봇이라고 하며, 인조인간이라고도 한다. 사람 모습을 한 인형에 기계장치를 조립해 넣고, 손발과 그 밖의 부분이 본래의 사람과 마찬가지로 동작하는 자동인형을 말한다. 로봇이라는 말의 어원은 체코어의 robota로 일한다는 뜻이며, 1920년 체코슬로바키아의 작가 차페크(Chapek)가 발표한 희곡 「로섬의 인조인간 : Rossum's Universal Robots」에서 처음 사용되었다.

인조인간 또는 자동인간을 만들려는 시도는 고대부터 존재하였고, 그리스나 로마에서는 기원전에 종교의식의 도구로 만들어졌다. 중세에는 건물의 문을 열거나 악기를 연주하는 자동인형을 만들었는데, 이는 장식용이나 사람을 놀라게 하려는 기계기술자들의 장난 또는 신과 결부시켜 지배자의 권위를 과시하기 위함이었다. 20세기에 들어와서도 자동인형의 제작은 여러 가지로 시도되었으나 상품 전시용이나 박람회의 관객 유치용을 넘어서지는 못하였다.

이런 로봇 가운데 유명한 것은 1927년에 미국의 웨스팅하우스전기회사의 웬즐리(Wen July)가 만든 텔레복스(Televox)나 영국의 리처즈(Richas)가 만든 에릭(Eric) 등인데, 모두 발달된 기계기술이나 전기기술을 응용하였으며 전화의 응답도 할 수 있는 정교한 것이었다.

최근에 와서는 전자관, 광전관, 전화, 테이프리코더 등을 조합하여 사람들의 질문에 대답하거나, 손발을 교묘히 움직여 걷거나, 무선에 의한 원격조종에 의하여 자유자재로 움직일 수 있는 인조인간이 제작되었다. 1996년 도쿄에서 "인간"이라는 로봇이 혼다에서 소개되었는데 무게 약 460파운드, 키 6피트 정도의 로봇으로 15분 동안 완전히 독립적으로 동작을 할 수 있었다.

1995년에는 인간과 로봇의 의사소통을 공부하기 위해 인간형 로봇 Hadaly가 개발되었다. Hadaly는 머리와 눈 부분의 시스템, 말하고 듣기 위한 음성제어 시스템, 움직임을 제어하는 시스템의 세 부분으로 나누어진다. 머리 외의 시스템은 대화 시 대화자에게 머리를 향하게 하였고, 음성제어 시스템을 통해 일본어로 대화하며, 동작제어 시스템은 목적지를 향해 움직이도록 동작하였다.

1989년에는 워싱톤의 한 연구소에서 사람 모습과 비슷한 난쟁이 로봇 Manny를 만들었고, 1984년에는 일본에서 음악로봇 Wabot-2를 만들었다. Wabot-2는 눈으로 악보를 읽어서 전자오르간을 연주하였으며, 사람과 대화하거나 노래를 부를 수 있었다. 그러나 아직까진 이렇게 사람과 같은 모습을 가진 것은 그 동작이 아무리 정교하게 만들어졌어도 동작에 한계가 있고 그다지 실용적이지 못하였다. 반면 현재는 사람의 모습을 닮지는 않았지만 인간의 동작과 같은 동작을 하는 기계에 대한 응용이 활발해졌다.

자동차 생산라인에서 기계 가공작업이나 도장, 용접을 하는 기계손 같은 산업용 로봇이 실용화되었다. 또한 자동제어 기술이나 원격조종 기술의 진보에 따라 우주나 해저, 고온이나 저온 등의 위험한 환경에서의 작업 또는 아주 단조로운 작업 등 인간에게는 부적합한 것들을 대신하는 로봇의 응용분야가 확대되고 있다.

마이크로 로봇의 개발은 장기간의 연구가 예상되지만 일부 업체와 연구기관에서는 소형 로봇을 개발하고 있다. 작은 로봇이 몸속에 들어가 병원균과 싸우고 치료할 수 있을 것으로 생각하기 때문이다. 현미경을 통해서 기계는 이미 현실과학의 한 분야로 정착되었다.

8.1 로봇의 분류

로봇은 크게 조종형, 자동형, 자율형으로 분류할 수 있다. 조종형은 사람의 손이나 발에 해당하는 기능을 가진 기계를 멀리 떨어진 곳에서 조종하는 방식을 말하며, 텔레오퍼레이션 시스템(teleoperation system)이라고도 한다. 원자로 안에서 사용하고 있는 매니퓨레이터(매직핸드)가 조종형 로봇이다.

우주개발과 관련하여 미국에서는 우주연락선(컬럼비아호)에 매니퓨레이터를 설치하여 우주공간에서 기술용역을 시킬 것을 실험하고 있으며, 또 루노호드와 같은 이동차에 매니퓨레이터나 텔레비전 카메라의 눈을 탑재하여 연락선에서 원격조종하는 것 등을 계획하고 있다. 이들 기술을 해양개발에서도 응용하려 하고 있고, 또 화재의 소화, 불발탄의 제거 등 위험작업에도 응용될 것이다. 그 밖에 의료 분야에도 조종형 로봇은 진단, 치료, 수술 등 여러 방면에서 이용될 것이다.

자동형으로는 현재 널리 산업계에서 사용되고 있는 산업로봇이 있다. 미리 순서를 가르쳐 주면 그것을 기억하고 있어서 반복하는 것이다. 자율형이란 로봇 스스로가 현재의 자기 자신의 상태와 환경 상태를 알아차리고 명령에 따라서 자율적으로 행동하는 것이다. 이렇게 기계가 스스로 판단하여 행동한다는 것은 바꿔 말하면 기계가 지능을 가지게 된다고 할 수 있으므로 이런 로봇을 특히 지능로봇이라고 하기도 한다.

8.2 로봇의 활용

로봇의 응용분야는 매우 다양하며 산업, 의료, 탐사, 농업, 가사 등 많은 분야에 사용되고 있으며 또 활용하기 위하여 연구, 개발 중이다.

(1) 산업 분야

주물공장처럼 고온이거나 소음이 심한 곳처럼 작업환경이 나쁜 현장과 원자력 발전소나 탄광의 채탄작업과 같은 위험한 곳에서의 노동력으로 산업용 로봇이 사용된다. 또는 단순 반복 작업이나 용접, 도장 작업처럼 노동의 숙련도가 필요한 작업에도 인력 부족으로 인한 인건비 상승과 해마다 증대되는 작업량에 못 미치는 숙련공의 수급 문제를 해결하는 수단으로도 산업용 로봇은 각광을 받고 있다. 반도체 소재와 같은 마이크로 레벨의 극소 정밀도 가공 또는 심해에서의 잠수작업과 우주 공간에서의 작업과 같이 인간의 노동능력으로는 불가능한 일들을 인간을 대신하여 산업 일선에서 노동을 하는 기계가 바로 산업용 로봇이다.

(2) 농업 분야

로봇기술, 특히 시각 및 제어기술이 더 발달하면 농업 노동력에 혁명이 일어날 것으로 예상된다. 현재 기술개발의 추이를 보면 다음 세대 로봇은 파종, 관개, 농약의 살포, 농산물의 포장 등 여러 가지 농사 작업을 수행할 수 있을 것으로 보인다. 이렇게 함으로써 생산량을 증대시키는 한편 비용을 경감할 수 있게 된다. 로봇이 과일을 따는 작업을 한다고 가정할 때 잎이나 가지 또는 다른 물체로 가려진 과일을 식별하고 어느 것이 익었는지도 가려낼 수 있어야 한다.

(3) 건설 분야

산업사회가 고도화 될수록 건설 분야는 그 영향력이 커져 가지만 또한 대표적인 3D 업종이기도 하다. 따라서 건설 분야에 자동화가 매우 시급하며, 이러한 필요에 의해 선진국에서는 이미 건설용 로봇이 시판되기 시작하였다. 일본에서는 대형 미장로봇이 개발되어 항공기 격납고나 대형 창고 등의 바닥 미장공사에 이용되고 있다.

(4) 의료 분야

외과의사가 컴퓨터 화면을 보면서 연필 크기의 조이스틱을 통해 수술동작을 하면 컴퓨터로 연결된 로봇 팔이 따라서 하게 된다. 인공위성이나 초고속 통신망을 통한 원격수술이 있으며 원격지간 또는 대륙간 수술도 가능하게 된다. 이런 계획은 몇몇 선진국에서 상당한 수준까지 연구되고 있다.

위장관 로봇은 광원과 카메라를 내장한 다분절 로봇으로 자벌레처럼 움직이며, 위장관으로 들어가 비정상적인 부위나 막힌 부위를 제거하고 병든 부위에 정확하게 약물을 공급해 위장관으로 고통을 받는 환자에게 도움을 줄 것이다. 미래에는 로봇과 극소기계가 의사를 대신하는 의료가 이뤄질 것이다. 이때에는 지금과 다른 의사와 환자와의 관계가 성립될 것이다.

(5) 서비스 분야

서비스용 로봇에 대한 수요는 산업용 로봇과 성격이 다를 것으로 보인다. 산업 분야에서는 생산 자동화를 통한 제품의 정밀도와 생산성을 높이고 인력을 줄이기 위해 로봇을 사용하고 있으나, 서비스 부문에서는 이른 바 3D 업무에서 사람을 대신하는 데 활용되고 있다. 또 산업용 로봇업체들은 대부분 대기업인 반면 서비스용 로봇업체들은 중소기업으로 산업용에는 표준적인 통신기술을 채용하는 데 반해 서비스용은 비호환적이고 독자적인 기술을 채용해 틈새시장을 목표로 하고 있다.

현재 청소 로봇, 잔디 깎는 로봇, 휠체어 로봇, 우편배달 로봇, 진화 및 폭격 피해 복구 로봇 등이 나와 있으나 청소용 로봇을 제외한 나머지는 가격이 높다. 그러나 서비스 로봇기술의 개발이 가속화 되어 앞으로 5년 이내에 표준화가 이루어질 것으로 보인다.

(6) 탐사 분야

우주용 로봇은 제작뿐 아니라 우주공간으로 띄워 보내는 데도 많은 경비가 소요된다. 냉전 종결 이후 미국은 우주용 로봇개발에 막대한 예산을 투입했다. 미국 항공우주국(NASA)은 우주개발 예산을 절감해 상용화 기술을 개발해야 한다는 압력에도 불구하고 우주와 지구상에서 사용할 수 있는 로봇 운반체, 원격조종 기술, 기계시각 시스템, 추적센서 등을 개발했다.

(7) 생물 초능력 첨단 군사장비 분야

파리, 나방, 바다가재, 도마뱀 등 하등생물이 보유한 각종 초능력을 모방해 첨단 군사 장비를 만들려는 연구가 활발하게 진행되고 있다. 과학자들은 나방과 말벌의 후각 능력을 응용한 소형 인공센서를 개발, 오염물이나 땅에서 새어 나오는 미량의 폭약냄새를 감지할 수 있길 바라고 있다. 과학자들은 바다가재처럼 세게 치는 파도에도 떠내려가지 않는 다리 8개의 전천후 워킹머신, 즉 수중 로봇을 만들어 병력이 해안에 도착하기 전 지뢰를 제거하길 기대하고 있다. 또한 생물학자들은 도마뱀처럼 벽을 기어 오르내리는 소형 로봇을 만들어 정찰임무를 수행하고, 선박에 페인트칠하는 등 모든 분야에 활용할 수 있길 고대하고 있다.

9. 정보화 시대의 도래

21세기는 고도의 정보화 시대로 빠르고 효율적인 정보수집과 분석이 기업 성패가 좌우될 만큼 급변하는 정보화 사회이다. 세계 모든 국가가 초고속 정보통신망의 구축과 함께 수많은 정보와 자원의 공유로 국가간, 기업간의 정보전쟁은 극대화되고 있다. 더욱이 인터넷을 통한 글로벌 네트워크 개념은 사이버마케팅, 사이버뱅크 등 생소한 단어와 함께 우리 주변에 정착되기 시작하였으며, 이런 개념과 요소들은 얼마나 빠르고 적절하게 기업활동에 적용하느냐 하는 것이 관건이다.

초고속 정보통신망의 기초가 되는 LAN, WAN 즉 근거리, 원거리 통신망은 호스트 컴퓨터를 주축으로 데스크탑 컴퓨터와 효율적인 접속을 통한 사내 및 사외 전자결재 시스템, 부서간 업무연락, 인터넷 접속은 물론 마케팅, 영업자료 등을 효과적으로 공유하여 공격적인 기업경영의 필수적인 시스템이라고 할 수 있다.

9.1 정보화 시대의 특징

후기 산업사회에 들어선 1980년 이후부터 과학에 기초를 둔 산업사회의 특징이 자본사용형(capital using)에서 지식의 집적으로 말미암아 자본절약형(capital saving)으로 전환되면서 자본효율성의 시대가 된 것이다. 모든 것을 손끝 하나로 가능케 하겠다는 야심찬 계획을 가지고 마이크로소프트사를 운영하고 있는 빌 게이츠는 이러한 후기 산업사회의 전형적인 인물이라 할 수 있겠다. 최근 인터넷 열풍으로 경쟁체제에 들어선 네트스케이프사와 마이크로소프트 양사의 정보전쟁은 불꽃을 튀고 있다.

정보통신을 위한 기기는 소형화되고 더 이상 묶여져 있지 않은 무선형으로 전환되면서 공간을 최소화시키고 있다. 지금의 펜티엄 프로세서를 가지고 있는 컴퓨터를 개인이 소유할 수 있으리라는 것은 상상도 할 수 없었다. 왜냐하면 컴퓨터 발전 초기의 IBM 컴퓨터의 초기는 방 하나에 가득 찼었기 때문이다. 그러나 이제는 단지 책상 한 귀퉁이를 차지할 뿐이고, 이동 시 커다란 서류가방도 필요 없으며, 단지 정보를 교환할 수 있는 네트워크가 가능한 노트북을 가지고 다닐 뿐이다. 인터넷을 통해 단지 몇 초 만에 필요한 서류를 주고받을 수 있게 되었다.

또한 mp3라는 포멧을 사용하면 CD 한 장에 170곡을 담을 수 있을 정도로 극세 저장기술 등이 발전하고 있다. 그러므로 모든 것은 소형화되고 정보는 공유되며, 개인적 발언과 취향을 많은 사람들에게 동시에 드러낼 수 있었다. 어느 누구도 타인의 정보를 제재하거나 거부할 수 없는 전자민주주의 시대로 돌입하고 있는 것이다. 또한 최근에는 스마트폰의 등장으로 전화기를 통한 화상 정보 교환이 가능한 시대가 되었다.

정보통신기술의 발달로 인한 정보화 시대(information age)의 도래는 오늘날 사회, 경제 환경에 혁명이라는 말로 표현될 수 있을 만큼 커다란 변화를 초래하고 있다. 정보 또는 지식의 생산, 분배, 이용 및 축적이 사회활동에 있어 핵심적인 위치와 기능을 담당하게 되었고, 소위 정보능력의 확보가 개인과 조직의 성공에 있어 가장 중요한 요인으로 등장하고 있다.

9.2 정보와 정보욕구의 증대

정보통신기술의 발달이 가져온 세계화 추세는 일반인들의 정보에 대한 욕구를 증폭시키고 있으며, 특히 해외정보에 대한 관심이 어느 때 보다 높아졌다. 사업가뿐만 아니라 학생, 일반인들 까지도 해외와의 접촉기회가 빈번해지면서 해외정보에 대한 요구가 증가되고 있고, 요구내용도 구체적이고 다양해지고 있다. 외교는 이러한 국민의 정보욕구를 충족시키는 데 더욱 관심을 기울여야 하며, 특히 인터넷시대에 정보화라는 마술상자에서 꺼내지는 화려한 분홍빛 미래상들은 우리를 유토피아의 세계로 안내한다.

말을 통해 의사를 전달하는 구두 커뮤니케이션의 단계에서는 음성과 억양을 통해 의미를 전달하기 때문에 기억력이 강조된다. 반면에 글자 커뮤니케이션의 단계에서는 기록된 문자의 뜻풀이를 통해서 단어와 사물, 문장과 문장 사이의 관계를 논리적으로 규명하는 일을 강조한다. 정보기술의 비약적 발달이 이루어지고 있는 전자 커뮤니케이션의 단계에 진입한 현 상황에서 우리는 음성과 기호 그리고 이미지가 동시에 전달되는 통합적이며 입체적인 형태의 정보를 접하게 된다. 또한 다양하고 특정한 사안을 다루는 정보자료들의 폭발적인 증가는 기호의 디지털화 시대의 중요한 특징들 중 하나인데, 이는 전자정보기술의 비약적인 발달, 식자층의 급속한 증가, 전 세계적인 영역에서의 자유로운 정보유통 등과 같은 현대사회의 여건 변화와도 밀접한 관계를 갖고 있다.

일반적으로 플라톤과 아리스토텔레스 이후 받아들여지고 있는 기존의 철학적 지식은 논리적 일관성의 유무와 일치 혹은 불일치에 의해서 그 진위가 밝혀진다. 그러나 정보화 시대의 부호화된 지식과 정보는 진위의 구분이나 논리적인 일관성을 요구하지 않는다. 이는 정보화 시대의 사유방식의 변환을 예고하고 있다.

보드리야르(Jean Baudrillard)에 따르면 이 코드체계는 우선 원본과 모사물의 관계처럼 간주되는 대상과 개념 사이의 재현(representation) 관계와는 전혀 다른 논리를 내포하고 있다. 그는 물리적인 시간과 공간 안에서 위치를 점하고 있는 대상 내지는 원본과는 전혀 상관없이 전자정보 공간 내에서 작동되는 시뮬레이션(simulation)이라는 개념을 도입함으로써 근대 이후 철학에서 정형화된 진리, 의미, 규범의 산출 기반인 현실이라는 개념을 변경시키고 있다.

예를 들어 사이버공간에서의 글쓰기는 다양한 정보와 텍스트들을 시간적, 논리적 관계에 따라서 논리적으로 연결하는 방식을 사용하는 것이 아니라 텍스트들을 직관적이고 연상적인 방법으로 연결하는 비연속적이며 비약을 허용하는 새로운 방식을 채택한다.

9.3 산업사회와 정보사회

정보사회에서 사용되는 정보가 인간의 지식 산출방식에 바탕을 두고 있다는 점을 염두에 둔다면 정보사회에서 지식의 위상은 인간의 다른 능력에 비해 월등히 강조될 수밖에 없다. 이는 다원주의적 사유방식을 활성화시킴으로써 개인의 행위 및 사유 영역과 사회적 유연성을 증대시키는 결과를 가져온다. 그러나 지식 내용의 증대로 인해 사회적 복잡성이 증가하면 할수록 사회적 예측의 불확실성이 증대하며, 이는 다방면에서의 다양한 과잉 요구와 연결된다.

정보사회란 분화되고 다원화되며 복잡성이 증대하는 사회 환경 속에서 살아가고 있는 우리가 혼란상황을 극복하기 위해서 만든 사회이며, 우리가 그곳을 향해 나아가는 사회로서 수많은 영역에서 과부화 된 현존하는 복잡성이 적절한 도움과 수단을 통해서 감소되는 사회이다. 산업사회에서는 복잡성을 축소시키기 위해서 추상화, 모델화, 규칙화 등을 사용해왔다. 이에 덧붙여 이제는 행위와 지식의 복잡성을 감소시키기 위해 의사소통적인 연결방식이 사용된다.

1960년대 중반 이후 산업사회 이후를 규정짓는 수많은 용어들이 만들어졌다. 이 중 정보사회라는 용어가 자리를 잡아가고 있는데, 그 이유는 다양한 분야에서의 정보화가 사회구조 전반에 있어서의 변화를 야기 시키고 있기 때문이다. 특히 20세기 중반부터는 고도화된 정보기술의 등장으로 새로운 생산체계와 인력구조가 형성되기 시작했으며, 이는 새로운 산업구조를 창출함으로써 산업정보화를 추진시키는 원동력이 된 것은 부인할 수 없는 사실이다.

이러한 산업정보화는 사회를 전반적으로 정보화하는 과정에서 부분적으로만 영향력을 발휘한다. 정보의 사회화는 사회 전반에 걸친 정보행위를 내포하고 있기 때문이다. 사회가 정보화되어 간다는 것은 산업뿐만 아니라 사회, 정치, 문화, 개인생활 등을 포함하는 질적인 정보환경의 변화를 의미한다. 정보사회와 산업사회의 관계를 이분법적으로 단순히 구분할 수 없는 이유도 사회적 현실을 중심으로 파악할 경우 이 두 사회를 특징짓는 요인들이 혼재하고 있는 상태가 한 사회 내에서 장기적으로 지속되기 때문이다.

또한 정보사회를 단순히 산업사회의 연장선상에 있는 것으로 파악하기 어려운 점도 현실적으로 나타나는데, 그 이유는 정보사회의 등장으로 사회구조의 변화뿐만 아니라 인간의 사유와 행위 유형까지 전반적인 변화가 현실적으로 등장하기 때문이다. 따라서 우리는 기술적 측면뿐만 아니라 지혜의 측면 그리고 새로운 형태의 사회, 경제, 정치, 문화적 구조 등을 복합적으로 고려해야만 정보사회의 특성과 기존 사회와의 연관성에 대한 현실 타당한 논법을 전개할 수 있다.

9.4 정보화 시대의 공동체

1) 근대적 공동체

서유럽에서의 공동체에 관한 논의는 산업혁명으로 농업사회에서 산업사회로 이행되는 시기인 17세기에서 19세기 사이에 활발히 이루어졌다. 공동체라는 개념을 근대적, 개체적이며 형식적 합리성에 바탕을 둔 사회관계의 반명제로써 제시할 경우 그것은 높은 정도의 인격적 친밀감, 정서적 깊이, 도덕적 헌신, 사회적 응집, 시간적 연속성 등을 특징으로 하는 모든 형태의 사회관계들을 포괄하는 용어로 사용된다.

2) 정보통신 표준화의 분석체계

정보통신 분야에서의 표준화 활동은 세 측면으로 말할 수 있다. 첫째는 표준 제정의 지리적 수준으로서 표준제정 활동을 국제적 차원, 지역적 차원, 국가적 차원으로 나누는 것이다. 이 지리적 수준의 차원에서는 동일한 대상에 관한 표준화 작업을 여러 기관들이 동시에 수행함으로써 발생하는 문제점들이 중요한 쟁점이 된다. 둘째는 표준분야의 수준으로서 표준 제정활동을 표준화 대상별로 구별해서 살펴보는 것이다. 표준화 대상은 정보통신에 이용되는 각종 기기, 시스템 및 소프트웨어 등 다양한데 크게는 정보처리계와 정보통신계로 나눠진다. 정보처리계의 표준화 대상으로는 중앙처리장치, 기억장치, 입출력장치, 운영체계가 있다.

정보통신계의 경우는 단말장치로 입출력장치와 전송제어장치가 있고, 전송장치로는 유무선 전송로와 교환 장치에는 통신제어장치가 있다. 끝으로 정보통신기술은 정보기술과 통신기술이라고 하는 상호 밀접한 관련을 맺고 있는 두 기술의 혼성체이다. 정보기술은 정보사회에 있어서 인체의 신경조직과 같은 것이므로 궁극적으로는 종합정보통신망 등 통신기술과 결합되어질 때 정보사회의 도래를 촉진하고 제 가치를 발휘하게 된다.

10. 원자력의 발전과 역사

10.1 우리나라 원자력발전 기술의 도입과 발전사

1956년 시슬러 박사는 대통령에게 한 박스를 내밀며 이 안에 있는 3.5파운드짜리 우라늄을 태우면 같은 양의 석탄을 태웠을 때보다 2백50만 배 많은 에너지를 얻을 수 있다고 설명했다. 그리고 원자력은 사람의 머리에서 캐내는 에너지라고 설명했다.

한국 같은 자원빈국은 사람의 머리에서 캐내는 에너지를 개발해야 한다. 시슬러 박사의 원자력 홍보는 1953년 아이젠하워 미국 대통령이 유엔총회에서 평화를 위한 원자력이란 제목의 연설을 통해 우방국들에게 원자력발전 기술을 제공하겠다고 제안한 것이 계기가 되었다.

아이젠하워 대통령의 원자력 연설에는 동서냉전이 배경이 되었다. 제2차 세계대전 직후인 1949년 소련은 세계에서 두 번째로 핵실험에 성공해 공산권 국가를 하나로 묶기 시작했다. 너도나도 핵에 관심이 있던 시기라 핵은 세 불리기의 핵이 될 수밖에 없었다. 아이젠하워 대통령의 선언을 구체화하기 위해 1954년부터 국제기구 창설이 시작됐고, 1957년 국제원자력기구(IAEA)가 결성되었다. 한국은 미국으로부터 원자력발전 기술을 제공받는다는 한미 원자력협정을 맺고 127명의 엘리트를 선발해 미국 아르곤원자력연구소로 유학을 보냈다. 1958년부터는 연구용 원자로 도입계획을 추진하게 된다.

1977년 고리 1호기 원자력발전소의 완공으로 우리나라도 원자력발전국가가 되었고, 이후 여러 기의 원전건설이 이루어졌다. 이 중 가장 인상적인 것이 캐나다에서 중수로를 도입한 것이었다. 중수로는 일반적인 원자로인 경수로와 달리 농축을 하지 않은 천연 우라늄을 핵연료로 사용했다. 중수로에서 타고 남은 폐 핵연료에는 우라늄에서 변환된 플루토늄이 다량 함유되어 있었다. 플루토늄은 다시 핵연료가 되거나 핵무기를 만드는 데 사용되었다.

따라서 중수로는 핵무기 제조용으로 전용될 수 있었는데, 박정희 정부가 중수로 도입을 추진한 것이다. 그런데 돌발사건이 발생했다. 중수로 도입이 성사되기 직전 한 발 앞서 캐나다에서 중수로를 도입한 인도가 핵연료를 재처리해 얻은 플루토늄으로 핵무기 실험을 한 것이다. 이에 미국은 인도에 이어 중수로 도입을 추진하던 한국과 대만까지 핵무기 제조 용의국가로 의심하기 시작했다. 당시 한국은 핵확산금지조약(NPT)에 가입하지 않고 있었는데, 이 조약에 가입해 핵무장을 하지 않겠다는 뜻을 분명히 한 것이다. 그 결과 한국은 중수로 도입에 성공했다. 대만도 한국과 같은 약속을 했으나 끝내 중수로를 도입하지 못한 것이다.

1980년 등장한 전두환 정부는 미국의 의혹을 불식시키기 위해 원자력연구소를 에너지연구소로 개칭해 오로지 원자력 발전에만 몰두한다는 태도를 보였다. 그리고 미국 일변도의 원자력 체제를 탈피하고 프랑스를 새로운 파트너로 선정했다. 울진 1, 2호기를 도입한 것이다. 이를 계기로 한국은 한국형 원전건설이란 큰 그림을 그리기 시작했다. 프랑스는 미국 웨스팅하우스가 제작한 원전을 수차례 중복해 짓다가 마지막엔 원전기술 사용권을 획득해 국산화를 이룬 나라이다. 이렇게 해서 시작된 프랑스의 첫 번째 원전 수출품이 한국에 건설된 울진 1, 2호기이다.

원전시장 소멸로 곤란한 상황에 놓여 있던 미국의 원전회사들은 한국이 기술 전수를 조건으로 시장을 열자 대거 뛰어들었다. 이 경쟁에서 컴버스천 엔지니어링이 좋은 조건을 제시해 승자가 됐다. 이렇게 해서 개발된 시스템 80 원자로가 처음에는 한국 표준형 원자로란 뜻의 KSNP로 불리다 지금은 OPR1000이란 이름을 갖게 됐다. OPR1000은 최적의 경수로란 뜻의 Optimized Power Reactor의 머리글자에 1천 메가와트를 뜻하는 1000을 더한 것이다. 한국은 최근까지 이 원자로 12기를 지어 완전한 기술자립을 이뤘다. 현재 원자력발전소 운영현황을 보면 한국이 20개를 가동 중이고, 이는 세계적으로 5위(미국, 프랑스, 러시아, 일본, 한국)에 해당되지만 기술수준은 세계 최고 수준으로 해외시장에서 원전 선진국들과 경쟁하고 있다.

10.2 원자력 에너지와 발전원리

모든 물질을 구성하는 원자는 양자와 중성자로 되어 있는 원자핵과 그 주위를 돌고 있는 전자로 구성되어 있다. 우라늄과 같이 무거운 원자핵이 중성자를 흡수하면 원자핵이 쪼개지는데 이를 핵분열이라고 한다. 원자핵이 분열할 때는 많은 에너지와 함께 2～3개의 중성자가 나온다. 그 중성자가 다른 원자핵과 부딪치면 또다시 핵분열이 일어나고, 이런 식으로 계속해서 핵분열이 이어지는 것을 핵분열 연쇄반응이라고 한다. 그리고 이 과정에서 생기는 막대한 에너지가 바로 원자력이다. 우라늄 1그램이 전부 핵분열 할 때 나오는 에너지는 석유 9드럼, 석탄 3톤을 태울 때 나오는 에너지와 맞먹는 양이다.

원자력은 우리나라처럼 땅은 비좁고 인구밀도가 높으며 에너지 부존자원이 부족하여 에너지 수입의존도가 높은 나라에서는 필수적인 대체 에너지인 것이다. 원자력 발전의 원료가 되는 우라늄은 전 세계에 분포되어 세계 에너지 정세에 크게 영향을 받지 않기 때문에 연료를 수입에 의존하더라도 다른 에너지원보다 안정적인 공급을 기대할 수 있다. 그리고 원자력의 발전단가가 다른 에너지원에 비해 싸다는 점이다. 원자력(36원/kWh), 유연탄(64원/kWh), 무연탄(120원/kWh), 경유(1330원/kWh), 수력(143원/kWh)으로 가장 경제적인 에너지원이다. 또한 다른 에너지원에 비해 탄소 배출량이 적어 클린에너지로서 세계적으로 많은 국가에서 원자력 발전 비율을 증가할 계획을 갖고 있는 실정이다.

전기를 만들어 내는 발전소의 원리는 모두 비슷하다. 즉 동력을 이용하여 터빈을 돌리면 터빈에 연결된 발전기가 돌아가면서 전기는 만들어지는 것이다. 이때 동력으로 어떤 힘을 이용하는가에 따라 수력, 화력 또는 원자력발전소가 된다. 원전은 원자핵 분열에서 나오는 에너지, 즉 원자력을 동력으로 이용하는 것이다. 원자로는 석탄이나 석유를 태우는 화력발전소의 보일러 역할을 하고 있다.

이 원자로의 연료는 우라늄으로, 보통 우라늄을 태운다라고 하는데 우라늄은 석유나 석탄처럼 불타는 것은 아니고 우라늄의 핵분열로 23개의 중성자와 막대한 에너지(열)를 내는데, 이때 발생한 열로 물을 증기로 바꾸어 발전을 한다. 원자로는 핵분열 연쇄반응이 서서히 일어나서 필요한 만큼의 에너지를 안전하게 뽑아 쓸 수 있도록 중성자와 핵분열 속도를 조절해 준다. 중성자의 속도를 늦춰주는 감속재로는 중수(重水)와 경수(輕水) 등의 물 또는 흑연 등이 사용되며, 핵분열을 제어하는 기능은 원자로 속에 설치된 제어봉이 담당하고 있다.

원자로는 우라늄 연료가 핵분열을 일으키는 곳으로, 원자력 발전의 심장이라고 할 수 있다. 보통 25 cm의 두꺼운 강철로 만들어졌으며, 핵분열의 연쇄반응 속도를 조절하고 필요한 만큼의 에너지를 안전하게 뽑아 쓸 수 있게 하는 일을 한다. 이 원자로 안에는 핵분열을 일으키는 연료와 핵분열 연쇄반응을 도와주는 감속재(물이나 흑연), 열을 전달하는 냉각재, 연쇄반응속도를 조절하는 제어봉 등이 들어 있다.

10.3 원자폭탄과 핵폭탄의 발전사

원자폭탄은 우라늄이나 플루토늄 등이 핵분열 할 때 나오는 에너지를 이용한다. 우라늄과 같은 원자번호가 큰 중원소의 원자핵에 중성자를 충돌시키면 원자핵에 분열반응이 일어나고 2개 이상의 중성자가 튀어나오게 된다. 이 핵분열 과정에서는 감마선과 중성자와 함께 엄청난 열에너지가 방출된다. 이러한 핵분열반응이 일정한 조건 하에서 연쇄반응을 일으켜 확대되어 방대한 에너지를 방출하게 된다. 핵에너지를 군사적 목적에 활용한 것이 원자폭탄이며 연쇄반응의 속도를 조절하여 에너지원으로 활용한 것이 원자력발전이다.

페르미(Enrico Fermi, 1901~1954년)는 원자핵이 느린중성자를 포획하여 새로운 원소를 만들 수 있다는 제안을 한 공로로 1938년 노벨 물리학상을 수상하였으며, 이후 핵분열의 연쇄반응의 속도를 조절하여 원자폭탄의 개발과 원자력 발전에 기여하였다. 독일에서 핵분열이 최초로 관찰된 뒤 페르미를 비롯하여 미국에 망명한 유럽의 물리학자들은 루즈벨트 대통령을 설득하여 원자폭탄 개발을 위해 맨해튼 계획을 수립하게 된다. 페르미는 맨해튼 계획의 일환으로 시카고 대학에서 연쇄반응의 빠르기를 조절하는데 중성자를 흡수하는 물질인 카드뮴(Cd) 막대를 원자로에 넣거나 빼는 방법을 이용하여 연쇄반응의 속도를 조절하였고, 이 실험은 1942년 12월 시카고대학의 스쿼시 경기장에서 성공하였다.

이후 1943년에는 테네시 주의 오크리지 서쪽 20마일 지점에 원자폭탄 제조용 우라늄 생산공장을 건설하고 뉴멕시코 주의 로스앨러모스과학연구소에서 폭탄개발 및 설계를 진행하였다. 1945년 7월 16일 뉴멕시코 주 앨러머고도 근처 사막 트리니티에서 폭파시험을 마친 후 8월 6일 일본 히로시마(우라늄-235 폭탄)와 3일 뒤 나가사키(플루토늄-239)에 폭탄을 투하한다. 1949년 9월 24일 소련에서도 원자폭탄을 보유하고 있음이 발표되었고, 1952년 10월 3일에는 영국이 몬터벨로 군도에서 원폭실험에 성공하였고, 1960년 2월 13일에는 프랑스가 사하라사막에서 성공하였으며, 뒤이어 중국, 인도, 남아프리카공화국 등에서도 원자폭탄을 보유하게 되었다.

원자폭탄은 사용되는 핵분열 물질의 종류에 따라 우라늄폭탄과 플루토늄폭탄으로 나뉘며, 큰 것에는 TNT 폭약 수백 톤에서 킬로톤 급의 위력이 있다. 폭탄의 원료로 사용되는 우라늄-235는 천연우라늄 광석 속에 약 0.7%가 함유되어 있으며, 나머지 99.3%는 비분열성인 우라늄-238로 되어 있다. 우라늄-238에서 우라늄-235를 추출해 내고, 순도 90% 이상으로 농축한 것이 원자폭탄의 에너지원이 된다.

플루토늄-239는 원자로 속의 반응을 끝낸 폐기물 중 화학적인 처리를 하여 추출된다. 순도 높게 농축된 우라늄-235, 플루토늄-239 등 핵분열 물질의 원자핵에 중성자를 충돌시키면 원자핵에 분열반응이 일어나고, 핵분열을 일으킨 원자핵으로부터는 다시 2개 이상의 중성자가 튀어나와서 다른 원자핵에 충돌하여 새로운 핵분열을 일으킨다. 이러한 핵분열반응은 연속해서 확대되어 나가며, 연쇄반응을 일으켜서 방대한 에너지를 방출하게 되는 것이다.

이와 같이 연쇄반응을 일으키는 상태를 임계상태라 하고, 이러한 상태가 될 핵분열 물질의 양을 임계량이라고 한다. 임계량은 분열물질의 종류와 순도 및 기타의 조건에 따라서 달라지게 되나, 우라늄-235와 플루토늄-239에서는 5~20 kg 정도이다. 원자폭탄은 우라늄-235와 플루토늄-239를 용기에 넣고, 그것을 임계상태가 되도록 한 것에 기폭장치를 갖춘 것이라고 할 수 있다.

원자폭탄은 보통 때는 임계질량보다 작은 덩어리로 나누어서 저장하다가 필요할 때 한 덩어리로 모이게 하여 임계질량 이상이 되면 순간적으로 폭발한다. 우라늄 원자폭탄의 임계질량은 우라늄-235가 93.5%인 경우 약 52 kg이고, 크기는 투포환 정도의 크기이다.

10.4 수소폭탄

수소폭탄(hydrogen bomb)은 열핵폭탄이라고도 한다. 오늘날은 원자폭탄(우라늄-235와 플루토늄-239의 분열폭탄)을 방아쇠로 하는 고온, 고열하가 아니면 융합반응을 일으키지 않기 때문에 열핵무기 또는 핵융합무기라고도 한다. 전형적인 반응식은 삼중수소와 이중수소가 고온 하에서 반응하여 헬륨의 원자핵이 융합되면서 중성자 1개가 튀어나오게 되는 것이다. 이들 수소는 액체상태의 것을 사용하기 때문에 습식이라 한다. 그런데 이것은 냉각장치 등으로 부피가 커서 실용에는 적합하지 않다. 따라서 리튬과 수소의 화합물(고체)을 사용하는 건식이 개발되었다.

그 반응의 예를 들면 중수소화 리튬이 고온 하에서 중성자의 충격을 받으면 헬륨과 2중수소와 삼중수소가 생성되고, 다시 이중수소와 삼중수소가 융합하여 헬륨이 생겨나고, 중성자가 튀어나오게 되는 식이다. 수소폭탄의 반응에는 임계량이 없으므로 이론적으로는 대형화, 소형화가 가능하다.

최초의 수폭실험은 1952년 미국의 습식이, 1953년 소련이 건식으로 성공하였으며, 지금까지 실험된 최대의 것은 소련의 57 Mt급이다. 수소폭탄에는 수소폭탄, 초우라늄 폭탄, 순융합 폭탄 등이 있다. 수소융합반응에서는 분열생성물과 같은 다량의 방사능이 발생되지 않으므로 수소폭탄은 비교적 깨끗한 수폭이지만, 수소폭탄의 주위를 우라늄-238로 싼 초우라늄 폭탄은 수폭의 융합반응에서 발생하는 고속 중성자에 의해 보통은 비분열성인 우라늄-238로 분열반응을 일으키게 함으로써 보다 큰 폭발력과 함께 다량의 방사능을 발생하는 더러운 수폭이며, 이 폭탄을 3F 폭탄이라 한다. 우라늄-238 대신에 코발트를 사용한 코발트폭탄, 질소화합물을 사용한 질소폭탄도 있다.

이러한 메가톤급 폭탄은 지표폭발의 경우 풍향에 따라 150 km 이상에 걸친 방사능의 국지적 강하에 의한 치사지구를 형성한다. 오늘날 전략무기라고 하는 대형 핵무기는 이에 속한다. 순 융합폭탄은 아직도 연구 중에 있으나 원자폭탄을 방아쇠로 사용하지 않는 잔류 방사능이 없는 아주 깨끗한 폭탄이 될 것이다.

11. 우주공학의 발달과 과학사적 의미

1957년 처음으로 인공위성이 발사된 후로 우주(space)라는 단어가 위성체를 이용한 활동에 일반적으로 이용되기 시작하였다. 비록 천문학, 천체물리, 달에서의 화학 및 심지어는 이론인 행성생물학 등이 오랜 역사를 가지고 있지만 우주물리학, 우주화학, 우주생물학 등의 용어들은 로켓 추진을 통하여 가능해진 연구를 의미하는 용어들이 되었다.

우주과학은 넓은 의미로 말하면 인공위성과 관련하여 우주에 가서 할 수 있는 과학을 말한다. 이런 의미로 우주과학에 우주천문학과 우주물리학 등을 포함시킬 수 있다. 좁은 의미로 과거에는 우주에서 오는 빛 등을 지상에서 검출하여 우주를 연구하였지만 오늘날에는 우주에 직접 가서 우주를 연구하는 수준에 이르게 되었다.

11.1 우주과학의 역사

1) 지상관측 시기

고대 극지방에서는 오로라(Aurora)를 관측하고 나침반을 사용하여 지구가 자기장을 가지고 있다는 것을 인식하게 되었다. 1700년대에는 과학적 학문으로 연구가 시작되었다. 그레이엄(G. Graham)은 나침반이 항상 움직이고 있다는 사실로부터 지구의 자기장에 섭동이 존재할 것이라고 예측했다. 히오르테로(O. Hiorter)는 지구자기장의 일변화를 연구하고, 이 변화가 오로라와 연관이 있음을 밝혔다. 1800년대에는 태양과 지구 자기장과의 연관성에 대한 연구가 활발히 진행되었다.

2) 지구 자기장의 교란에 대한 연구

가우스(K. F. Gauss) 등은 간단한 자력계(magnetometer)를 제작하여 지구 자기장에 대해 많은 연구를 하였으며, 독일의 천문학자 슈바버(Heinrich S. Schwabe)는 태양의 흑점수가 대략 10년 주기로 규칙적으로 변한다는 것을 밝혔다. 사빈(E. Sabine)은 지구 자기장이 교란되는 세기가 흑점수의 변화와 연관되어 있다는 것을 보고하였으며, 캐링턴(R. Carrington)은 플레어(flare)를 처음으로 관측하였고, 지구 자기장의 교란과 오로라가 상당히 낮은 위도 지역까지 생긴다는 사실을 알게 되었다. 스튜어트(B. Stewart)는 지구 자기장의 파동(pulsation)을 처음으로 관측하기도 하였다.

3) 오로라 연구

갈릴레이 갈릴레오는 처음으로 오로라(Aurora, 로마신화 새벽의 여신)라는 말을 쓰고 북쪽은 Aurora Borealis, 남쪽은 Aurora Australis라고 이름을 붙였다. 루미스(E. Loomis)는 오로라가 많이 보이는 지역(auroral zone)을 연구하였고, 베크렐(H. Becquerel)은 태양에서 오는 입자(흑점에서 양성자가 방출된다고 생각)가 지구 자기장에 의해 오로라 존으로 들어와서 오로라를 생기게 한다고 생각했다. 비르켈란(K. Birkeland)은 오로라가 생길 때 자기력선에 따라 강한 전류가 흐른다고 추측하였는데, 이 전류를 지금 비르켈란 전류(Birkeland current)라고 불렀다. 스토머(Stormer)는 전하를 띤 입자의 운동을 연구하고, 이로부터 오로라의 높이를 정확히 결정하기도 하였다.

4) 전리층과 태양풍

전리층(ionosphere)은 태양복사열에 의하여 이온화된 대기층을 말하는데 이온층이라고도 하고, 공중 전기에 주요 역할을 담당하며, 자기권의 가장 안쪽을 이루고 있다. 1878년쯤 지구자기의 일변과 연구로부터 지구 바깥쪽에 전기가 흐르기 쉬운 층이 있다는 것이 알려졌다. 1901년 이탈리아의 무선통신 발명가인 마그코니(Guglielmo Marconi)는 대서양을 횡단하는 원거리 통신에 성공하였고, 이듬해 케네리(Arthur E. Kennelly)와 헤비사이드(Oliver Heaviside)는 이런 현상을 설명하기 위해 대기상공에 전파반사층이 있다는 가설을 세웠다. 1925년 애플턴(Edward V. Appleton)은 발사한 전파와 직접파와의 간섭을 관측하여 전리층의 존재를 확인하였다.

린디먼(F. Lindemann)은 태양풍이 플라즈마로 구성되어 있다고 주장하였으며, 챔프만(Chapman)과 페라로(Ferraro)는 태양풍이 지구 자기장과 만나 자기장을 압축시키면서 지구둘레에 띠를 형성한다고 생각하였다. 이렇게 압축된 자기장이 팽창할 때 지표에서 자기장의 세기가 약해지는 것이 관측되고, 이것은 적도 지역에서 지구 주위를 고리형태로 도는 전류(ring current)가 생기기 때문이라고 생각하였다. 이것을 자기폭풍(geomagnetic storm)이라 한다. 스토레이(L. R. O. Storey)는 바깥쪽 전리층에서 전자의 밀도가 아주 높아진다는 것을 발견하였는데 이것이 플라즈마권이다. 비어만(L. Biermann)은 혜성꼬리가 태양풍과의 상호작용에 의해 반사방향과 어긋난다고 생각하였고, 알프벤(H. Alfven)파는 태양풍이 자화되어 있고, 태양풍의 자기장이 혜성에 의해 끌려지면서 혜성의 자기 꼬리가 형성된다고 생각하였다.

5) 우주관측 시기

앨런(J. Allen)은 1950년 초 로켓을 이용해 110 km 고도까지의 전리층을 연구하였고, 1958년 Explorer 1호에 가이거계수기(Geiger counter)를 탑재하여 방사선대를 발견하였으며, 그린간즈(K. I. Gringanz)는 루나(Luna, 달의 여신) 위성으로 태양풍을 처음 관측하였다. 1961년에는 Explorer 10호가 태양풍과 지구자기장의 경계인 자기권계면(magnetopause)을 처음으로 가로질렀다. 그 이후 많은 위성관측 자료로부터 자기권계면 앞에 초음속의 태양풍이 지구와 부딪히면서 만드는 충격파인 바우쇼크(bow shock)가 존재함이 알려졌다. 1964년 이후에는 OGO 1, 3, 5호, IMP, VELA 등의 위성들이 바우쇼크를 관측하고 그 위치, 구조, 성질 등을 연구하였다. 아놀드(R. Arnoldy)와 허쉬버그(J. Hirsh-berg)는 Explorer 33, 35호 등을 이용해 태양풍의 자기장에 의해 지구 자기장의 활동이 조절된다는 보고를 하였다.

11.2 항공우주공학

항공우주공학이란 간단히 말하면 비행하는 물체를 설계, 개발하는 일이다. 공기 중을 비행하는 물체로는 여객기, 수송기, 전투기와 같은 고정익, 헬리콥터와 같은 회전익, 그리고 미사일이나 로케트와 같은 비행체가 있다. 우주를 비행하는 물체에는 인공위성이나 스페이스셔틀과 같은 비행체가 있다. 항공우주공학이란 이러한 비행체를 디자인하는 방법을 배우는 학문이다. 비행체를 설계하려면 외형을 설계하여야 하는데, 이를 위해서는 공기의 흐름에 대한 지식이 있어야 한다. 그리고 공기흐름을 이용해 비행하기 위한 비행체 구조설계와 엔진에 대한 지식도 있어야 한다. 마지막으로 비행체를 제어할 수 있는 전자장비와 기타 비행체의 악세사리에 대한 기초지식을 가지고 있어야 한다.

이와 같은 지식을 이해하려면 수학, 물리, 화학뿐 아니라 재료역학, 유체역학, 동역학, 열역학 등의 기초역할을 알고 있어야 한다. 우주에 비행체를 쏘아 올리기 위한 조건은 첫째 로케트 엔진제작 기술을 포함하는 비행체를 우주에 올리는 기술, 둘째 우주에 있을 물체를 제작하는 기술인데 인공위성 제작기술들, 셋째 우주에서 지구로 귀환하는 기술인데 대기권 재돌입 시 높은 온도를 견디어 내는 기술이다. 우주에 로켓을 쏘아 올리기 위한 조건을 말한다.

11.3 인공위성의 발달과 역사

1) 인공위성의 역사

세계 2차 대전 이후 우주에 대한 관심과 천문학의 발달로 인공위성을 포함한 우주관측 연구가 활발히 진행되었다. 미국은 1957년에 인공위성 뱅가드 발사계획을 공표하고, 로켓 및 인공위성의 개발과 이것을 지상에서 추적, 관측할 수 있도록 연구를 마친 상황에 이르렀다. 그러나 개발에 차질이 생겨 뱅가드 발사가 지연되던 중 1957년 10월 4일 소련이 인공위성 스푸트니크 발사 성공을 계기로 미국과 소련간의 본격적인 인공위성 개발전쟁이 시작되었으며, 인류의 우주개발에 더욱 박차를 가하게 된다.

인공위성을 발사하려던 목적은 궤도상에서의 지구 관측, 인공위성이 비행하는 공간의 과학적 관측, 지구의 대기에 방해받지 않는 고공에서의 천체관측 등이었으나 그 뒤 우주개발 추세는 과학적 관측(과학위성, 천문위성 등)의 목적 외에 사람 탑승용 인공위성(보스토크, 머큐리, 스페이스셔틀), 무선통신의 중계국으로서의 역할을 하는 것(통신위성, 방송위성, 항행위성), 지구의 자원이용을 위해 지구를 관측하는 장치(육역 관측위성, 해역 관측위성, 기상위성), 진공, 무중력 등의 특수한 환경을 이용하는 공학적, 생물학적 실험실에 유용하게 사용할 정도로 발전하였다.

1957년 소련은 최초의 인공위성인 스푸트니크(Sputnik)를 발사하여 성공하였다.

미국은 1958년에 첫 위성인 Explorer 1호를 발사하여 성공하였다. 미국의 케네디(J. F. Kennedy) 대통령이 1961년 본격 우주개발을 선언하면서 1969년에 이르러 인류 최초로 암스트롱(Neil Amstrong)이 Apollo 우주선으로 달 착륙에 성공함으로써 우주 시대의 서막이 열리게 된 것이다. 우주개발 경쟁은 미・소간의 군비경쟁과 맞물려서 획기적 기술발전을 하였고, 1980년대에는 통신방송을 인공위성으로 중계하면서 상업적인 우주개발이 시작되었다. 1997년까지 군사용을 제외하고 공식적인 인공위성 발사 대수는 4,800여 기 이상으로 추정하고 있다. 인공위성의 상업적인 가치가 부각되면서 개발이 급격히 가속화되어 Iridium, Globalstar 등 이동통신용 인공위성망이 구축되었다. 특히 미국 Microsoft사의 빌 게이츠가 주도한 Teledesic 위성망은 수백 기의 인공위성망을 구축하여 컴퓨터 이동통신, 영상이동 전송망을 서비스하는 종합정보 이동통신망을 실현시키는 계획을 추진하고 있다.

2) 달 탐사 시대의 개막

소련의 스푸트니크호 발사 성공으로 인류는 지구를 떠난 우주 공간에서 지구를 바라볼 수 있게 되었다. 그 후 유인 인공위성의 개발, 여성 우주비행사의 탄생, 달 표면 근접촬영, 달 뒷면의 탐사, 달 정복 등 미국과 소련을 중심으로 우주개발 경쟁시대로 접어들었다. 인공위성과 달 탐험에 역사적 획을 긋는 계획으로는 다음과 같은 것들이 있다.

(1) 스푸트니크호

소련에서 1957년 10월 4일 발사에 성공한 인류 최초의 인공위성이다. 근지점은 250 km 상공이었으며, 타원궤도를 그리며 지구를 1시간 35분 주기로 선회 가능했다.

(2) 루나 계획

소련의 달 탐험 계획으로 1959년 1월 2일에 루나 1호, 같은 해 9월 12일에 루나 2호를 발사하여 최초로 태양주위 궤도를 돌도록 계획되었으나 실패하였다. 이어 한 달 후인 10월 4일에 발사한 루나 3호는 달의 뒷면으로 가서 인류가 보지 못했던 달의 뒷면을 촬영하는데 성공했다.

(3) 아폴로 계획

인간을 달에 보내기 위한 미국의 계획으로 1966년에서 1968년 서베이어 계획에 이어 1968년 아폴로 7호부터 시작되었다. 1969년 7월 16일에 발사된 아폴로 11호는 암스트롱을 선장으로 3인의 우주비행사가 탑승했는데, 그 해 7월 20일 인류 역사상 처음으로 달의 표면에 인간이 내리는 쾌거를 이루었다. 아폴로 계획은 17호까지 실시되었다.

(4) 소유즈 계획

인간을 달에 보내기 위한 소련의 계획으로 1967년 소유즈 1호가 발사됨으로써 시작되었다. 불행하게도 발사한 지 하루 만에 우주비행사가 지구로 귀환하다 사고로 사망하였다. 그 후 소련은 소유즈와 우주정거장인 코스모스 계획을 이용, 달 탐험에 필요한 랑데뷰와 도킹기술을 익히고 실험을 했다. 소유즈는 오늘날에도 우주 정거장까지 왕복이 가능하게 되었다.

12. 정신분석학적 과학적 사고의 발달

12.1 프로이드 심리학

프로이드가 태어났던 해 다윈의 종의 기원이 발표되었다. 진화란 인간을 자연의 일부 사건에서 이루어졌으며 인간도 동물 중 한 개체라고 생각했었다. 이러한 사건들에 대한 견해를 받아들일 수 있다는 것은 본시 인간에만 국한되었던 사고에서 자연과학적인 노선으로 탈바꿈 할 수 있다는 부인할 수 없는 사건이라고 말할 수 있다.

심리학을 창설한 구스타프 페흐너는 인간의 정신분석적 연구가 과학적 대상이 될 수 있다는 이론이 가능하다는 것을 보여 주었다. 그 시대 페흐너와 다윈의 연구 결과는 프로이드의 지적 발달에 큰 영향을 끼쳤다고 말할 수 있다. 루이파스퇴르, 로베르트코흐에 의해 발표된 세균학의 발달의 계기가 되었고, 멘델은 멘델의 법칙에서 유전학이란 근대 과학의 기본적 학문을 창시할 수 있었다. 그러나 프로이드에게는 이러한 발달보다도 더 큰 영향을 끼쳤던 학문은 물리학의 발달과 이해에서 부터였다. 독일의 폰 헤름헬츠에 의해 에너지 보존의 법칙이 공식화 되면서 물리학에 관심을 가지게 된다.

헤름홀츠가 에너지 보존의 법칙을 언급한 해로부터 알버트 아인슈타인이 상대성이론을 발표했을 때까지의 50년 동안은 에너지 연구에 있어서 황금기였다. 이러한 열역학의 시대는 인간을 보는 새로운 시각을 제공하였다. 또한 페흐너는 인간의 정신을 과학적 연구 대상으로 측정이 가능하다는 사실을 증명하였다. 인간이 즉 하나의 에너지 체계이며, 행성의 운동을 지배하는 것과 동일한 물리적 법칙의 간섭을 받는다는 이론이다. 그 시대 프로이드는 역동의 법칙이란 인간의 신체뿐만 아니라 성격과 심리적 상태에도 적용될 수 있음을 밝혀내게 된다.

12.2 역동 심리학 창설

프로이드는 본인의 의도와는 다른 분야에 브뤼케의 권유에 따라 개업을 하게 되어 신경증 치료 전문가가 되었다. 그 당시 이 분야는 프랑스의 장 샤르코가 히스테리 치료에 최면술을 사용한 정도였다. 프로이드는 요세프 브로이어에게서 카타르시스 기법을 배웠고, 그것을 토대로 자유연상법이란 이상행동 원인에 대해 많은 지식을 제공할 수 있었으며, 프로이드는 이상 증후들을 발생시킨 역동적인 힘을 발견하게 되었다. 그리고 이러한 힘들은 무의식적인 것에서 일어난다는 생각이 그는 인식하게 되었다. 결국 이것이 그를 심리학 연구자로 만들었고, 결국 역동적 심리학을 발표한 동기가 되었다.

프로이드는 환자들에게서 얻은 자료들을 분석하고, 이러한 분석을 통해 그때 쓴 『꿈의 해석』이란 저서를 발표했으나 그에 대한 반응은 좋지 않았지만 프로이드는 뛰어난 책과 논문을 계속해서 썼다. 1904년에는 『일상생활의 정신병리』라는 책을 발표했다. 이 책에서 그는 실언이나 실수, 사고 그리고 잘못된 기억 등이 모두 무의식적인 동기에 있다는 새로운 주장을 제시한다. 다음 해에는 이보다 더 뛰어난 책을 세 권 발표했는데, 그 저서에서 히스테리는 정신장애를 일으키는 심리학적 원인을 추적해가는 프로이드의 방법론에 대해서 자세히 설명하고 있다. 또한 성에 관한 세 편의 논문은 성 본능의 발달에 대한 프로이드의 견해를 밝히고 있다. 위트와 무의식과의 관계는 농담을 할 수 있다는 것은 무의식적 기제의 산물에서 비롯된다는 사실을 보여준 대목이기도 하다.

12.3 정신의학과 프로이드

정신의학은 정신적 질환과 이상을 치료하는 의학의 한 분야이다. 프로이드는 근대 정신의학의 대부 중의 한 사람이다. 그는 주의 깊은 관찰을 통해 자료를 수집하는 법을 배웠고, 그가 발견한 것들의 상관관계를 찾아내고, 결론을 이끌어내며 추후 관찰을 통해서 자신의 추론을 점검하는 것을 배웠다.

심리학과 정신분석의 관계에 대해서 그는 정신분석을 심리학에 분류했다. 그는 또 철학자로서 과학을 통한 지식을 통해 그는 형이상학이나 종교보다는 과학을 기초로 한 생활철학에 중점을 두게 되었다. 그는 인간을 그리 높게 평가하지 않았고, 인간의 본성 속에는 비이성적인 힘이 너무 강해서 이성적인 힘은 그에 성공적으로 대항할 기회가 거의 없다고 생각했다.

프로이드는 또한 사회 비평가로 사회에 대한 인간의 영향과 인간에 대한 사회의 영향은 극소수 강인한 정신의 소유자만이 벗어날 수 있는 악순환의 고리라고 그는 말하고 있다. 그의 사회비판은 문화와 불안(Civilization and discontent)에 잘 나타나 있다.

12.4 프로이드의 성격적 견해

프로이드에 의하면 성격은 세 가지 주요한 체계로 분류하고 있다. 이들은 각각 이드(Id), 자아(Ego), 초자아(Superego)로 표현했다. 정신적으로 건강한 사람은 이 세 가지 체계가 통합되고 조화를 이루며, 반대로 성격의 이 세 체계가 서로 갈등을 일으키면 그 개인은 부적응을 일으킨다는 판단을 하게 되었다.

1) 이 드

이드(Id)의 기능은 내적 자극이나 외적 자극에 의해 발생한 흥분(에너지나 긴장)을 즉각적으로 방출하는 것이다. 즉 쾌락원칙(pleasure principle)이라고 부르는 유기체의 원초적이고 기본적인 원리에 따르며, 쾌락원칙의 목적은 고통을 피하고 쾌락을 찾는 것이라고 할 수 있다. 또한 어떠한 좌절경험의 결과로 이드 내에서 일어나는 새로운 발달을 1차 과정(primary process)이라 부른다. 아이는 긴장을 감소시키는 데 필요한 대상의 기억심상을 만들어 내는데, 이 과정을 1차 과정이라 한다. 1차 과정의 예는 밤에 꿈을 꾸는 것을 말한다.

이드는 자아에 의해 통제되고 조절될 수는 있지만 이성이나 논리의 원칙에 의해 지배되는 것이 아니다. 오직 쾌락원칙에 따라 자신의 본능적 욕구를 충족시키려는 한 가지 생각에만 사로잡혀 있다. 프로이드는 이드를 주관적인 정신적 현실이라고 말했다. 이드는 쾌락의 추구와 고통의 회피가 유일한 기능인 주관적 현실의 세계를 말한다. 이드는 생각을 하지 않으며 뭔가를 원하거나 행동을 할 뿐이다.

2) 자 아

이드(Id)가 긴장을 방출시키는 두 가지 방식, 말하자면 충동적인 운동 행위와 심상형성(원망 충족)만으로는 생존과 생식이라는 목표를 충족시킬 수 없다. 이드의 욕구를 충족시키기 위해서는 외부 현실(환경)을 고려하고, 이러한 개인과 환경의 상호교류에 의해 새로운 심리적 체계를 필요로 하는데 그것이 자아이다.

자아는 이드와 초자아를 지배하고 통제하며, 전체 성격과 그것의 욕구충족을 위해 외부 세계와 상호 작용한다. 자아는 쾌락원칙 대신에 현실원칙에 따라 움직이는데, 현실원칙의 목적은 발생한 욕구를 만족시켜 줄 수 있는 실제적인 대상이 나타날 때까지 에너지의 방출을 지연시키는 것이다. 자아는 이드와 바깥 세계를 연결하는 중간적인 고리와 같은 역할을 하는 심리적 과정이라고 할 수 있다.

3) 초자아

성격의 세 번째 구조는 초자아(Superego)인데, 성격의 도덕적인 부분 혹은 재판관 같은 부분이다. 그것은 현실보다는 이상을 대표한다고 할 수 있는데, 초자아는 개인의 도덕규범인 것이다. 이것은 어떤 것이 좋고 덕이 되는 것이며, 어떤 것이 나쁘고 죄가 되는 것인지에 대한 부모의 기준이란 아이가 자신의 것으로 만듦으로써 생겨난다. 초자아는 자아-이상(ego-ideal)과 양심(condcience)이라는 두 가지 하위체계로 구성된다. 초자아는 부모처럼 보상이나 처벌에 의해 자신의 규율을 적용시킨다.

초자아가 활용하는 심리적 보상과 처벌은 자긍심과 열등감이다. 초자아의 목적은 통제되지 않고 표현될 경우에 사회를 위험에 빠뜨릴지도 모르는 충동들을 통제하고 조절하는 역할이다. 이러한 충동들은 성욕과 공격욕을 유발한다. 이드가 진화의 산물이고 생물학적 특성의 심리학적 표현이라면, 자아는 객관적 현실과의 상호작용의 결과로 상위의 정신 과정으로 초자아는 사회화의 산물이며 문화적 전통의 전달 수단이 될 수도 있다.

12.5 역동적 성격

1) 정신적 에너지

성격의 세 체계를 움직이는 것은 정신적 에너지(psychic energy)이다. 정신적 에너지는 다른 형태의 에너지와 마찬가지로 일을 수행한다. 정신적 에너지는 사고, 지각, 그리고 기억 등의 심리적인 작업들을 수행한다.

2) 본 능

성격 내에서 일을 수행하는 데 쓰이는 모든 에너지는 본능으로부터 얻어진다. 또 본능은 심리적 과정에 방향을 부여한다. 본능의 궁극적 목표는 신체의 요구를 해소하는 것이다. 달리 말하면 본능의 목표는 그 본능의 원천을 제거하는 것이다. 프로이드는 안정이라는 최종 목표가 달성되기 전에 수행되어야만 하는 하위 목표들이 있음을 관찰하였다. 프로이드는 본능의 최종 목표를 내부 목표(internal aim), 하위 목표를 외부 목표(external aim)로 나타냈다. 즉 본능은 언제나 초기 상태로 퇴행하며 흥분으로부터 평정상태로 돌아가는 순환을 계속 반복하려는 본능을 반복 강박(repetition compulsion)이라 부른다.

본능의 목적은 보존적이고, 퇴행적이며, 반복적이다. 본능이 긴장 감소라는 자신의 목적을 달성하는 수단을 정교화 시키는 과정이 성격 발달에 중요하다. 본능의 추진력은 그것이 가진 에너지의 양에 의해서 결정된다. 본능이 자리잡고 있는 곳은 이드이다. 본능이 정신적 에너지의 총량을 모두 보유하고 있고, 이드는 정신적 에너지의 저장소가 된다. 자아와 초자아를 형성하기 위해서는 에너지가 빠져나가게 된다는 것이다.

3) 정신적 에너지 분배에 따른 구조

(1) 이 드

이드의 에너지는 반사행동이나 소망 충족을 통해 본능을 만족시키는 데 쓰인다. 반사행동의 경우에는 에너지가 행동을 통해 자동적으로 방출된다. 소망 충족의 경우 에너지는 본능을 만족시켜 줄 대상의 심상을 만들어 내는 데 사용된다. 본능을 충족시켜 줄 대상의 심상을 만들어 내는 것에 에너지를 투자하거나 대상에 대해 어떤 행동을 취하는 데 에너지를 방출하는 것을 대상선택(object-choice) 또는 대상카덱시스(object-cathexis)라 부른다. 에너지는 한 대상에서 다른 대상으로 쉽게 옮겨간다. 이러한 에너지의 이동을 전위(displacement)라고 한다.

이드의 에너지는 전위가 매우 잘 되는데, 그 이유로는 대상들 간에 정밀한 구별을 하지 못하기 때문이다. 사물들 사이에 차이가 있음에도 불구하고 그것들을 동일한 것으로 취급하는 경향은 속성적 사고(predicate thinking)라는 왜곡된 형태의 사고를 만들어 낸다. 이러한 유형의 사고는 꿈에서 많이 나타나며, 꿈의 상징적 인 의미를 잘 설명해 준다.

(2) 자 아

자아는 그 자신의 에너지를 가지고 있지 않고 이드로부터 에너지가 흘러나와서 자아를 형성하는 과정으로 유입되기 전에는 자아는 실제로 존재한다고 말할 수가 없다. 잠재적인 경향으로 존재하고 있던 과정들(식별, 기억, 판단, 추리 등)에 에너지가 공급되면 자아는 그제서야 분리된 체계로서 길고도 복잡한 발달을 시작하게 된다.

이렇게 자아의 잠재적인 가능성을 활성화시키는 출발점은 동일시(identification)라고 알려진 과정이다. 이드가 심상과 대상을 동일시하는 것을 동일성(identity)이라고 한다. 곧 정신적 사건과 외적인 현실이 다른 것이라는 것을 명백하게 인식하는 경우에만 동일시라는 말을 사용해야 할 것 같다. 충분한 에너지를 이드로부터 끌어내면

이 에너지를 본능의 충족 이외에 다른 목적에 사용할 수가 있다. 지각, 주의, 학습, 기억, 판단, 분별, 추리, 상상 등의 심리적 과정의 발달에 이 에너지를 사용한다.

(3) 초자아

처벌에 대한 두려움과 인정에 대한 욕구가 아이로 하여금 자신을 부모의 도덕적 기준과 동일시하도록 만든다. 이러한 부모와의 동일시는 초자아의 형성을 가져온다. 초자아의 동일시는 이상화되고 전지전능한 부모를 기준으로 하고 있다. 부모는 아이에게 처벌과 보상을 줌으로써 대단한 힘을 행사한다. 나중에는 초자아도 부모처럼 보상하고 처벌하는 힘을 가지게 된다. 초자아는 이드와 대립되며, 초자아는 비도덕적이고 쾌락을 사랑하는 본능의 충족을 얻으려는 이드에 의해 교묘하게 조작당할 수도 있다.

예를 들어 도덕적인 사람의 초자아는 자신의 자아에 대해 매우 공격적이 될 수도 있다. 자아는 자신이 무가치하고 사악하다고 느끼게 된다. 이렇게 느끼는 사람은 자기 자신을 해치거나 자살을 할 수도 있다. 이런 자기 파괴적인 행동은 결과적으로 공격적 욕구를 만족시킨다. 애매한 인격을 가진 사람의 초자아는 비도덕적이라고 생각되는 사람을 공격함으로써 이드에게 만족을 가져다 줄 수도 있다. 도덕적 명분에 의한 잔인한 의식은 공개적이고 대규모로 행해져 왔다.

4) 의식과 무의식

정신분석의 초기에는 프로이드 이론의 중심 개념은 무의식이었다. 그러나 1920년경부터 시작된 프로이드의 후기 이론에서 무의식은 정신의 가장 크고 중요한 영역이라는 지위에서 격하되어 정신적 현상의 한 가지라는 낮은 지위로 떨어졌다. 전에 무의식에 속했던 것들이 이제는 대부분 이드에게로 돌려졌으며, 의식과 무의식이라는 구조적 구별은 이드, 자아, 초자아라는 세 체계로 대체되었다.

정신분석에서 무의식의 중요성이 감소하면서 심리학에 있어서 의식의 중요성도 감소했다는 점을 지적해야 한다. 19세기 심리학은 의식을 분석하기에 바빴고, 반면에 정신분석은 무의식을 연구하는 데에 그쳤다. 프로이드는 의식이란 정신의 아주 작은 부분에 지나지 않으며, 의식이라는 표면 밑에 훨씬 더 큰 부분이 감춰져 있다고 생각했다. 그 후 심리학은 행동을 연구하는 과학이 되었고, 정신분석은 성격을 연구하는 과학이 되었다.

프로이드는 심리학이 과학이라는 것을 증명하려면 알려지지 않은 행동의 원인을 발견해야 한다고 믿었다. 바로 이런 이유 때문에 그는 정신분석을 무의식적인 인과관계 혹은 무의식적 동기에서 찾으려고 하였다. 프로이드에게 있어서 무의식적인 것은 알려지지 않은 것이었다. 1920년 이후에는 이 의식과 무의식이 한 가지 현상으로 통합되었다.

사람들은 정신적 에너지가 매우 유동적으로 재분배되기 때문에 여러 가지 것들을 한꺼번에 생각하고 검토할 수 있다. 즉 지각 체계는 세상에 대해 빠르게 사진을 찍거나 검색하는 레이더와 같다. 지각 체계는 원하는 대상을 발견하거나 위험을 느끼면 주의를 집중하게 된다. 직면한 상황에 그 사람이 적응할 수 있도록 사고나 기억이 전의식으로부터 일깨워진다. 위험이 사라지거나 욕구가 충족되면 정신은 주의를 돌린다.

5) 본능의 종류

본능은 심리적 과정에 방향을 정해 주는 정신적 에너지이다. 본능은 원천을 가지고 있으며, 목적과 그 대상 그리고 추진력을 가지고 있다. 프로이드는 본능의 숫자는 생물학적 연구에 의해 밝혀질 문제라고 하였다. 그는 삶에 기여하는 본능들과 죽음에 기여하는 본능들이 있다고 생각하였다.

죽음의 본능의 궁극적 목적은 무기물의 불변적이고, 영구적인 상태로 돌아가는 것이다. 죽음의 본능은 비밀스럽게 작용한다. 그래서 결국 자신의 임무를 다하고야 만다는 사실을 제외하고는 알려진 것이 별로 없다. 그러나 죽음이란 본능의 파생물인 파괴와 공격성을 잘 드러낸다. 생명의 본능은 그 결과 공개적이기 때문에 죽음의 본능보다 잘 알려져 있다. 성 본능은 생명의 본능 중 가장 상세하게 연구되었고, 정신분석 이론에서 가장 중요한 위치를 갖는다. 성 본능은 다른 삶의 본능과 상호 작용한다. 입은 자극을 받으면 관능적 쾌감을 일으키는 신체의 일부일 뿐만 아니라 음식이 들어가는 입구이기도 하다. 항문은 필요 없는 찌꺼기 등이 제거되는 기관이지만 자극을 받을 때 쾌감을 느낄 수도 있다. 성 본능의 중요한 파생물은 사랑이다. 삶의 본능이 사용하는 에너지는 리비도(libido)라 불린다. 그러나 프로이드는 죽음의 본능이 사용하는 에너지에 특별한 이름을 붙이지 않았다.

본능은 이드 속에 자리잡고 있다. 이것은 자아와 초자아의 안내를 받게 된다. 자아는 삶의 본능에서 가장 중요한 대리인이다. 자아는 두 가지 방식으로 본능을 위해 일하는데, 하나는 환경과 현실적인 관계를 맺는 것이고, 다른 하나는 죽음의 본능을 죽음이라는 목적 대신 기여하는 형태로 발전시킨다.

6) 불 안

불안은 성격의 역동에서 뿐만 아니라 발달에도 중요한 역할을 한다. 신경증과 정신병에 대한 프로이드의 이론과 치료에 매우 중요하다. 불안은 신체 내부의 흥분으로 인해 발생하는 고통스러운 정서적 경험이다.

(1) 현실적 불안

현실적 불안은 외부 세계에 있는 위험을 지각함으로써 생기게 되는 고통스러운 정서적 경험이다. 여기서 위험이란 그 개인에게 해를 가하려는 모든 환경의 조건을 말한다.

(2) 신경증적 불안

신경증적 불안은 현실 불안보다 자아에게 더 부담이 된다. 그러나 신경질적 불안과 도덕적 불안을 다루기 위해 자아가 발전시킨 적응과 기제들에 의해 이루어진다. 공포와 싸우는 것은 심리적인 성장에 결정적인 요인이며, 그 결과에 따라 개인이 결정된다.

(3) 도덕적 불안

도덕적 불안이란 자아의 죄의식, 수치심으로 경험되는 도덕적 불안은 양심으로부터 위험에 대한 지각이 있을 때 나타난다. 부모의 권위가 내면화된 것은 양심은 부모에 의해 심어진 완전주의적 목표에 어긋나는 행동을 하거나 생각을 하면 벌을 내리겠다고 위협한다. 초자아의 중요한 적이 이드의 원시적인 대상 선택이기 때문에 도덕적 불안은 신경증적 불안과 밀접한 관계가 있다. 신경증적 불안의 압력이 증가하면 사람들은 제 정신을 잃고 매우 충동적인 행동을 할 수도 있다. 충동적 행동의 결과는 불안 그 자체보다는 오히려 덜 고통스러운 것으로 평가된다. 신경증적 불안과 도덕적 불안은 위험이 임박했다는 신호이다.

12.6 성격의 발달

1) 동일시

자아와 초자아는 이드의 본능적인 대상 선택에 대해 이상적이고 도덕적인 동일시에 의해 이드로부터 에너지를 끌어낸다. 동일시는 외부 대상의 성질을 자신의 성격에 통합하는 것이라고 할 수 있다. 다른 사람을 그대로 본뜨거나 모방하려는 경향은 성격의 형성에 중요한 요인이다. 동일시의 원동력은 자기도취적 변화 이외에도 좌절, 부적절성, 불안에 의해 만들어지며, 동일시의 목적은 좌절, 부적절성, 불안을 지배함으로써 고통스러운 긴장을 해소 한다.

2) 전위와 승화

에너지가 한 대상으로부터 다른 대상으로 옮겨가는 과정을 전위라고 한다. 성격의 발달은 에너지의 전위와 대상의 변화에 의해 이루어진다고 할 수 있다. 에너지가 전위되더라도 본능의 원천과 목표는 그대로 남아 있다. 전위가 일어나는 원인은 성격 발달의 원인과 동일하다. 성격 발달을 일으키는 원인은 성숙, 좌절, 갈등, 부적절성, 불안 등이다. 전위가 특정한 방향으로 일어나는 데에는 두 가지 이유가 있다.

3) 자아와 방어

자아는 현실적인 문제해결 방법을 채택해서 위험을 직접적으로 극복하려고 하거나, 그렇지 않으면 현실을 부정하거나 왜곡하는 방법을 통해 불안을 감소시키려고 한다. 그런데 후자의 방법은 성격의 발달을 방해한다. 이것을 자아의 방어라고 한다.

(1) 억 압

불안을 일으키는 이드와 자아 그리고 초자아의 카덱시스는 반카덱시스의 저항하는 힘 때문에 의식상에 떠오르지 못한다. 반카덱시스에 의해 카덱시스가 무력화되거나 억제되는 것을 억압(repression)이라고 한다. 억압에는 원초적 억압(primal repression)과 고유한 의미에 있어서의 억압(repression proper)이라는 두 가지 종류가 있다. 원초적 억압은 이전에 의식화 된 적이 없었던 본능적 대상 선택이 의식화되는 것은 막는 것이다.

자아는 고유한 의미에 있어서의 억압을 형성해서 위협적인 이드의 카덱시스가 위장된 형태로 의식이나 행동에 침투한 것을 처리하게 된다. 비록 억압을 하는 것은 자아지만, 자아는 초자아의 명령을 받아 행동한다. 따라서 성격 구조에서 초자아의 힘이 크면 클수록 억압이 많아지게 된다. 초자아에 의해서 일어나는 억압은 아이에게 가해지는 부모의 억제가 내면화된 것이다. 비록 억압이 여러 가지 이상행동에 원인이 되기는 하지만 정상 성격의 발달에도 큰 역할을 한다.

(2) 투 사

이드나 초자아가 자아에게 주는 압력 때문에 불안해질 때 사람들은 그 원인을 외부에 돌림으로써 불안으로부터 벗어나려고 한다. 내 양심이 나를 괴롭힌다고 말하는 대신에 그가 나를 괴롭힌다고 말할 수도 있다.

(3) 반동 형성

본능과 그것들과의 파생물들은 대립되는 쌍으로 이루어져 있다. 이를테면 삶과 죽음, 사랑과 증오, 건설과 파괴, 능동과 수동, 지배와 복종이다. 본능이 직접적으로 든 초자아를 통해서든 자아에 압력을 가하게 되면 불안이 발생하게 되는데, 이때 자아는 그 반대의 본능에 집중함으로써 충동을 회피하거나 따돌리려고 한다. 예를 들면 다른 사람에 대한 증오로 불안한 사람은 그 적의를 숨기기 위해 자아가 사랑이라는 반대의 본능을 촉진시킨다. 대립되는 본능에 의해 다른 한 가지 본능이 자각되지 않고 은폐되는 기제를 반동 형성(reaction formation)이라고 한다.

(4) 고 착

육체적인 성장과 마찬가지로 심리적인 발달도 일생의 초기에 이루어지는 점진적이고 계속적인 과정이지만, 그 과정은 비교적 잘 구별되는 여러 단계로 예를 들면 유아기, 아동기, 청소년기, 성인기라는 네 단계가 있다. 정상적으로 사람은 한 단계에서 다른 단계로 지속적인 발달을 한다. 그런데 때때로 이런 발달이 정지되어 다음으로 옮겨가지 못하고 어느 단계에 계속 머물러 있게 된다. 이런 일이 신체적 발달에서 일어나면 우리는 그 사람의 성장이 정지되었다고 한다. 그런데 이런 일이 그 사람의 심리적 성장에서 발생하면 우리는 그 사람이 고착(fixation)되었다고 말한다.

(5) 퇴 행

발달의 어떤 단계에 이르러서 사람은 공포 때문에 유년기 수준으로 후퇴할 수 있다. 이것을 퇴행(regression)이라고 한다. 결혼하고 처음으로 남편과 싸움을 한 신부는 집에서 부모에게 보호받던 시절로 돌아가 버릴 수 있다. 주위 세계에 의해 상처받은 사람은 꿈의 세계에 자신을 가둬버리기도 한다. 심한 불안은 사람으로 하여금 충동적으로 행동하도록 만들어서 그가 아이일 때처럼 처벌을 받도록 만든다. 통제되고 현실적인 사고로부터 벗어나게 되면 퇴행이 일어난다. 심지어는 건강하고 잘 적응된 사람도 불안을 감소하기 위해 즉 숨통을 틔우기 위해 때때로 퇴행을 한다.

(6) 방어기제의 일반적 특성들

자아의 방어기제는 불안에 대처하는 비합리적인 방법이다. 현실을 왜곡하고 숨기고 부정하고 심리적 발달을 저해하기 때문이다. 이것을 깰 수 있는 한 가지 요인은 성숙이다.

4) 본능의 변형

이드와 죽음의 본능이 모든 정신적 에너지를 보유하고 있다. 정신적 에너지는 신체의 에너지가 변형되어 만들어진다. 본능의 목적은 신체적 흥분을 제거하고, 정신적이고 생리적인 평화의 상태를 회복하는 것이다. 본능은 지각, 기억, 사고 같은 심리적인 작업이 완료되었을 때 달리 말해 행동계획이 수립되었을 때 근육에너지가 운동에너지로 방출된다. 그러면 사람은 어떻게 해서 제한된 범위의 행동이 성인의 광범위한 행동으로 확장되는가 하면 대부분의 행동은 본능들의 융합에 의해서 일어난다.

5) 성 본능의 발달

프로이드가 말한 성 본능이라는 것은 우리가 평소에 사용하는 것보다 훨씬 더 광범위한 개념이다. 이 개념 속에는 성기를 자극하고 만지는 행동에 에너지를 사용하는 것뿐만 아니라 쾌락을 위해 신체의 다른 부분을 자극하는 것도 포함된다. 흥분(긴장)이 집중되고, 빨거나 쓰다듬는 것과 같은 행동을 함으로써 긴장이 제거되는 신체 부위를 성감대라고 한다. 신체 표면의 어느 부분이든 쾌감을 느끼는 흥분 중추가 될 수 있기는 하지만, 주요한 성감대는 입, 항문, 그리고 성기이다.

이 성감대는 각기 생명유지를 위한 욕구와 관련이 있다. 그러나 성감대에서 생기는 쾌감은 생명유지를 위한 기본적 욕구의 충족에서 생기는 쾌감과는 다르다. 성감대는 성격의 발달에 매우 중요한 역할을 한다. 왜냐하면 성감대는 어린아이들이 최초로 갖는 흥분의 원천이며, 쾌락에 대한 최초의 경험을 제공하기 때문이다.

(1) 구강기

구강에서 얻을 수 있는 두 가지 주요한 쾌감은 입에 물건을 넣어서 생기는 촉각적 자극과 뭔가를 깨무는 것에서 얻어진다. 받아들이고, 가지고 있고, 깨물고, 뱉어내고, 다물고 하는 입의 기능들은 어떤 성격의 특성들에 대한 원형(prototype)이나 최초의 모델이다. 원형은 그 이후의 적응에서 모델이 된다. 구강기의 원형에 집착하는 사람은 여러 종류의 전위와 승화를 통해서 구강기적인 관심태도, 그리고 행동을 발달시키게 된다.

(2) 항문기

배설은 감정적 폭발, 짜증, 분노 그리고 그 밖의 원시적 방출반응의 심리적 원형이다. 배반에 대해 지나치게 규제받거나 간섭을 받으면 그 아이는 나이가 듦에 따라 지저분하고, 무책임하고, 무질서하고, 낭비와 사치를 하는 사람이 될 수 있다. 반대로 배설물의 가치가 지나치게 강조되면 배설을 할 때 그 어린이는 무언가를 상실했다고 느낄 것이다.

(3) 남근기

어린이가 자신의 성기에 집착하는 성장의 시기를 남근기 혹은 음핵기라고 한다.

① 남근기(The Male Phalic Stage)는 남근기가 시작되기 전에 어린 소년은 어머니를 사랑하고, 아버지를 자기와 동일시한다. 이에 따라 오이디푸스 콤플렉스를 느끼는데, 이로 인해 아버지에게 신체적인 상해를 입을 위험이 있다. 다시 말해 자신의 성기를 아버지가 제거하지 않을까 하는 공포를 가지게 된다. 이러한 공포를 거세불안(castration anxienty)이라 한다.

② 음핵기(The Female Phallic Stage)는 어린 소년과 마찬가지로 소녀가 최초로 사랑을 느끼는 대상은 자기 자신의 신체에 대한 사랑을 제외하고는 어머니이다.

(4) 성기기

잠복기가 끝나면 성적 본능은 생식이라는 생물학적 목표를 위해 발달하기 시작한다. 사춘기가 되면 이성에게 끌리기 시작한다. 이런 끌림은 성적 결합으로 완결된다. 이러한 발달의 마지막 단계를 성기기(genital stage)라고 한다.

5) 안정된 성격

우리들의 안정된 성격은 모든 사람들이 동일한 패턴이나 유사한 패턴의 성격을 발달시킨다는 것을 의미하는 것은 아니다. 또 우리들이 안정된 성격이라고 부르는 것은 다른 사람들이 말하는 성숙한 성격이나 건전함, 적응을 잘 한다는 것이나 이상적인 성격을 의미하는 것도 아니다. 안정된 성격이라는 말에는 상투적이고 단조로운 생활에 정착했다는 뜻이 들어 있기는 하지만 그렇다고 우리의 생활이 반드시 상투적이고 단조롭다는 뜻 또한 아니다.

결론적으로 안정된 성격이란 정신적 에너지를 어느 정도 항구적이고 지속적으로 심리적인 작업에 사용하는 방법이 수립되어 있는 성격을 말한다. 이 심리적인 작업의 정확한 성질은 이드, 자아, 그리고 초자아의 구조적이고 역동적인 특성들과 이것들 사이의 상호작용 그리고 이 세 요소들의 발달사에 의해 결정된다.

13. 한의학에서 본 면역학

한의학에서 면역학의 개념은 『황제내경(黃帝內經)』에서부터 유래된다고 할 수 있는데 진기종지, 정신내수, 정기존내, 사불가간과 사지소주, 기기필허 등으로 인식된다. 옛사람들은 질병을 인체의 정기와 병사가 서로 다투는 과정이며, 정기의 강하고 약함은 직접 질병의 발생, 발전, 변화와 전귀를 결정한다고 인식하였고, 치료법칙을 만들었는데 그 영향은 매우 크다고 할 수 있다. 진기는 정기와 동의어로 쓰이며, 사기는 인체의 내외 환경 중에서 질병을 일으키는 여러 종류의 인자를 총칭한다. 진기 혹은 정기는 바로 생체의 면역계통의 정상적인 기능을 말한다. 이로 인하여 구체적인 처방과 약재의 분류가 이루어져서 면역계통의 작용을 나타내게 되며, 면역성 질병의 치료와 예방작용을 하게 된다.

서로 다른 선천적인 요인은 개체에 질병을 일으키는 인자의 적응력, 저항력과 감성을 결정한다. 이런 것들은 이미 내경에서 분명하게 취급되었고, 중국 수나라 때의 저서인 소원방(巢元方)의 『제병원후론(諸病源候論)』에서도 옻나무에 대한 과민과 체질은 서로 관계가 있다고 명확하게 밝히고 있다. 역대의 의가들은 자주 어떤 질병은 평소부터 양허인에게서 많이 보인다고도 했고, 혹은 어떤 증상은 평소에 음허한 사람 등에게서 많이 나타난다고 강조하였다. 신체의 발육, 노쇠현상과 면역의 관계는 일찍이 주의를 끈 문제로, 주로 선천적인 기운의 근본이 되는 신의 영향을 받는다고 믿었다.

이외에도 환경적 요인, 정신과 음식, 그리고 신체의 단련과 체질에 대한 면역기능에 영향을 미치게 되었다. 여씨춘추(呂氏春秋)에서는 건강과 장수의 비결은 신체를 단련시키며, 체질을 증강시켜 정기의 인자를 손상시키지 않는 것이라고 하였다. 특히 명나라 때에 병후의 면역현상과 면역 원리를 이용하여 예후를 판단하는 것은 물론 면역과 종양의 관계에 있어서도 모두 진일보한 실천 경험이 있다. 만전(萬全)의 '두진세의심법(痘疹世醫心法)'의 학설에 의하면 '마진은 두진과 비슷한데 나으면 다시 생기지 않는다'고 하였다. 진실공(陳實功)의 외과정종(外科正宗)에서는 이미 한약 중의 일지매를 액부에 부착시켜서 생기는 발포 반응을 관찰하여 질병의 예측과 전귀를 했다고 한다.

이중재(李中梓)의 『의종필독중』에서는 종양으로 예상되는 '진가적취(癥瘕積翠)'의 실증은 정기가 부족한 관점에서 많은 원인이 있다고 보았다. 내경(內經)의 학설에서는 '대적대취, 기가범야, 쇠기대반이지, 과자사'의 관점은 가히 방법은 달라도 같은 효과를 내는 것을 이른 것으로, 후자는 정기의 손상 방지를 강조했고, 전자는 다시 편중된 정기의 증강을 다룬 데 지나지 않는다.

인공적으로 능동 면역법을 처음으로 시도한 것은 미친개의 뇌수를 건조 분말로 만들어서 상처 부위에 붙여 광견병의 예방과 치료에 이용한 것으로 이미 약 1500년 전 갈홍(葛洪)의 『주후비급방(肘後備急方)』에 기재되어 있다. 인두 접종술은 비록 여러 학자의 학설이 서로 일치하지 않으나 청나라 때에 발간된 『종두신서(種痘新書)』에 기술되어 있다. 그 후 서양의 종두법이 들어와서 번성하게 되었고, 한의학에서의 면역학은 실용성을 얻지 못하게 되었다. 그러나 최근에 와서 중국에서는 한의학과 서양의학을 접목시켜 한방 면역학을 새로 만들어 발전단계에 이르고 있다. 이것을 기점으로 한의학에서의 면역학 이론과 경험을 토대로 하여 현대 과학적인 방법을 도입하고 약리실험과 임상실험으로 체계적인 발전을 꾀하게 되었다.

적지 않은 수의 허증(虛症) 환자와 동물실험에서 정상보다 낮았던 면역기능이 부정고본하는 약물로 치료하여 면역기능이 높아진 것이 증명되었다. 이 중에서도 폐, 비, 신의 허증(虛症)이 현저하며, 더욱 신허(腎虛)가 가장 돌출하게 되었다. 이 외에도 청열해독법, 활혈화어법, 통리공하법과 관계하는 약물이 또 다른 병증에 대하여 비교적 이상적인 면역조절효과를 얻게 된다. 익신탕 등의 면역기능의 메커니즘을 조절하는 연구를 진행하고 있다. 단방약의 연구는 일본에서 많이 실시하였는데 동과자, 당귀 등은 인터페론을 유도한다.

14. 해부학의 발달(외과학)

14.1 외과학이란

손, 기계를 사용하는 치료의학으로 진화되었음을 알 수 있다. 흔히 외과라고 하면 수술을 연상하는데, 손을 쓰는 치료기술이라는 말이다. 사람의 유전자 속에 들어 있는 폭력적인 성격은 인간의 진화과정이 어떠하였는가를 가리키기도 하며, 외과 특히 전장 외과의 기원이 인류와 같이 시작함을 추측하도록 한다. 인류 역사에서 의학의 위치, 특히 외과의 위치는 당연히 의식주 다음으로 생명과 직결되었을 것이다. 그러나 인간의 상상력조차도 주위 환경에 영향을 받고, 당대의 기술수준의 영역을 넘기가 힘들었기 때문에 외과의 발전과정은 당연히 그 시대, 그 종족의 능력에 알맞은 수준의 발달속도를 가질 수밖에 없었다.

따라서 중세 암흑시대에는 외과의 발전도 정체되고, 르네상스 시대에는 그에 걸맞게 새로운 모습이 있었으며, 산업혁명이 시작되면서 획기적인 발전을 하게 된다. 의학 및 외과의 발전인 전신마취제의 출현과 소독법의 시작은 당연히 시대상에 맞는다. 다윈(Darwin)의 "종의 기원", 그레이(Grey)의 "Anatomy, descriptive and surgical" 등 당시 첨단지식이 같은 시기에 나타난 것이다. 마취제인 에테르(ether)를 사용하여 보스톤 마사추세스 병원(MGH)에서 공개시술이 시행된 1846년을 근대, 현대 외과의 시작으로 보는 타당성도 여기 있다고 본다.

전신 마취제의 개발은 무균수술법, X-선, 수혈, 개두술(craniotomy), 개흉술(thoracotomy), 항생제 사용, 외과생리학 발달, 쇼크의 기전 이해 등등 등의 연쇄적인 발달을 가져 왔으며, 이는 자본주의의 발달, 왕권의 축소, 제국주의 패권주의의 약화, 개인의 자유 및 인권의 신장 등 과학과 기술의 발달에 잘 들어맞는 외과의 역사를 말한다. 외과학은 1980년대에 복부수술이 시작되고, 1920년대의 뇌수술, 2차 대전 후의 외과학의 분과, 50년대 개심수술, 신장이식술, 80년대 태아수술 등을 지나 지금 20세기 맨 끝의 "space age, high tech, cyber age"에 맞는 외과학으로 진화했다.

14.2 과거의 외과 역사(1842년 이전)

100여 년 전인 1890년대에 이르러서야 복부수술, 즉 위절제, 담낭절제, 장문합술, 충수절제 등이 시작되었다는 사실을 언급한 바와 같이 외과의 발달은 인류의 과학문명 발달의 선두주자인 전쟁무기의 발달에 비하여 대단히 늦고 지루한 과정을 거쳤으며, 이는 앞으로도 그러할 것이다. 특히 14세기에 이르러 서구에 닥친 화약의 사용은 전쟁의 양상을 달리 하게 되었으며, 사회구조의 변화를 가져오게 되었다. 특히 화약의 사용으로 생긴 대량 살상은 전쟁외과의 발전을 가져오게 되었고, 살상의 정도가 심해짐에 따라 신성시 되던 혈액, 장기 등등이 보통 사람의 눈에도 보이게 되는 즉 내장 노출, 육체 내부 노출의 시대가 왔으며, 동시에 인간의 몸에 대한 호기심을 유발시키는 결과를 초래하였다.

출혈과 총상에 대하여 인두로 지지거나 끓는 기름을 붓고, 지혈을 위한 고약을 바르던 전래의 치료법이 압박 또는 혈관결찰 등 합리적인 기술로 바뀌게 되며, 지혈제도 차츰 덜 독한(부식을 덜 시키는) 약제를 사용하는, 인체에 해를 덜 끼치는 방법으로 서서히 변화되기 시작했다.

15세기에 들어와 일어난 일련의 사태, 즉 동로마제국 Constantinople의 함락, 활판인쇄술 개발로 인쇄물의 확산 등등으로 교회의 힘이 약화되고, 따라서 사람 쪽으로 힘의 균형이 옮겨지게 됨으로 인체 해부가 허용되고, 성서를 떠난 인간의 지식발달이 가져다주는 이익에 눈이 뜨게 된 것도 이태리에서 시작된 문예부흥(Renaissance)과 상통한다고 본다. 이러한 인체에 대한 새로운 흥미는 미켈란젤로(Michelangelo), 라파엘(Raphael) 등이 남긴 아름다운 사람의 그림과 조각에서 증명되었고, 후세에 발견된 레오나르도다빈치(Leonard da Vinci)의 여러 삽화 및 상상도에서 찾아볼 수 있다.

이런 새로운 것에 대한 흥미와 연구는 예를 들자면 1543년 발간된 해부학 책(De humani corporis fabrica by Vesalius)으로 대표 될 수 있다. 약관 23세에 퍼듀(Padua) 대학의 외과 및 해부학교수로 임명된 베살리우스(Vesalius)는 당시의 해부학에 대한 세인의 관심을 대변했다고 볼 수 있다. 같은 시기 역사적 사건은 Copernicus의 지동설 발표 역시 당시의 첨단연구의 방향을 시사한다.

노예인 검투사를 치료하던 갈렌(Galen, 130～201년)의 신분에서 짐작하듯이 과거의 외과의의 신분은 대체로 내과의사보다는 하층계급이었다. 갈렌은 비록 자신은 출세를 하여 명성을 날렸고, 내과와 외과를 확실히 분리시킨 시조로 알려져 왔지만, 당시의 세태를 대표하였으리라고 본다. 분리된 후 외과는 해부학적 지식의 결여로 인기가 없는 천한 기술로 전락하였다.

13, 4세기 유럽 각국에 의과대학이 생긴 후에도 대학 정식과목이 못 되고, 짧은 가운을 입고, 이발사 및 치과, 붕대사 등의 직종으로 간주되어 체계적인 지식이 없이 경험적인 치료를 하는 직종이 되었다. 의과대학에서 교육받는 의사가 아닌 속칭 외과돌이인 외과의는 치과(발치)도 취급하는 이발사들과 마찬가지로 도시별, 지역별 조합을 만들어 자신들의 이익을 보호하고, 면허를 주며, 후계자를 양성하였다. 영국의 경우는 16세기에 외과와 이발사(치과)가 분리되고, 18세기에는 각각 다른 회사를 만들고, 19세기에 들어와서 공인된 외과의사학회를 만들게 된 것이다.

따라서 조합의 직공들 같이 도제제도를 통한 교육이 주류를 이루었다. 몇몇 특수한 대학을 제외하고, 일반적으로 의과대학에서 외과의를 교육 양성하게 되는 것은 19세기가 되어 외과가 인기 있는 학문이 된 다음이라고 보아야 옳다.

소위 계몽의 시대라고 불리우는 18세기에는 의학에서는 병리학과 실험외과의 시작으로 특징지을 수 있다. Padua대학의 해부학 교수인 Morgagni는 임상 증상은 부검소견과 일치한다는 주장을 해 왔으며, 병리학 교과서의 원조인 『On the seats and causes of diseases investigated by Anatomy(1761년)』를 발간했다.

정형외과(L' orthopedie by Nicholas Andre, 1741년) 발간, John Hunter의 실험외과 강좌 개설 등등이 의학사에 기록되었다. 물론 이 시대는 만유인력의 Newton 시대이기도 하며, 정치적으로 미국, 불란서혁명의 시대, 예술적으로는 Rococ 시대에 해당된다. 외과학도 차츰 과학, 학문의 길로 들어서게 된 시기이다. 그러나 아직 마취제도, 무균소독법도 모르던 외과로서는 암흑시대였으며, 오늘날 가볍게 치료되는 단순한 창상도 흔히 사망할 수밖에 없던 시절이었다.

14.3 현대 외과학의 역사

19세기는 세계 인구가 10억(12.4억, 1850년)을 넘어서 식량 생산이 늘고, 증기기관(1785년)을 방직기계에 이용한 다음부터 유럽에서 시작된 대량 생산의 기초가 된 산업혁명이 꽃을 피우는 시기이다.

동통, 감염, 출혈 및 쇼크치료 등이 전혀 해결되지 못한 19세기 초는 아직 수술이란 아주 끔찍한 목숨을 건 최후의 수단이었다. 사망률이 95%에 달하였고, 수술의 가장 큰 장애요인인 통증에 대한 대처방법인 전신마취는 에테르(ether)의 경우 1842년(Long), 1846년(Morton)에, 클로로포름(Chloroform)의 경우는 1847년 심프손(Simpson)에 의해 시술이 되어 전 세계적으로 유행되었으며, 인류를 수술 및 동통의 공포로부터 벗어나게 했다. 이런 마취의 확산은 한편으로 보면 당시 첨단 사상인 인본주의, 인간 중심주의의 확산과도 일치하는 것이라고 볼 수 있다. 즉 노예 해방운동, 감옥의 개선, 공중보건의 인식, 정신질환의 인정 등도 같은 첨단 사상인 것이다.

동통에 대한 마취제 사용이 쉽게 널리 퍼진 것에 비하면 창상감염 대처방안은 늦게 개발되었다. 수술 상처에서 고름이 나오는 것은 당연한 것으로 인식되었으며, 성홍열, 패혈증, 괴저 등도 당연한 병원증상(hospitalism)이라고 이해되었다. 패혈증이 급속히 진행한 환자는 미처 고름이 못 생기고 사망하는 경우가 관찰되고, 그러나 생존자의 상처는 화농을 거치기에 고름은 고마운 고름(laudable pus)이라고 까지 했다.

리스터(Lister) 교수가 『On the antiseptic principle in the practice of surgery(1867년)』을 발표하면서 고름은 나쁜 것이고, 예방할 수 있다고 말했다. 따라서 그는 국제적인 거짓말쟁이가 되어 조롱의 대상이 되기도 했다. 불란서의 화학자이며 모험 사업가인 파스테르(Pasteur, 1963년)가 식품, 포도주 등의 부패를 막는 방법을 고안하여 방부사업을 번창시켰으나, 이는 의학과는 관계가 없는 일로 받아들여졌다.

Lister의 소독법과 무균수술법은 영국에서는 더 이상 개발되지 못하였으며, 그 개념을 발전시킨 독일 의학자(Schimmelbusch, 1892년)들에 의하여 이후 개발되어 확립되었다. 수술용 고무장갑은 1890년 처음 사용되었고, 거즈 마스크는 1900년에 사용되기 시작하였으며, 수술 전에 손을 비누로 깨끗이 씻는다는 간단한 개념조차도 20세기에 들어와서야 겨우 확산되었다.

1826년 렘베르트(Lembert)에 의하여 개발된 장 연결방법은 아직까지 금단의 장소로 알려진 복부, 장 수술의 문을 열기 시작했다. 소장 절제(1878년), 담낭 절제(1878년), 위(1881년), 위암(1883년), 충수(1885년) 절제 등이 그것이다. 이런 외과수술기술의 발달과 함께 Heidenhain, Eck, Haller, Magendie, Bernard 등 외과생리학 연구의 진보로 외과학의 원시성을 벗어나기 시작하였다. 쇼크의 기전, 흉곽 및 호흡생리 등의 문제는 20세기에 이르러서야 이해가 되기 시작하였으나 흉곽, 두개 등은 아직도 금단의 성역이다.

20세기에 들어와 X-선의 발견(1895년), 혈액형의 발견(1900년), 화학요법, 항생제, 수혈, 수액, 수혈, 영양, 내분비학 등의 발전은 오늘날 우리가 누리고 있는 현대 외과의 발달 초석이 되었다. 신경외과, 흉부외과, 폐 수술, 심장수술 등의 발전 모두가 20세기의 업적이다. 이들 발전에 비하면, 후반의 장기이식(신장 1954년, 간장 1963년)

은 당연한 결과라고 볼 수 있다. 외과의 마지막 성역이라던 심장도 단순한 손상 수선에서부터 선천성 기형 교정, 허혈성질환 치료를 위한 관상동맥 재건(by-pass), 그리고 심장이식(1967년)까지 진보하였다. 외과의 성역을 훨씬 넘어 다른 세상인 태아수술(1982년)도 Harrison에 의하여 태아의 횡격막탈장을 교정함으로써 실현되어 요즘은 태아진단 및 수술이 첨단의학이 되었다.

14.4 21세기 외과학의 발달

21세기의 외과를 상상함에 있어 문제점은 ① 이미 새로운 기술, 발달이 느리다. ② 새 기술보다는 현재의 기술의 약점을 보완, 발전시켜야 한다. ③ 조기진단, 조기치료가 필요하다. ④ 의료비용을 줄여야 한다. ⑤ 치료, 입원기간을 줄여야 한다. ⑥ 인체 침습의 최소화가 필요하다는 점이다.

따라서 ① 내시경 수술, ② 복강경 수술, ③ robotic, virtual reality, telepresence, ④ image guided surgery, ⑤ laser 등 신기술의 이용과 확산이 필수적이다. ⑥ 나날이 늘어가는 교통사고 등에 대비한 외상치료 기술의 진전 등이 예견된다. ⑦ 인공장기, 대용기관의 개발로 부족한 이식용 장기의 수요를 대치해야 할 것이다.

또 거부현상 등의 생리적인 방어기전에 대한 조정기술(modification techniques)의 개발로 암, AIDS 등의 치료법이 개선되며, 여러 생리작용에 대한 약물조정 기술이 개발되어 손과 기계로 환자를 치료하는 외과의사의 새로운 무기가 될 것이다. 이런 새 분야에 따른 전문 과목의 변화 또한 당연하다고 본다.

14.5 외과 년표(Time Table of Modern Surgery)

외과 년표(Time Table of Modern Surgery)

· 1842년	Ether 마취(Long)	
· 1846년	Ether 마취술 공개(Morton/Warren)	
· 1861년	산욕열 방지법(Semmelweis)	미국 남북전쟁 시작
· 1867년	Lister 무균 수술원칙 발표	경복궁 복원 / 증축 시작
· 1868년	Nitrous Oxide-Oxygen 마취	일본 명치유신
· 1877년	Koch 창상감염 원인균	부산, 일본군 서구식 의원 개설
· 1978년	담낭 절제술 성공	

(계속)

· 1882년	유방 절제술(Halsted), 인공기흉술	한미수호조약, 탄소전구(에디슨)
· 1883년	위암 절제술 성공(Billroth)	서울 일본관 의원 개설
· 1884년	Coccaine 안 마취, 척수마취 시작	개화당 우정국 사건
· 1886년	충수염 수술, 증기소독법	광혜원 개칭(제중원), Benz Motor 설립
· 1889년	외과 레지던트 제도, 고무장갑	
· 1892년	자불소독법(Schimmelbusch)	
· 1895년	Roentgen X-선 발견	중일전쟁, 갑오경장
· 1899년	관립의학교, 제중원의학교 설립	
· 1900년	혈액형 발견, 거즈 마스크 사용	
· 1905년	국소마취제 procaine 사용	을사보호조약, 조선통감부
· 1910년	Chemotherapy, salvarsan	한일합방, 총독부
· 1915년	마취기내 이산화탄소 흡수장치	경성의학전문학교 승격(1916년)
· 1918년	공기 뇌실조영술(Dandy)	1차 세계대전 종전
· 1927년	경성제국대학 松井교수 외과개설	
· 1929년	페니실린 발견, 심도자법 개발	
· 1935년	설파제 사용(Domagk)	
· 1948년	거대결장증 수술개발(Swenson)	대한민국, 북한 정부 수립
· 1953년	체외순환법 개심수술(Gibbon)	한국동란 휴전협정
· 1954년	일란성 쌍생아 신장이식	Valium 발매, 케네디 대통령 암살
· 1963년	간 이식술(Starzl)	
· 1964년	관상동맥 bypass 수술	
· 1967년	심장이식술	중공 첫 수폭실험
· 1968년	Total Parenteral Nutrition(Dudrick)	
· 1969년	한국 신장이식수술 시행	인간 달 착륙
· 1978년	서울대병원 소아외과 개설	시험관 아기
· 1982년	자궁개방 태아수술(Harrison)	MRI 개발
· 1988년	한국 간장이식수술	서울올림픽 개최
· 1993년	한국 심장이식수술	
· 1996년	한국 폐이식 수술	

15. 지질학의 발달

15.1 지구학의 정의

지구화학(geochemistry)은 지구 또는 지질학(geo 또는 geology)과 화학(chemistry)의 합성어이다.

15.2 지구화학의 발달

지구화학은 애초 지구 구성 물질들에 대한 화학 조성에 대한 자료가 축적되면서 시작되었다고 볼 수 있다.

클라크는 1884년부터 1925년까지 USGS의 분석팀장이었다. 그는 이 기간에 암석과 광물들의 분석에 대단히 훌륭한 성과를 내고 이를 전통으로 확립하였는데, USGS는 이로 인해서 세계에서 가장 규모가 큰 연구센터로 자리잡게 되었다. 클라크는 『지구화학 자료집』이라는 책에서 화학 원소들을 소개하고 대기, 호수, 강, 그리고 바다의 화학 조성을 정리하는 것으로 시작해서 샘과 증발암, 화산가스, 마그마, 조암광물의 화학 조성, 화성암, 퇴적암, 변성암 및 광상의 화학 조성을 보고하였고, 나아가서는 화석 연료의 화학 조성을 조사하고 그 기원에 대해 토론하기까지 하였다. 이러한 업적은 현재 지구화학에서 다루는 일과 대단히 유사한 것으로, 클라크야말로 진정한 의미에서 현대 지구화학의 시조라 할 만하다.

클라크가 미국에서 지구화학의 기초를 다지는 동안 소련에서도 지구화학은 비약적인 발전을 한다. 이 발전의 기초를 마련한 사람이 블라디미르 이바노비치 베르나드스키(Vladimir Ivanovich Vernadsky, 1864～1945년)와 그의 제자 알렉산더 퍼스만(Alexander Fersman, 1883～1945)이다. 베르나드스키는 매우 뛰어난 업적을 남겼음에도 불구하고 서방 세계에는 잘 알려지지 않았다. 베르나드스키는 야외로 학생들을 데리고 다니면서 광물을 보여주고, 이 광물들이 화학반응의 결과물이라 생각하도록 가르친 사람이다. 이러한 점은 그 전의 광물학에 비하면 상당히 파격적인 접근 방식이었다. 그는 또한 지질학과 지구화학에서 생물이 중요한 역할을 한다고 강조하였다. 실제로 그는 생물이야 말로 가장 강력한 지질학적 힘의 근원이며, 지각도 생물권으로부터 유래하였다고까지 생각하였다(물론 이것은 틀린 점이 많은 생각이다).

베르나드스키는 여러 종류의 언어에 능통했는데, 그 중 프랑스어로 써서 파리에서 출간된 쓴 두 권의 책은 매우 중요한 업적으로 인식되고 있다(Vernadsky, 1924년, 1929년). 베르나드스키는 동시대의 다른 사람들보다 훨씬 앞서 나갔으며, 이러한 그의 생각은 후에 Lovelock(1979년)이 주장한 'Gaia hypothesis'의 모태가 되기도 하였다. 그가 주장한 지질학에 있어서 생물권의 중요성은 요즈음에 다시 조명되고 있으며, 러시아에서는 그를 20세기를 빛낸 가장 위대한 과학자 중의 한 명으로 평가한다.

퍼스만은 모스크바 대학에서 베르나드스키(V. I. Vernadsky)의 지도로 광물학을 공부했다. 퍼스만은 1907년에 학위를 마치고 5년 후 27세의 나이로 광물학 교수가 되었다. 이후부터 그는 특히 응용분야를 강조하면서 지구화학 분야에서 연구와 강의에 모두 뛰어난 업적을 남겼다.

퍼스만은 소련 전체를 널리 여행하고 특별히 사람의 발길이 뜸한 곳들을 조사하였다. 이 덕분에 퍼스만은 콜라 반도(Kola peninsular)에서 인회석 및 니켈광을 발견하였고, 이와 비슷한 일이 몇 차례 반복되면서 황무지 같던 땅들이 하나씩 광업과 공업의 중심지가 되어 갔다. 퍼스만은 또한 중앙아시아를 탐사하기도 했는데, 이때 Kara Kum에서 수십 년 간 채굴할 수 있는 황 광체를 찾아냈다.

퍼스만은 1934년과 1939년 사이에 『지구화학(Geochemistry)』이라는 네 권짜리 책을 펴냈다. 그는 이 책에서 자연에 분포하는 화학 원소들의 해석에 물리화학적 원리를 응용하였다. 무엇보다도 퍼스만의 공로는 고무적인 강의와 흥미 있는 책의 출판을 통해 지질학 및 지구화학에 대한 대중들의 관심을 이끌어 냈다는 점이다. 톨스토이(Alexander K. Tolstoy)는 퍼스만을 '돌의 시인'이라고 부를 정도였다.

퍼스만이 이러한 찬사를 들을 수 있었던 것은 그가 일반인들을 대상으로 만인을 위한 광물학, 암석에 대한 회고, 나의 여행기, 보석 이야기, 그리고 모든 사람을 위한 지구화학 같은 책을 펴냈기 때문이다. 퍼스만은 우리는 게으르게 이 광대한 나라로부터 단순히 무얼 바라고 있을 수만은 없다. 우리는 능동적으로 이 나라를 다시 세우고 그로부터 새 생활을 창조하여야 한다고 말해 지구화학이 나라를 위해 봉사하여야 한다는 굳은 신념을 내비쳤다.

퍼스만이 소련에서 왕성하게 활동하던 거의 같은 시기에 독일에서는 빅토르 골드쉬미트(Victor M. Goldschmidt, 1888～1947년)라는 걸출한 지구화학자가 활동하였다. 골드쉬미트는 1911년 오슬로에서 열역학적인 상률을 이용한 접촉 변성작용에 대한 연구로 박사학위를 받았다. 그 다음 해에 라우에(Max von Laue)가 X-선 회절을 이용하여 광물의 구조와 이를 이루는 이온들의 반경을 알아낼 수 있음을 발견하였다. 골드쉬미트는 1922년부터 1926년까지 오슬로 대학에서 다른 연구자들과 함께 X-선 회절분석을 이용해 여러 광물들의 결정 구조를 밝혀내었다(Goldschmidt, 1930년).

1930년에 그는 괴팅겐 대학으로 옮겨 그 곳에서 분광학을 이용해 원소들의 분포에 대해 연구하였다. 골드쉬미트는 이때의 연구 결과로부터 최밀격자의 모양, 희귀 원소에 의한 치환의 조건 등에 대한 일반적인 규칙을 발견하였고, 이를 바탕으로 지각을 구성하는 광물 내 원소의 분포를 이해하였다.

골드쉬미트는 1935년에 오슬로로 돌아왔으나, 독일이 1940년에 노르웨이를 침공한 이후에는 연구를 계속할 수 없었다. 그는 1942년 스웨덴으로 이주하였고, 그 후에는 영국으로 건너가 Macaulay Institute for Soil Research에서 일하기도 하였다. 그는 1946년 오슬로로 다시 돌아왔으나 노르웨이 수용소에서 겪은 병이 악화돼 1947년 59세의 나이로 생을 마감하였다. 골드쉬미트는 『Geochemistry』이라는 미완의 책을 남겼고, 이는 후에 알렉스 뮈르(Alex Muir)에 의해 완성된 후 1954년에 출판되었다. 1988년 학술지 『Applied Geochemistry』는 골드쉬미트의 탄생 100주년을 기념하는 특별호를 발행하기도 하였으며, 현재에 가장 큰 지구화학 국제 학술대회가 그의 이름을 따서 진행되고 있다.

골드쉬미트의 가장 큰 지구화학적 업적은 이온의 크기와 전하를 근거로 동형 치환을 논리적으로 설명하였다는 것이다. 그는 여기서부터 그의 지구화학적 업적을 쌓아가기 시작한 것이다. 골드쉬미트의 뒤를 이어 원소의 분포에 대한 연구가 여러 뛰어난 지구화학자들에 의해 계승되었으며, 이들 중 특기할 만한 사람들로는 남아공의 아렌스(H. Ahrens), 영국의 놐콜즈(S. R. Nockolds), 호주의 테일러(S. R. Taylor), 핀란드의 란카마(K. Rankama), 독일의 베데폴(K. H. Wedepohl), 구소련의 비노그라도프(A. P. Vinogrdov), 카나다의 쇼(D. M. Shaw), 그리고 미국의 튜리키안(K. K. Turekian) 등이 있다.

제 13 장

한국의 과학 발전사와 오늘

1. 삼국시대 과학의 발전사

우리나라에서 과학의 역사적 발달은 삼천리금수강산에 한민족(韓民族)이란 조상이 살기 시작한 때부터 시작되었다라고 할 수 있다. 기록과 유물로 분명하게 남아 있는 근거로 본 한국과학사의 시작은 삼국시대부터라고 알려지고 있다. 그러나 시대적 배경이 멀어질수록 초기 과학사의 자료가 될 수 있는 기록은 극히 부족했다. 예를 들면 김부식이 12세기에 완성한 『삼국사기』와 13세기 일연의 『삼국유사』의 경우 과학기술의 내용을 전달해주는 기록은 극히 적었다.

그렇지만 자연현상에 대한 기록은 상당히 많이 포함되어 있어서 당시의 자연관을 보여주는 과학사적 자료가 되었다. 일식, 월식, 혜성 등의 천문기록이 있는가 하면, 가뭄과 홍수와 같은 땅 위에서 일어난 자연의 부조화도 기록해 놓았으며, 흰 노루나 유난히 큰 벼 이삭, 그리고 3쌍둥이의 기록 등이 그것이다. 삼국사기에는 이런 자연현상의 기록만 1,000여 개가 실려 있다. 이들은 자연현상을 그저 과학적으로 관찰해 보고했던 것이라기보다는 당시 사람들이 갖고 있던 이상한 현상들을 실어놓은 기록이라고 말할 수 있다.

동양적 기본사상에 의하면 우주는 하늘, 땅, 인간으로 구성되어 있다. 삼국시대부터 한국인들은 이 삼재 중 하늘에 대해 특히 관심이 많았다. 실제로 삼국시대부터 가장 일찍 발달한 과학 분야는 천문학이라 할 수 있는데, 그 대표적인 유적은 경주에 남아 있는 첨성대가 가장 널리 알려져 있다. 첨성대는 그 모양, 돌을 쌓은 단의 수, 쓰여진 돌의 수에 이르기까지 여러 가지 상징적 의미를 가지고 있지만, 신라에서는 어떻게 사용되었는지 그 용도를 정확하게 알 수는 없다.

그러나 신라의 수도 경주에 첨성대가 세워진 647년 전후 천문학의 발달은 단편적으로 기록에 남아 있었다는데 의미가 있는 것이다. 승려 도증이 천문도를 얻어왔다는 기록이 있으며(692년), 물시계를 만든 기록도 있다(718년). 또 이를 관장하는 관서로 누각전을 두어 이곳에 천문박사 1명과 누각박사 6명을 배치했다는 기록도 남아 있다(749년). 누각전의 명칭은 물시계 담당 관서로 되어 있지만 당시의 천문역사학을 담당한 본부였음을 알 수 있다.

고구려와 백제에 어떤 천문학이 발달하고 있었는가에 대한 확실한 기록은 없다. 그러나 일자와 일관이 쓰였다는 것과 일본에 기록이 남아 있는 것으로 보아 그 수준이 아주 높았다는 것을 알 수 있다. 4세기 백제의 왕인과 아직기가 일본에 학문을 전한 이래 여러 차례 백제와 고구려에서 천문학, 역산학, 역학, 의학, 약학 및 그 밖의 여러 가지 기술이 전해졌다는 사실이 『일본서기(日本書紀)』에 남아 있다. 특히 602년 백제의 승려 관륵은 일본에 역을 전하고 역법을 가르쳤는데, 이는 백제가 6세기까지는 천문역법에 대한 수준이 상당했음을 간접적으로 보여주는 것이다.

2. 고려시대 과학의 발전사

고려시대를 대표하는 과학 분야는 지리학을 들 수 있다. 고려의 지리사상은 신라 말의 승려 도선(827~898년)에서 비롯되었는데, 도참사상과 연결되어 상당부분 지리학이 발달되었음을 인지하여 주고 있다. 그러나 하늘의 별들이 만드는 무늬를 읽어 그 뜻을 파악하려면 천문학과 마찬가지로 당시의 지리학은 사람이 살다 죽어서 묻혀 있는 땅의 모양을 파악하여 그 인간에 대한 뜻을 읽으려는 점에서 당대의 대표적인 과학의 일부를 알 수 있었던 것이다.

천문역사학은 고려 초부터 상당히 발전한 모습을 보여준다. 11세기 초부터 천문관측 기록에 의해 일식 등을 예보했으나 적중되지 못했다는 기록도 보인다. 대체로 11세기 초에 고려는 독자적으로는 역의 계산을 하고 있었고, 천문학자 등의 학자들과 기술자도 과거제도의 한 부분으로 제도화시켜 전문 관서로 정비시켜 그들 고유의 활동영역도 확보하기 시작했던 것으로 추정된다. 천문, 지리학자의 경우 그 관서는 관상감 또는 서운관으로 정착하고, 의사의 경우는 태의감, 대비원, 혜민국 등으로 정착했다.

역사학은 고려 후기 원나라로부터 수시력(授時曆)을 배워오는 과정을 통해 한 단계 높은 발전을 이룩한 것으로 보이고, 같은 시기에 고려 의약학은 수많은 향약에 관한 책들을 출간해 내면서 새로운 민족의학의 전성기를 마련하였다. 향약 연구의 활성화는 식물학 발전을 의미하는 것이었지만, 그 성과가 뚜렷하게 남게 된 것은 조선 초

세종 때의 일이다. 고려시대에는 고려자기로 대표되는 도자기 기술과 금속활자의 발명을 바탕으로 한 인쇄기술이 크게 발전한 것으로 알려졌다.

이 기술의 바탕에는 그에 상당하는 과학이 발달해 있었다는 것을 짐작하게 한다. 그러나 도자기 기술의 근거가 되는 열 문제나 풀무 등에 대한 과학지식의 정도에 대해서는 확실한 내용은 알기가 어렵다. 마찬가지로 금속활자나 이미 삼국시대부터 크게 발달했던 범종의 기술 뒤에 감추어진 금속에 대한 과학내용 역시 그 상세한 것을 알 방법은 없었다. 이들 전통기술의 근간에는 상당한 수준의 과학기술이 바탕이 되어 있었음을 알 수 있다.

3. 조선시대 과학의 발전사

3.1 전 기

세종 때 천문역사학의 발달은 조선 전기의 과학 발달상을 대변한다. 삼국시대의 과학을 대표하는 분야가 첨성대로 상징되는 천문학이었다면, 조선 초기의 천문학은 천문학 자체보다 역사학의 발달로 보는 것이 무방하다. 특히 15세기 전반 궁중에서는 세종의 직접적인 지휘 아래 많은 천문역사 연구와 함께 수많은 기구들이 제작되고 천문관측이 활발히 이루어졌다. 이 시기의 천문기상학 연구는 간의(簡儀)를 비롯한 천문기구의 제작과 사용, 측우기와 수표 그리고 1442년에 완성된 『칠정산』(七政算 : 운동하는 천체의 위치를 계산하는 방법을 서술한 역서) 등이 대표적이라 할 수 있다.

세종 때 과학기술 발달상을 보여주는 다른 예로는 『농사직설』, 『향약집성방』, 『의방유취』, 『팔도지리지』, 『총통등록』 등을 들 수 있다. 이것은 모두 기술에 관한 책이지만 농업기술과 의약 지식, 박물학, 생물학 등에 대한 내용을 담고 있다. 또 화기제조에 관한 기술은 여러 화학분야의 지식을 전제한 것이며, 세종 때 발달한 인쇄기술 또한 화학지식과 함께 물리학적 지식을 요구하는 것이었다. 그리고 조선 전기의 발달된 과학 분야 가운데 의학의 경우는 뒷날 허준에 의해 『동의보감』으로 정리되었다.

3.2 후 기

1601년 중국 베이징에 선교사 마테오 리치(Matteo Ricci)가 정착해 기독교와 함께 서양의 새로운 과학지식을 전파하기 시작하자 그 영향은 바로 조선에 미치기 시작했다. 특히 해마다 한 번 이상 베이징에 파견된 조선 사신들을 통해 서양의 과학기술 지식이 전파된 계기가 되었다. 서양 과학의 영향은 실학자들 사이에서 뚜렷하게 나타난다.

이익(李瀷, 1681～1763년)은 공자가 다시 태어난다면 서양 천문학을 따를 수밖에 없었을 것이라 하면서 서양과학의 새로운 지식을 인정했으며, 홍대용(洪大容, 1731～1783년)이 동양 사람으로는 처음으로 지전설을 주장한 것도 사실은 서양 과학지식을 독창적으로 해석해 얻은 결론이었다. 18세기 말부터는 박제가(朴齊家, 1750～1805년)와 정약용(丁若鏞, 1762～1836년) 등이 중국에 있는 서양 선교사들을 통해 서양의 앞선 과학기술을 적극 받아들여야 한다고 주장한 일도 있었지만, 기독교의 위협을 피부로 느끼고 있던 양반 지배층에게는 받아들이기 어려운 부분에 불과했다.

서양 과학기술의 수용에 상당한 진전을 보이기 시작한 일본과 중국에 비해 조선은 이미 과학기술을 수용하는 국제 경쟁에 뒤졌으며, 최한기 같은 소수의 학자들은 중국에서 나온 과학기술서를 국내에 번역해 들여왔을 따름이었다. 중국에서의 아편전쟁과 그 후의 참담한 실상, 그리고 미국에 의해 개국을 당한 일본의 현실이 조선의 지배층에게도 상당한 위기의식을 불러 일으켰을 것이다.

1860년대 흥선대원군은 서양기술을 배우면 나라가 멸망한다고까지 생각했었다. 그러나 그런 의식이 근대 과학기술의 습득을 위한 제도적 장치를 만들어가는 기초를 만들기는커녕 오히려 근대 문명에 대한 퇴보를 야기 시켰던 것이다.

3.3 조선시대 이후

결국 1876년 개국과 함께 겨우 서양 과학을 배우려는 의식이 싹텄지만 국내 혼란과 조선을 둘러싼 국제적 갈등의 틈에서 조선의 지식인들은 제대로 과학을 배울 기회를 갖지는 못했고, 지배층은 과학을 뿌리내리게 할 제도를 만들 여유를 얻지 못했다. 1883년 창간된 최초의 근대 신문인 『한성순보』가 주로 서양 과학지식을 보도했고, 1890년대의 독립협회와 1900년대의 애국 계몽운동에서 과학의 중요성은 알고 있었지만 막상 과학을 제대로 교육하고 보급할 기회는 전혀 얻지 못한 채 조선 왕조는 망하고 일제 강점기가 시작되었다.

개화기 이후 일부 지식층의 과제는 조선에도 과학을 심어야겠다는 것이었다. 이 생각은 일제 강점기에서도 계속되어 1930년대에는 김용관 등이 중심이 되어 대대적으로 과학 대중화운동을 벌이기도 했다. 당시의 문필가, 언론인, 법조인, 교사 등이 참가해 벌인 이 운동은 4월 19일을 과학 데이로 정하여 여러 가지 행사를 마련하고 과학 잡지인 『과학조선』을 내는 등 과학기술 진흥을 통한 민족역량 향상운동을 추진하였다.

1933년 이래 이 민족운동은 일제에 의해 곧 탄압을 받게 되었다. 그런 가운데 조선의 청년 과학자 석주명(1908～1950년)은 우리나라의 나비를 채집하고 분류하여 세계 학계에 소개함으로써 근대적 생물학의 시작을 보인 계기가 되었다. 일본에서 태어난 우장춘(1898～1958년) 박사는 농학을 연구해 해방 뒤 농학개척에 한몫을 담당하여 씨 없는 수박 개량에 성공하기도 하였다. 한국의 실질적 근대 과학사는 8・15 해방 이후부터 시작되었다고 말할 수 있다.

1945년까지 한국인으로서 과학자로 지칭할 만한 사람은 10명 미만이었다. 그러나 1950년 6・25전쟁의 시작은 한국 근대 과학의 시작을 1953년의 휴전 이후로 지연시킨 계기가 되고 말았다. 결국 한국 근대 과학의 시작은 1959년 원자력원이 실제적인 과학기술 행정 관서로 출발하고, 그를 전후해서 약 200여 명의 전례 없이 많은 국비 유학생이 파견되면서였다고 할 수 있다. 1966년 문을 연 한국과학기술연구원(KIST)과 여러 과학기술 연구 교육기관들은 당시 국비 유학생들이 귀국하여 활약하면서 생겨난 대표적 기관이었다.

3.4 한국 과학사의 흐름

한국인이 한국의 과학 전통에 관심을 갖게 된 것은 최근의 일이다. 과학은 인간 활동이 어느 정도 독자적 분야로 인정되고 또 그 중요성을 인식하면서부터 개화기 이후에서야 부분적이나마 한국 과학사에 대해 지식인들의 관심을 갖게 되었다. 예를 들면 1880년대에 집필되어 1895년에 출판된 유길준의 『서유견문』에서는 조선의 과학기술이 낳은 성과로 고려자기, 거북선, 금속활자를 들고 있다. 그는 만약 후손들이 이런 전통을 연구, 발전시켰더라면 지금 세계의 영광이 조선에 돌려졌을 것이지만, 후손들이 그렇게 하지 못했음을 안타까워 글귀를 남기기도 하였다. 그 후 애국계몽의 시대에서 일제 강점기까지 한국 과학사에 대한 관심은 대체로 진행되었다.

첫째는 서양 선교사 등 서양 사람들에 의해 여러 부분의 한국 과학유물이 주목을 받기 시작하였다. 부츠의 화포, 언더우드의 선박, 루 퍼스의 천문학 연구 등은 서울의 왕립학회 한국지부를 중심으로 발표되었다.

둘째는 일본인 학자들에 의해 호기심이나 한국의 행정을 관여하면서부터 취미삼아 한국 과학사에 관심을 갖게 된 계기가 되었다. 인천측후소에 근무하던 일본인 기상학자 와다 유지가 한국 역사에 많이 남아 있는 자연현상에 대한 기록을 주목하고 첨성대와 측우기에 대해 간단한 논문을 쓴 경우가 이에 속한다.

셋째는 이 시대 한국인들의 활동을 들 수 있다. 학문적 접근에 미숙했던 한국인 학자들이 제대로 구성된 한국 과학사를 다루는 일은 적었지만, 때로는 아주 강력하게 한국의 과학전통에 애착심을 보였고, 또 이를 드러낼 수 있었다는 것이다. 최남선 등과 같은 인물을 조선 문화의 자랑꺼리로 삼았기 때문이다. 단편적이던 한국 과학사에 대한 이런 관심의 표현은 1944년 홍이섭(1914~1974년)의 『조선과학사』로 정리되기에 이른다. 원래 일본어로 쓰여졌던 이 책은 해방과 함께 1946년 한국어로 번역되어 정음사에서 간행되었다.

홍이섭은 백남운의 조선사회 경제사를 인용하면서 삼국시대를 노예제사회라 설명하고, 고려 이후를 봉건사회라 규정한다. 그러나 실제로 그의 사회경제적 입장이 그의 과학기술사 서술에 그리 중요한 영향을 미친 것으로는 보이지 않는다. 이후 대표적 한국 과학사의 저작으로는 전상운의 『한국과학기술사(1966년)』와 이를 보충해서 출판한 같은 이름의 책(1975년)을 들 수 있다.

그 후 일본어 번역판이 나왔고, 1974년에는 미국에서 영어판이 나와 한국 과학사의 국제화에 크게 이바지하였다. 그런데 홍이섭과는 대조적으로 전상운은 시대 구분 없이 한국의 과학기술 전통을 몇 가지 영역으로 구분해 서술하고 있다. 역사적 개관보다는 과학기술의 유물 등을 소개하는 데 있었다. 그는 문고판으로 『한국의 과학사(1977년)』를 출판해 그의 저술을 시대별로 요약 재구성하였다. 1982년 출간된 박성래의 『한국과학사』는 첨성대, 세종대왕의 과학, 실학 속의 과학 등 한국 과학사의 중요한 주제들을 다루고 있다.

1982년에 출간된 전병기 편저의 『한국과학사』도 홍이섭, 전상운의 저서와 『한국문화사대계 Ⅲ : 과학기술사편(1968년)』을 엮어낸 것이다. 이 책에서는 농업기술, 어업기술, 생물학, 체신, 천문기상, 지리, 의학, 조선, 인쇄, 수학 등이 들어 있어 한국 과학사의 분야별 서술을 함께 모은 업적으로 꼽을 수 있다. 1977년 출판된 『한국현대문화사대계 Ⅲ : 과학기술사』 편에서는 과학교육, 수학, 물리학 등 모두 21개 분야에 걸친 현대 과학기술사가 기술되어 있다. 그 밖의 분야별 업적으로는 의학의 김두종과 삼목영, 조선의 김재근, 수학의 김용운, 천문학의 이은성과 유경로, 도량형의 박흥수 등을 들 수 있다.

한국의 과학사 연구는 아직 초기 단계에 머물고 있는 형편이다. 북한의 경우 과학기술을 대단히 중시해서 역사연구소의 『조선문화사(1977년)』는 모든 장을 과학기술에 대한 서술로 시작해 미술, 문학, 음악, 무용으로 이어진다. 그러나 이처럼 과학기술을 중시하면서도 실제로 과학기술사 연구에서 뚜렷한 학문적 성과를 낸 것으로는 보이지 않는다.

3.5 1945년 이전

한국에서 현대적 과학기술 활동이 싹튼 것은 구한말로서, 이때 공업전습소(후 중앙공업시험소), 권선모범장(후 농사시험장)이 일본인에 의해 발족되었다. 이러한 연구기관은 1910년 국권피탈로 일본이 한국을 통치하면서 점차 활발히 움직이기 시작하여 규모가 확대되고 내용도 충실해졌다. 이리하여 목적은 딴 데 있었겠으나 일본에 의한 근대적 교육제도의 보급, 산업진흥 등 부분적인 근대화 작업 추진과 더불어 과학기술의 바탕이 되는 듯하였지만 이것은 어디까지나 일본의 이익을 위한 한국인 회유 방편에 불과하였다. 한국인의 과학기술 연구 활동의 기회는 철저하게 제한되어 결국 한국인 자체의 과학기술 능력개발에는 그다지 큰 기여를 하지 못하였다.

1945년 8・15광복 직전에는 과학기술 고등교육기관으로 경성제국대학(현 서울대학교)의 이공학부와 의학부, 경성고등 공업학교, 경성의학전문, 수원고등농업학교, 광산전문 등이 설립되었고, 연구기관으로는 조선총독부 중앙공업시험소, 농사시험장, 중앙지질조사소 등을 설립하여 철저하게 일제의 약탈도구로 사용하기 위한 수단에 의해 세워진 것들이라고 생각하는 것이 타당할 것이다.

3.6 1945년 이후

8・15광복으로 일본인들이 물러가자 한국의 연구 활동은 한동안 공백기를 벗어나지 못하였다. 전쟁 후의 혼란, 국토의 분단, 훈련된 과학기술자의 부족과 시설미비 등으로 시험, 연구 활동은 부진을 거듭하였고 과학기술 교육도 심한 침체를 벗어나지 못하였다. 이러한 어려운 환경에서도 독자적인 운영의 기틀이 잡혀가고 우리 손으로 교육된 젊은 과학기술 학도들이 교육을 마치고 과학기술 활동에 활력을 불어넣으려고 할 때 6・25전쟁이 발생하였던 것이다. 6・25전쟁으로 막대한 연구, 실험 시설의 파괴와 인적자원의 손실로 또 다시 과학기술 활동은 중단되었다.

그러나 1953년 휴전이 성립되자 활발한 복구사업에 주력하여 미국의 도움을 받아 1950년대 후반부터는 그동안 관계기관에서 양성된 많은 과학기술자들의 활발한 활동으로 외국원조에 의한 기재의 도입과 연구 활동이 점차 궤도에 오르기 시작하였다. 서울대학을 비롯한 여러 대학의 연구시설도 확충되어 전쟁 전의 상태보다 훨씬 나아진 것은 물론 의학, 화학 등 몇 분야에서는 주목할 만한 연구 활동이 진행되었고, 아울러 원자력의 평화적 이용에 관한 세계적 추세에 따라 초보적이기는 하나 원자력 연구도 진행되었다.

그 당시 국립 연구기관으로 원자력연구소를 비롯하여 23개에 이르렀는데, 이 연구소들의 관장업무는 산업기술 향상을 위한 연구, 공통적 기초업무의 연구, 국민의 보건, 복지 연구, 국가발전에 관한 연구 등으로 나눌 수 있었으나 그 중 대부분이 생활필수품에 국한되어 연구, 실험분야에 까지는 미치지 못한 실정이었다.

4. 현대 과학사적 발달사

4.1 1960년 이후

박정희 정부가 경제개발에서 과학기술의 중요성을 인식하고 국가적 차원의 전략적 개발계획을 세운 시기가 1962년이었다. 제1차 경제개발 5개년계획(1962~1966년)을 기점으로 하여 공업화가 본격적으로 시작되었으며, 과학기술은 이러한 경제개발을 어떻게 지원하느냐 하는 관점에서 국가발전 계획의 일부로 조직적인 개발이 시작되었다. 따라서 1960년대는 준비기간이라고 볼 수 있는데 이 기간 중 과학기술진흥법이 제정되었으며, 이에 따라 1967년 과학기술 정책수립 및 조정지원 담당 중앙관서로서 과학기술처가 발족되었다.

이보다 1년 먼저 1966년에 이미 산업기술 개발의 핵심기관으로 한국과학기술연구소(KIST)가 종래의 국립연구소들의 단점을 개선한 새로운 운영방식의 현대적 연구소로 발족되었다. 그러나 뚜렷한 목적의식과 종합적인 실천방안이 제시된 것은 1970년대의 과학기술 정책방향이 설정된 이후부터라고 말할 수 있다. 즉, 1970년대 과학기술 개발방향을 ① 과학기술 발전의 기반구축, ② 산업기술의 전략적 개발, ③ 과학기술 풍토조성에 두고 제3~5차 경제개발 5개년계획 기간 중의 과학기술 개발사업을 전개시켜 온 것이다. 발전기반의 구축으로서는 과학기술처의 발족 이래 기술개발촉진법(1972년), 기술용역육성법(1972년), 특정연구기관육성법(1973년), 국가기술자격법(1973년) 등이 제정 공포되어 과학기술 발전의 기초를 구축하였으며, KIST의 설립으로 연구개발 체제정비에 전환점을 만들어 가기 시작했다.

개발도상국의 과학기술이 안고 있는 가장 큰 취약점의 하나는 과학기술 인력의 양적 부족과 질적 미흡에 있었는데 한국도 예외는 아니었다. 1960년대의 공업화 과정에서 그 수요가 급증하는 과학자, 기술자, 기능 인력을 확보하기 위하여 정부는 장기인력 수급계획의 수립, 해외 두뇌의 유치, 특수 이공계 대학원인 한국과학원(KAIS : 현 KAIST의 전신)의 설립, 이공계 대학교육의 진흥, 실업교육과 직업훈련의 확충, 국가기술자격 제도의 창설, 기능대학의 설립 등 종합적인 인력개발 체제를 갖추고 다각적인 인력 양성과 활용 시책을 펼쳐 나갔다. 한편, 이 기간에 국제 기술협력 활동도 크게 강화되었다.

과학기술처는 국제 기술협력의 총괄부처의 위치에 서서 국제연합(UN), 국제개발처(AID), 콜롬보계획, 여러 나라와의 기술협력 등을 강화하였으며 나아가서 아프리카, 동남아시아 국가 등 개발 도상국가들에게 까지 기술제공도 할 수 있게 되었다. 한국은 1950년 초부터 1960년대까지 약 1억 6,000만 달러의 기술 원조를 받아왔으나 소기의 성과를 거두지 못하는 경우가 많아 1972년에는 보다 효율적으로 급변하는 기술 수요에 대처하기 위하여 국제기술협력 5개년계획을 세웠다.

산업기술의 전략적 개발이라는 면에서 살펴보면 1960년대는 공업화의 시발단계라고 할 수 있었다. 이 기간에는 생산시설과 기술을 거의 전적으로 선진국에 의존하면서 일부 전략적 수입 대체산업(에너지, 비료, 시멘트 등)과 수출 지향적 경공업을 육성하였다. 이 기간에 과학기술 활동의 특색은 주로 도입된 선진기술이 한국기업의 생산과정에 적용될 때 생기는 문제를 해결하는 현장 문제해결의 역할을 담당하는 것에 불과했다.

1970년대는 성장단계라 할 수 있다. 이 기간에는 좀 더 선택된 전략산업(기계, 철강, 화공, 조선, 전자 등)을 육성함으로써 산업국가로서의 기초를 다지는 데 주력하였다. 이 기간의 과학기술 활동의 특색은 당면문제 해결 역할 외에 선진국에서 도입한 기술의 개량 향상에 힘쓰는 일이었다. 1980년대에는 이와 같은 1960～1970년대에 이룩한 산업화를 기반으로 하여 선진공업국가로의 도약을 위한 자주개발단계로 들어서는 것을 목표로 삼았다.

4.2 1980년대

1980년 11월 과학기술분야 정부 출연 연구기관 통합조정안에 따라 과학기술처 산하 5개 연구기관과 타 부처 11개 연구기관이 과학기술처 산하 9개 연구기관으로 통합되었다. 1981년 10월 과학기술처는 제5차 경제개발 5개년계획의 과학기술부문 실천계획을 확정 발표하였다.

정부는 기술도약을 위해 1982년부터 대통령이 주재하는 기술진흥확대회의를 설치 운영하는 한편, 연구개발의 국제화, 신기술 투자의 해외진출, 반도체, 항공기 등 12개 핵심 산업기술의 토착화, 고급인력의 대단위 양성, 기업연구소의 육성 및 활용에 주력하였다.

1985년에는 2000년대를 향한 과학기술발전 장기계획 기본방향을 수립, 확정함으로써 2000년까지 세계 10위권의 기술선진국을 구현한다는 기본 목표 아래 한국에 적합한 중점 추진분야를 정하고 분야별 발전목표와 추진전략을 제시했다. 과학기술처 발족 20주년을 맞는 1987년에는 정보산업육성을 도모하기 위한 소프트웨어개발촉진법, 해양입국을 겨냥한 해양개발기본법이 제정되었다.

1988년에는 주로 대학 등에서의 기초연구 능력향상을 기하기 위한 기초과학 연구지원센터가 한국과학재단 부설로 발족했다. 또한 남극 세종과학기지가 설치됨으로써 남극 관측, 연구의 국제대열에 끼었다. 산, 학, 연, 관 협동으로 4MD램 반도체를 개발하여 한국 반도체공업 발전을 위한 이정표를 만들었다.

1989년에는 대통령 과학기술자문회의가 설치되었고, 한국과학기술연구원(KIST)과 한국과학기술원(KAIST)이 분리되어 독립했으며, 한국항공우주연구소가 한국기계연구소에 부설되어 발족했다.

4.3 1990년대

한국의 과학기술 정책은 2000년대 10위권 진입이라는 목표 달성을 위해서 정보산업, 생명공학, 신소재 등 핵심 첨단기술 분야에서 여러 가지 과제를 선정해서 G7계획을 출발시켰다. 한편 1990년에는 한・소 과학기술협력 협정, 원자력협력의정서 체결 등으로 국제기술협력이 추진되었다. 1991년에는 과학기술혁신 종합대책의 수립, 새로운 국가기술자문회의의 설치운영, 과학기술진흥기금의 설치 등을 볼 수 있다.

1992년에는 기술복권의 판매, 우리별 1호의 발사, 한국기술개발주식회사의 한국종합기술금융회사로의 개편 등이 있었다.

1995년 8월 5일 한국 최초의 상용 통신, 방송위성인 무궁화호가 미국 플로리다주 케이프 커내버럴 기지에서 맥도널 더글러스사에 의해 발사되었다. 1998년 국제통화기금의 관리체제라는 경제적 위기상황으로 과학기술 분야도 많은 어려움을 겪게 되었다. 그러나 정부의 노력으로 과학기술혁신특별법을 마련하여 연구개발 사업이 계속 진행되어 벤처기업에 대한 육성, 지원을 위해 신기술 투자조합을 결성하고 한국과학기술원 신기술창업지원단에 대한 지원을 강화하는 등 과학기술부 차원에서의 차별적이고 효과적인 벤처정책을 폈고, 민간기술개발 지원 대책도 적극 추진하게 되었다.

1998년에는 생명과학 부문과 항공우주연의 인공위성 발사 등 아주 활발한 활동을 보였다. 그 예로 새로운 항생제 전달시스템 개발, 백혈구 증식인자 형질전환 흑염소 탄생, 자기부상열차 실용화 시험운행 성공, 생분해성 고분자를 이용한 지속성 의약제제 기술개발, 미생물을 이용한 수질오염 독성탐지 시스템 개발 등을 주력사업으로 받아들여 근대 과학 한국의 위상을 세계에 떨치는 계기가 되었다.

이렇게 한국의 과학의 발달은 조선, 생명공학, 정보화 시대의 선도적 역할을 할 수 있는 세계 선진 대열에 발을 맞추게 되었다.

제 14 장

정책과 연구조직

1. 과학적 인식

1.1 과학의 힘

오늘날은 과학기술의 발달로 인하여 양자역학이나 상대성이론과 같은 새로운 물리학, 생물학의 눈부신 발전, 컴퓨터나 비행기와 같은 기술의 개발과 상용화는 새로운 약과 의술의 진보, 그리고 과학기술의 발전에 근거한 농업과 산업생산의 비약적인 발전은 20세기를 다른 세기와 구분할 수 있는 중요한 계기가 되었다. 과학의 발전과 더불어 과학기술이 사회에 미치는 영향도 엄청난 비중을 차지하게 되었다.

원자폭탄과 같은 군사기술의 발달과 자동차등의 배기가스 등에 의한 지구 환경오염의 유발과 군사적 불균형과 힘의 배분원리에 의한 싸움은 과학 문명의 부작용으로 오늘날 대표적으로 큰 사건이 아닐 수 없다. 또한 분자생물학과 생명공학의 발달은 사회에 적지 않은 영향을 끼쳤지만 인체에 적용시키기 위한 노력은 광범위한 비판을 만들기도 하였다. 20세기를 극과 극의 시기(age of extremes)라고 말한 역사학자 홉스봄(E. Hobsbawm)은 과학기술의 발달은 이로움과 해로움 동시에 나타낼 수 있는 이런 두 극단이 잘 나타난다면서 20세기 과학에 대해 심도 있게 서술하고 있다.

역사를 거슬러 올라가더라도 과학이 오늘날 인간이 얼마나 과학에 의존적이었던 시기는 없었다. 갈릴레오 이후 과학에 대해 이렇게 불안한 마음을 가졌던 시기도 없었다.

홉스봄은 과학에 대한 의심과 두려움으로, 과학의 실제적이고 도덕적인 결과가 예측 불가능하고 종종 파국적이며, 과학이 개개인의 무력감을 증폭시키고, 과학이 권위가 추락했다는 사람들의 네 가지 감정에 의해 야기되었다고 설명하고 있다.

과학의 패러독스를 진보와 이에 대한 공중(公衆, public)의 불안이라는 두 극단으로 나누어 생각하는 홉스봄의 이론은 20세기 과학의 다양한 특수성과 과학이 경험하는 복잡한 변화를 이해하기에 부족했기 때문이었을 것이다. 과학사 학자들이 과학에 대해 본격적인 관심을 가지기 시작한 것도 1970년대 중반 이후로, 이때부터 발표된 연구들은 아직 20세기 과학의 중요한 사건과 그 배경에 대한 과정과 스냅 사진들을 철하여 놓고 그 발달사를 추적할 수 있는 계기를 만들었던 것이다.

이 과학의 발달사들을 엮어서 보존함으로써 역사 이해와 무엇보다도 다양한 과학의 내적 발전과 이를 매개한 사회적, 문화적, 정치 경제적 요인들에 대한 연관성 연구가 훨씬 더 활발히 진행되어야 되기 때문이다.

1.2 현대 과학의 특수성

오늘날 모든 과학연구는 국민의 세금에 의해 지원되고 있다. 물론 과학은 기업과 대학에 의해서도 그리고 몇몇 비영리 재단에 의해서도 지원되고 있지만, 대학 자체의 지원은 그 규모가 크지 않다는 점과 기업에 의해서 지원되는 과학은 대부분 기술혁신과 밀접하게 연결되어 있는 연구라는 점을 감안한다면, 순수 기초과학의 대부분이 국민의 세금에 의해 정부를 통해 지원되고 있다고 해도 과언이 아니다.

정부 각 부처의 연구소에서 수행되는 연구는 물론 대학 교수로 재직하는 과학자도 과학재단과 같은(미국의 경우 National Science Foundation 이나 National Institute of Health) 국립 재단의 연구비에 의존하고 있다. 이렇게 국민의 세금이 기초과학 연구의 대부분을 지원한다는 것은 20세기 과학의 가장 큰 특징이다.

과학은 문화의 매우 중요한 부분이며, 한 국가의 기술과 경제의 발전을 장기적으로 추진하는 가장 중요한 요소이다. 그렇지만 역사적으로 볼 때 과학에의 지원이 국민의 세금에 의한 것만은 물론 아니다. 18세기까지 과학은 대부분 개인적인 후원(patronage)에 의해 지원되었고, 과학이 대학과 아카데미에 전문 직업으로 자리잡은 19세기 또한 과학연구는 대학의 재원과 일반 회사들의 개인적인 후원에 의해 도움을 받았다.

1870년에 세워져 대영제국의 물리학의 발전을 주도했던 케임브리지 대학의 캐븐디시 연구소(Cavendish Laboratory)가 데본샤이어(Devonshire) 경의 사재 지원금을 받아서 세워졌다는 사실은 이를 상징적으로 보여주고 있다. 물론 정부가 과학을 지원하는 경우가 없었던 것은 아니지만, 이것은 과학이 문화적 상징으로서 큰 가치를 가진 경우나(예를 들어 프러시아의 위용을 자랑하기 위해 베를린 대학에 세워진 물리학자

헬름홀츠의 실험실) 과학이 사회의 목적에 부합하는 효용을 위한 유용한 지식을 제공해 주었을 때에(단위나 표준에 대한 연구) 국한되었다.

정부가 과학을 대규모로 지원하기 시작한 것은 2차 세계대전 이후로 과학자들의 연구 활동을 근본적 바꾸어 놓았던 계기가 되었다. 1960년 당시 미국 교수협의회 회장을 역임하던 벤틀리 글래스(Bentley Glass)라는 생물학자는 20년 전이었던 1940년경 과학에 대해 다음과 같이 회고하고 있다.

1940년 당시 생물학과 조교수는 그의 연구를 위한 어떤 특별한 재원도 없었다. 연간 100불이 안 되는 돈이 잡품 비용으로 과의 예산에서 나왔을 뿐이었다. 그는 웬만큼 괜찮은 복합 현미경과 해부용 현미경 하나 정도만을 가지고 연구를 하였고, 연구기구인 배양기도 직접 만들어서 사용하여야 했고, 살균은 압력솥을 사용하였으며, 실험동물도 손수 키웠고, 누가 도움을 주면 이에 고마워했었다. 온도를 조절하는 밀폐용기가 없어서 더운 여름에는 사람들이 사용하지 않는 먼지투성이의 지하실에서 일을 해야 했다.

왜 오늘날과 같이 급속도로 과학이 발전해야 되는지에 대해 큰 변화가 있었던 이유는 무엇보다 2차 세계대전이 결정적인 영향을 미쳤다. 한 전략가가 논평했듯이 2차 대전은 레이더에 의해 이겼고, 원자탄에 의해 종지부를 찍었는데, 레이더와 원자탄은 각각 MIT의 방사능 연구소(Radiation Laboratory)와 로스 알라모스의 연구소에서 물리학자나 수학자와 같은 자연과학자들의 연구로 결실을 맺은 것이었기 때문이었다.

전쟁이라는 특수한 상황에서 가능했던 연방정부에 의한 과학연구의 지원은 전쟁이 끝나고 나서도 지속되었다. 소련의 원자탄 개발, 한국전쟁, 냉전의 심화라는 1950~1960년대 상황에서 국방 연구비의 5%가 기초 과학연구에 투자되었고, 이는 물리학을 비롯한 자연과학 분야의 급격한 팽창을 가지고 왔다(Forman 1987년). 국방성, 에너지성, NASA 이외에도 과학자들의 연구는 국립과학재단(National Science Foundation, NSF)이나 국립보건연구소(National Institute of Health, NIH)에 의해 지원되었다.

NSF는 2차 대전 중에 전쟁 연구를 감독했던 부시(Vannevar Bush)의 보고서 『과학, 그 무한한 프론티어(Science, the Endless Frontier, 1945년)』에 근거한 것이었다. 미국 대통령에게 제출된 이 보고서에서 부시는 정부와 기업에서 필요한 실용적인 기술이 대부분 기초과학의 연구에서 비롯되었음을 강조한 뒤에 정부의 예산으로 만들어진 재단이 대학의 기초연구를 지원해야 함을 역설했다.

기초연구는 본질적으로 모르는 영역(the unknown)에 대한 탐구이기 때문에 단기적인 이익을 노리는 분위기에서는 제대로 수행될 수 없음을 강조한 뒤에 부시는 이런 연구지원재단의 근본적인 원칙으로

① 장기간의 연구를 위한 기금 확보 ② 과학연구의 특수성을 이해할 수 있는 사람들에 의해 연구가 진행 되어야 하며, ③ 대학과 같은 외부기관의 연구실을 지원해야 하고, ④ 대학의 연구나 행정에 간섭해서는 안 되며, ⑤ 대통령과 의회에 대해서 책임을 져야 한다는 다섯 가지 원칙을 명시했다. 부시의 『과학, 그 무한한 프론티어』는 독자적인 과학자 사회(autonomous scientific community)의 모델에 근거하고 있었고, 또 이런 모델의 타당성을 강화시켜 주었다.

또한 사회학자인 로버트 머튼(Robert Merton)은 이미 과학자 사회의 가치체계를 구성하는 요소로서 보편주의(universalism), 집단주의(com-munism), 이해관계에 얽매이지 않고(disinterestedness), 조직된 회의주의(organized scepticism)의 네 가지 에토스(ethos)를 지적했다.

머튼의 이념은 부시나 코난트(James B. Conant)같은 과학자에 영향을 끼쳤을 뿐만 아니라, 1945년 이후 대학교육 개혁가들에게도 큰 영향을 미쳤다. 전후 미국의 대학교육 개혁가들은 객관적이고 이해관계에 얽매이지 않는 과학적 판단이 민주주의가 요구하는 시민의 덕목이라고 강조하면서, 이를 위해 대학에서 과학적 정신(scientific spirits)을 교육할 것을 강조했다.

몇몇 철학자들과 사회학자들은 여러 사회문제를 경험적인 과학적 방법으로 해결해야 한다고 역설했다. 과학은 사회의 부와 진보를 보장하는 것만이 아니라 객관성과 보편성의 상징이었다. 단, 이 모든 것은 과학이 사회에서 통용되는 정치적 권력에서 벗어나 있고, 사회에서 유리되어 있어야 가능한 것이었다. 어떤 과학연구가 바람직한가는 과학자 사회의 자율적이고 독자적인 결정에 맡겨 두어야지 정치권력의 개입에 의해 결정되어서는 안 되는 것이었다.

그 시대 소련의 뤼센코의 유전학의 실패는 정치권력이 과학의 방향에 깊숙이 개입하려 했던 시도가 과학에 얼마나 악영향을 미쳤는가를 잘 보여주는 예로 널리 알려져 있다.

과학과 사회의 관계를 파악하는데 큰 영향을 미쳤던 돈 프라이스(Don K. Price)의 『과학 계급(Scientific Estate, 1965년)』과 토마스 쿤의 『과학혁명의 구조(Structure of Scientific Revolutions, 1962년)』가 모두 사회에서 독립적인 이상적인 과학자 사회를 묘사하고 있다는 사실은 사회에서 지원을 받는 과학이 과학자들에 의해 독자적으로 운영될 때 과학과 사회 모두에 보탬이 된다는 전후 인식을 반영한 것이었다. 과학의 발전은 지속적인 지원 없이는 발전하기 어렵다는 사실이라고 말 할 수 있다.

과학이란 본질적으로는 실용적이기 때문에 국가가 장기적인 과학연구를 지원해야 한다는 부시의 주장은 냉전을 겪으면서 최근까지 미국 과학정책의 기조로 유지되었지만, 1990년대 이후 뚜렷한 변화의 조짐을 보이고 있다. 무엇보다 기초과학 연구가 기술혁신을 낳고 기술혁신이 산업의 발전을 낳는다는 식의 주장의 타당성이 의심받기 시작했다는 점이 그 중 하나이다.

1970년대 초반부터 기술사학자들과 이에 동조하는 기술자들은 역사를 통해 기술의 발명이나 개량이 과학적 이론이나 발견에 의해 이루어진 경우가 많지 않음을 주장했고, 이런 주장은 경제학자나 정책 결정자들에게 적지 않은 영향을 미쳤다. 특히 1980년대 후반부터 산업의 발전이 기초과학에의 장기적인 투자가 아니라 전략적으로 중요한 기술에 대한 투자를 중심으로 새롭게 계획되어야 한다는 인식이 대두되었다.

여기에 냉전의 종식과 미국 정부의 재정 적자는 정부 예산의 집행에 대한 국민의 감시를 강화시켰고, 이런 상황은 사회가 지향하는 목적에 잘 부합되지 않는 기초과학 연구에의 대규모 투자를 어렵게 만들었다. 게다가 과학의 발전은 눈에 띄는 사회적 개선을 가지고 오기도 했지만 인종차별, 마약, 공동체의 붕괴, 범죄와 같은 사회문제를 해결하지 못했다는 점도 부시 식의 낙관주의에 쐐기를 박았다는 것이다. 이런 문제를 해결하기는커녕 대다수 사람들은 과학이 수많은 다른 사회문제를 야기시켰다고 단정을 내리게 되었다.

1.3 과학기술이 유발하는 사회문제

2차 대전 이후 폭발적으로 팽창한 과학연구는 지금까지 존재하지 않았던 수많은 사회문제를 낳았다. 과학자나 과학을 신봉하는 사람들은 이런 새로운 사회문제들이 과학의 발전에 의해 해결될 수 있다고 생각했지만, 반대로 과학연구가 이런 문제의 주범이라고 생각한 일반인들은 과학기술에 비판의 화살을 겨누었다. 논쟁이 진행되면서 전문가들의 견해는 상반된 형태로 나타났으며, 이는 과학의 권위와 효용에 대한 공중의 혼란을 가중시켰다. 과학은 확실하고 객관적이고 민주적인 것에서 점차 의심스럽고 정치적이고 위험한 것으로 바뀌었다.

1) 군사 연구와 핵억제

2차 대전이 끝나고 맨 먼저 대두된 문제는 핵무기와 군사 연구에 대한 것이었다. 핵무기의 UN관리가 실패로 끝난 뒤에 미국과 소련은 원자탄 개발 경쟁에 진입했고, 한국전쟁과 중국의 공산화가 미국과 소련을 수소폭탄 연구로 몰아넣으면서 과학자들은 2차 대전에 동원되었던 것처럼 다시 대규모 군사 연구에 동원되었다. 양국은 원자탄보다 수십 수백 배 더 위력적인 수소폭탄을 개발했고, 곧이어 ABM이나 ICBM 같은 미사일을 개발했다.

대학의 연구소에는 국방성과 육, 해, 공군의 돈이 쏟아져 들어왔다. 2차 대전 동안 레이더를 개발했던 MIT의 방사능 연구소는 전자공학연구소로 바뀌었고, 이 연구소가 성공적이자 MIT는 공군에서 지원을 받아 링컨 연구소를 세웠다. MIT에서는 곧이어 기기연구소(Instrumentation Laboratory), 디지털 컴퓨터 실험실, 국립 자기실험실 등이 군사 연구를 수행하기 위해 만들어졌다.

프린스턴대학의 물리학과는 수소폭탄의 제조에 필요한 이론적인 문제를 다루는 매터혼 계획(Matterhorn Project)을 중심으로 재편되었으며, 존스 홉킨스 대학에서는 응용물리연구실이, 캘리포니아 공과대학은 제트 추진연구실(Jet Propulsion Lab)이 육군의 지원으로 설립되었다. 이런 실험실에서의 군사연구는 자유롭게 열람되는 대신에 비밀문서로 취급되었다.

군사 연구에 대한 비판은 1960년대 후반에 월남전 참전과 더불어 광범위하게 제기되었다. 몇몇 대학에선 군사 연구를 수행하던 연구소가 성난 학생들의 습격을 받기도 했고, 1969년 3월 4일 MIT의 과학자들은 과학기술 지식의 오용이 인류의 생존에 대한 가장 심각한 위협이 되고 있다고 하면서 하루 동안 연구 파업(research strike)을 단행했다.

핵무기 연구에 적극적인 과학자들도 많았지만 일부 과학자들은 핵무기의 철폐를 처음으로 주장하기도 했다. 1955년 7월 러셀-아인슈타인 메니페스토에이어 52명의 노벨상 수상자들은 독일 마이나우에서 마이나우 선언(Mainau Declaration)을 발표했다. 이들은 여기서 핵무기의 두려움 때문에 전쟁이 영구히 억제될 수 있다고 생각하는 것은 환상이라고 지적한 후에 다음과 같이 선언했다.

「우리는 과학이 인류를 전멸시킬 수 있는 수단을 제공한다는 것을 두려운 마음으로 목격하고 있다. 지금 가능한 무기를 전쟁에서 모두 사용한다면, 지구는 인류가 깡그리 멸망할 정도의 방사능에 오염이 될 것이다. 싸우는 당사자들뿐만 아니라 중립국까지도 모두 죽을 것이다. 모든 국가는 힘을 최후의 수단으로 삼는 것을 포기해야만 한다. 그렇지 않으면 우리는 모두 멸망할 것이다.」

2) 환경오염과 오존층 파괴

1960년대와 1970년대에는 환경과 에너지에 대한 새로운 인식이 대두된 시기였다. 환경오염에 대한 경각심은 레이첼 칼슨(Rachel Carson)의 문제작 『침묵의 봄(1962년)』에서 인간이 만든 살충제가 환경을 오염시키고, 그 결과가 다시 인간에게 돌아올 수 있다는 사실을 널리 알리면서 급속하게 확산되었다. 『침묵의 봄』이 불러일으킨 자연보호운동은 1969년 이후에 급진적인 환경운동으로 변했다.

1960년대 말부터 들불처럼 번진 환경운동은 현대 과학기술이 자연을 대화하고 함께 살아가는 대상으로 보지 않고 정복과 통제의 대상으로만 간주했기 때문에 자원의 고갈은 물론 생산과 소비를 필요 이상으로 과다하게 만들었음을 비판했다. 이런 환경 운동은 마르쿠제(Herbert Marcuse)나 테오도르 로잭(Theodore Roszak)의 급진적 과학관과 결합하면서 운동의 과녁을 근대화와 근대 과학의 합리성 그 자체에 맞추었다. 자연이라는 연구 대상에 대해 관찰자적인 거리를 유지하는 근대 과학의 객관적 방법론 자체가 비난의 대상이 되었던 것이다.

환경문제는 1974년에 몰리나(Mario Molina)와 로울란드(F. Sherwood Rowland)라는 두 대기 화학자가 냉장고와 스프레이에서 널리 쓰이던 CFC(chlorofluoro-carbons)라는 화학물질이 성층권의 오존층을 엷게 해서 자외선 투과를 증가시킨다는 이론을 내놓으면서 새롭게 전 지구적 문제로 부상했다. 그렇지만 CFC가 오존층을 파괴한다는 이들의 이론을 지지하는 결정적인 실험 증거는 성층권까지 비행할 수 있는 유일한 비행기인 NASA의 ER-2기를 사용해서 남극의 오존층에 대한 현장 실험을 수행한 1987~1988년이 되어서야 나왔다.

이 증거가 발견되기까지 10여 년간 CFC의 주 생산자인 듀퐁은 CFC가 오존층을 엷게 하는 주범이라는 과학자들의 주장을 그저 하나의 검증되지 않은 가설로 비웃곤 했다. 1978년, CFC에 대한 규제는 정치적인 방식으로 대체물질이 있었던 스프레이에는 CFC를 금지했지만 대체물질을 찾지 못했던 냉장고의 용매로는 CFC의 사용을 허가한다. CFC와 오존층 파괴에 대한 관심을 급속하게 냉각시켰다.

1985년 영국의 과학자가 남극의 오존 구멍을 발견하고 NASA가 이 오존 구멍의 존재를 인공위성 사진으로 확인한 것은 오존층 파괴에 대한 전 지구적 관심을 다시 상기시켰지만 CFC가 남극 오존 구멍의 원인인지, 또 남극의 구멍이 전 성층권의 오존층의 희박화와 어떤 연관이 있는지에 대해서는 전문가들 사이에 이견이 존재했다. CFC 생산의 규제에 대한 첫 국제적 합의인 몬트리얼 조약(Montreal Protocol, 1998년 3월 인준)은 결정적인 과학적 증거가 찾아지기 전인 1987년 9월에 외교적인 타협을 통해 찾아졌다. 1970년대와 1980년대를 통해 볼 수 있었던 과학자들 사이의 이견과 심지어는 오존층의 파괴 자체를 인정하지 않는 차이는 과학에 대한 일반인들의 의심을 가중시킨 원인이었다.

3) 유전자 재조합(Recombinant DNA) 논쟁과 위험성

1970년대 초엽, 분자생물학자들은 DNA에서 원하는 유전자를 잘라 다른 DNA에 붙이고 대장균(*E. Coli*)을 사용해서 이 DNA를 수백 배 복제할 수 있는 방법을 발견했다. 그러나 유전공학의 새 장을 연 이 유전자 재조합법은 잡종 바이러스나 항생제에 면역을 가진 신종 박테리아를 만들 위험도 있었다.

1973년 뉴햄프셔에서 열린 고든학회(Gordon Conference)에 모인 과학자들은 새로운 유전자 재조합의 발견이 가져올지 모르는 위험에 대해 우려를 표하는 편지를 써서 국립과학아카데미(National Academy of Science)에 보냈고, 두 번째 편지를 사이언스(Science)지에 출판했다.

미국 국립아카데미는 이 문제를 검토하기 위해 스탠포드대학의 생물학자인 폴 버그(Paul Berg)를 위원장으로 하는 위원회를 만들었고, 버그위원회는 1974년 잠정적인 위험을 충분히 알 수 없는 유전자 재조합 연구를 과학자 스스로 금지하길 요구하는 모라토리움을 발효시켰다. 다음 해인 1975년 캘리포니아에서 열린 국제회의(Asilomar Conference)에서 과학자들은 생물학적 위험(biohazard)에 대한 기준을 토론했으며, 다양한 수위의 유전자 재조합 연구가 허용될 수 있는 기준에 대한 합의를 도출했다.

과학에 대해 무지하고 비판적인 사람들이 유전자 재조합 방법을 비난하기 전에 이에 대한 지침을 만들어서 대중의 신뢰를 얻어 보자는 의도가 강했던 것이다. 버그위원회의 보고서는 유전자 재조합의 문제를 도덕적·사회적 문제가 아니라 기술적인 해결이 가능한 건강의 문제(health problem)로 규정하고 있으며, 이 문제가 과학자 사회에 의해 해결될 수 있음을 분명히 하고 있었다.

1975년 학회는 일반인은 물론 환경학자도 배제한 채로 초청받은 140여 명의 분자생물학자만을 대상으로 열렸으며, 이후 NIH의 유전자 재조합 지침을 초안하는 과정도 이 학회에 참석했던 과학자들의 의견을 수렴해서 이루어졌다. 게다가 1970년대 후반에 유전자 재조합법의 실용성이 분명해지고, 바이오테크 회사와 제약회사의 이해관계가 특허와 연구비의 지원이라는 형태로 개입되면서 분자생물학자들의 다수는 NIH의 지침을 완화하거나 철폐하라는 단일 목소리를 표출하기 시작했다.

물론 유전자 재조합에 모든 과학자가 찬성을 한 것은 아니었다. 분자 생물학의 선구자로서 노벨상을 수상한 샤가프(Erwin Chargaff)는 인간이나 동물의 몸에 사는 대장균을 숙주로 쓰는 것을 허락한 NIH의 지침에 강력하게 반대했다. 그가 여기에 반대한 이유는 변형된 대장균이 인간의 몸에 들어갔을 때 어떤 일이 일어날지 모른다는 것이었다.

통제 불능의 새로운 생명체가 우연히 누출되는 사고, 유전자 조작이 진화나 유전자 풀(gene pool)의 다양성에 미치는 영향, 의료의 변화 등을 모두 포함해서 고려해야 한다고 강조하면서 유전자 재조합에 대한 지적, 경제적 투자가 더 커지기 전에 이것의 이익과 손해를 따져봐야 한다고 주장했다. 다른 과학자는 유전자 재조합에 따르는 위험보다 훨씬 더 큰 이득을 얻을 가능성을 주목해야 한다고 주장했다. 또 다른 과학자는 생물학에 대한 비판이 빠른 속도로 발전하는 과학의 사실을 일반 대중이 이해하지 못해서 생긴 문제이기 때문에 대중에 대한 과학교육을 강화해야 한다고 하기도 했다.

DNA 구조의 공동 발견자인 제임스 왓슨은 NIH의 지침을 중세 이래 유례가 없는 과학의 방향에 대한 통제라고 비난했으며, 1979년에는 '유전자 재조합이 불러일으킬 질병은 UFO나 마녀와 같은 범주에 속한다'고 하면서 실제 일을 해야 할 사람들이 엄청난 종이와 시간을 더 이상 낭비하게 하지 말고 유전자 재조합에 부가된 모든 규제를 당장 철폐하자고 주장하기도 했다.

4) 논쟁과 상반된 가치 체계

과학자들은 과학연구에 해보다 득이 많음을 보여야 했고, 비판자들은 유전자조합이나 원자력 발전과 같은 현대 과학기술이 없이도 우리의 삶의 질이 유지될 수 있음을 보여야 했다. 이 두 논점을 비교해 보았을 때 유리한 측은 과학기술자였다.

유전자 재조합이 사회에 어떤 이득을 가져다줄지 불투명했지만, 2차 대전 이후 제도화된 과학에의 지원은 모든 순수과학 연구는 장기적으로 실용적이라는 전제에 근거하고 있었기 때문이다. 그렇지만 기초과학 연구가 언제, 어떤 실용적인 결과를 낳을지는 근본적으로 불확실한 것이었으며, 따라서 문제는 이 장기적이고 불확실한 과학연구가 공중의 세금에 의해 지원됨에도 불구하고 공중이 이것을 전혀 통제할 수 없다는 데에 있었다. 게다가 2차 대전 이후 나타난 새로운 사회문제와 과학이 이런 문제에 대한 논쟁에서 명백한 해결책을 제공해 주지 못했다는 사실은 과학의 사회, 문화적 권위(sociocultural authority)를 약화시키는 결과를 낳았다.

1.4 20세기 과학과 공중(public)의 관계

과학의 권위가 약화된 데에는 또 다른 이유가 있었다. 과학자들의 연구에 의하면 서구사회에서 과학(자연철학)은 17세기부터 공공영역(public sphere)을 구성하는 중요한 요소였다. 과학과 공중과의 밀접한 관계는 18세기 계몽사조시기의 프랑스의 살롱과 스코틀랜드 계몽사조기에 에딘버러에 세워진 다양한 학회와 모임에서 과학과 의학이 중요한 위치를 차지하고 있었다는 점에서도 드러난다.

과학 혁명기에 출범한 실험과학의 전통은 교회나 국가와는 분리되어 있는 또 다른 공간 실험과학자와 그 실험의 청중이 만나서 자유롭게 토론, 비판하고 의견을 교환하는 장소를 만들어 냄으로써 서구 민주주의와 시민사회의 성립에 중요한 전통을 창조했다.

18세기 독일 의사들 사이의 논쟁에 대한 최근 연구는 독일 의사와 자연철학자들이 토론과 논쟁의 전통을 통해 자연철학을 공공영역을 구성하는 비판적 언술의 가장 좋은 모델로 격상시켰음을 보이고 있다. 이런 연구들은 적어도 19세기까지 과학이 공중의 삶과 지식에서 분리되어 있기는커녕 이에 밀접한 영향을 미치는 공중과학(public science)의 모습을 하고 있었고, 또 과학이 국가권력을 감시하고 비판적인 언술을 생성해내던 공공영역(public sphere)의 주요 구성요소였음을 보이고 있다.

20세기 중반까지 과학과 공중의 관계에 생긴 변화를 깊이 있게 보기 위해서는 지금 우리가 알고 있는 것보다 훨씬 더 많은 역사적 연구가 필요하지만, 나는 잠정적으로 이를 두 가지 상호 연관된 경향으로 묘사하려 한다.

이 두 가지 경향이란 ① 과학의 전문화가 공중을 참여자에서 수동적인 관찰자로 격하시켰다는 것과, ② 20세기 중반까지는 공중에게서 유리된 과학자 사회가 이상적인 공공영역으로 여겨지는 경향이 강했지만, 1960년대 이후 과학자 사회와 과학지식의 문화적, 정치적 권위가 추락했다는 것이다.

물리과학은 19세기 중반에 이미 대학교육을 받은 일반 지식인들이 이해할 수 없는 것이 되어 버렸으며, 이것은 20세기 중반 이후의 생물학도 마찬가지였다. 과학자들은 과학의 전문화와 세분화가 과학의 내용을 공중이 접근하기 힘든 것으로 만들었고, 과학의 내용에 대한 무지와 거대해져 버린 과학의 힘이 개개인의 무력감을 증폭시켰으며, 과학의 영향력이 증가함으로써 일상생활 속에서 과학의 결과를 접할 기회가 늘어났다는 복합적인 요소 때문에 공중의 과학에 대한 반감이 급격히 증폭되었다고 분석했다.

미국이나 영국의 과학자들이 1970년대 중반 이후 과학에 대한 공중의 이해(Public Understanding of Science)라는 문제에 관심을 가지기 시작하고, 공중이 얼마나 과학을 제대로 이해하고 있는지 설문지를 돌리고 통계조사를 하기 시작한 것도 이런 맥락에서였다. 1980년대 이후에는 영국 왕립협회에서 이를 전담하는 위원회가 만들어졌고, 미국 국립과학아카데미에서도 비슷한 보고서가 쏟아져 나왔다.

또한 18세기 이후 자연과학과 과학의 지식은 다양한 방법으로 자유민주주의의 철학적, 문화적 토대를 제공해 왔다. 이미 지적했듯이 과학은 자유로운 토론, 비판, 논쟁, 불화가 무질서와 무정부주의를 낳는 것이 아니라 민주주의를 위한 토대가 될 수 있다는 점을 예측했다. 1660년 영국의 왕정복고 이후 왕립협회를 중심으로 급속하게 번창한 실험철학이 지식의 권위로서 자리를 잡을 수 있었던 한 가지 이유도 여기에 있었다. 또 뉴튼 과학은 원자들이 모여서 이룬 자연에 조화가 있을 수 있음을 보임으로써 원자화되고 개인적인 인간이 모여서 상호 작용하면서 이룬 사회에 조화와 규칙이 있을 수 있음을 보여주었다.

19세기에 들어서는 통계학이 무질서한 것처럼 보이는 자연과 사회 속에 통계적 질서가 있음을 보여주었다. 이것 이외에도 과학자 사회는 사회 구성원의 행동에 대한 규범이 될 객관적 지식과 진리의 모델을 제공해 주는 것이었고, 과학 지식은 정부나 다른 공공기관이 사회 구성원의 이익을 위해 만들어 내는 합리적 정책의 타당성에 대한 기준을 제공해 주는 것이었다. 그렇지만 20세기 후반기에 나타난 과학과 관련된 가장 중요한 변화 중 하나는 자유민주주의에 대한 메타포, 모델, 지침으로서의 자연과학의 권위가 현저하게 추락했다는 것이다. 한마디로 말하자면 과학은 공중에서 분리되어 사유화(privatization)되었다.

20세기 동안 과학이 생산력과 결합함으로써 가지는 힘은 어느 때보다도 더 막강해졌지만 과학의 권위는 예전 같지 않다. 과학의 권위를 회복하는 길은 과학이 유일하고 절대적으로 객관적이고 보편적이라는 것을 주장하는 데 있는 것이 아니라 단절된 과학과 공중과의 관계를 다시 꿰어 맞추고, 공중이 원하는 과학연구가 무엇인가에 대해 더 귀를 기울이고, 자신을 지원하는 사회에 대해 더 책임(accountability)을 지는 과학을 만드는 데 있을 것이다.

1.5 미래 과학

90년대 들어 드러나는 과학과 공중과의 관계는 과학에 대한 무조건적인 지원의 시기가 종언을 고하고 있음을 상징하고 있다. 부시의 과학, 그 무한한 프론티어는 과학과 사회의 관계에 대한 불변하는 진리를 담고 있다기보다는 세계대전 후의 특수성을 반영하고 있는 것이었다.

물론 이런 논의가 21세기에는 과학이 종말을 고할 것이라든지 또는 과학에 대한 지원이 사라질 것이라는 주장으로 이어지는 것은 결코 아니다. 그렇지만 20세기의 흐름을 돌이켜 보았을 때 분명한 것은 21세기의 과학과 공중과의 관계는 20세기 후반부의 그것과는 확연히 달라지리라는 것이다. 21세기 과학 연구의 정당성은 진리나 장기적 효용과 같은 막연한 가치가 아니라 과학자 사회 밖의 다양한 사회적, 문화적 원천에서의 자극을 통해 찾아질 것이고, 이렇게 찾아진 정당성은 사회와의 상호작용 속에서 지속적으로 체크되고 주시될 것이다.

다른 사회, 문화적 가치와 더 조화를 이룰 수 있는 과학연구에 더 많은 지원이 이루어질 것이며, 과학 연구 역시 다른 사회·문화 현상들처럼 훨씬 더 급속하게 바뀌는 상황에 놓이게 되고, 이에 적응할 수 있는 다양한 종류의 유연성을 요구받게 될 것이다. 그리고 이런 변화들이 계속되면 어느 시점에는 과학 연구가 자연에 대한 냉담한 참여자로서 자연을 전체적으로 바라보며, 과학자 스스로 자신의 실천이 과학적 진리를 조개를 줍듯이 발견하는 것이 아니라 새로운 자연을 만들어 내는 것임을 자각하면서, 과학이라는 자신의 노동의 결과에 대해 조금 더 깊은 차원의 책임감을 느낄 수 있어야 된다.

1.6 정보화 정책

구 산업화 시대에는 산업화란 서구화 혹은 민주화라는 말과 동일시 해왔고, 현재의 정보화라는 말도 그 근저에는 세계화이며 새로운 이념의 표상으로 대접받고 있는 것 같다. 이는 또 다른 자본주의 성격 규정의 논쟁으로 이어질 것이기는 하지만, 가장 큰 특징은 상품이 더 이상 고립된 노동의 산물이 아니라는 것이다. R&D, 생산, 유통, 소비라는 일반적인 일련의 생산소비관계도 어이없이 무너지고 있다.

예컨대, 하나의 상품은 광고와 마케팅 혹은 소비자 분석정보를 통하여 정보라는 상품을 소비한 다음 실물적 상품이 생산되고 있는 것이다. 정보 인프라를 활용한 통합 데이터베이스의 등장과 활용은 상품의 생산을 과거 폐쇄된 공장에서 이루어졌던 생산체계를 사회적인 메커니즘에 의하여 작동되도록 만들어 놓았다.

한편, 20세기 중반 자본주의 사회를 더욱 강화시킨 포디즘의 등장은 과학과 기술이 생산에 적용되는 속도는 상당하게 빠르게 하였고, 이러한 추이의 연속성 및 연계선상에서 이루어진 정보화라는 새로운 패러다임은 과거의 기술과 지식을 포괄하는 새로운 차원에서 등장하게 되었다.

즉, 정보화를 기반으로 한 정보자본주의 경제 하에서는 과거 산업화 시대의 상품생산과는 달리 생산 관련지식 뿐만 아니라 상품유통이나 분배 소비와 관련된 종합적인 정보가 요구되고 있어, 산업생산과 관련된 생산기술과 이의 기반이 되는 과학기술 지식뿐만 아니라 상품유통과 관련된 각종 정보, 상품소비와 관련된 소비자 정보 등이 포괄적인 의미에서 과학기술만큼 중요한 의미를 갖게 되었다.

한편, 미래 정보라는 용어는 지식이라는 더욱 실용화되고 포괄적인 용어로 탈바꿈되고 있으며, 사회 시스템적인 차원으로 승화되어 세계 각국이 너도나도 지식기반 사회육성이라는 새로운 사회적 명제에 도전하고 있는 것이다. 특히 이러한 지식기반은 기존의 기술혁신 체계를 새롭게 개편하는 기폭제로 작용하고 있어 궁극적으로는 21세기 국가경쟁력의 화두가 되고 있는 것이다.

1.7 기술혁신 체계

지식정보 유통체계라는 플랫폼 상에서의 국가경쟁력을 제고하기 위한 공급 측에서의 방안은 일반적으로 정보수집에서부터 산출까지의 프로세스를 국가 혁신과의 연계를 고려할 경우 ① 정보수집 전달의 단계, ② 새롭게 얻어진 정보를 축적된 정보와 연결하는 의미 발견단계, ③ 그것을 빠르게 실행하기 위한 실천의 단계 등의 세 가지 단계로 되는 사이클이 요구된다. 앞으로 정보화시대의 업무 방식의 연역적 구조를 구축한 뒤에 조직 학습이라고도 하는 유효한 독자적인 방법론이나 장치를 얼마나 개발 정비할 수 있는가 아닌가가 새로운 과학기술 지식정보 유통체제 구축의 관건이 될 것이며, 순환적으로 이러한 체계 구축이 국가혁신 기반의 기본 인프라로 작용할 것이다.

한편, 국가 기술혁신 체계의 공급 측면에서 가장 중요한 것이 지식, 정보의 흐름을 어떻게 설계할 것인가의 문제이다. 이를 위해서는 먼저 국가 연구개발 프로세스에 대한 가정을 전제로 이루어져야 한다. 과거에는 연구개발의 분업체계, 즉 선형모델(linear model)이 주로 논의되었다.

결국 이러한 두 가지 형태의 지식정보에 따라 과학기술 정보 유통체계는 크게 2가지 접근방식을 취해야 할 것이다. 즉 배분 중심시스템과 상호협력 중심시스템이다. 전자의 시스템은 명료한 지식(X-정보)을 다루는 데 적합하여 정보의 순서적 입력과 연계 서비스에 중점을 두게 된다. 또 지식에의 유연한 접근, 융통성 있는 형태의 지원 등이 강조된다. 상대적으로 지식 저장소와 그곳에 담겨 있는 지식 자체에 관심이 집중되며 지식제공자, 사용자들에게 숨어 있는 애매한 지식에 대한 관심은 적다. 반면 상호협력 중심의 시스템은 애매한 지식(Y-정보)을 다루기 위한 시스템의 형태로 기본적으로 애매한 지식을 보유하고 있는 사람들과 상호 교류에 관심이 집중된다.

예컨대, 단순히 특정 지식과 관련된 연구소, 대학교수 혹은 기술자문 모임에 소속된 개인들의 인력정보 등이 포함되며 정보의 발굴 및 서비스에 집중될 것이다. 궁극적으로는 대면접촉이라는 의사전달 형태를 정보기술을 활용하여 원활하게끔 하는 유통체계(사실상 커뮤니케이션)의 구축이 필요하게 될 것이다.

1.8 정보유통의 개념과 정책적 제언

21세기 지식기반 경제하에서의 새로운 변화 속에서 과학기술 정보화는 지식의 확산기제 뿐만 아니라 연계와 지식 축적화 효과로 산업계 등 국가 전반의 경쟁력 증대의 가장 핵심 인프라로 작용할 것이며, 특히 지식기반 경제에서 특히 중요한 연구자, 생산자, 사용자 간의 상호작용을 통한 혁신체계와의 연계 고리를 어떠한 식으로 달성시켜야 될 것인가의 문제는 새로운 시대에 대비한 과학기술 분야 정보 유통체계의 과제라 아니할 수 없다.

지식 정보화시대의 과학기술 정보 유통 개념을 토대로 이를 실질적인 정보화 정책

방향으로 추진되기 위해서는 다음과 같은 사항이 먼저 고려되어야 할 것이다.

분산과 통합 체제를 지향하여야 한다. 예컨대, 정보가 생성되거나 정보활동이 이루어진 곳에서의 생생한 현장정보가 시스템 통합기술 등으로 연계 통합정보서비스로 각 기관별, 산업별, 지역별로 추진해 온 분산적, 독점적 정보자원 관리체제에서 상호호환 및 공동 활용 실현을 위한 통합정보 관리체제로 전환되어야 할 것이다. 가능한 모든 부분에 대한 정보화 개념을 도입하여 정보 생성, 가공, 유통 등이 기존 체계 및 업무활동에서 가장 효율적으로 될 수 있는 체제구축 및 제도화를 추진하여 순환되도록 하여야 할 것이다.

이렇게 이루어지는 정보 등이 잘 조직화되고 융합될 수 있는 룰 및 시스템을 구축하여 각 부문에서 발생한 정보들이 단절 없이 수요자(산업계)에게 직접 서비스 및 연결되어 실질적인 지원이 가능한 유통체제를 구축해야 한다. 전술한 부분의 전제조건으로 정보의 입력, 가공, 유통이 시간과 공간의 제약 없이 자율적으로 이루어질 수 있는 체제 및 시스템을 확립할 수 있도록 국가지식 인프라구축의 기본 축이 되도록 해야 한다.

정보의 부가가치를 높여 정보가 상품화 될 수 있는 환경조성을 위해 정보보상제, 정보소유권(개념)을 부여하여 정보의 질 향상과 자율적인 정보제공의 풍토를 조성해야 할 것이다. 무엇보다도 정보화 시대에 맞는 가치체계의 형성이 필요한데, 이에 가장 적합한 이론 체제는 아마도 카오스 이론체계에 입각한 정책 실현이 아닐까 생각한다. 즉 정보화 시대의 문제해결은 일시적으로 주기적 변동을 완화시키는 해결방안으로는 되지 않고 일정한 균형점을 중심으로 한 변동뿐만 아니라 중심축 자체의 변동을 요구하게 되는 것이다. 이를 위해서는 사회의 가치체계를 바꿔야 하며, 이는 다소 손해가 발생한다 해도 문제해결을 위해 그에 상응하는 손실을 감수하겠다는 가치체계가 정립되어야 한다는 것이다.

2. 과학의 제도화(독일)

2.1 독일의 화학공업과 전기공업

독일은 고도의 산업사회로 탈바꿈하여 독일의 경제성장은 이미 1870년 이전에 시작되었지만, 독일 제국의 성립과 함께 성장이 가속화되면서 1890년에서 1915년에 이르게 되면 철강생산을 비롯한 독일의 산업성장은 최고도에 달하게 된다. 빌헬름 시대에는 특히 과학을 기반으로 해서 새롭게 생겨난 산업인 화학공업과 전기공업이 크게 발전했다.

1850~1860년대에는 영국과 프랑스가 독일에 비해 화학염료공업이 앞서 있었다. 그러나 1890년경에 이르게 되면 바이어(Bayer), 획스트(Höchst), BASF(Badische Anilin Soda-Fabrik), Agfa(A. G. für Anilin-Fabrikation) 등을 위시한 독일의 화학염료회사들이 세계의 염료산업을 지배하게 된다. 이렇게 된 데에는 여러 요인이 있을 수 있겠지만, 우선 독일 염료회사 내의 산업적 연구의 제도적 정착을 들 수 있다. 즉 1870년대 이후 독일의 화학염료회사들에서는 서로 경쟁적으로 대학(Universit)이나 고등기술학교(Technische Hochschule)와 연결을 맺기 시작했다.

또한 독일 통일 이후 독일 제국은 자신들의 산업을 보호하기 위해서 특허법을 제정하게 되는데, 그것이 발효되기 1년 전인 1876년 바이어 회사에 대학 연구실을 본딴 산업체 연구소가 최초로 설립되었다. 이런 연구소 설치 붐은 곧 다른 화학염료회사에도 확산되어 갔으며, 1880년 중반 이후에는 산업체 내에 연구소가 제도적으로 정착되고, 이에 따라 발명의 제도화가 진행되어 독일의 화학공업 성장에 커다란 영향을 미치게 된다.

화학공업과 더불어 빌헬름 시대에 급성장한 전기공업은 새로운 전력 공급체계를 바탕으로 독일사회의 모습을 크게 바꾸어 놓았다. 1887년 독일 에디슨전기회사가 모체가 된 AEG(Allgemeine Elektricit Gesellschaft)가 설립되면서 독일 전역에 전기가 본격적으로 공급되기 시작했다. 당시 독일의 대도시를 환하게 밝힌 전기는 과학기술 진보와 새롭게 통일된 독일 제국의 활기찬 성장의 상징이었다. 빌헬름 시대에 나타난 이런 급격한 변화는 산업구조의 변화뿐만 아니라 당시 독일인의 생활과 의식구조에도 커다란 영향을 미쳤다.

2.2 독일 제국과 현대 물리학의 출현

19세기 말에서 20세기 초에 이르는 동안 독일의 과학은 세계에서 주도적인 역할을 했다. 따라서 이 시기에 독일의 정부, 산업체, 대학, 지식인 집단 등이 과학에 대해 보여준 반응과 과학을 매개로 한 그들 상호간의 관계를 살펴보는 것은 20세기 과학에 미친 독일 과학의 영향을 고려해 볼 때 현대과학의 사회적 성격을 규명하는 데 중요한 작업 중 하나가 된다. 또한 물리학에서는 이 시기에 고전물리학의 체계가 무너지고 상대성이론과 양자물리학을 기초로 하는 새로운 물리학 체계가 나타났기 때문에 물리학을 둘러싼 이 시기의 여러 집단들 간의 관계를 규명하는 것은 현대 물리학 성립의 사회적 배경을 이해하는 데에도 큰 의미를 갖는다.

2.3 알트호프의 대학교육 개혁

대학교수들 중에서 이런 개혁운동을 가장 집요하고 영향력 있게 추진한 사람은 유명한 수학자 펠릭스 클라인(Felix Klein)이었다. 수학을 물리학이나 기술에 응용하는데 지대한 관심이 있었던 그는 빌헬름 시대의 대학 및 중등교육 개혁과정에서 수학, 자연과학, 공학의 통합이라는 자신의 생각을 관철시키려고 노력했다.

클라인의 이런 개혁 활동은 그의 절친한 친구이며 프로이센 정부 관리였던 프리드리히 알트호프(Friedrich Althoff)와의 협력을 통해서 이루어졌다. 알트호프는 1882년부터 1907년까지 무려 4반세기 동안 프로이센 교육부(Kultusministerium)의 고등교육 및 대학행정 책임자로 있으면서 빌헬름 시대의 교육정책을 비롯한 과학, 문화정책에 막대한 영향력을 행사했다.

알트호프는 수많은 양의 교육행정 업무를 오랫동안 권위주의적이고 관료적이며 심지어는 전제적인 형태로 지속적으로 추진했다. 그는 또한 카이저를 직접 알현하며 카이저 앞에서 계속 강연을 하였고, 재무부(Finanzministerium)를 비롯한 다른 행정부처 사람들과 개인적인 친분이 있었으며, 심지어는 의회까지도 연결을 가지고 있었다. 후에 그는 과학의 중재자(moderator scientiarum)라고 일컬어졌는데, 프로이센의 대학개혁과 고등기술학교의 급성장, 중등교육의 개혁 등은 거의 대부분 그의 재직 중에 이루어졌다.

독일 통일 후 교육은 제국의 관할 아래 있던 것이 아니라 개별 독일 국가에 맡겨져 있었다. 그러나 프로이센의 교육개혁은 전체 독일어권 교육정책의 변화에 커다란 의미가 있다. 우선 프로이센은 독일의 개별 국가들 중에서 가장 크고 영향력이 강했으며, 당시 21개의 독일 대학 중 10개를 포함하고 있었고, 1872년에서 1915년 사이에 세워진 23개의 대학 물리학 연구소 중 10개가 프로이센이 세운 것이었다.

또한 프로이센의 교육정책은 다른 개별 국가의 모범이 되었기 때문에 프로이센의 교육정책의 향방은 다른 개별 국가의 교육정책의 흐름에도 커다란 영향을 미쳤다. 이런 의미에서 클라인과 알트호프의 연결은 그 역사적 의의를 갖게 된다. 고등기술학교와 대학의 통합을 추진하던 클라인은 공학자들과의 긴밀한 관계를 유지하기 위해 1895년 대학교수의 신분으로 독일공학자협회(Verein Deutscher Ingenieure)에 회원으로 가입했으며, 공학자들에게도 박사학위를 수여하고, 고등기술학교가 박사학위를 줄 수 있는 권한(Promotionsrecht)을 가지게 하기 위해 노력했다.

클라인과 알트호프의 끈질긴 노력과 카이저의 호의 속에서 마침내 고등기술학교는 1899년에 박사학위를 수여할 수 있는 권한을 얻게 되어 대학과 공과대학(Technische Hochschule)은 법적으로나마 동등한 대우를 받게 된다. 이와 더불어 중등학교 교육개혁도 보다 강력하게 추진되었는데, 그동안 차별대우를 받던 실업계 김나지움과 상급 실업학교도 이때를 즈음하여 전통적인 김나지움과 동등한 대우를 받게 된다. 이렇게 자연과학과 수학을 강조하는 중등교육의 개혁은 프로이센 이외의 다른 독일어권 국가에도 파급되었으며, 20세기 초에 큰 활약을 하게 되는 물리학자들의 학창시절 교육에 커다란 영향을 미쳤다.

1905년 26세의 젊은 나이에 에테르 개념과 고전물리학의 절대 시공 개념을 부정하고 광속도 불변의 원리와 새로운 동시성 개념을 바탕으로 특수 상대성이론을 주창했던 아인슈타인에게 있어서 프로이센 교육개혁의 영향을 받은 개혁 중등학교인 스위스 아라우 칸톤 학교에서의 교육은 자신의 학문적 세계관과 독창적인 사고를 형성하는 데 큰 영향을 미쳤다. 또한 상대성이론의 형성과 수용에 직, 간접적인 영향을 미쳤던 발터 리츠(Walter Ritz), 드베이어(Peter Debye, cf. 1), 레나르트(Philipp Lenard), 에밀 비헤르트(Emil Wiechert) 등도 개혁 중등학교 출신이었다.

2.4 과학 연구의 제도화

19세기 후반 독일의 물리학은 이론과 실험분야에서 모두 높은 제도적 성장을 보였다. 19세기 중반까지 독일 대학의 물리연구소는 교수의 개인적인 용돈(Taschengeld)에 의해 유지되던 사적인 물리학 연구실(ein physikalisches Kabinett)이 대부분이었다. 그러나 1870년에서 1895년에 이르는 동안 독일의 이러한 사적인 성격의 연구실은 근대적인 물리학 연구소(ein physikalisches Institut)로 바뀌게 된다.

2.5 경쟁적 과학연구 풍토의 조성

독일 대학 내에서 형성된 치열한 경쟁적 구조에 힘입어 19세기 말 독일 대학은 높은 과학적 생산력을 나타내게 된다. 당시 독일의 교수들은 마치 요즈음의 프로 운동선수들과 비슷한 행동 유형을 지니고 있었다.

독일의 분권화된 교육정책과 상이한 역사적 배경에 따르는 강한 지역감정으로 인해서 각 개별 국가들은 우수한 교수들을 스카우트하여 개별 국가들의 위신을 높이려고 했다. 또한 교수와 학생 모두에게 학문적 이동의 자유가 보장되어 있었기 때문에 교수들은 좋은 연구시설, 보다 나은 직위, 높은 연봉이 보장되기만 하면 언제라도 자신들의 조수, 학생들과 함께 집단 이주할 준비가 되어 있었다. 각 개별 국가들의 이러한 치열한 스카우트 경쟁은 교수들의 연구의욕을 높이는 한 요인이 되었다.

실제로 이 시기의 과학사에서 중요한 업적의 상당수가 과학자들의 강사 시절에 이루어졌다. 예를 들어 특수 상대성이론의 형성과 수용에 큰 역할을 했던 아브라함(Max Abraham), 보른(Max Born), 막스 폰 라우에(Max von Laue) 등도 강사 시절에 상대성이론에 관한 논문을 내놓았으며, 특히 막스 폰 라우에는 1912년 뮌헨 대학 강사 시절에 결정격자 내에서의 X-선 회절현상을 발견해 자기 스승 막스 플랑크보다 먼저 노벨상을 받았다. 우리의 현실은 어떠한가 보따리 장사란 별명을 가지고 연구는커녕 밥도 못 먹는 대학 강사의 증가는 연구는 고사하고 고등실업자를 유발하는 학제 기관으로 자리 메김한 박사 장사로 전락한 오늘날의 대학 현실을 냉철하게 짚어 볼 문제로 생각하지 않을 수 없는 것이다.

2.6 연구소 설립

한편, 19세기 말부터 독일에서는 제국의 차원에서 지원한 거대 연구소들이 나타났다. 1887년 독일 전기산업의 개척자인 베르너 폰 지멘스(Werner von Siemens)의 개인적인 노력과 독일 제국 정부의 협력으로 제국물리기술연구소(PTR : Physikalisch Technische Reichsanstalt)가 설립되었다. 특히 이 연구소의 설립에는 영국이나 프랑스의 산업 자본가들과는 달리 순수물리학에 대한 강한 애착을 가지고 새로운 순수물리연구소의 설립을 주창, 지원했던 지멘스의 역할이 컸다.

국가의 산업발전에 필요한 표준을 정하는 일을 주로 담당했던 이 연구소는 과학적, 기술적, 산업적 차원에서 베를린에 위치했던 PTR는 독일 제국이 새로이 획득한 정치적인 힘과 권위의 상징이었다. 이 연구소는 베를린의 샤를로텐부르크 공과대학(Technische Hochschule Charlottenburg)의 근처에 설립되었는데, 빌헬름 시대에 와서 PTR와 샤를로텐부르크 공과대학은 기존의 베를린대학과 함께 비약적 성장을 하여 베를린은 세계 물리학의 중심도시가 되게 된다.

베를린에 위치한 이 세 가지 물리연구소의 연구 성과가 합쳐져 이루어낸 것이 현대 양자물리학의 시발점이 되었던 막스 플랑크의 흑체복사이론이었다. 1894년 PTR의 초대 소장이었던 헬름홀츠가 죽은 뒤 물리실험실을 조직화하고 관리하는 데 탁월한 능력이 있었던 실험 물리학자 프리드리히 콜라우시(Friedrich Kohlrausch)가 헬름홀츠의 뒤를 이어 이 연구소를 맡게 되면서 PTR는 비약적 성장을 하게 된다.

이 시기에 PTR와 샤를로텐부르크 공과대학에서는 탁월한 능력을 지녔던 실험 물리학자들인 빌헬름 빈(Wilhelm Wien), 오토 룸머(Otto Lummer), 페르디난트 쿨를바움(Ferdinand Kurlbaum), 하인리히 루벤스(Heinrich Rubens) 등이 정부의 재정적 지원을 비롯한 좋은 제도적 조건 속에서 연구 활동을 했다.

당시 급성장하던 독일 조명산업에서는 필라멘트에서 방출되는 스펙트럼의 가시영역과 가시영역 밖의 전자기적 에너지 분포를 비롯한 복사현상에 대한 보다 넓은 이해를 원했는데, PTR의 유능한 실험 물리학자들은 독일 조명산업계의 이러한 현실적 요구에 제도적으로 부응하기 위해 복사현상에 대한 면밀한 실험을 행했다. PTR와 샤를로텐부르크 공과대학에 있던 실험 물리학자들의 엄밀한 실험결과를 바탕으로 베를린대학의 이론물리학 교수였던 막스 플랑크는 고전물리학의 범위를 벗어난 새로운 흑체복사법칙과 작용양자 개념을 얻어내게 되는데, 이 복사법칙이 1905년 아인슈타인(Albert Einstein)의 광양자 가설에 의해 재해석되어 양자 불연속성 개념에 바탕을 둔 새로운 현대 양자물리학이 시작되게 된다.

2.7 과학과 이데올로기

한편, 빌헬름 시대에는 과학과 산업의 연결이 본격화되었고, 이러한 상호 결합은 국가의 적극적 개입에 의해서 더욱 강화되었다. 그런데 여기서 주목해야 할 점은 빌헬름 시대의 과학은 산업적, 군사적 의미 이상을 지니고 있었다는 것이다. 독일 제국 내에서 과학은 국가의 명예와 위신 차원에서도 진흥, 육성되었다. 모든 새로운 과학적, 기술적 연구 성과에는 소위 국가의 스탬프가 찍혀서 따라 다녔다.

1896년 초, 뷔르츠부르크 대학의 뢴트겐이 새로운 종류의 광선을 발견했다는 보고에 접한 카이저 빌헬름 2세는 이 새로운 발견을 치하하면서 다음과 같은 축하전문을 보냈다. 본인은 우리의 조국 독일에 인류를 위한 커다란 축복이 될 새로운 과학의 승리를 안겨준 하느님을 찬양한다. 대학교수들이 요즈음의 프로운동선수들에 비견되는 성격을 지니고 있었다면, 세계를 놀라게 한 새로운 과학적 발견은 요즈음의 올림픽 금메달 획득 내지 세계 선수권 대회 우승에 해당되는 취급을 받았다. 빌헬름 시대의 과학기술 발전은 이러한 국수주의적 발상과 맥을 같이 하고 있었다.

과학 사학자 파이언슨(Pyenson)은 독일의 물리학을 비롯한 정밀과학이 대외 정책적인 차원에서 소위 문화적 제국주의 정책의 한 요소로 이용되었다고 주장하고 있다. 독일이 제국주의 식민지 쟁탈과정에서 외국의 경쟁자들을 문화적으로 압도하고 궁극적으로는 경제적, 정치적 이득을 얻기 위해서 사모아, 중국 등지에 해외 과학연구소를 설립하는 등 정밀과학을 비롯한 추상적, 문화적 활동을 대외 정책적으로 이용했다는 면에서 파이언슨은 문화적 제국주의라는 용어를 쓰고 있다.

이런 측면을 고려한다면 빌헬름 시대의 과학기술은 독일의 국내외 정치문화와도 밀접한 연관이 있었음을 짐작할 수 있다. 오늘날 과학을 등한시 하는 시대는 문화의 발달은 있을 수 없으며 정치도 발달 할 수 없다. 오늘날 우리나라의 현실은 어떤가. 과학 선진국이라고 떠들어댄다고 하여 국민의 문화적 가치관과 이데올로기가 바뀌어 정립될 수 있는가. 기초과학 발전 없이는 문화, 정치는 발전 할 수가 없듯이 오늘날 정치 빵점 국가 우리의 현실이 이 모양이라는 것을 직시해주길 바랄 뿐이다.

3. 자연인식

3.1 실 험

실험은 특정 현상 또는 이것들의 상호관계 등을 연구하기 위해 인위적으로 조정, 조성한 조건 하에서 적당한 기구, 장치를 이용하여 특정의 현상을 인위적으로 일으켜서 그 결과를 관측, 측정하는 것이다. 과학 연구 활동은 자연과 사회의 여러 현상의 배후에서 이를 지탱하고 있는 조직이나 법칙을 해명하고, 대상을 보다 깊이 인식하는 이론적인 활동이다.

실험은 이러한 이론적 활동의 일환으로 해당 과학의 연구대상에 직접·간접으로 작용하고, 대상을 인식활동 속에 반영시키는 역할을 맡는다. 따라서 실험은 단순히 연구의 수단이나 조작이라는 좁은 의미가 아니고 이론적 활동에 빠뜨릴 수 없는 구성부분이다. 과학 연구 활동은 이론과 실험으로 나눌 수 있다는 견해도 있지만, 이것은 이론분야와 실험분야의 직업적 분업의 진전으로 생긴 오해이다.

논리적 사고에 의한 이론적 활동과 조작을 주로 하는 실험적 활동이 때에 따라 어느 한쪽으로 기울어지는 경우도 있지만, 대상의 과학적 인식 그 자체에는 결코 이러한 수단이나 조작에서 그치는 것이 아니라 이론과 실험이 통일되어 있는 것이다. 그런데 과학은 단지 과학자의 우수한 두뇌만으로 만들어지는 것이 아니고 생산적 실천을 원천으로 생겼고 발전해 왔다.

자연을 객관적으로 인식하고 그 진리성을 검증하는 것인 자연에 대한 실천 활동 바로 그 자체는 당초 생산적 실천 활동, 즉 노동에서 추상화된 것이다. 따라서 노동대상이나 노동수단 또는 그 체계로서의 기술은 과학과 깊은 상호작용을 갖는다. 새로운 연구대상이나 실험수단을 창조하는 물질적인 것에서 연구활동 방법이나 과제 설정, 종합적 시야 등의 인식 방법의 발전까지 모두 사회의 역사적 발전의 산물인 것이다.

과학의 이런 성격에 관계가 미치는 단서로서 실험의 의의를 처음으로 주장한 사람은 R. 베이컨이다. 그는 이른바 스콜라 철학과 결별하고, 과학의 3가지의 과정으로서 경험, 실험, 증명을 들었다. 유명한 대저작의 제6부인 『경험학』에서 실험은 이론을 주고, 이론은 새로운 귀결로 유도하는 가장 중요한 수단이라고 하였다.

15세기 말 레오나르도 다 빈치는 우리는 여러 가지의 경우와 상황 아래에서 경험에 상담하면서 거기서 일반적 규칙을 끌어낼 수 있다고 하고, 자연인식에 정열적으로 도전하였다. 레오나르도 다 빈치의 해부학의 흐름은 그 후 A. 베살리우스의 인체구조에 대하여(1543년)로 열매 맺고, 이어 심장의 부피와 박동 수 측정을 기초로 W. 하비는 혈액순환에 대해 밝혀냈다. 이리하여 근대 해부학에 이어 근대 생리학이 등장하게 되었다.

한편, 16세기에는 V. 비링구치오의 『화공술(1540년)』, G. 아그리콜라의 『데레메탈리카(1556년)』 등 매우 많은 기술서가 나왔다. 이러한 기술서의 보급은 학문을 실천적 능력과의 결합으로 파악하게 되었다는 새로운 가치를 명확한 형태로 보여 주었다. 신비적, 주술적, 비교적인 우의나 상징에서 구체적인 사물의 관계를 포착할 가능성을 개척하였다고 할 수 있다.

매뉴팩처라는 새로운 생산형태가 중세 봉건사회의 말기에 나타나 야금 제조업자, 시계, 항해용 측정기계 제작자, 수차, 풍차를 비롯한 기계 제작자들은 생산과정에서 구체적 사물을 상대로 시행착오를 되풀이하면서 경험적 규칙을 의식적으로 기록하였다. 이러한 행위는 단순하고 관조적인 관찰로부터 대상에 능동적으로 작용하는 관측, 관찰, 측정을 포함하는 자연인식의 방법과 수단을 발전시키게 되었다.

이러한 기반 위에 항해자, 야금 제조업자들과 교류한 W. 길버트가 자석에 대하여(자석, 자성체 및 큰 자석인 지구에 대해 많은 토론과 실험으로 증명된 새로운 생리학, 1600년)를 지었다. 그는 자석인 소지구를 만들어 모델화하여 많은 노력과 비용을 들여 실행하고 증거를 붙인 일련의 실험과 발견의 명석함을 보였다. 이것은 G. 갈릴레이, J. 케플러, R. 데카르트 등 당시의 과학자에게 큰 영향을 주었다.

갈릴레이는 항해술 발달에 요구되는 천문학의 새로운 전개에 관측수단으로서의 망원경의 의의를 올바르게 정의하였다. 또 중요해지기 시작한 기계에 주목하여 지렛대의 원리와 부력의 원리를 구사하여 많은 실험(사고 실험을 포함)을 하였다. 기계에 얽힌 운동만이 아니라 자유낙하나 포물체운동의 연구에도 실험을 도입하였다. 대상이 되는 기계나 운동을 요소로 분해하고 실험(사고 실험을 포함)을 통해 검토하고, 이론적 인식으로 진전하며, 다시 기계의 기능이나 운동의 전 과정에 걸쳐 그것을 재구성하여 정의한다. 이렇게 연구되고 추상화된 역학을 종합한 저서가 『신과학대화(新科學對話, 1638년)』이다.

그의 후계자 E. 토리첼리 등에 의해 쓰여진 『조직적 실험의 시작』, 영국에서 『보이지 않는 대학(invisible college)』과 그 뒤 왕립협회에서의 『계통적인 실험의 축적』, 또 한편에서는 F. 베이컨의 『노붐오르가눔(1620년)』과 『뉴아틀란티스(1627년)』, 데카르트의 『방법서설(1637년)』 등이 쓰여져 객관적 대상의 이론적 인식과 실험의 의의가 분명해지기 시작하였다. 이러한 여러 활동의 발전 위에 I. 뉴턴의 프린키피아(1687), 광학(1704)이 나타나 과학에서 실험의 본질적인 역할이 확고해졌다. 18세기에는 천문학에서 관측기기의 향상, 지구 규모에서의 측지학의 발전을 비롯한 정전기, 열학, 기체화학 등에서 정성적 및 정량적 실험의 축적을 보았다.

19세기에 들어서는 미분화되었던 자연과학이 개별과학으로서 성립되었고, 고유의 대상영역과 방법을 확립하기 시작하였다. 이에 대응하여 기센에 J. 리비히의 근대적인 학생실험실이 창설된 것처럼 실험 자체도 전문분화의 경향을 띠게 되었다. 20세기에 들어서 연구대상은 우주적 규모의 커다란 세계에서 소립자와 같은 미세한 물질까지 영역이 비약적으로 확대되었다.

실험수단의 체계가 상품이 되고 외부 자본이 개입되어 분업화에 박차를 가하는 경우도 생기고, 여기에 물질의 운동형태, 존재 양식의 해명이 진전되어 전문 분화는 불가피하게 되었고 분업화가 진행되고 있다. 실험은 원래 이론적 활동의 일환으로서 그 목적에 따라 실험대상 및 실험수단과 연구자로 구성된다.

따라서 목적에 물질적인 대상과 수단이 물질적인 정합성뿐만 아니라 이론적 인식의 지렛대로서 조직되어야 한다. 그러기 위해서 기기, 장치나 그 체계 자체의 이론과 기술, 감각의 연장으로서의 측정기기의 이론과 기술, 각종 물질군을 정합적으로 연동시키기 위하여 공학과 비슷한 일정한 실험이론과 기술체계가 숙련된 연구자에 의해 동원되고 있다. 이것에 의해 연구자는 자연의 조건을 여러 가지로 조절하고, 대상의 여러 운동 형태를 인식하게 된다.

요즈음에는 발달된 컴퓨터에 의해 복잡한 여러 운동 형태의 시뮬레이션이 가능해졌고, 독자적인 사고실험 분야를 개척하고 있다. 과학은 실험을 통해 자연과 직접 교섭하지만, 대상과 수단은 그 시대의 여러 생산기술과 상호 작용하여 태어난다.

부 록

1. 과학사 연대표

1) 고대 과학사

- BC 3500년경 수메르인이 바퀴를 발명
- BC 300년경 아리스토텔레스가 우주는 불, 물, 공기, 흙의 네 가지 물질로 이루어져 있다는 4원소설을 주장
- 105년 중국의 채륜이 종이를 발명
- 145년경 그리스의 천문학자 프톨레마이오스가 천동설을 주장
- 640년경 신라 선덕여왕 때 첨성대가 건설됨
- 1000년경 중국에서 나침반을 발명

2) 중세 과학사

- 13세기 말경 이탈리아에서 안경을 발명
- 1377년 우리나라에서 세계 최초로 금속활자를 발명하여 『직지심체요절』간행
- 14세기 초반 프랑스의 침공을 막기 위해 영국에서 최초의 대포를 제작

3) 르네상스기의 과학사

- 1442년 세종대왕 때 최초로 측우기를 이용해 강우량을 측정
- 1450년경 독일의 구텐베르크가 본격적인 인쇄술을 발달시킴
- 1492년 콜럼버스가 신대륙을 발견
- 1522년 마젤란의 원정대가 최초로 세계 일주 항해에 성공
- 1543년 코페르니쿠스가 최초로 태양 중심설(지동설)을 주장
- 1572년 브라헤가 신성을 발견
- 1577년 브라헤가 최초로 혜성을 관찰하여 그 특성을 밝힘
- 1582년 교황 그레고리우스 13세가 율리우스력을 개정한 그레고리력을 반포
- 1583년 갈릴레이가 진자의 등시성 원리를 발견

- 1590년 네덜란드 안경 제조업자 얀선이 현미경을 발명
- 1592년경 이순신이 거북선을 건조함

4) 17세기의 과학사

- 1603년 갈릴레이가 온도계를 발명
- 1610년 허준에 의해 동양의학의 백과사전인 동의보감이 완성됨
- 1610년 갈릴레이가 목성 주위를 돌고 있는 4개의 위성을 발견
- 1615년 네덜란드 물리학자인 스넬은 빛의 굴절 법칙을 발견
- 1628년 하비는 갈레노스 이론을 부정하고 심장의 박동을 원동력으로 하여 혈액이 온몸을 순환한다는 새로운 이론을 발표
- 1632년 갈릴레이는 그의 저서에서 지동설을 주장한 혐의로 종교재판을 받았음
- 1643년 토리첼리가 진공과 대기압이 있음을 증명
- 1654년 게리케는 마그데부르크 시청 광장에서 진공 펌프를 이용하여 붙인 반구를 떼어놓는 실험을 하였음
- 1655년 네덜란드의 하위헌스(Christiaan Huygens)가 망원경을 이용하여 토성의 가장 큰 위성인 타이탄을 발견
- 1661년 이탈리아 의사이자 해부학자인 말피기가 현미경을 이용하여 모세혈관을 관찰하고 기술함
- 1662년 보일은 일정 온도에서 기체의 압력과 부피는 서로 반비례한다는 보일 법칙을 발견
- 1665년 영국의 로버트 훅이 세포를 최초로 관찰하고 발표
- 1668년 턴은 렌즈 대신 오목거울로 빛을 모으는 반사 망원경을 제작
- 1675년 천문학자 플램스티드의 제의를 받은 영국 왕 찰스 2세가 그리니치에 국립 천문대를 설립
- 1687년 턴이 『자연철학의 수학적 원리(프린키피아)』에서 만유인력의 법칙을 발표

5) 18세기의 과학사

- 1738년 스위스의 베르누이가 유체 역학의 기본 법칙인 베르누이 정리를 발표
- 1758년 린네가 생물 분류 체계를 확립하고 이명법을 제안함
- 1764년 볼프가 수정란이 발생하고 있는 동안에 점차 몸의 각 부분이 특정한 조 직이나 기관이 되도록 결정된다는 생물 발생의 후성설을 제창
- 1765년 제임스 와트가 증기기관을 발명하여 산업혁명을 촉진함
- 1769년 영국의 방적기계 발명가인 아크라이트가 방적기를 발명

- 1774년 프리스틀리가 산소와 산소의 성질을 발견하였으며, 1783년 라부아지에가 산소라는 이름을 붙임
- 1781년 허셜이 태양계에 속하는 태양의 7번째 행성인 천왕성을 발견
- 1783년 프랑스의 몽골피에 형제가 열기구를 발명
- 1784년 쿨롱이 전기력은 전하의 곱에 비례하고 그들 사이의 거리의 제곱에 반비례한다는 쿨롱 법칙을 발견
- 1789년 프랑스 화학자 라부아지에가 산화물, 광소(光素), 열소(熱素)가 포함된 33개의 원소를 기록한 원소표를 작성
- 1790년 프랑스의 시브락이 자전거를 발명
- 1790년 탈레랑의 제안에 의해 프랑스 과학아카데미에서 미터법을 제정
- 1794년 정약용은 구조가 간단하면서도 쉽게 사용할 수 있는 거중기를 만들어 수원성을 축조함
- 1796년 제너가 우두를 이용한 천연두 예방법인 종두법을 발견
- 1796년 프랑스의 라플라스가 칸트의 주장을 기초로 한 새로운 성운설인 태양계 기원설을 주장
- 1799년 볼타가 최초의 화학 전지인 볼타전지를 발명

6) 19세기 전반의 과학사

- 1801년 이탈리아의 피아치가 소행성 제1호인 세레스를 발견
- 1803년 돌턴이 원자 이론을 주장
- 1805년 프랑스 게이뤼삭이 기체일 경우 화학반응에서 간단한 정수비가 성립한다는 기체반응의 법칙을 발표
- 1809년 프랑스의 라마르크가 용불용설을 주장
- 1826년 독일의 옴은 물리학의 기본 법칙인 옴의 법칙을 발견
- 1827년 브라운이 액체나 기체 안에 떠서 움직이는 미소 입자의 불규칙한 운동인 브라운 운동을 발견
- 1834년 러시아의 렌츠가 유도 전류는 변화를 방해하는 방향으로 흐른다는 렌츠 법칙을 발견
- 1837년 미국의 모스가 전자기학을 응용한 유선 전신기를 최초로 발명
- 1838년 독일의 베셀이 최초로 별의 시차를 측정
- 1838년 독일의 슐라이덴은 '식물은 세포로 되어 있다'는 『식물 세포설』을 발표
- 1839년 독일의 슈반이 '동물은 세포로 되어 있다'라는 『동물 세포설』을 논문으로 발표

- 1842년 도플러가 도플러 효과를 주장
- 1846년 갈레가 태양계의 8번째 행성인 해왕성을 발견
- 1847년 이탈리아의 소브레로가 액체 상태의 폭약인 니트로글리세린을 발명
- 1847년 영국의 물리학자 줄이 전류의 열 효과 실험을 통해 줄의 법칙을 발표
- 1847년 독일의 헬름홀츠가 에너지 보존법칙을 발표
- 1848년 켈빈이 물질의 상태와 관계없는 온도인 절대온도를 제안

7) 19세기 후반의 과학사

- 1852년 지파르가 스스로 움직일 수 있고 조정이 가능한 비행선을 발명
- 1856년 뒤셀도르프 근처에 네안데르탈이라고 불리는 골짜기에서 네안데르탈인 화석 발견
- 1859년 다윈이 종의 기원을 발표하여 진화론을 주장
- 1860년 파스퇴르의 실험에 의해 아리스토텔레스 이후 지속된 자연발생설이 완전히 부정됨
- 1861년 김정호가 조선 최대이며 최고의 실측 지도인 대동여지도를 제작함.
- 1867년 노벨이 다이너마이트를 발명
- 1873년 노르웨이 의사 한센이 나병의 원인인 한센균을 발견
- 1876년 미국의 벨이 전화를 발명하여 특허를 신청하였으며, 1877년 벨 전화 회사를 설립
- 1877년 에디슨이 토킹 머신이라는 이름의 축음기로 특허를 신청
- 1878년 에디슨이 탄소 필라멘트를 갖춘 백열전구를 발명
- 1882년 코흐가 결핵균을 발견
- 1884년 파스퇴르가 광견병의 예방방법을 발견
- 1892년 독일의 디젤이 압축 착화식인 디젤기관을 발명
- 1894년 마리코니가 전선을 통하지 않고 전파를 통하여 교신할 수 있는 무선통신을 발명
- 1895년 뢴트겐이 X-선을 발견
- 1896년 마르코니가 최초의 무선통신에 성공
- 1897년 독일 바이엘 사의 호프만이 아스피린을 발명
- 1898년 퀴리 부부가 피치블렌드로부터 강한 방사능을 갖는 원소인 라듐을 발견
- 1900년 세 사람의 식물학자 더브리스, 코렌스, 체르마크가 멘델의 논문들을 재발견

8) 20세기 전반의 과학사

- 1902년 란트슈타이너가 ABO식 혈액형을 발견
- 1903년 라이트 형제가 사상 최초의 동력 비행에 성공
- 1909년 베이클랜드가 합성수지인 플라스틱을 발명
- 1911년 네덜란드의 물리학자 카메를링 오너스가 초전도 현상을 발견
- 1912년 헤스가 우주선(宇宙線)을 처음 발견한 후, 1925년 밀리컨이 우주선이라는 이름을 처음 사용
- 1912년 현재 지구상의 대륙이 상대적으로 이동하고 있다는 대륙이동설을 베게너가 제창함
- 1912년 식품에 극히 소량 존재하며, 고등동물의 성장과 생명의 유지에 필수적인 물질인 비타민을 풍크가 발견
- 1916년 아인슈타인이 1905년에 발표한 특수 상대성 이론을 확장하여 가속도를 가진 임의의 좌표계에서도 상대성이 성립하도록 설명한 일반 상대성 이론을 발표
- 1928년 최초의 항생제인 페니실린이 플레밍에 의해 발견됨
- 1932년 로런스가 입자 가속기의 하나인 사이클로트론을 개발
- 1937년 캐러더스가 나일론을 발명
- 1938년 미국 제너럴일렉트릭(GE)사에서 다른 방식의 전등인 형광등이 개발되어 백열전등과 함께 20세기의 대표적인 전등으로 널리 사용됨
- 1939년 제너럴일렉트릭(GE)사에서 대중적인 가정용 냉장고를 최초 생산함
- 1946년 펜실베이니아 대학의 모클리와 에커드가 3극 진공관을 이용한 최초의 컴퓨터인 에니악을 설계·제작함

9) 20세기 후반의 과학사

- 1952년 우장춘 박사가 처음으로 씨 없는 수박을 개발함
- 1953년 왓슨과 크릭이 DNA는 4개의 염기가 결합하여 이중나선 구조를 갖고 있음을 밝힘
- 1953년 미국의 밀러가 원시 대기에서 유기화합물이 생성될 수 있음을 실험을 통해 입증
- 1958년 미국 최초의 인공위성 익스플로러호에 실린 가이거 계수기 측정에 의해 방사능대인 밴앨런대를 발견
- 1961년 4월 12일 소련의 가가린이 최초로 우주여행을 함
- 1969년 아폴로 11호의 착륙선이 달의 평원에 착륙함

- 1972년　미국의 아타리사가 비디오 게임기를 개발
- 1978년　영국 케임브리지 의과대학에서 최초의 시험관 아기인 루이스 브라운이 태어남
- 1989년　유럽 입자물리학연구소(CERN)에서 연구 결과의 효율적인 공유를 위해 월드와이드웹(WWW)이 개발됨
- 1996년　7월 5일 세계 최초로 성숙된 양의 체세포를 이용하여 동물 복제에 성공하여 복제양 돌리가 탄생함
- 1997년　미국의 화성 탐사선 패스파인더호가 에어백을 이용하여 화성에 착륙

10) 21세기 전반의 과학사

- 2003년　사람의 전체 유전자 지도 작성과 염기 배열순서 결정을 목적으로 하는 지놈 프로젝트가 완성됨
- 2003년　세계 최초의 자외선 우주 망원경인 갤렉스 우주 망원경이 발사됨
- 2005년　서울대 연구팀이 세계 최초로 복제 개 스너피를 탄생시킴
- 2006년　명왕성이 국제천문연맹에 의해 행성에서 제외된 후 국제소행성센터에 의해 소행성 134340으로 새롭게 불리게 됨
- 2006년 7월　우리나라의 인공위성 아리랑 2호기가 성공적으로 발사됨
- 2006년 8월　우리나라의 인공위성 무궁화 5호 위성이 성공적으로 발사됨
- 2013년　발사를 목표로 허블 우주 망원경을 이은 제임스 웹 우주 망원경을 제작하고 있음

찾 아 보 기

ㄷ

ㄹ

ㅁ

ㅂ

ㅇ

ㅈ

새로 본 과학사

2012년 8월 15일 초판 인쇄
2012년 8월 25일 초판 발행

저 자 : 천병수 · 유종수 · 신현웅 · 민제호
펴낸이 : 천승배
펴낸곳 : 도서출판 유한문화사

주소 : (157-801) 서울시 강서구 가양동 146-63
전화 : 2668-2055~6
팩스 : 2668-2565
http://www.yuhansa.com
E-mail : yuhansa@hanmail.net
등록 : 제 5-31호. 1979. 3. 6.

값 20,000 원

ISBN : 978-89-7722-124-6 93400